U1011611

注册消防工程师资格考试教材配套用书

# 注册消防工程师考试
# 重点、难点和考点三位一体
# 闯关一本通

中腾建华教育　组编

机 械 工 业 出 版 社

编写本书的目的在于帮助考生突破重点、难点，快速提高学习成绩并顺利通过考试。本书第一篇讲解消防基础知识，第二篇讲解建筑防火设计与检查，第三篇讲解其他建筑、场所防火，第四篇讲解消防安全评估，第五篇讲解消防设施设备，第六篇讲解消防法律、法规与管理。

本书针对注册消防工程师考试中考生们普遍遇到的典型问题，根据考试大纲要求，在“三位一体模块化教学思想”的基础上，对每一模块的考点内容进行了提炼，对需要突破的重点和难点问题进行了剖析，并对2015～2017年相应的考试真题进行了解析。为了进一步巩固重点和难点问题，每篇（章）还安排了有针对性的综合练习题，使考生能够有针对性地进行学习。

**图书在版编目（CIP）数据**

注册消防工程师考试重点、难点和考点三位一体闯关一本通/中腾建华教育组编．—2版．—北京：机械工业出版社，2018.6（2018.7重印）

注册消防工程师资格考试教材配套用书

ISBN 978-7-111-60176-0

Ⅰ.①注…　Ⅱ.①中…　Ⅲ.①消防－安全技术－资格考试－自学参考资料　Ⅳ.①TU998.1

中国版本图书馆CIP数据核字（2018）第113267号

机械工业出版社（北京市百万庄大街22号　邮政编码100037）
策划编辑：刘志刚　责任编辑：刘志刚
封面设计：张　静　责任印制：张　博
责任校对：刘时光
三河市宏达印刷有限公司印刷
2018年7月第2版第2次印刷
184mm×260mm·24.75印张·549千字
标准书号：ISBN 978-7-111-60176-0
定价：99.00元

凡购本书，如有缺页、倒页、脱页，由本社发行部调换

| 电话服务 | 网络服务 |
|---|---|
| 服务咨询热线：(010)88361066 | 机 工 官 网：www.cmpbook.com |
| 读者购书热线：(010)68326294 | 机 工 官 博：weibo.com/cmp1952 |
| (010)88379203 | 金 书 网：www.golden-book.com |
| **封面无防伪标均为盗版** | 教育服务网：www.cmpedu.com |

# 前言 PREFACE

本书针对广大考生在学习中普遍遇到的难点问题编写而成，以达到帮助考生快速提高考试成绩的目标。

在2015～2017年的考试中，许多考生普遍遇到了这样的问题：考点已经背诵得非常熟练了，可是，在考试中遇到问题时，却仍不知道如何下笔，答题思路难以厘清或者答题速度比较缓慢。造成这种现象的根源在于对部分消防技术规范理解得不深入、不透彻，再加上有些真题具有综合性、灵活性的特点，考生就觉得更加困惑了。

为了解决广大考生遇到的普遍问题，本书根据考试大纲要求，在“三位一体模块化教学思想”的基础上，对每一模块的考点内容进行了分类、归纳、总结，对需要突破的重点和难点问题进行了分析，并对相应的真题进行了剖析，使本书内容更加浅显易懂，在有限的时间内帮助考生突破重点和难点，快速提高学习效率。

另外，基于教材提炼的考点和难点，还安排了有针对性的综合练习题，以达到对重点和难点知识进一步巩固提高的目的，使考生能够有针对性地进行学习。

需要特别强调的是，本书的编写，采用了国家新颁布的相关消防技术规范，如《建筑内部装修设计防火规范》（GB 50222—2017）、《自动喷水灭火系统设计规范》（GB 50084—2017）、《自动喷水灭火系统施工及验收规范》（GB 50261—2017）、《重大火灾隐患判定方法》（GB 35181—2017）等。本书在部分重点章节增加了思维导图，可以帮助考生了解整个知识体系的脉络。另外，我们还出版了一本更加详尽的思维导图——《全图解：注册消防工程师考试重点、难点和考点必读一本通》，作为本书的辅助学习工具。

本书由中腾建华教育教学部团队编写，参与本书编写的人员有杨伯忠、许为明、韩丽欣、陈美合、崔译丹、马悦、安喜林、李冉、卢玉婷。由于编写水平所限，书中难免存在一些错误和不足之处，希望广大考生批评指正。

编　者

2018 年 3 月

# 目录 CONTENT

笔 记

# 第一篇　消防基础知识

本篇的思维导图如图 1-1 所示。

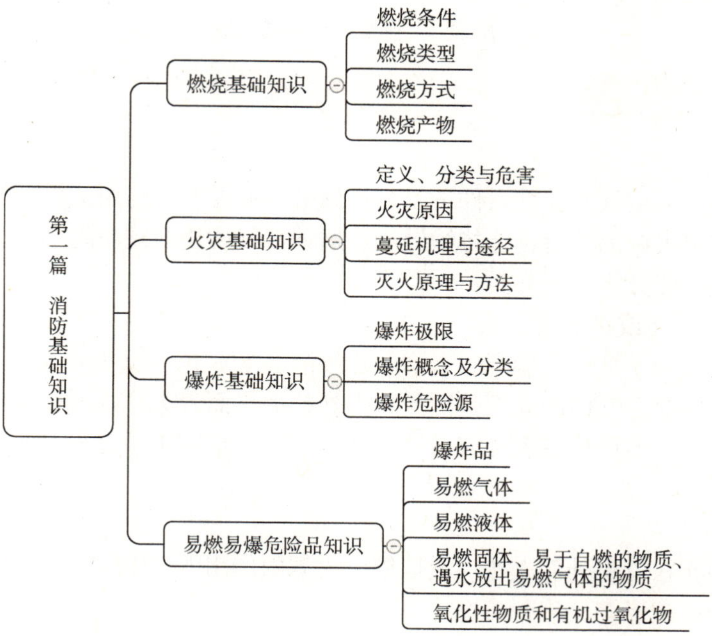


图 1-1　消防基础知识的思维导图

## 第一章　燃烧基础知识

### 一、考点提炼

**考点 1　燃烧条件**

**1. 起火的三要素**

燃烧的发生必须具备 3 个必要条件，即：可燃物、助燃物（氧化剂）和引火源（温度）。

**2. 燃烧持续发展的要素**

链式反应自由基是一种高度活泼的化学基团，能与其他自由基和分子起反应，从而使燃烧按链式反应的形式扩展，也称游离基。

链式反应自由基是确保燃烧持续发展的必要条件。

因此，完整地论述，大部分燃烧发生和发展需要 4 个必要条件，即：可燃物、助燃物（氧化剂）、引火源（温度）和链式反应自由基。燃烧四面体的形成如图 1-1-1 所示。

笔 记

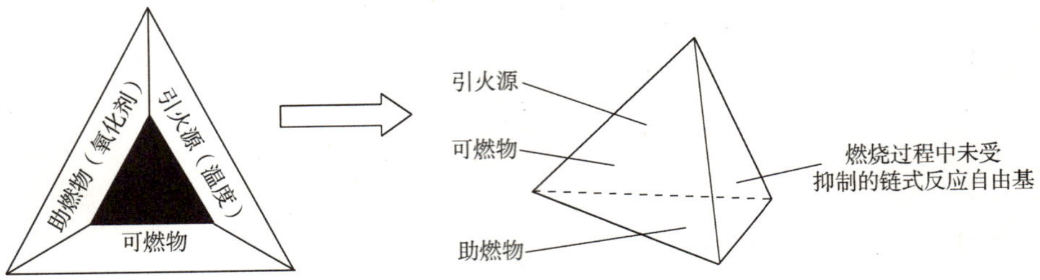


图 1-1-1　燃烧四面体的形成

## 考点 2　燃烧类型分类

**1. 着火**

可燃物在与空气共存的条件下，当达到某一温度时，与引火源接触即能引起燃烧，并在引火源离开后仍能持续燃烧，这种持续燃烧的现象称为着火。可燃物的着火方式一般分为下列几类：

（1）点燃（或称强迫着火）。

点燃是指由于从外部能源，诸如电热线圈、电火花、炽热质点、点火火焰等得到能量，使混合气体的局部范围受到强烈的加热而着火。这时就会在靠近引火源处引发火焰，然后依靠燃烧波传播到整个可燃混合物中，这种着火方式也习惯上称为引燃。

（2）自燃。

可燃物质在没有外部火花、火焰等引火源的作用下，因受热或自身发热并蓄热所产生的自然燃烧，称为自燃。

1）化学自燃，例如：金属钠在空气中自燃；煤因堆积过高而自燃等。

2）热自燃，如果将可燃物和氧化剂的混合物预先均匀地加热，当混合物加热到某一温度时便会自动着火，这种着火方式习惯上称为热自燃。

**2. 爆炸**

爆炸是指物质由一种状态迅速地转变成另一种状态，并在瞬间以机械功的形式释放出巨大的能量，或是气体、蒸气瞬间发生剧烈膨胀等现象。

按物质产生爆炸的原因和性质分类，通常将爆炸分为物理爆炸、化学爆炸和核爆炸三种。其中，物理爆炸和化学爆炸最为常见。

## 考点 3　三个重要的基本的概念

（1）闪点。

在规定的试验条件下，液体挥发的蒸气与空气形成的混合物，遇引火源能够闪燃的液体最低温度（采用闭杯法测定），称为闪点。

（2）燃点。

在规定的试验条件下，应用外部热源使物质表面着火并持续燃烧一定时间所需的最低温度，称为燃点。

（3）自燃点。

在规定的条件下，可燃物质发生自燃的最低温度，称为自燃点。在这一温度时，物质与空气（氧）接触，不需要明火的作用，就能发生燃烧。

## 考点 4 燃烧方式分类

笔 记

**1. 气体燃烧**

（1）扩散燃烧。

扩散燃烧即可燃性气体和蒸气分子与气体氧化剂互相扩散，边混合边燃烧。

（2）预混燃烧。

预混燃烧又称爆炸式燃烧。它是指可燃气体、蒸气或粉尘预先同空气（或氧）混合，遇引火源产生带有冲击力的燃烧。

**2. 液体燃烧**

（1）闪燃。

闪燃是指易燃或可燃液体（包括可熔化的少量固体，如石蜡、樟脑、萘等）挥发出来的蒸气分子与空气混合后，达到一定的浓度时，遇引火源产生一闪即灭的现象。

（2）沸溢。

以原油为例，燃烧过程中，液体体积膨胀，向外溢出，同时部分未形成泡沫的油品也被下面的蒸气膨胀力抛出，使液面猛烈沸腾起来，就像“跑锅”一样，这种现象称为沸溢。

（3）喷溅。

在重质油品燃烧进行过程中，随着热波温度的逐渐升高，热波向下传播的距离也加大，当热波达到水垫时，水垫的水大量蒸发，蒸气体积迅速膨胀，以至把水垫上面的液体层抛向空中，向外喷射，这种现象称为喷溅。

**3. 固体燃烧**

固体燃烧方式见表 1-1-1。

**表 1-1-1 固体燃烧方式**

| 固体燃烧方式 | 特 点 |
|---|---|
| （1）蒸发燃烧 | 硫、磷、钾、钠、蜡烛、松香、沥青等可燃固体，在受到火源加热时，先熔融蒸发，随后蒸气与氧气发生燃烧反应 |
| （2）表面燃烧 | 可燃固体（例如木炭、焦炭、铁、铜等）的燃烧反应，是在其表面由氧和物质直接作用而发生的，称为表面燃烧 |
| （3）分解燃烧 | 可燃固体，例如木材、煤、合成塑料、钙塑材料等，在受到火源加热时发生的热分解燃烧 |
| （4）熏烟燃烧（阴燃） | 可燃固体在空气不流通、加热温度较低、含水分较多等条件下，通常发生只冒烟而无火焰的燃烧现象，这就是熏烟燃烧，又称阴燃 |
| （5）动力燃烧（爆炸） | 可燃固体或其分解析出的可燃挥发分遇火源所发生的爆炸式燃烧，主要包括可燃粉尘爆炸、炸药爆炸、轰燃等 |

## 考点 5 典型燃料的燃烧产物及其危害性

（1）典型燃料的燃烧产物。

1）高聚物的燃烧产物。

高聚物在燃烧（或分解）过程中，会产生 $CO$、$NO$（氮氧化物）、$HCl$、$HF$、

笔 记

$SO_2$及 $COCl_2$（光气）等有害气体，对火场人员的生命安全构成极大的威胁。

2）木材的燃烧产物。

不完全燃烧时，分解产物主要是一氧化碳、氢气和碳氢化合物；完全燃烧时，完全燃烧产物主要是二氧化碳。

3）煤的燃烧产物。

煤热分解产生挥发分的组分及其含量主要取决于煤的炭化程度和温度。燃烧产物主要有：CO、$CO_2$、$CH_4$及其同系物、不饱和烃及 CO、$CO_2$等气体。

4）金属的燃烧产物。

挥发金属（如 Li、Na、K 等）在空气中容易着火燃烧，熔融成金属液体，它们的沸点一般低于其氧化物的熔点（K 除外），因此在其表面能够生成固体氧化物。

不挥发金属因其氧化物的熔点低于金属的沸点，则在燃烧时熔融金属表面形成一层氧化物。这层氧化物在很大程度上阻碍了金属和空气中氧的接触，从而减缓了金属被氧化。

（2）燃烧产物的危害性。

1）毒害性。

统计资料表明，火灾中死亡人员中的大约 75% 是由于吸入毒性气体而致死的。燃烧产物中含有大量的有毒成分，如 CO、HCN、$SO_2$、$NO_2$等。这些气体均对人体有不同程度的危害。

重点应该掌握：

聚丙烯腈尼龙、聚氨酯等：燃烧时分解出的氰化氢（HCN）。

纺织物：燃烧时产生二氧化氮（$NO_2$）和其他氮的氧化物。

木材、丝织品、尼龙：燃烧产生的氨气（$NH_3$）。

PVC 电绝缘材料：含氯高分子材料及阻燃处理物热分解产生的氯化氢（HCl）。

2）减光性。

除毒性之外，燃烧产生的烟气还具有一定的减光性。使人们难以辨别火势发展方向和寻找安全疏散路线。同时，烟气中有些气体对人的眼睛有极大的刺激性，还能降低能见度。

## 二、难点突破

### 1. 闪点、燃点与自燃点在消防上的应用

（1）闪点是判断液体火灾危险性大小及对可燃性液体进行分类的主要依据。可燃性液体的闪点越低，其火灾危险性也越大。根据闪点的高低，可以确定生产、加工、储存可燃性液体场所的火灾危险性类别：闪点 $<28$℃ 的为甲类；28℃ $\leq$闪点 $<60$℃ 的为乙类；闪点$\geq$60℃ 的为丙类。

（2）燃点与闪点的关系。

易燃液体的燃点一般高出其闪点 1 ~ 5℃，并且闪点越低，这一差值越小，特别是在敞开的容器中很难将闪点和燃点区分开来。因此，评定这类液体火灾危险性大小时，一般用闪点。固体的火灾危险性大小一般用燃点来衡量。

（3）影响自燃点变化的规律。

不同的可燃物有不同的自燃点，同一种可燃物在不同的条件下自燃点也会发生变化。可燃物的自燃点越低，发生火灾的危险性就越大。

**2. 有些可燃固体的燃烧往往包含两种或两种以上的形式**

例如，在适当的外界条件下，木材、棉、麻、纸张等的燃烧会明显地存在分解燃烧、熏烟燃烧、表面燃烧等形式。

## 三、真题解析

**单项选择题**

1. （考点4）对于原油储罐，当罐内原油发生燃烧时，不会产生（　　）。（2016年真题）

A. 闪燃　　B. 热波　　C. 蒸发燃烧　　D. 阴燃

**【答案】** D。

**【解析】** 由本章可知，阴燃是固体的燃烧方式。因此，答案是D。

2. （考点4）汽油闪点低，易挥发，流动性好，存有汽油的储罐受热不会产生（　　）现象。（2016年真题）

A. 蒸气爆炸　　B. 容器爆炸

C. 泄漏产生流淌火　　D. 沸溢和喷溅

**【答案】** D。

**【解析】** 由本章可知，沸溢和喷溅是原油的燃烧方式。因此，答案是D。

# 第二章　火灾基础知识

## 一、考点提炼

### 考点1　按照燃烧对象的性质的火灾分类

按照燃烧对象的性质的火灾分类见表1-2-1。

**表1-2-1　按照燃烧对象的性质的火灾分类**

| 分　类 | 物质性质 | 举　例 |
|---|---|---|
| A类火灾 | 固体物质火灾 | 这种物质通常具有有机物性质，一般在燃烧时能产生灼热的余烬，例如，木材、棉、毛、麻、纸张火灾等 |
| B类火灾 | 液体或可熔化固体物质火灾 | 例如，汽油、煤油、原油、甲醇、乙醇、沥青、石蜡等火灾 |
| C类火灾 | 气体火灾 | 例如，煤气、天然气、甲烷、乙烷、氢气、乙炔等火灾 |
| D类火灾 | 金属火灾 | 例如，钾、钠、镁、钛、锆、锂等火灾 |
| E类火灾 | 带电火灾 | 物体带电燃烧的火灾，例如，变压器等设备的电气火灾等 |
| F类火灾 | 动物油脂或植物油脂火灾 | 烹饪器具内的烹饪物（如动物油脂或植物油脂）火灾 |

笔 记

笔 记

## 考点 2 按照灾害损失程度的火灾分类

按照灾害损失程度的火灾分类见表 1-2-2。

**表 1-2-2 按照灾害损失程度的火灾分类**

| 类 别 | 死亡人数 $P_{死}$ | 重伤人数 $P_{伤}$ | 直接财产损失 $L$ | 提 示 |
|---|---|---|---|---|
| 特别重大火灾 | $P_{死}\geqslant30$ 人 | $P_{伤}\geqslant100$ 人 | $L\geqslant1$ 亿元 | 在三个判定条件中，满足任何一条，该类别即成立 |
| 重大火灾 | 10 人$\leqslant P_{死}<30$ 人 | 50 人$\leqslant P_{伤}<100$ 人 | 5000 万元$\leqslant L<1$ 亿元 | |
| 较大火灾 | 3 人$\leqslant P_{死}<10$ 人 | 10 人$\leqslant P_{伤}<50$ 人 | 1000 万元$\leqslant L<5000$ 万元 | |
| 一般火灾 | $P_{死}<3$ 人 | $P_{伤}<10$ 人 | $L<1000$ 万元 | |
| 记忆节点 | 3，10，30 | 10，50，100 | 1000 万元，5000 万元，1 亿元 | |

注：“以上”包括本数，“以下”不包括本数。

## 考点 3 建筑火灾蔓延的机理与途径

（1）建筑火灾蔓延的传热基础：①热传导；②热对流；③热辐射。

（2）建筑火灾的烟气蔓延。

1）烟气流动的驱动力。

烟囱效应；火风压；外界风的作用。

2）烟气蔓延的途径。

孔洞开口蔓延；穿越墙壁的管线和缝隙蔓延；闷顶内蔓延；外墙面蔓延。

（3）建筑火灾发展的三个阶段。

建筑火灾发展过程如图 1-2-1 所示。

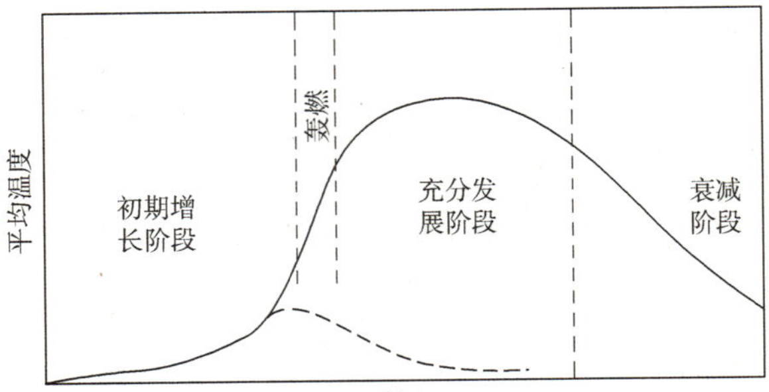


图 1-2-1 建筑室内火灾温度-时间曲线

掌握三个阶段特点：初期增长阶段；充分发展阶段；衰减阶段。

## 考点 4 灭火的基本原理与方法

灭火的基本原理与方法见表 1-2-3。

**表 1-2-3 灭火的基本原理与方法**

| 分 类 | 物质性质 |
|---|---|
| （1）冷却灭火 | 主要是将可燃物的温度降到着火点以下燃烧即会停止 |

（续）

| 分　类 | 物质性质 |
|---|---|
| （2）隔离灭火 | 主要是将可燃物与氧气、火焰隔离，就可以中止燃烧、扑灭火灾 |
| （3）窒息灭火 | 主要是降低空间的氧浓度，从而达到窒息灭火。此外，当空气中水蒸气浓度达到 35% 时，燃烧即停止，这也是窒息灭火的应用 |
| （4）化学抑制灭火 | 主要是有效地抑制自由基的产生或降低火焰中的自由基浓度，即可使燃烧中止。化学抑制灭火的灭火剂常见的有干粉和七氟丙烷 |

笔 记

## 二、难点突破

（1）火灾分类是采取合理消防技术的基础。物质特性不同，火灾类型也就不同，防火、灭火技术措施也就不同。特别需要注意的是：沥青、石蜡等可熔化固体的火灾属于 B 类火灾。

（2）在建筑火灾的初期阶段，热对流是主要的传热方式，导热处于次要地位。对于火灾轰燃的发生，热辐射发挥着重要作用。

（3）烟气蔓延的途径机理是合理划分防火分区、科学设置防火分隔物的基础。

（4）建筑火灾发展各个阶段的特点是进行建筑消防设计的依据，也是进行“性能化”防火设计中设计火灾场景的依据。

在设计火灾场景中，主要是对初期增长阶段的发展模型进行量化，如 $t^2$ 模型。

## 三、真题解析

1. （考点 1）下列物质中，火灾分类属于 A 类火灾的是（　　）。（2017 年真题）

A. 蜡　　B. 沥青　　C. 钾　　D. 棉布

**【答案】** D。

**【解析】** 蜡、沥青属于 B 类火灾，钾属于 D 类火灾。因此，答案为 D。

2. （考点 1）关于火灾类别的说法，错误的是（　　）。（2017 年真题）

A. D 类火灾是物体带电燃烧的火灾

B. A 类火灾是固体物质火灾

C. B 类火灾是液体火灾或可熔化固体物质火灾

D. C 类火灾是气体火灾

**【答案】** A。

**【解析】** D 类火灾属于金属火灾，因此选项 A 错误。

3. （考点 3）建筑保温材料内部传热的主要方式是（　　）。（2017 年真题）

A. 绝热　　B. 热传导　　C. 热对流　　D. 热辐射

**【答案】** B。

**【解析】** 物体的传热过程分为三种基本传热模式，即：热传导、热对流和热辐射。热传导，指不同温度的物体直接接触时所发生的热交换。对于建筑保温材料而言，传热的主要方式是热传导。因此，答案为 B。

笔记

# 第三章 爆炸基础知识

## 一、考点提炼

### 考点1 可燃粉尘爆炸的原理

**1. 可燃粉尘爆炸的条件**

可燃粉尘爆炸应具备3个条件，即粉尘本身具有爆炸性、粉尘必须悬浮在空气中并与空气混合到爆炸浓度、有足以引起粉尘爆炸的火源。

**2. 可燃粉尘爆炸的特点**

可燃粉尘爆炸是一种化学爆炸，连续性爆炸是粉尘爆炸的最大特点。

**3. 影响粉尘爆炸的因素**

影响粉尘爆炸的因素见表1-3-1。

**表1-3-1 影响粉尘爆炸的因素**

| 影响粉尘爆炸的因素 | 机 理 |
|---|---|
| 颗粒的尺寸 | 颗粒越细小，其比表面积越大，氧吸附也越多，在空中悬浮时间越长，爆炸危险越大 |
| 粉尘浓度 | 粉尘爆炸与可燃气体、蒸气一样，也有一定的浓度极限，即也存在粉尘爆炸的上、下限，单位用 g/m³ 表示。粉尘的爆炸上限值很大，例如糖粉的爆炸上限值为13500g/m³，如此高的悬浮粉尘浓度，只有沉积粉尘受冲击波作用才能形成 |
| 空气的含水量 | 空气中含水量越高，粉尘的最小引爆能量越高 |
| 含氧量 | 随着含氧量的增加，爆炸浓度极限范围扩大 |
| 可燃气体含量 | 有粉尘的环境中存在可燃气体时，会大大增加粉尘爆炸的危险性 |

### 考点2 爆炸极限

（1）气体和液体蒸气的爆炸极限。

气体和液体蒸气的爆炸极限通常用体积分数（%）表示。不同的物质由于其理化性质不同，其爆炸极限也不同。即使是同一种物质，在不同的外界条件下，其爆炸极限也不同。通常，在氧气中的爆炸极限要比在空气中的爆炸极限范围宽。

（2）可燃粉尘的爆炸极限。

可燃粉尘的爆炸极限通常用单位体积中粉尘的质量（g/m³）表示。因为可燃粉尘爆炸浓度上限太大，以致在多数场合都不会达到，所以没有实际意义，通常只应用粉尘的爆炸下限。

（3）爆炸混合物浓度与危险性的关系。

当混合物中可燃物质的浓度增加到稍高于化学计量浓度时，可燃物质与空气中的氧发生充分反应，所以爆炸放出的热量最多，产生的压力最大。当混合物中可燃物质浓度超过化学计量浓度时，爆炸放出的热量和爆炸压力随可燃物质浓度的增加而降低。

### 考点3 爆炸危险源与最小点火能量

（1）常见爆炸引火源（表1-3-2）。

**表1-3-2 常见爆炸引火源**

| 引火源类别 | 引火源举例 | 引火源类别 | 引火源举例 |
|---|---|---|---|
| 机械火源 | 撞击、摩擦 | 电火源 | 电火花、静电火花、雷电 |
| 热火源 | 高温热表面、日光照射并聚焦 | 化学火源 | 明火、化学反应热、发热自燃 |

（2）最小点火能量。

所谓最小点火能量，是指在一定条件下，每一种气体爆炸混合物的起爆最小点火能量，目前都采用毫焦（mJ）作为最小点火能量的单位。通过对气体和粉尘最小点火能量的对比，可以看出：粉尘爆炸所需要的最小点火能量比部分可燃气体和蒸气要高很多倍。

## 二、难点突破

1. 爆炸极限是评定可燃气体火灾危险性大小的依据，爆炸范围越大，下限越低，火灾危险性就越大。

爆炸极限也是选择电气防爆形式的依据。生产、储存爆炸下限小于10%的可燃气体的工业场所，应选用隔爆型防爆电气设备；生产、储存爆炸下限大于或等于10%的可燃气体的工业场所，可选用任一防爆型电气设备。

2. 根据爆炸极限确定安全操作规程，例如，采用可燃气体或蒸气氧化法生产时，应使可燃气体或蒸气与氧化剂的配比处于爆炸极限范围以外，若处于或接近爆炸极限范围进行生产时，应充惰性气体稀释和保护。

## 三、实训实练

**单项选择题**

1. 引燃爆炸性气体的混合物的火源能量越大，爆炸极限（　　）。

A. 上下限之间范围越小　　B. 上下限之间范围越大

C. 上限越高　　D. 下限越低

2. 爆炸性混合物在不同浓度时发生爆炸所产生的压力和放出的热量不同，当（　　）时爆炸放出的热量最多，产生的压力最大。

A. 处于爆炸浓度上限

B. 处于爆炸浓度下限

C. 可燃物质的浓度增加到稍高于化学计量浓度

D. 可燃物质的浓度远远超过化学计量浓度

**【答案】**1. B　2. C

笔 记

笔 记

# 第四章　易燃易爆危险品消防安全知识

## 一、考点提炼

### 考点 1　爆炸品的分类及特性参数

**1. 爆炸品定义**

爆炸品实际上是火药、炸药和爆炸性药品及其制品的总称。

**2. 爆炸品的特性及参数**

（1）爆炸性。

爆炸品都具有化学不稳定性，在一定的作用下，致使周围的温度迅速上升和产生巨大的压力而引起爆炸。

（2）敏感度。

任何一种爆炸品的爆炸都需要外界供给它一定的能量——起爆能。不同的炸药所需的起爆能也不同。某一炸药所需的最小起爆能，即为该炸药的敏感度。

### 考点 2　易燃气体的定义及分级

**1. 易燃气体的定义**

易燃气体是指：温度在 20℃、标准大气压 101.3kPa 时，爆炸下限≤13%（体积），或燃烧范围不小于 12 个百分点（爆炸浓度极限的上、下限之差）的气体。

**2. 易燃气体的火灾危险性**

①易燃易爆性；②扩散性；③可缩性和膨胀性；④带电性；⑤腐蚀性、毒害性。

### 考点 3　易燃液体的定义及分类

**1. 易燃液体的定义**

易燃液体是指闭杯试验闪点＜61℃的液体、液体混合物或含有固体混合物的液体。

**2. 易燃液体的火灾危险性**

①易燃性；②爆炸性；③受热膨胀性；④流动性；⑤带电性；⑥毒害性。

### 考点 4　易燃固体、易于自燃的物质、遇水放出易燃气体的物质

**1. 易燃固体的定义、分级**

易燃固体是指燃点低，对热、撞击、摩擦敏感，易被外部火源点燃，燃烧迅速，并可能散发出有毒烟雾或有毒气体的固体。但不包括已列入爆炸品的物质。

（1）易燃固体的分类与分级。

根据燃点的高低，燃烧物质可分为易燃固体和可燃固体。通常燃点高于

300℃的固体称为可燃固体，如农副产品及其制品（也称易燃货物）。燃点低于300℃的固体称为易燃固体，如大部分化工原料及其制品，但合成橡胶、合成树脂、合成纤维属可燃固体。

（2）易燃固体包括的范围：固态退敏爆炸品；自反应物质。

（3）易燃固体的火灾危险性：燃点低、易点燃；遇酸、氧化剂易燃易爆；本身或燃烧产物有毒。

**2. 易于自燃的物质**

（1）发火物质。

发火物质是指即使只有少量物品与空气接触，在不到5min内便燃烧的物质，包括混合物和溶液（液体和固体），如白磷、三氯化钛等。

（2）自热物质。

自热物质是指发火物质以外的与空气接触无须能源供应便能自己发热的物质，如赛璐珞碎屑、油纸、潮湿的棉花等。

**3. 遇水放出易燃气体的物质**

遇水放出易燃气体的物质是指遇水放出易燃气体，并且该气体与空气混合能够形成爆炸性混合物的物质。

（1）遇水发生剧烈的化学反应，释放出的热量能把反应产生的可燃气体加热到自燃点，不经点火也会着火燃烧，如金属钠、碳化钙等。

（2）遇水能发生化学反应，但释放出的热量较少，不足以把反应产生的可燃气体加热至自燃点，但当可燃气体一旦接触火源也会立即着火燃烧，如氢化钙、连二亚硫酸钠（保险粉）等。

### 考点5　氧化性物质和有机过氧化物

**1. 氧化性物质**

（1）氧化性物质的分类。

氧化性物质按物质形态，可分为固体氧化性物质和液体氧化性物质。

根据氧化性能强弱，无机氧化性物质通常分为两级。一级主要是碱金属或碱土金属的过氧化物和盐类，如过氧化钠、高氯酸钠、硝酸钾、高锰酸钾等。除一级外的所有无机氧化剂均为二级氧化性物质，如亚硝酸钠、亚氯酸钠、连二硫酸钠、重铬酸钠、氧化银等。

（2）氧化性物质的火灾危险性。

多数氧化性物质的特点是氧化价态高，金属活泼性强，易分解，有极强的氧化性，本身不燃烧但与可燃物作用能发生着火和爆炸。

**2. 有机过氧化物**

有机过氧化物是一种含有过氧基（—O—O—）结构的有机物质，也可能是过氧化氢的衍生物，如过甲酸（HCOOOH）、过乙酸（$CH_3COOOH$）等。

其火灾危险性：分解爆炸性；易燃性。

## 二、难点突破

（1）应当注意：《易燃易爆物品　火灾危险性分级及试验方法》第1部分：

笔　记

笔 记

火灾危险性分级（GA/T 536.1—2013）对于易燃气体、液体的分级与建筑设计防火规范之间存在差异，不要混淆。

（2）特别应当注意：易燃气体、液体的带电性。

（3）应当掌握易燃固体的分类与分级。

表 1-4-1 中的易燃固体的分类与分级应当掌握。

**表 1-4-1　易燃固体的分类与分级**

| 级　别 | 分　类 | | 举　例 |
|---|---|---|---|
| 一级（甲） | 燃点低、易燃烧、燃烧迅速和猛烈，并放出有毒气体 | 赤磷及含磷化合物 | 赤磷、三硫化四磷、五硫化二磷等 |
| | | 硝基化合物 | 二硝基甲苯、二硝基萘、硝化棉等 |
| | | 其他 | 闪光粉、氨基化钠、重氮氨基苯等 |
| 二级（乙） | 燃点较高、燃烧较慢、燃烧产物毒性也较小 | 硝基化合物 | 硝基芳烃、二硝基丙烷等 |
| | | 易燃金属粉 | 铝粉、镁粉、锰粉等 |
| | | 萘及其衍生物 | 萘、甲基萘等 |
| | | 碱金属氨基化合物 | 氨基化钠、氨基化钙 |
| | | 硝化棉制品 | 硝化纤维漆布、赛璐珞板等 |
| | | 其他 | 硫黄、生松香、聚甲醛等 |

## 三、真题解析

### （一）单项选择题

1.（考点 4）下列易燃固体中，燃点低、易燃烧并能释放出有毒气体的是（　　）。（2017 年真题）

A. 萘　　B. 赤磷　　C. 硫黄　　D. 镁粉

【答案】B。

【解析】燃点低、易燃烧、燃烧迅速和猛烈，并能放出有毒气体的包括：赤磷及含磷化合物，硝基化合物等，因此答案为 B。

2. 某机械加工厂所在地区的最小频率风向为西南风，最大频率风向为西北风，拟在厂区内新建一座总储量 15t 的电石仓库。该电石仓库的下列选址位置中，符合防火要求的是（　　）。（2016 年真题）

A. 生产区内的西南角，靠近需要电石的戊类厂房附近地势比较低的位置

B. 辅助生产区内的东南角，地势比较低的位置

C. 储存区的东北角，地势比较高的位置

D. 生产区内的东北角，靠近需要电石的戊类厂房附近地势比较低的位置

【答案】C。

【解析】碳化钙（电石）、金属钠，遇水发生剧烈的化学反应，释放出的热量能把反应产生的可燃气体加热到自燃点，不经点火也会着火燃烧。

所以，碳化钙应该储存在地势比较高的位置。

因此，单凭这一点，就可以判定：答案为 C。

### （二）多项选择题

（考点 4）下列储存物品中，属于乙类火灾危险性分类的有（　　）。（2016

年真题)

A. 煤油 B. 乙烯 C. 油布 D. 赤磷

E. 硝酸铜

**【答案】** ACE。

**【解析】** 查《建筑设计防火规范》(GB 50016—2016)条文说明的表3，可知：煤油、油布、硝酸铜都属于乙类，乙烯属于甲类。

由本章考点4和表1-4-1可知：赤磷及含磷化合物属于甲类。

笔记

笔 记

# 第二篇　建筑防火设计与检查

本篇的思维导图如图 2-1 所示。

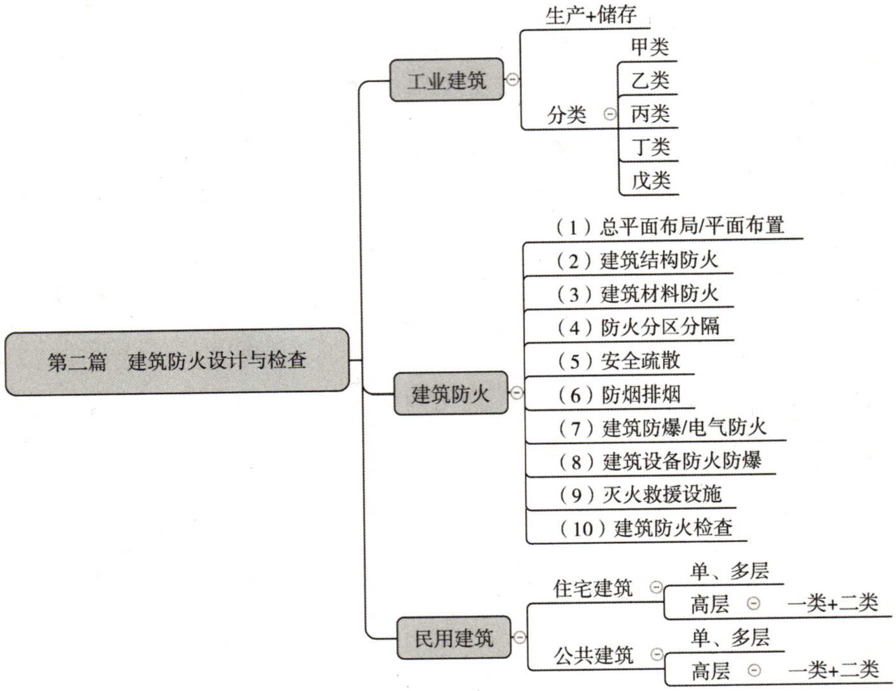


图 2-1　建筑防火设计与检查思维导图

## 第一章　生产和储存物品的火灾危险性分类

### 一、考点提炼

#### 考点 1　生产的火灾危险性的判定

（1）生产类别为甲、乙、丙、丁、戊类的火灾危险性特征（表 2-1-1）。

**表 2-1-1　生产的火灾危险性分类及举例**

| 生产类别 | 火灾危险性特征 | 火灾危险性分类举例 |
|---|---|---|
| 甲 | （1）闪点＜28℃的液体<br>（2）爆炸下限＜10%的气体<br>（3）常温下能自行分解或在空气中氧化能导致迅速自燃或爆炸的物质 | （1）二硫化碳的粗馏、精馏工段及其应用部位，青霉素提炼部位，冰片精制部位，农药厂房、乐果厂房，敌敌畏的合成厂房，甲醇、乙醇、丙酮、丁酮异丙醇、醋酸乙酯、苯等的合成或精制厂房，集成电路工厂的化学清洗间（使用闪点小于 28℃的液体），植物油加工厂的浸出厂房（车间），白酒液态法酿酒车间、酒精蒸馏塔，酒精度为 38 度及以上的勾兑车间、灌装车间、酒泵房，白兰地蒸馏车间、勾兑车间、灌装车间、酒泵房等 |

（续）

| 生产类别 | 火灾危险性特征 | 火灾危险性分类举例 |
|---|---|---|
| 甲 | （4）常温下受到水或空气中水蒸气的作用，能产生可燃气体并引起燃烧或爆炸的物质<br>（5）遇酸、受热、撞击、摩擦、催化以及遇有机物或硫黄等易燃的无机物，极易引起燃烧或爆炸的强氧化剂<br>（6）受撞击、摩擦或与氧化剂、有机物接触时能引起燃烧或爆炸的物质<br>（7）在密闭设备内操作温度不小于物质本身自燃点的生产 | （2）乙炔站，氢气站，石油气体分馏（或分离）厂房，氯乙烯厂房，乙烯聚合厂房，天然气、石油伴生气、矿井气、水煤气等厂房<br>（3）硝化棉厂房及其应用部位，赛璐珞厂房，黄磷制备厂房及其应用部位，丙烯腈厂房等<br>（4）金属钠、钾加工厂房及其应用部位，聚乙烯厂房的一氧二乙基铝部位，三氯化磷厂房，多晶硅车间三氯氢硅部位，五氧化二磷厂房<br>（5）氯酸钠、氯酸钾厂房及其应用部位，过氧化氢厂房，过氧化钠、过氧化钾厂房，次氯酸钙厂房<br>（6）赤磷制备厂房及其应用部位，五硫化二磷厂房及其应用部位<br>（7）洗涤剂厂房石蜡裂解部位，冰醋酸裂解厂房 |
| 乙 | （1）28℃≤闪点＜60℃的液体<br>（2）爆炸下限≥10%的气体<br>（3）不属于甲类的氧化剂<br>（4）不属于甲类的易燃固体<br>（5）助燃气体<br>（6）能与空气形成爆炸性混合物的浮游状态的粉尘、纤维、闪点≥60℃的液体雾滴 | （1）闪点大于或等于28℃至小于60℃的油品和有机溶剂的提炼、回收、洗涤部位及其泵房，煤油灌桶间等<br>（2）一氧化碳压缩机室及净化部位，发生炉煤气或鼓风炉煤气净化部位，氨压缩机房<br>（3）发烟硫酸或发烟硝酸浓缩部位，高锰酸钾厂房，重铬酸钠（红钒钠）厂房<br>（4）樟脑或松香提炼厂房，硫黄回收厂房，焦化厂精萘厂房<br>（5）氧气站，空分厂房<br>（6）铝粉或镁粉厂房，金属制品抛光部位，煤粉厂房、面粉厂的碾磨部位、活性炭制造及再生厂房，谷物筒仓的工作塔，亚麻厂的除尘器和过滤器室 |
| 丙 | 生产时使用或产生的物质特征<br>（1）闪点≥60℃的液体<br>（2）可燃固体 | （1）闪点大于或等于60℃的油品和有机液体的提炼、回收工段及其抽送泵房，油浸式变压器室，机器油或变压油灌桶间，润滑油再生部位，配电室（每台装油量大于60kg的设备），沥青加工厂房，植物油加工厂的精炼部位<br>（2）煤、焦炭、木工厂房，竹、藤加工厂房，橡胶制品的压延厂房，针织品厂房，纺织、印染、化纤生产的干燥部位，服装加工厂房，棉花加工和打包厂房，造纸厂备料、干燥厂房等 |
| 丁 | （1）对不燃烧物质进行加工，并在高温或熔化状态下经常产生强辐射热、火花或火焰的生产<br>（2）利用气体、液体、固体作为燃料或将气体、液体进行燃烧作其他用的各种生产<br>（3）常温下使用或加工难燃烧物质的生产 | （1）金属冶炼、锻造、铆焊、热轧、铸造、热处理厂房<br>（2）锅炉房，玻璃原料熔化厂房，灯丝烧拉部位，保温瓶胆厂房，陶瓷制品的烘干、烧成厂房，蒸汽机车库，石灰焙烧厂房，电石炉部位，耐火材料烧成部位，转炉厂房，硫酸车间焙烧部位，电极煅烧工段配电室（每台装油量小于或等于60kg的设备）<br>（3）难燃铝塑材料的加工厂房，酚醛泡沫塑料的加工厂房，印染厂的漂炼部位，化纤厂后加工润湿部位 |
| 戊 | 常温下使用或加工不燃烧物质的生产 | 制砖车间，石棉加工车间，水泥厂的轮窑厂房，加气混凝土厂的材料准备、构件制作厂房等 |

笔记

笔 记

（2）可不按危险物质火灾危险特性确定生产火灾危险性类别的最大允许量。

在生产过程中虽然使用或产生易燃、可燃物质，但是数量很少，当气体全部放出，气体也不能在整个厂房内达到爆炸极限，或者即使可燃液体全部燃烧也不能使建筑物起火造成灾害，此时可以按实际情况确定其火灾危险性的类别。

如机械修配厂或修理车间，虽然使用少量的汽油等甲类溶剂清洗零件，但不会因此而产生爆炸，所以该厂房不能按甲类厂房处理，仍应按戊类厂房考虑。

### 考点2　储存物品火灾危险性的判定

储存物品的火灾危险性分为五类，甲、乙分类及举例见表2-1-2。

**表2-1-2　储存物品的火灾危险性分类及举例**

| 类　别 | 火灾危险性特征 | 举　例 |
| --- | --- | --- |
| 甲 | 与表2-1-1基本相同 | （1）己烷，戊烷，环戊烷，石脑油，二硫化碳，苯、甲苯，甲醇、乙醇，乙醚，蚁酸甲酯、醋酸甲酯、硝酸乙酯，汽油，丙酮，丙烯，酒精度为38度以上的白酒<br>（2）乙炔，氢，甲烷，环氧乙烷，水煤气，液化石油气，乙烯、丙烯、丁二烯，硫化氢，氯乙烯，电石，碳化铝<br>（3）硝化棉，硝化纤维胶片，喷漆棉，火胶棉，赛璐珞棉，黄磷<br>（4）金属钾、钠、锂、钙、锶，氢化锂、氢化钠，四氢化锂铝<br>（5）氯酸钾、氯酸钠，过氧化钾、过氧化钠，硝酸铵<br>（6）赤磷，五硫化磷，三硫化磷（五硫化二磷，三硫化二磷） |
| 乙 | （1）~（5）项与表2-1-1基本相同<br>（6）常温下与空气接触能缓慢氧化，积热不散引起自燃的物品 | （1）煤油，松节油，溶剂油，冰醋酸，樟脑油<br>（2）氨气、一氧化碳<br>（3）硝酸铜，铬酸，亚硝酸钾，重铬酸钠，铬酸钾，硝酸，硝酸汞、漂白粉<br>（4）硫黄，镁粉，铝粉，赛璐珞板（片），樟脑，萘，生松香，硝化纤维漆布<br>（5）氧气，氟气，液氯<br>（6）漆布及其制品，油布及其制品，油纸及其制品，油绸及其制品 |

## 二、难点突破

**1. 应当掌握按实际情况确定火灾危险性的情况**

（1）同一座厂房（仓库）的任一防火分区内有不同火灾危险性生产时，厂房（仓库）或防火分区内的生产火灾危险性类别应按火灾危险性较大的部分确定。

（2）当生产过程中使用或产生易燃、可燃物的量较少，不足以构成爆炸或火灾危险时，可按实际情况确定。

当符合下述条件之一时，可按火灾危险性较小的部分确定：

1）火灾危险性较大的生产部分占本层或本防火分区建筑面积的比例小于5%或丁、戊类厂房内的油漆工段小于10%，且发生火灾事故时不足以蔓延至其他部位或火灾危险性较大的生产部分采取了有效的防火措施。

2）丁、戊类厂房内的油漆工段，当采用封闭喷漆工艺，封闭喷漆空间内保持负压、油漆工段设置可燃气体探测报警系统或自动抑爆系统，且油漆工段占所在防火分区建筑面积的比例不大于20%。

在2015～2017年注册消防工程师考试《消防安全技术实务》试题的选择题中，出现了以下物质危险性的判定：面粉厂房；大豆油浸出车间厂房（考了两次）；木器厂房、油漆、稀释剂（甲苯和香蕉水）、电石、煤油、赤磷等物质火灾危险性的判定问题。

（3）含包装材料的丁、戊类物品危险性的判定。

这两类物品仓库，除考虑物品本身的燃烧性能外，还要考虑可燃包装材料的数量，当可燃包装材料重量超过丁、戊类物品本身重量的1/4时，或可燃包装（如泡沫塑料等）的体积大于物品本身体积的1/2时，这类物品仓库的火灾危险性应为丙类。

**2. 应当掌握典型厂房和仓库的火灾危险**

（1）凡是《消防安全技术实务》和《消防安全技术综合能力》教材里出现的，应当重点掌握。

例如：金属钠、电石（碳化钙）、煤粉、赤磷等。

（2）凡是《消防安全案例分析》这本教材里出现的，应当重点掌握。

例如：植物油的浸出厂房、甲醇厂房、木器厂房、电子厂房、面粉碾磨厂房、酚醛泡沫塑料加工厂房、油浸式变压器室（丙类）、氧气站、锅炉房（丁类）、石棉加工车间等。

在2015～2017年注册消防工程师考试中，以上典型物质或场所的火灾危险性出现比较多。

## 三、真题解析

### （一）单项选择题

（考点1）某大型食品冷藏库独立建造一个氨制冷机房，该氨制冷机房应确定为（　　）。（2017年真题）

A. 乙类厂房　　B. 乙类仓库　　C. 甲类厂房　　D. 甲类仓库

**【答案】** A。

**【解析】** 根据表2-1-1：氨制冷机房属于乙类厂房。因此，答案为A。

### （二）多项选择题

1.（考点2）下列储存物品中，火灾危险性类别属于甲类的有（　　）。（2017年真题）

A. 石脑油　　B. 樟脑油　　C. 润滑油　　D. 汽油

E. 煤油

**【答案】** AD。

**【解析】** 根据表2-1-2，石脑油、汽油的火灾危险性为甲类，樟脑油、煤油的火灾危险性为乙类，润滑油为丙类。因此，答案为AD。

2.（考点1、2）下列物品中，储存与生产火灾危险性类别不同的有（　　）。（2017年真题）

笔 记

A. 铝粉　　B. 竹藤家具　　C. 漆布　　D. 桐油织物
E. 谷物面粉

【答案】CDE。

【解析】漆布、桐油织物生产属于丙类厂房，储存属于乙类仓库；面粉厂的碾磨车间生产属于乙类火灾危险性，储存属于丙类仓库。因此，答案为 CDE。

# 第二章　建筑分类与耐火等级

## 一、考点提炼

### 考点 1　按照火灾危险性的民用建筑分类

《建筑设计防火规范》（GB 50016—2014）对于民用建筑的分类见表 2-2-1。

**表 2-2-1　民用建筑的分类**

| 名称 | 高层民用建筑 | | 单、多层民用建筑 |
|---|---|---|---|
| | 一类 | 二类 | |
| 住宅建筑 | $h>54m$ 的住宅建筑（包括设置商业服务网点的住宅建筑） | $27m<h\leqslant54m$ 的住宅建筑（包括设置商业服务网点的住宅建筑） | $h\leqslant27m$ 的住宅建筑（包括设置商业服务网点的住宅建筑） |
| 公共建筑 | （1）$h>50m$ 的公共建筑<br>（2）$h>24m$ 以上部分，任一楼层建筑面积大于 $1000m^2$ 的商店、展览、电信、邮政、财贸金融建筑和其他多种功能组合的建筑（不包括住宅与公共建筑组合建造的情况）<br>（3）医疗建筑、重要公共建筑、独立建造的老年人照料设施<br>（4）省级及以上的广播电视和防灾指挥调度建筑、网局级和省级电力调度<br>（5）藏书超过 100 万册的图书馆、书库 | 除住宅建筑和一类高层公共建筑外的其他高层公共建筑 | （1）$h>24m$ 的单层公共建筑<br>（2）$h\leqslant24m$ 的其他公共建筑 |

### 考点 2　建筑材料燃烧性能等级及附加信息标识

建筑材料及制品的燃烧性能等级见表 2-2-2。

**表 2-2-2　建筑材料及制品的燃烧性能等级**

| 燃烧性能等级 | 名　称 | 燃烧性能等级 | 名　称 |
|---|---|---|---|
| A | 不燃材料（制品） | B2 | 可燃材料（制品） |
| B1 | 难燃材料（制品） | B3 | 易燃材料（制品） |

当按规定需要显示附加信息时，燃烧性能等级标识如图 2-2-1 所示。

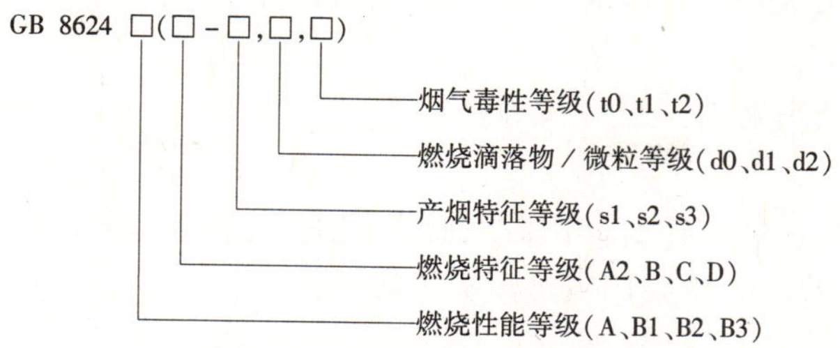


图 2-2-1 燃烧性能等级标识图

笔 记

示例：GB 8624 B1（B－s1，d0，t1），表示属于难燃 B1 级建筑材料及制品，燃烧性能细化分级为 B 级，产烟特性等级为 s1 级，燃烧滴落物/微粒等级为 d0 级，烟气毒性等级为 t1 级。

## 考点 3 建筑构件的耐火极限的定义及判定

**1. 建筑构件的耐火极限三个判定条件的含义：**

①支持能力是指在标准耐火试验条件下，承重或非承重建筑构件在一定时间内抵抗垮塌的能力；②耐火完整性是指在标准耐火试验条件下，建筑分隔构件当某一面受火时，能在一定时间内防止火焰和热气穿透或在背火面出现火焰的能力；③耐火隔热性是指在标准耐火试验条件下，建筑分隔构件当某一面受火时，能在一定时间内其背火面温度不超过规定值的能力。

**2. 不同类型的建筑构件，耐火极限的判定标准各异**

对于不同类型的建筑构件，耐火极限的判定标准不一样，例如非承重墙体、防火门等，其耐火极限测定主要考察该墙体在试验条件下的完整性能和隔热性能；而像梁、墙、柱等承重构件的耐火极限测定则主要考察其在试验条件下的承载力和稳定性能。

因此，对于不同的建筑结构或构配件，耐火极限的判定标准和所代表的含义也不完全一致，详见现行国家标准《建筑构件耐火试验方法》（GB/T 9978）。

注意：当到达第一个判定标准时，就认为达到了耐火极限。

## 考点 4 各类建筑耐火等级、层数要求

**1. 厂房、仓库**

（1）耐火等级。

高层厂房，甲、乙类厂房的耐火等级不应低于二级，建筑面积不大于 $300m^2$ 的独立甲、乙类单层厂房可采用三级耐火等级的建筑。

（2）层数。

1）甲类除生产必须采用多层者外，宜采用单层。

2）甲类仓库只允许是单层。

3）甲、乙类生产场所（仓库）不应设置在地下或半地下。

**2. 民用建筑**

（1）耐火等级。

1）地下或半地下建筑（室）和一类高层建筑的耐火等级不应低于一级。

笔 记

2）单、多层重要公共建筑、二类高层建筑的耐火等级不应低于二级。

（2）层数。

1）民用建筑当采用三级耐火等级的建筑，最多为5层；采用四级耐火等级的建筑最多为2层。

2）商店建筑、展览建筑、医院和疗养院的住院部、教学建筑、食堂、菜市场、剧场、电影院、礼堂采用三级耐火等级建筑时，不应超过2层；采用四级耐火等级建筑时，应为单层。

3）营业厅、展览厅设置在三级耐火等级的建筑内时，应布置在首层或二层；设置在四级耐火等级的建筑内时，应布置在首层。

营业厅、展览厅不应设置在地下三层及以下楼层。地下或半地下营业厅、展览厅不应经营、储存和展示甲、乙类火灾危险性物品。

4）托儿所、幼儿园的儿童用房和儿童游乐厅等儿童活动场所宜设置在独立的建筑内，且不应设置在地下或半地下；当采用一、二级耐火等级的建筑时，不应超过3层；采用三级耐火等级的建筑时，不应超过2层；采用四级耐火等级的建筑时，应为单层。

5）独立建造的老年人照料设施（一、二级耐火等级），建筑高度不宜大于32m，不应大于54m，三级耐火等级不应超过2层。

## 二、难点突破

**1. 一类高层公共建筑分类的特别注意事项**

一类高层公共建筑的分类中：$h>24\text{m}$ 以上部分任一楼层建筑面积大于 $1000\text{m}^2$ 的商店、展览、电信、邮政、财贸金融建筑和其他多种功能组合的建筑。

注意：此类不包括住宅与公共建筑组合建造的情况。

**2. 商业服务网点的具体要求**

（1）面积要求。设置在住宅建筑的首层或首层及二层，每个分隔单元建筑面积不大于 $300\text{m}^2$ 的商店、邮政所、储蓄所、理发店等小型营业性用房。

“建筑面积”是指设置在住宅建筑首层或首层及二层，且相互完全分隔后的每个小型商业用房的总建筑面积。例如，一个有2层上、下层商业用房直接相通的商业服务网点，该“建筑面积”为该商业服务网点首层和二层商业用房的建筑面积之和。

商业服务网点包括百货店、副食店、粮店、邮政所、储蓄所、理发店、洗衣店、药店、洗车店、餐饮店等小型营业性用房。

注意：若不符合商业网点面积的要求，那么，该建筑就不属于住宅类，而是属于公共建筑。

（2）防火分隔要求。商业服务网点中每个分隔单元之间应采用耐火极限不低于2.00h且无门、窗、洞口的防火隔墙相互分隔。

**3. 厂房和仓库耐火等级的选定中特殊情况**

（1）厂房。

1）使用或产生丙类液体的厂房和有火花、赤热表面、明火的丁类厂房，其耐火等级均不应低于二级；当为建筑面积不大于 $500\text{m}^2$ 的单层丙类厂房或建筑面

积不大于 $1000m^2$ 的单层丁类厂房时，可采用三级耐火等级的建筑。

2）使用或储存特殊贵重的机器、仪表、仪器等设备或物品的建筑，其耐火等级不应低于二级。

3）锅炉房的耐火等级不应低于二级，当为燃煤锅炉房且锅炉的总蒸发量不大于 4t/h 时，可采用三级耐火等级的建筑。

4）油浸式变压器室、高压配电装置室的耐火等级不应低于二级。

（2）仓库。

1）高架仓库、高层仓库、甲类仓库、多层乙类仓库和储存可燃液体的多层丙类仓库，其耐火等级不应低于二级。

2）粮食筒仓的耐火等级不应低于二级；二级耐火等级的粮食筒仓可采用钢板仓。

**4. 厂房和仓库建筑构件的耐火极限特殊要求**

1）甲、乙类厂房和甲、乙、丙类仓库内的防火墙，其耐火极限不应低于 4. 00h。

2）一、二级耐火等级单层厂房（仓库）的柱，其耐火极限分别不应低于 2. 50h 和 2. 00h。

3）采用自动喷水灭火系统全保护的一级耐火等级单、多层厂房（仓库）的屋顶承重构件，其耐火极限不应低于 1. 00h。

**5. 民用建筑构件耐火极限的特殊要求**

1）建筑高度大于 100m 的民用建筑，其楼板的耐火极限不应低于 2. 00h。

2）二级耐火等级建筑内采用不燃材料的顶棚，其耐火极限不限。

3）三级耐火等级的医疗建筑、中小学校的教学建筑、老年人建筑及托儿所、幼儿园的儿童用房和儿童游乐厅等儿童活动场所的顶棚，应采用不燃材料；当采用难燃材料时，其耐火极限不应低于 0. 25h。

**6. 工业与民用建筑相同的要求**

1）一、二级耐火等级的民用建筑、厂房（仓库）的上人平屋顶，其屋面板的耐火极限分别不应低于 1. 50h 和 1. 00h。

2）建筑中的非承重外墙、房间隔墙和屋面板，当确需采用金属夹心板材时，其芯材应为不燃材料，且耐火极限应符合规范的有关规定。

## 三、真题解析

### 单项选择题

1. （考点 3）在标准耐火试验条件下对 4 组承重墙试件进行耐火极限测定，试验结果如下表所示。表中数据正确的试验序号是（　　）。(2017 年真题)

| 序　　号 | 承载能力/min | 完整性/min | 隔热性/min |
|---|---|---|---|
| 1 | 130 | 120 | 115 |
| 2 | 130 | 135 | 115 |
| 3 | 115 | 120 | 120 |
| 4 | 115 | 115 | 120 |

笔 记

笔记

A. 序号 2　　B. 序号 1

C. 序号 3　　D. 序号 4

【答案】B。

【解析】对于不同类型的建筑构件，耐火极限的判定标准也不一样。

题中测定的为承重墙试件，应以失去承载力作为判断标准。对于墙体，当失去完整性时，一定失去了隔热性。所以，耐火极限时间排序应为：$t_{承载能力} > t_{完整性} > t_{隔热性}$。因此，答案为 B。

2. （考点 4）某多层丙类仓库，采用耐火预应力钢筋混凝土楼板，耐火极限为 0.85h；钢结构屋顶承重构件采用防火涂料保护，耐火极限为 0.90h；吊顶轻钢龙骨石膏板，耐火极限为 0.15h；外墙采用难燃性墙体，耐火极限为 0.50h；仓库内设有自动喷水灭火系统，该仓库的下列结构中，不满足二级耐火等级建筑要求的是（　　）。(2017 年真题)

A. 预应力钢筋混凝土楼板　　B. 钢结构屋顶承重构件

C. 轻钢龙骨石膏板吊顶　　D. 难燃性外墙

【答案】B。

【解析】二级耐火等级多层厂房和多层仓库内采用预应力钢筋混凝土的楼板，其耐火极限不应低于 0.75h；采用自动喷水灭火系统全保护的一级耐火等级单、多层厂房（仓库）的屋顶承重构件，其耐火极限不应低于 1.00h；故 B 项错误。

二级耐火等级建筑内采用不燃材料的吊顶，其耐火极限不限；除甲、乙类仓库和高层仓库外，一、二级耐火等级建筑的非承重外墙，当采用不燃性墙体时，其耐火极限不应低于 0.25h；当采用难燃性墙体时，耐火极限不应低于 0.50h。因此，答案为 B。

3. （考点 1）某 16 层民用建筑，一至三层为商场，每层建筑面积为 $3000m^2$；四至十六层为单元式住宅，每层建筑面积为 $1200m^2$；建筑首层室内地坪标高为 ±0.000m，室外地坪标高为 -0.300m，商场平层面面层标高为 14.600m，住宅平屋面面层标高为 49.7m，女儿墙顶部标高为 50.900m，根据《建筑设计防火规范》(GB 50016—2014）规定的建筑分类，该建筑的类别应确定为（　　）。

A. 二类高层公共建筑　　B. 一类高层公共建筑

C. 一类高层住宅建筑　　D. 二类高层住宅建筑

【答案】A。

【解析】

（1）善于忽略无用条件，如本题中的：商场平层面面层标高为 14.600m；女儿墙顶部标高为 50.900m，这种忽略基于对基础知识的熟练掌握。

（2）一类高层公共建筑：$h > 24m$ 以上部分，任一楼层建筑面积大于 $1000m^2$ 的商店、展览、电信、邮政、财贸金融建筑和其他多种功能组合的建筑。此类不包括住宅与公共建筑组合建造的情况。显然，此题不符合一类高层公共建筑。

# 第三章　总平面布局和平面布置

笔 记

## 一、考点提炼

### 考点1　建筑消防安全布局

**1. 建筑选址**

（1）周围环境。

生产、储存和装卸易燃易爆危险物品的工厂、仓库和专用车站、码头，必须设置在城市的边缘或者相对独立的安全地带。易燃易爆气体和液体的充装站、供应站、调压站，应当设置在合理的位置，符合防火防爆要求。

（2）地势条件。

甲、乙、丙类液体的仓库，宜布置在地势较低的地方，以免火灾对周围环境造成威胁；若布置在地势较高处，则应采取防止液体流散的措施。乙炔站等遇水产生可燃气体容易发生火灾爆炸的企业，严禁布置在可能被水淹没的地方。生产、储存爆炸物品的企业，应利用地形，选择多面环山、附近没有建筑的地方。

（3）主导风向。

散发可燃气体、可燃蒸气和可燃粉尘的车间、装置等，宜布置在明火或散发火花地点的常年主导风向的下风向或侧风向。液化石油气储罐区宜布置在本单位或本地区全年最小频率风向的上风侧，并选择通风良好的地点独立设置。易燃材料的露天堆场宜设置在天然水源充足的地方，并宜布置在本单位或本地区全年最小频率风向的上风侧。

**2. 建筑总平面布局**

（1）合理布置建筑。

建筑之间留有足够的防火间距，以消除或减少建筑物之间及周边环境的相互影响和火灾危害。

（2）合理划分功能区域。

同一企业内，若有不同火灾危险的生产建筑，则应尽量将火灾危险性相同的或相近的建筑集中布置，以利于采取防火防爆措施，便于安全管理。易燃、易爆的工厂、仓库的生产区、储存区内不得修建办公楼、宿舍等民用建筑。

### 考点2　各类建筑的防火间距

**1. 厂房的防火间距**

（1）甲类厂房与其他建筑的防火间距见表2-3-1。

（2）甲类厂房与重要公共建筑的防火间距不应小于50m，与明火或散发火花地点的防火间距不应小于30m。

笔记

**表 2-3-1　甲类厂房与其他建筑的防火间距**　　（单位：m）

| 名称 | 甲类厂房 | 单层、多层乙类厂房（仓库） | 单层、多层丙、丁、戊类厂房（仓库） | | | 高层厂房 | 民用建筑 | |
|---|---|---|---|---|---|---|---|---|
| | | | 耐火等级 | | | | 裙房，单、多层 | 高层 |
| | | | 一、二级 | 三级 | 四级 | | 一、二级；三级；四级 | 一、二类 |
| 甲类厂房 | 12 | 12 | 12 | 14 | 16 | 13 | 25 | 50 |

**2. 仓库的防火间距**

（1）甲类仓库之间一般不小于 20m，当第 3、4 项物品储量不大于 2t，第 1、2、5、6 项物品储量不大于 5t 时，不应小于 12m，甲类仓库与高层仓库的防火间距不应小于 13m。

（2）甲类仓库与高层民用建筑、重要公共建筑不应小于 50m。

（3）除乙类第 6 项物品外的乙类仓库，与民用建筑的防火间距不宜小于 25m，与重要公共建筑的防火间距不应小于 50m。

**3. 民用建筑的防火间距**

民用建筑之间的防火间距不应小于表 2-3-2 的规定。

**表 2-3-2　民用建筑之间的防火间距**　　（单位：m）

| 建筑类别 | | 高层民用建筑 | 裙房和其他民用建筑 | | |
|---|---|---|---|---|---|
| | | 一、二级 | 一、二级 | 三级 | 四级 |
| 高层民用建筑 | 一、二级 | 13 | 9 | 11 | 14 |
| 裙房和其他民用建筑 | 一、二级 | 9 | 6 | 7 | 9 |
| | 三级 | 11 | 7 | 8 | 10 |
| | 四级 | 14 | 9 | 10 | 12 |

一、二耐火等级民用建筑之间的防火间距如图 2-3-1。

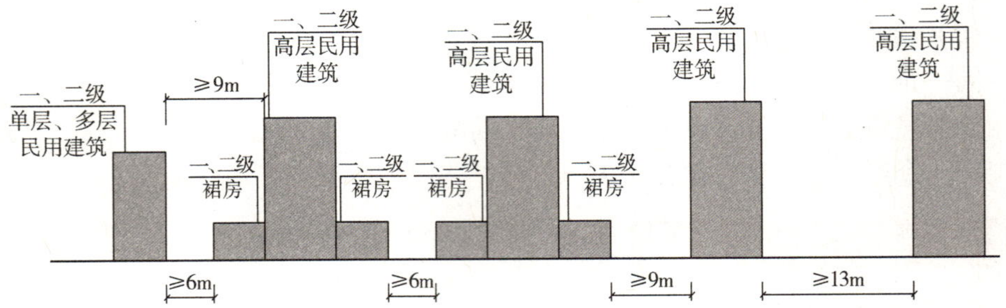


图 2-3-1　一、二级耐火等级民用建筑之间的防火间距

注意：建筑高度大于 100m 的民用建筑与相邻建筑的防火间距，当符合规范允许减小的条件时，仍不应减小。

**4. 甲、乙、丙类液体、气体储罐（区）和可燃材料堆场**

（1）一般规定。

1）桶装、瓶装甲类液体不应露天存放。

2）液化石油气储罐组或储罐区的四周应设置高度不小于 1.0m 的不燃性实体防护墙。

3）架空电力线与甲、乙类厂房（仓库），可燃材料堆垛，甲、乙、丙类液体储罐，液化石油气储罐，可燃、助燃气体储罐的最近水平距离应符合《建筑设计防火规范》（GB 50016—2014）表 10.2.1 的规定。

①甲类液体储罐与架空电力线的最近水平距离不应小于电杆（塔）高度的 1.50 倍。

②丙类液体储罐与架空电力线的最近水平距离不应小于电杆（塔）高度的 1.20 倍。

4）35kV 及以上架空电力线与单罐容积大于 $200m^3$ 或总容积大于 $1000m^3$ 液化石油气储罐（区）的最近水平距离不应小于 40m。

（2）甲、乙、丙类液体储罐（区）的防火间距。

1）当甲、乙类液体储罐和丙类液体储罐布置在同一储罐区时，罐区的总容量可按 $1m^3$ 甲、乙类液体相当于 $5m^3$ 丙类液体折算。

2）储罐防火堤外侧基脚至相邻建筑的距离不应小于 10m。

3）甲类液体内浮顶储罐之间的防火间距不应小于相邻较大立式储罐直径的 0.40 倍。

4）丙类液体地上式固定顶罐之间的防火间距不应小于相邻较大立式储罐直径的 0.40 倍。

5）甲、乙、丙类液体的地上式、半地下式储罐或储罐组，其四周应设置不燃性防火堤。

6）防火堤的设置应符合下列规定：

①防火堤内的储罐布置不宜超过 2 排，单罐容量不大于 $1000m^3$ 且闪点大于 120℃的液体储罐不宜超过 4 排。

②防火堤的有效容量不应小于其中最大储罐的容量。对于浮顶罐，防火堤的有效容量可为其中最大储罐容量的一半。

③防火堤内侧基脚线至立式储罐外壁的水平距离不应小于罐壁高度的一半。防火堤内侧基脚线至卧式储罐的水平距离不应小于 3m。

④防火堤的设计高度应比计算高度高出 0.2m，且应为 1.0 ~ 2.2m，在防火堤的适当位置应设置便于灭火救援人员进出防火堤的踏步。

（3）液化石油气储罐（区）的防火间距。

1）液化石油气供应基地的全压式和半冷冻式储罐（区）与明火或散发火花地点和基地外建筑的防火间距应按本表储罐区的总容积或单罐容积的较大者确定。

2）液化石油气储罐之间的防火间距不应小于相邻较大储罐的直径。

数个储罐的总容积大于 $3000m^3$ 时，应分组布置，组内储罐宜采用单排布置。

笔 记

笔 记

组与组相邻储罐之间的防火间距不应小于20m。

（4）可燃材料堆场的防火间距。

1）露天、半露天可燃材料堆场与建筑物的防火间距不应小于《建筑设计防火规范》（GB 50016—2014）表4.5.1的规定。

2）露天、半露天秸杆、芦苇、打包废纸等材料堆场，与甲类厂房（仓库）、民用建筑的防火间距应根据建筑物的耐火等级分别按《建筑设计防火规范》（GB 50016—2014）的规定增加25%且不应小于25m，与室外变、配电站的防火间距不应小于50m，与明火或散发火花地点的防火间距应按《建筑设计防火规范》（GB 50016—2014）四级耐火等级建筑物的相应规定增加25%。

## 考点3 防火间距可以适当放宽的条件

**1. 可以减小25%**

（1）两座丙、丁、戊类厂房相邻两面外墙均为不燃性墙体，当无外露的可燃性屋檐，每面外墙上的门、窗、洞口面积之和各不大于外墙面积的5%，且门、窗、洞口不正对开设时，其防火间距可按《消防安全技术实务》表2-4-4的规定减少25%。

（2）（民用）相邻两座单、多层建筑，当相邻外墙为不燃性墙体且无外露的可燃性屋檐，每面外墙上无防火保护的门、窗、洞口不正对开设且该门、窗、洞口的面积之和不大于外墙面积的5%时，其防火间距可按《消防安全技术实务》表2-4-4的规定减少25%。

**2. 不限的要求**

（1）两座厂房相邻较高一面外墙为防火墙时，其防火间距不限，但甲类厂房之间不应小于4m。

（2）丙、丁、戊类厂房与民用建筑的耐火等级均为一、二级时，当较高一面外墙为无门、窗、洞口的防火墙，或比相邻较低一座建筑屋面高15m及以下范围内的外墙为无门、窗、洞口的防火墙时，其防火间距不限。

（3）两座仓库相邻较高一面外墙为防火墙，且总占地面积不大于《建筑设计防火规范》（GB 50016—2014）第3.3.2条一座仓库的最大允许占地面积规定时，其防火间距不限。

（4）丁、戊类仓库与民用建筑的耐火等级均为一、二级时，当较高一面外墙为无门、窗、洞口的防火墙，或比相邻较低一座建筑屋面高15m及以下范围内的外墙为无门、窗、洞口的防火墙时，其防火间距不限。

（5）（民用建筑）两座建筑相邻较高一面外墙为防火墙，或高出相邻较低一座一、二级耐火等级建筑的屋面15m及以下范围内的外墙为防火墙时，其防火间距不限。

（6）（民用建筑）相邻两座高度相同的一、二级耐火等级建筑中相邻任一侧外墙为防火墙，屋顶的耐火极限不低于1.00h时，其防火间距不限。

**3. 适当减小要求**

（1）两座一、二级耐火等级的厂房，当相邻较低一面外墙为防火墙且较低一座厂房的屋顶无天窗，屋顶的耐火极限不低于1.00h，或相邻较高一面外墙的门、窗等开口部位设置甲级防火门、窗或防火分隔水幕或按《建筑设计防火规范》（GB 50016—2014）第 6.5.3 条的规定设置防火卷帘时，甲、乙类厂房之间的防火间距不应小于 6m；丙、丁、戊类厂房之间的防火间距不应小于 4m。

（2）丙、丁、戊类厂房与民用建筑的耐火等级均为一、二级时，丙、丁、戊类厂房与民用建筑的防火间距可适当减小，但应符合下列规定：

相邻较低一面外墙为防火墙，且屋顶无天窗、屋顶的耐火极限不低于 1.00h，或相邻较高一面外墙为防火墙，且墙上开口部位采取了防火措施，其防火间距可适当减小，但不应小于 4m。

（3）丁、戊类仓库与民用建筑的耐火等级均为一、二级时，仓库与民用建筑的防火间距可适当减小，但应符合下列规定：

相邻较低一面外墙为防火墙，且屋顶无天窗或洞口，屋顶耐火极限不低于 1.00h，或相邻较高一面外墙为防火墙，且墙上开口部位采取了防火措施，其防火间至可适当减小，但不应小于 4m。

（4）（民用）相邻两座建筑中较低一座建筑的耐火等级不低于二级，相邻较低一面外墙为防火墙且屋顶无天窗，屋顶的耐火极限不低于 1.00h 时，其防火间距不应小于 3.5m；对于高层建筑，不应小于 4m。

（5）（民用）相邻两座建筑中较低一座建筑的耐火等级不低于二级且屋顶无天窗，相邻较高一面外墙高出较低一座建筑的屋面 15m 及以下范围内的开口部位设置甲级防火门、窗，或设置符合现行国家标准规定的防火分隔水幕或《建筑设计防火规范》（GB 50016—2014）第 6.5.3 条规定的防火卷帘时，其防火间距不应小于 3.5m；对于高层建筑，不应小于 4m。

## 考点 4　建筑平面布置的技术参数

### 1. 工业建筑的平面布置要求

（1）甲、乙类生产场所（仓库）不应设置在地下或半地下。

（2）甲、乙类厂房（仓库）内不应设置铁路线。

（3）员工宿舍严禁设置在厂房内。员工宿舍严禁设置在仓库内。

工业建筑的平面布置要求见表 2-3-3。

**表 2-3-3　工业建筑的平面布置要求**

| | 部　　位 | 平面布置要求 |
|---|---|---|
| 1 | 办公室、休息室与甲、乙类厂房贴邻 | 3.00h 防爆墙；独立的安全出口；厂房耐火等级不应低于二级 |
| 2 | 办公室、休息室设置在丙类厂房内 | 2.50h 防火隔墙 + 1.00h 楼板 + 乙级防火门；至少 1 个独立的安全出口 |
| 3 | 办公室、休息室设置在丙、丁类仓库内 | 2.50h 防火隔墙 + 1.00h 楼板 + 乙级防火门；独立的安全出口 |
| 4 | 厂房内甲乙类中间仓库 | 防火墙 + 1.50h 楼板；储量不宜超过一昼夜的需要量；靠外墙布置<br>对于需用量较少的厂房，可适当调整到存放 1 ~2 昼夜的用量<br>如一昼夜的需用量较大，则要严格控制为一昼夜用量 |

笔　记

笔 记

（续）

| | 部　位 | 平面布置要求 |
|---|---|---|
| 5 | 厂房内丙类中间仓库 | 防火墙 +1.50h 楼板<br>仓库的耐火等级和面积应符合丙类仓库的相关规定，且中间仓库与所服务车间的建筑面积之和不应大于该类厂房有关一个防火分区的最大允许建筑面积 |
| 6 | 厂房内丁、戊类仓库中间仓库 | 2.00h 防火隔墙 +1.00h 楼板 |
| 7 | 厂房内设置丙类液体中间储罐的单独房间 | 3.00h 防火隔墙 +1.50h 楼板 + 甲级防火门<br>储罐的容量≤$5m^3$ |

## 2. 民用建筑的平面布置要求

民用建筑的平面布置要求详见表 2-3-4。

**表 2-3-4　民用建筑的平面布置要求**

| | 部　位 | 平面布置要求 |
|---|---|---|
| 1 | 营业厅、展览厅 | 当地下营业厅总建筑面积大于 $20000m^2$ 时，必须采用不开设门窗洞口的防火墙进行分隔<br>不得设置在地下三层及以下楼层<br>三级耐火等级建筑内的商店只能设置在二层或首层<br>四级耐火等级建筑内的商店只能设置在首层 |
| 2 | 儿童用房，儿童、老年人活动场所 | 2.00h 防火隔墙 +1.00h 楼板 + 乙级防火门<br>设置在高层内时，应设置独立的安全出口和疏散楼梯<br>设置在单、多层内时，宜设置单独的安全出口和疏散楼梯<br>不得设置地下、半地下（室）内。可设在一、二级耐火等级建筑的首层、二层、三层<br>三级耐火等级的建筑的首层或二层；四级耐火等级建筑的首层 |
| 3 | 医院和疗养院的病房楼内相邻护理单元之间 | 2.00h 防火隔墙 + 乙级防火门<br>不得设置地下、半地下（室）内<br>三级耐火等级的建筑的首层或二层；四级耐火等级建筑的首层 |
| 4 | 剧场、电影院、礼堂设置在其他民用建筑内时 | 2.00h 防火隔墙 + 甲级防火门<br>至少应设置 1 个独立的安全出口和疏散楼梯<br>1）宜布置一、二级耐火等级的多层或高层建筑的首层、二层或三层<br>设置在三级耐火等级的建筑内时，不得布置在三层及以上楼层<br>设置在地下或半地下时，宜设置在地下一层，不得设置在地下三层及以下楼层<br>2）设有固定坐席观众厅的布置。设置在建筑的四层及以上楼层时每个观众厅的建筑面积不宜大于 $400m^2$，且一个厅、室的疏散门不少于 2 个 |

（续）

| | 部 位 | 平面布置要求 |
|---|---|---|
| 5 | 歌舞娱乐放映游艺场所厅、室之间及与其他部位之间 | 2.00h 防火隔墙 +1.00h 楼板 + 乙级防火门<br>1）不得布置在地下二层及以下楼层<br>宜布置在一、二级耐火等级建筑物内的首层、二层或三层的靠外墙部位；不宜布置在袋形走道的两侧或尽端<br>受条件限制时，可布置在地下一层，但地下一层地面与室外出入口地坪的高差不得大于 10m<br>2）布置在地下一层或四层及以上楼层时，一个厅、室的建筑面积不得大于 $200m^2$，即使设置自动喷水灭火系统面积也不能增加 |
| 6 | 住宅部分与非住宅部分之间（非高层） | 2.00h 且无门、窗、洞口 +1.50h 楼板<br>安全出口和疏散楼梯应分别独立设置 |
| 7 | 住宅部分与非住宅部分之间（高层） | 防火墙 +2.00h 楼板<br>安全出口和疏散楼梯应分别独立设置 |
| 8 | 其居住部分与商业服务网点之间 | 2.00h 且无门、窗、洞口防火隔墙 +1.50h 楼板；安全出口和疏散楼梯应分别独立设置。 |
| 9 | 商业服务网点中每个分隔单元之间 | 2.00h 且无门、窗，洞口防火隔墙 |
| 10 | 老年人照料设施 | （1）当老年人照料设施中的老年人公共活动用房、康复与医疗用房设置在地下、半地下时，应设置在地下一层，每间用房的建筑面积不应大于 $200m^2$ 且使用人数不应大于 30 人<br>（2）当老年人照料设施中的老年人公共活动用房、康复与医疗用房设置在地上四层及以上时，每间用房的建筑面积不应大于 $200m^2$ 且使用人数不应大于 30 人 |

### 3. 设备用房的平面布置要求

设备用房的平面布置要求见表 2-3-5。

**表 2-3-5 设备用房的平面布置要求**

| | 部 位 | 平面布置要求 |
|---|---|---|
| 1 | 锅炉房、变压器室等与其他部位之间 | 2.00h 防火隔墙 +1.50h 楼板 + 甲级门、窗<br>1）锅炉房设置在首层或地下一层的靠外墙部位，如为常（负）压燃油或燃气锅炉，可设置在地下二层或屋顶上<br>2）变压器室必须布置在民用建筑内时，不得布置在人员密集场所的上一层、下一层或贴邻<br>3）疏散门应直通室外或安全出口 |
| 2 | 锅炉房内储油间 | 3.00h 防火隔墙 + 甲级防火门 + $\leqslant 1m^3$ |
| 3 | 变压器室之间、变压器室与配电室之间 | 2.00h 防火隔墙 |
| 4 | 民用建筑内的柴油发电机房与其他部位之间 | 2.00h 防火隔墙 +1.50h 楼板 + 甲级防火门<br>不得布置在人员密集场所的上一层、下一层或贴邻，宜布置在建筑物的首层及地下一、二层 |
| 5 | 民用建筑内的柴油发电机房内的储油间 | 3.00h 防火隔墙 + 甲级防火门 + $\leqslant 1m^3$ |
| 6 | 瓶装液化石油气瓶组间 | 当总容积不大于 $1m^3$，且采用自然汽化方式供气时，瓶组间可贴邻所服务建筑，但不得与人员密集场所贴邻。其他应保持防火间距 |

笔 记

（续）

| | 部　位 | 平面布置要求 |
|---|---|---|
| 7 | 供建筑内使用的丙类液体储罐 | 主要根据储罐的总容量及埋设方式检查与相邻建筑的防火间距。当设置中间罐时，中间罐的容量不得大于1m³，并设置在一、二级耐火等级的单独房间内，房间门应采用甲级防火门 |
| 8 | 附设在建筑内的消防控制室与其他部位之间 | 2.00h隔墙＋1.50h楼板＋乙级防火门；疏散门应直通室外或安全出口<br>消防控制室可设置在建筑物的地下一层或首层的靠外墙部位<br>如单独建造，建筑物的耐火等级应不低于二级 |
| 9 | 消防水泵房 | 2.00h隔墙＋1.50h楼板＋甲级防火门；疏散门应直通室外或安全出口<br>不得设置在地下三层及以下或地下室内地面与室外出入口地坪高差大于10m的楼层内；如单独建造，建筑物的耐火等级不低于二级 |

## 二、难点突破

**1. 应当掌握防火间距不足时的消防技术措施**

（1）改变建筑物的生产和使用性质，尽量降低建筑物的火灾危险性，改变房屋部分结构的耐火性能，提高建筑物的耐火等级。

（2）调整生产厂房的部分工艺流程，限制库房内储存物品的数量，提高部分构件的耐火极限和燃烧性能。

（3）将建筑物的普通外墙改造为防火墙或减少相邻建筑的开口面积，如开设门窗，应采用防火门窗或加防火水幕保护。

（4）拆除部分耐火等级低、占地面积小、使用价值低且与新建筑物相邻的原有陈旧建筑物。

（5）设置独立的室外防火墙。在设置防火墙时，应兼顾通风排烟和破拆扑救，切忌盲目设置，顾此失彼。

**2. 应当掌握以下重要考点**

（1）工业建筑中，办公室、休息室、液体中间储罐及甲、乙类中间仓库是重点。

（2）民用建筑中，应当掌握典型建筑的要点，如：商店、展览建筑；托、幼、儿童及老年人活动场所；医院和疗养院；剧场、电影院、礼堂；建筑内的会议厅、多功能厅；歌舞娱乐放映游艺场所。

以上考点在2015～2017年考试中，都是重点，而且题量比较大。

## 三、真题解析

**（一）单项选择题**

1.（考点3）在建筑高度为126.2m的办公塔楼短边侧拟建一座建筑高度为23.9m，耐火等级为二级的商业建筑。该商业建筑屋面板耐火极限为1.00h且无天窗，毗邻办公塔楼的外墙为防火墙，其防火间距不应小于（　　）。（2017年真题）

A. 9　　B. 4　　C. 6　　D. 13

【答案】A。

【解析】建筑高度为126.2m的建筑属于超高层建筑，超高层建筑与相邻建筑的防火间距符合可减小的条件时，仍不应减小，因此，两座建筑防火间距不应小于9m，答案为A。

笔记

2.（考点2）采用燃烧性能为A级，耐火极限≥1h的秸秆纤维板材组装的预测环保板房。可广泛用于施工工地和灾区过渡安置，在静风状态下，对板房进行实体火灾试验，测得距着火板房外墙各测点的最大热辐射强度见下表，据此可判定，该板房安全经济的防火间距是（　　）m。（2017年真题）

| 测　点 | 距板房前窗距离/m | 最大热辐射强度/($kW/m^2$) | 达最大热辐射强度的时刻/s |
|---|---|---|---|
| 1 | 1.0 | 24.425 | 222 |
| 2 | 2.0 | 12.721 | 213 |
| 3 | 3.0 | 6.640 | 213 |
| 4 | 4.0 | 2.529 | 214 |

A. 1.0　　B. 2.0　　C. 3.0　　D. 4.0

【答案】D。

【解析】对比表格中数据，测点“1”～“4”达到最大辐射热的数值很接近，但是，测点“4”的最大热辐射强度是最低的，且时间较短，因此，测点“4”是最安全经济的距离。因此，答案为D。

3.（考点4）在对某化工厂的电解食盐车间进行防火检查时，查阅资料得知，该车间耐火等级为一级。该车间的下列做法中，不符合现行国家消防技术标准的是（　　）。（2017年真题）

A. 丙类中间仓库设置在该车间的地上二层

B. 该车间生产线贯通地下一层到地下三层

D. 丙类中间仓库与其他部位的分隔墙为耐火极限3.00h的防火墙

D. 丙类中间仓库无独立的安全出口

【答案】B。

【解析】电解食盐车间为甲类火灾危险性，甲、乙类生产场所不应设置在地下或半地下，因此，答案为B。

4.（考点4）在对某高层多功能组合建筑进行防火检查时，查阅资料得知，该建筑耐火等级为一级，十层至顶层为普通办公用房，九层及以下为培训、娱乐、商业等功能用房，防火分区划分符合规范要求。该建筑的下列做法中，不符合现行国家消防技术标准的是（　　）。（2017年真题）

A. 消防水泵房设于地下二层，其室内地面与室外出入口地坪高差为10m

B. 主楼六层设有儿童早教培训班，设有独立的安全出口

C. 常压燃气锅炉房布置在主楼屋面上，使用管道天然气做燃料，距离通向屋面的安全出口10m

D. 裙房五层的歌舞厅，各厅室的建筑面积均小于200m²，与其他区域共用安全出口

【答案】B。

【解析】根据表2-3-4：托儿所、幼儿园的儿童用房，老年人活动场所和儿童

笔 记

游乐厅等儿童活动场所设置楼层的要求，儿童早教培训班设置在地上第六层不符合要求。因此，答案为 B。

5.（考点 2）某城市全年最小频率风向为东北风。该市的一个大型化工企业内设有甲醛储罐区均为地上固定顶储罐，储罐直径 20m、容量 5000m³，防火堤内不包括储罐占地净面积 5000m²。下列防火检查结果中，不符合现行国家消防技术标准的是（　　）。(2017 年真题)

A. 锅炉房位于甲醇储罐区南侧，两者之间的防火间距为 55m

B. 甲醛储罐之间的间距为 12.5m

C. 甲醛储罐区防火堤高度为 1.1m

D. 罐区周围的环形消防车通道有 3% 的坡度，且上空有架空管道，距车道净空高度为 5m

**【答案】** D。

**【解析】** 根据《建筑设计防火规范》（GB 50016—2014）4.2.1 表注 3：甲、乙、丙类液体的固定顶储罐区与明火或散发火花地点的防火间距应按本表有关四级耐火等级建筑物的规定增加 25%。因此，防火间距不应小于 55m，A 正确；根据《建筑设计防火规范》（GB 50016—2014）4.2.2：储罐之间防火间距为 $0.6D = 12m < 12.5m$，B 正确；根据《建筑设计防火规范》（GB 50016—2014）4.2.5：防火堤的设计高度应比计算高度高出 0.2m，且应为 1.0～2.2m，因此 C 正确；消防车通道与建筑之间不应设置妨碍消防车操作的树木、架空管线等障碍物，因此 D 错误。

**（二）多项选择题**

（考点 4）下列设置在商业综合体建筑地下一层的场所中，疏散门应直通室外或安全出口的有（　　）。(2017 年真题)

A. 锅炉房

B. 柴油发电机

C. 油浸式变压器室

D. 消防水泵房

E. 消防控制室

**【答案】** ACDE。

**【解析】** 根据表 2-3-5 和《建筑设计防火规范》（GB 50016—2014）5.4.12：锅炉房、油浸式变压器室、消防水泵房、消防控制室的疏散门应直通室外或安全出口。因此，答案为 ACDE。

# 第四章　防火防烟分区与分隔

## 一、考点提炼

### 考点 1　各类建筑防火分区面积大小

**1. 厂房的防火分区面积**

厂房的防火分区面积应根据其生产的火灾危险性类别、厂房的层数和厂房的耐火等级等因素确定。厂房的层数和每个防火分区的最大允许建筑面积应符合

《建筑设计防火规范》（GB 50016—2014）表3.3.1的规定。

这里特别需要注意的是：

（1）防火分区之间应采用防火墙分隔。除甲类厂房外的一、二级耐火等级厂房，当其防火分区的建筑面积大于《建筑设计防火规范》（GB 50016—2014）表3.3.1规定，且设置防火墙确有困难时，可采用防火卷帘或防火分隔水幕分隔（甲类厂房必须采用防火墙分隔）。

（2）厂房内设置自动灭火系统时，每个防火分区的最大允许建筑面积可按《建筑设计防火规范》（GB 50016—2014）的规定增加1.0倍。厂房内局部设置自动灭火系统时，其防火分区的增加面积可按该局部面积的1.0倍计算（与民用建筑相同）。

（3）当丁、戊类的地上厂房内设置自动灭火系统时，每个防火分区的最大允许建筑面积不限。

（4）一级耐火等级单层丙类厂房、一、二级耐火等级单层丁戊类厂房，防火分区面积不限（没有任何要求）。

**2. 仓库的防火分区**

仓库的层数和面积应符合《建筑设计防火规范》（GB 50016—2014）表3.3.2的规定。

这里特别需要注意的是：

（1）仓库内的防火分区之间必须采用防火墙分隔，甲、乙类仓库内防火分区之间的防火墙不应开设门、窗、洞口；地下或半地下仓库（包括地下或半地下室）的最大允许占地面积，不应大于相应类别地上仓库的最大允许占地面积。

（2）仓库内设置自动灭火系统时，除冷库的防火分区外，每座仓库的最大允许占地面积和每个防火分区的最大允许建筑面积可按《建筑设计防火规范》（GB 50016—2014）的规定增加1.0倍。

**3. 民用建筑的防火分区**

除《建筑设计防火规范》（GB 50016—2014）另有规定外，不同耐火等级民用建筑的允许建筑高度或层数、防火分区最大允许建筑面积应符合表2-4-1的规定。

**表2-4-1　不同耐火等级民用建筑的允许建筑高度或层数、防火分区最大允许建筑面积**

| 名　称 | 耐火等级 | 允许建筑高度或层数 | 防火分区的最大允许建筑面积/$m^2$ | 备　注 |
|---|---|---|---|---|
| 高层民用建筑 | 一、二级 | 按《建筑设计防火规范》（GB 50016—2014）第5.1.1条确定 | 1500 | 对于体育馆、剧场的观众厅，防火分区的最大允许建筑面积可适当增加 |
| 单、多层民用建筑 | 一、二级 | 按《建筑设计防火规范》（GB 50016—2014）第5.1.1条确定 | 2500 | |
| | 三级 | 5层 | 1200 | |
| | 四级 | 2层 | 600 | |
| 地下或半地下（室）建筑 | 一级 | — | 500 | 设备用房的防火分区最大允许建筑面积不应大于1000$m^2$ |

笔　记

笔 记

这里特别需要注意的是：

（1）裙房与高层建筑主体之间设置防火墙时，裙房的防火分区可按单、多层建筑的要求确定。

（2）防火分区之间应采用防火墙分隔，确有困难时，可采用防火卷帘等防火分隔设施分隔。

## 考点 2　特殊场所的防火分隔技术措施

**1. 自动扶梯、敞开楼梯等**

建筑内设置自动扶梯、敞开楼梯等上、下层相连通的开口时，其防火分区的建筑面积应按上、下层相连通的建筑面积叠加计算；当叠加计算后的建筑面积大于《建筑设计防火规范》（GB 50016—2014）第 5. 3. 1 条的规定时，应划分防火分区。

**2. 中庭**

建筑内设置中庭时，其防火分区的建筑面积应按上、下层相连通的建筑面积叠加计算；当叠加计算后的建筑面积大于《建筑设计防火规范》（GB 50016—2014）第 5. 3. 1 条的规定时，应符合下列规定，见表 2-4-2。

**表 2-4-2　中庭消防技术要求**

| 技术措施 | | 具体要求 |
|---|---|---|
| 防火分隔 | （1）采用防火隔墙 | 其耐火极限≥1. 00h |
| | （2）采用防火玻璃墙 | 其耐火隔热性和耐火完整性≥1. 00h |
| | （3）采用耐火完整性≥1. 00h 的非隔热性防火玻璃墙时 | 应设置自动喷水灭火系统进行保护 |
| | （4）采用防火卷帘 | 其耐火极限≥3. 00h，并应符合《建筑设计防火规范》（GB 50016—2014）第 6. 5. 3 条的规定；应采用火灾时能自行关闭的甲级防火门、窗 |
| 消防设施 | （1）高层建筑内的中庭回廊应设置自动喷水灭火系统和火灾自动报警系统<br>（2）中庭应设置排烟设施 | |
| 其他 | 中庭内不应布置可燃物 | |

**3. 营业厅、展览厅**

一、二级耐火等级建筑内的营业厅、展览厅，当设置自动灭火系统和火灾自动报警系统并采用不燃或难燃装修材料时，其每个防火分区的最大允许建筑面积应符合下列规定：

（1）设置在高层建筑内时，不应大于 4000m²。

（2）设置在单层建筑或仅设置在多层建筑的首层内时，不应大于 10000m²。

（3）设置在地下或半地下时，不应大于 2000m²。

**4. 地下或半地下商店**

总建筑面积大于 20000m² 的地下或半地下商店，应采用无门、窗、洞口的防火墙、耐火极限不低于 2. 00h 的楼板分隔为多个建筑面积不大于 20000m² 的区域。相邻区域确需局部连通时，应采用下沉式广场等室外开敞空间、防火隔间、避难走道、防烟楼梯间等方式进行连通，并应符合《建筑设计防火规范》（GB 50016—2014）第6.4.12条～6.4.14条的规定。

（1）防火隔间的墙应为耐火极限不低于3.00h的防火隔墙。

（2）防烟楼梯间的门应采用甲级防火门（特别需要记忆!!）。

**5. 有顶棚的步行街**

（1）步行街两侧建筑的耐火等级不应低于二级。

（2）步行街两侧建筑相对面的最近距离均不应小于《建筑设计防火规范》（GB 50016—2014）对相应高度建筑的防火间距要求且不应小于9m。步行街的端部在各层均不宜封闭，确需封闭时，应在外墙上设置可开启的门窗，且可开启门窗的面积不应小于该部位外墙面积的一半。步行街的长度不宜大于300m。

（3）步行街两侧建筑的商铺之间应设置耐火极限不低于2.00h的防火隔墙，每间商铺的建筑面积不大于300$m^2$。

（4）步行街两侧建筑的商铺，其面向步行街一侧的围护构件的耐火极限不应低于1.00h，并宜采用实体墙，其门、窗应采用乙级防火门、窗；当采用防火玻璃墙（包括门、窗）时，其耐火隔热性和耐火完整性不应低于1.00h；采用耐火完整性不低于1.00h的非隔热性防火玻璃墙（包括门、窗）时，应设置闭式自动喷水灭火系统进行保护。相邻商铺之间面向步行街一侧应设置宽度不小于1.0m、耐火极限不低于1.00h的实体墙（提示：五个1）。

**6. 木结构建筑的防火分区**

（1）老年人建筑的住宿部分，托儿所、幼儿园的儿童用房和活动场所设置在木结构建筑内时，应布置在首层或二层。

（2）商店、体育馆、厂房（库房）应采用单层木结构建筑。

**7. 城市交通隧道的防火分区**

（1）隧道内的变电站、管廊、专用疏散通道、通风机房及其他辅助用房等，应采取耐火极限不低于2.00h的防火隔墙和乙级防火门等分隔措施与车行隧道分隔。

（2）隧道内地下设备用房的每个防火分区的最大允许建筑面积不应大于1500$m^2$。

## 考点3　特殊部位的防火分隔技术措施

特殊部位的防火分隔技术措施见表2-4-3。

**表2-4-3　特殊部位的防火分隔技术措施**

| | 部　　位 | 隔　　墙 | 楼　　板 | 防火门（窗） |
|---|---|---|---|---|
| 剧场 | 舞台与观众厅之间 | ≥3.00h防火隔墙 | | |
| | 舞台上部与观众厅闷顶之间的隔墙 | ≥1.50h的防火隔墙 | | 乙级防火门 |
| | 舞台下部的灯光操作室和可燃物储藏室与其他部位分隔 | ≥2.00h的防火隔墙 | | |

笔记

笔 记

（续）

| | 部　　位 | 隔　　墙 | 楼　　板 | 防火门（窗） |
|---|---|---|---|---|
| 电影院 | 电影放映室、卷片室与其他部位分隔 | ≥1.50h 防火隔墙 | | |
| 医疗建筑及附设在建筑内的托、幼、儿童用房，老年人照料设施与其他场所或部位分隔 | | ≥2.00h 防火隔墙 | ≥1.00h | 乙级防火门窗 |
| 特殊部位 | （1）甲、乙类生产部位和建筑内使用丙类液体的部位<br>（2）厂房内有明火和高温的部位<br>（3）甲、乙、丙类厂房（仓库）内布置有不同火灾危险性类别的房间<br>（4）民用建筑内的附属库房，剧场后台的辅助用房<br>（5）宿舍、公寓建筑中的公共厨房和其他建筑内的厨房<br>（6）附设在住宅建筑内的机动车库 | ≥2.00h 防火隔墙（可采用防火卷帘） | | 乙级防火门窗 |
| 设备用房 | 设备用房附设在建筑内的消防控制室、灭火设备室、消防水泵房和通风空气调节机房、变配电室等与其他部位分隔 | ≥2.00h 的防火隔墙 | ≥1.50h | ①通风、空气调节机房和变配电室开向建筑内的门应采用甲级防火门；②消防控制室和其他设备房开向建筑内的门应采用乙级防火门 |
| 电梯井等竖井 | （1）电梯井应独立设置，井内严禁敷设可燃气体和甲、乙、丙类液体管道，不应敷设与电梯无关的电缆、电线等。电梯井的井壁除设置电梯门、安全逃生门和通气孔洞外，不应设置其他开口<br>（2）电缆井、管道井、排烟道、排气道、垃圾道等竖向井道，应分别独立设置。井壁的耐火极限不应低于1.00h，井壁上的检查门应采用丙级防火门<br>（3）建筑内的电缆井、管道井应在每层楼板处采用不低于楼板耐火极限的不燃材料或防火封堵材料封堵 | | | |
| 建筑幕墙 | （1）对于不设窗间墙的玻璃幕墙，应在每层楼板外沿，设置耐火极限不低于1.0h、高度不低于1.2m的不燃性实体墙或防火玻璃墙；当室内设置自动喷水灭火系统时，该部分墙体的高度不应小于0.8m<br>（2）幕墙与每层楼板交界处的水平缝隙和隔墙处的垂直缝隙，应该用防火封堵材料严密填实。窗间墙、窗槛墙的填充材料应采用防火封堵材料 | | | |

## 考点4　防火分隔设施与措施

防火分隔构件可分为固定式和可开启关闭式两种。固定式包括：普通砖墙、楼板、防火挑檐等，可开启关闭式包括：防火门、防火窗、防火卷帘、防火水幕等。

笔 记

### 1. 防火墙

防火墙的技术要求见表2-4-4。

表2-4-4　防火墙的技术要求

| 技术要求内容 | 技术参数 |
|---|---|
| 构造应直接设置在建筑的基础或框架、梁等承重结构上 | （1）框架、梁等承重结构的耐火极限不应低于防火墙的耐火极限<br>（2）防火墙应从楼地面基层隔断至梁、楼板或屋面板的底面基层<br>（3）当高层厂房（仓库）屋顶承重结构和屋面板的耐火极限低于1.00h，其他建筑屋顶承重结构和屋面板的耐火极限低于0.50h时，防火墙应高出屋面0.5m以上 |
| 防火墙与天窗距离 | 防火墙横截面中心线水平距离天窗端面小于4.0m，且天窗端面为可燃性墙体时，应采取防止火势蔓延的措施 |
| 防火墙与外墙关系 | （1）建筑外墙为难燃性或可燃性墙体时，防火墙应突出墙的外表面0.4m以上，且防火墙两侧的外墙均应为宽度均不小于2.0m的不燃性墙体，其耐火极限不应低于外墙的耐火极限<br>（2）建筑外墙为不燃性墙体时，防火墙可不突出墙的外表面，紧靠防火墙两侧的门、窗、洞口之间最近边缘的水平距离不应小于2.0m；采取设置乙级防火窗等防止火灾水平蔓延的措施时，该距离不限 |
| 防火墙在转角处 | 建筑内的防火墙不宜设置在转角处，确需设置时，内转角两侧墙上的门、窗、洞口之间最近边缘的水平距离不应小于4.0m；采取设置乙级防火窗等防止火灾水平蔓延的措施时，该距离不限 |
| 防火墙上开设门、窗、洞口 | 防火墙上不应开设门、窗、洞口，确需开设时，应设置不可开启或火灾时能自动关闭的甲级防火门、窗 |
| 防火墙与管道 | （1）可燃气体和甲、乙、丙类液体的管道严禁穿过防火墙。防火墙内不应设置排气道<br>（2）确需穿过时，应采用防火封堵材料将墙与管道之间的空隙紧密填实，穿过防火墙处的管道保温材料，应采用不燃材料；当管道为难燃及可燃材料时，应在防火墙两侧的管道上采取防火措施 |

### 2. 防火卷帘

防火卷帘的技术要求见表2-4-5。

表2-4-5　防火卷帘的技术要求

| 技术要求内容 | 技术参数 |
|---|---|
| 宽度 | 除中庭外，当防火分隔部位的宽度不大于30m时，防火卷帘的宽度不应大于10m；当防火分隔部位的宽度大于30m时，防火卷帘的宽度不应大于该部位宽度的1/3，且不应大于20m |
| 靠自重自动关闭功能 | 防火卷帘应具有火灾时靠自重自动关闭功能<br>不能采用水平、侧向防火卷帘 |
| 耐火极限 | 耐火极限不应低于《建筑设计防火规范》（GB 50016—2014）对所设置部位墙体的耐火极限要求 |

笔 记

（续）

| 技术要求内容 | 技术参数 |
|---|---|
| 设置自动喷水灭火系统保护的条件 | （1）当符合现行国家标准《门和卷帘的耐火试验方法》（GB/T 7633—2008）有关耐火完整性和耐火隔热性的判定条件时，可不设置自动喷水灭火系统保护<br>（2）当防火卷帘的耐火极限仅符合现行国家标准《门和卷帘的耐火试验方法》（GB/T 7633—2008）有关耐火完整性的判定条件时，应设置自动喷水灭火系统保护。自动喷水灭火系统的设计应满足国家标准，且满足：火灾时延续时间不应小于该防火卷帘的耐火极限 |
| 防烟性能 | 防火卷帘应具有防烟性能，与楼板、梁、墙、柱之间的空隙应采用防火封堵材料封堵 |
| 信号反馈的功能 | 需在火灾时自动降落的防火卷帘，应具有信号反馈的功能 |

**3. 防火门**

防火门分为甲、乙、丙三级，耐火极限分别不低于 1.50h、1.00h 和 0.50h，对应的分别应用于防火墙、疏散楼梯门和竖井检查门。

防火门的技术要求见表 2-4-6。

**表 2-4-6　防火门的技术要求**

| 技术要求内容 | 技术参数 |
|---|---|
| 常开防火门 | 设置在建筑内经常有人通行处的防火门宜采用常开防火门。常开防火门应能在火灾时自行关闭，并应具有信号反馈的功能 |
| 常闭防火门 | 常闭防火门应在其明显位置设置“保持防火门关闭”等提示标识 |
| 自行关闭功能 | 除管井检修门和住宅的户门外，防火门应具有自行关闭功能。双扇防火门应具有按顺序自行关闭的功能 |
| 开启方式 | 除《建筑设计防火规范》（GB 50016—2014）第 6.4.11 条第 4 款的规定外，防火门应能在其内外两侧手动开启 |
| 变形缝附近 | 设置在建筑变形缝附近时，防火门应设置在楼层数较多的一侧，并应保证防火门开启时门扇不跨越变形缝 |
| 防烟性能 | 防火门关闭后应具有防烟性能 |

**4. 防火窗**

防火窗按照安装方法可分：固定窗扇与活动窗扇两种。

防火窗按照是否隔热可分：隔热防火窗（A 类）和非隔热防火窗（C 类）两种。

1）设置在防火墙、防火隔墙上的防火窗，应采用不可开启的窗扇或具有火灾时能自行关闭的功能。

2）防火窗应符合现行国家标准《防火窗》（GB 16809—2008）的有关规定。防火窗的耐火极限、适用范围与防火门相同。

**5. 防火分隔水幕**

防火分隔水幕可以起到防火墙的作用，在某些需要设置防火墙或其他防火分隔物而无法设置的情况下，可采用防火水幕进行分隔。

防火分隔水幕宜采用雨淋式水幕喷头，水幕喷头的排列不少于 3 排，水幕宽度不宜小于 6m，供水强度不应小于 2L/(s·m)。

**6. 防火阀**

（1）防火阀的设置部位。

1）空气调节系统的风管在下列部位应设置公称动作温度为 70℃的防火阀：

①穿越防火分区处。

②穿越通风、空气调节机房的房间隔墙和楼板处。

③穿越重要或火灾危险性大的场所的房间隔墙和楼板处。

④穿越防火分隔处的变形缝两侧。

⑤竖向风管与每层水平风管交接处的水平管段上。

特别提示：当建筑内每个防火分区的通风、空气调节系统均独立设置时，水平风管与竖向总管的交接处可不设置防火阀。（2016 年真题）

2）公共建筑的浴室、卫生间和厨房的竖向排风管，应采取防止回流措施或在支管上设置公称动作温度为 70℃的防火阀。

3）公共建筑内厨房的排油烟管道宜按防火分区设置，且在与竖向排风管连接的支管处应设置公称动作温度为 150℃的防火阀。

（2）防火阀的设置应符合下列规定：

1）防火阀宜靠近防火分隔处设置。

2）防火阀暗装时，应在安装部位设置方便维护的检修口。

3）在防火阀两侧各 2.0m 范围内的风管及其绝热材料应采用不燃材料。

**7. 排烟防火阀**

排烟防火阀是安装在排烟系统管道上起隔烟、阻火作用的阀门。当管道内的烟气达到 280℃时排烟防火阀自动关闭。

排烟防火阀的设置场所：①排烟管进入排风机房处；②穿越防火分区的排烟管道上；③排烟系统支管上。

## 考点 5　防烟分区划分的技术要求

（1）防烟分区划分的要求。

设置排烟系统的场所或部位应划分防烟分区。

防烟分区不宜大于 2000$m^2$，长边不应大于 60m。室内高度超过 6m，且具有对流条件时，长边不应大于 75m。设置防烟分区应满足以下几个要求：

1）防烟分区应采用挡烟垂壁、隔墙、结构梁等划分。

2）防烟分区不应跨越防火分区。

3）每个防烟分区的建筑面积不宜超过规范要求。

4）采用隔墙等形成封闭的分隔空间时，该空间宜作为一个防烟分区。

5）储烟仓高度不应小于空间净高的 10%，且不应小于 500mm，同时应保证疏散所需的清晰高度，最小清晰高度应由计算确定。

6）有特殊用途的场所应单独划分防烟分区。

笔记

笔记

（2）挡烟构件。

1）挡烟垂壁。挡烟垂壁是用不燃材料制成。其从顶棚下垂的高度一般应距顶棚面50cm以上，称为有效高度。挡烟垂壁分为固定式和活动式两种。

2）建筑横梁。当建筑横梁的高度超过50cm时，该横梁可作为挡烟设施使用。

## 二、难点突破

（1）甲、乙类厂房，甲、乙、丙类仓库内防火墙的耐火极限不应低于4.00h。

（2）甲类厂房、仓库内的防火分区之间必须采用防火墙分隔。

甲、乙类仓库内防火分区之间的防火墙不应开设门、窗、洞口（2016年真题）。

（3）采用耐火完整性不低于1.00h的非隔热性防火玻璃墙（包括门、窗）时，应设置闭式自动喷水灭火系统进行保护。中庭、步行街两侧的商铺等都适用。

（4）防火隔墙与防火墙的区别。

1）防火墙即可以作为建筑内的隔墙，也可以作为建筑的外墙；防火隔墙是作为建筑内的隔墙使用的。

2）建筑内的防火墙一般位于相邻水平防火分区之间；而防火隔墙位于建筑内相邻水平区域之间。

3）典型部位防火隔墙的设置。

①商业服务网点中每个分隔单元之间应采用耐火极限不低于2.00h且无门、窗、洞口的防火隔墙相互分隔，每个分隔单元建筑面积不大于300m$^2$。

②步行街两侧建筑的商铺之间应设置耐火极限不低于2.00h的防火隔墙，每间商铺的建筑面积不大于300m$^2$。

③防火隔墙的墙应为耐火极限不低于3.00h的防火隔墙。

（5）防火隔墙与防火墙的构造要求。(2016~2017年真题)

应从楼地面基层隔断至梁、楼板或屋面板的底面基层。

2016年真题案例分析第四题有如下叙述："一层的商店采用轻质墙体在吊顶下将商店隔成每间建筑面积小于100m$^2$的多个小商铺。"

该说法明显是错误的，应该改为：应采用2.00h且无门、窗、洞口的防火隔墙相互分隔，而且应当砌至楼板或梁的基层。

（6）应当正确理解：《建筑设计防火规范》（GB 50016—2014）第5.3.4条，一、二级耐火等级建筑内的营业厅、展览厅，当设置自动灭火系统和火灾自动报警系统并采用不燃或难燃装修材料时，设置在单层建筑或仅设置在多层建筑的首层内时，最大允许建筑面积不应大于10000m$^2$。

该条文的适用对象是：

1）单层建筑。

2）仅在多层建筑的首层内设置了商场时。若为多层建筑，除了首层外，其他楼层也有商场，那么，该条文不适用。(2016年真题)

## 三、真题解析

### （一）单项选择题

1. （考点1）某商业综合体建筑，裙房与高层建筑主体间采用防火墙分隔，地上4层，地下2层，地下二层为汽车库，地下一层为超市及设备用房，地上各层功能包括商业营业厅、餐厅及电影院。下列场所对应的防火分区建筑面积中，错误的是（　　）。(2017年真题)

A. 地下超市，$2100m^2$　　B. 商业营业厅，$4800m^2$

C. 集中餐饮区，$4200m^2$　　D. 电影院区域，$3100m^2$

**【答案】** A。

**【解析】** 当裙房与高层主体之间采用防火墙进行分隔时，裙房的防火分区按照单、多层民用建筑的防火分区规定。地上商业营业厅、餐厅及电影院防火分区最大面积可以是：$2500\times2=5000$（$m^2$）（设置自动喷水灭火系统）；地下超市，每个防火分区的最大面积为$500m^2$，设置自动喷水灭火系统时是可增加到$1000m^2$。因此，答案为A。

2. （考点4）在对某办公楼进行检查时，调阅图纸资料得知，该楼为钢筋混凝土框架结构，柱、梁、楼板的设计耐火极限分别为3.00h、2.00h、1.50h，每层划分2个防火分区。下列检查结果中，不符合现行国家消防技术标准的是（　　）。(2017年真题)

A. 将内走廊上原设计的闭式甲级防火门改为常开式甲级防火门

B. 将二层原设计的防火墙移至一层餐厅中部的次梁对应位置上，防火分区面积依然符合规范要求

C. 将其中一个防火分区原设计活动式防火窗改为常闭式防火窗

D. 排烟防火阀处于开启状态，但能与火灾报警系统联动和现场手动关闭

**【答案】** B。

**【解析】** 设置在建筑物的基础或钢筋混凝土框架、梁等承重结构上的防火墙，应从楼地面基层隔断至梁、楼板或屋面结构层的底面。因此，答案为B。

3. （考点4）某5层宾馆，中部有一个贯通各层的中庭，在二至五层的中庭四周采用防火卷帘与其他部位分隔，首层中庭未设置防火分隔措施；其他区域划分为若干防火分区，防火分区面积符合规范要求。下列检查结果中，不符合现行国家消防技术标准的是（　　）。(2017年真题)

A. 中庭区域火灾报警信号确认后，中庭四周的防火卷帘直接下降到楼板面

B. 二层C、D两个防火分区之间防火分隔部位的长度为40m，使用防火墙和15m宽的防火卷帘作为防火分隔物

C. 一层A、B两个防火分区之间防火分隔部位的长度为25m，使用防火墙和10m宽的防火卷帘作为防火分隔物

D. 各分区之间的防火卷帘在切断电源后能依靠其自重下降，但不能自动上升

**【答案】** B。

笔记

笔 记

【解析】根据《建筑设计防火规范》（GB 50016—2014）6.5.3 和表 2-5-5：当防火分隔部位长度为 40m 时，防火卷帘的宽度不应大于 13.3m，因此 B 错误。

4.（考点 1）某单层白酒仓库，占地面积 900m²。库房内为进行防火分隔，未设置自动灭火和火灾自动报警设施，储存陶坛装酒精度 38°及以上的白酒。防火检查时提出的下列防火分区的处理措施中，正确的是（　　）。(2017 年真题)

A. 将该仓库作为一个防火分区，同时设置自动灭火系统和火灾自动报警系统

B. 该仓库用耐火极限为 4.00h 的防火墙平均分成 4 个防火分区，并设置火灾自动报警系统

C. 将该仓库用耐火极限为 3.00h 且满足耐火完整性和耐火隔热性判定条件的防火卷帘划分 5 个防火分区，最大防火分区面积不超过 200m²

D. 将该仓库用耐火极限为 4.00h 的防火墙平均分成 2 个防火分区，并设置火灾自动灭火系统

【答案】B。

【解析】该仓库属于甲类仓库，甲类仓库防火墙耐火极限不应低于 4.00h，防火分区最大面积为 250m²，设置自动喷水灭火系统时防火分区面积增加 1.0 倍，即 500m²。由此可得，B 选项防火分区划分较为合理。

**（二）多项选择题**

（考点 4）下列防火分隔措施的检查结果中，不符合现行国家消防技术标准的有（　　）。(2017 年真题)

A. 铝合金轮毂抛光厂房采用 3.00h 耐火极限的防火墙划分防火分区

B. 电石仓库采用 3.00h 耐火极限的防火墙划分防火分区

C. 高层宾馆防火墙两侧的窗采用乙级防火窗，窗洞之间最近边缘的水平距离为 1.0m

D. 烟草成品库采用 3.00h 耐火极限的防火墙划分防火分区

E. 通风机房开向建筑内的门采用甲级防火门，消防控制室开向建筑内的门采用乙级防火门

【答案】ABD。

【解析】铝合金轮毂抛光厂房为乙类厂房、电石仓库为甲类仓库、烟草成品库为丙类仓库。根据《建筑设计防火规范》（GB 50016—2014）3.2.9：甲、乙类厂房和甲、乙、丙类仓库内的防火墙，其耐火极限不应低于 4.00h，因此 ABD 错误。根据《建筑设计防火规范》（GB 50016—2014）6.1.3：防火墙两侧采取设置乙级防火窗等防止火灾水平蔓延的措施时，该距离不限。因此 C 正确。

根据《建筑设计防火规范》（GB 50016—2014）6.2.7：通风、空气调节机房和变配电室开向建筑内的门应采用甲级防火门，消防控制室和其他设备房开向建筑内的门应采用乙级防火门，E 正确。因此，答案为 ABD。

# 第五章　安全疏散

笔 记

## 一、考点提炼

### 考点1　百人宽度指标及其应用

**1. 疏散人数的计算**

人员容量可按照下式计算：

疏散人数 = 人员密度 × 建筑面积

人员密度是指单位建筑使用面积的人数，即：人/$m^2$。有时也用其倒数表示，即：$m^2$/人。不同类型的建筑，人员密度不同。

（1）商场。

商场的疏散人数应按每层营业厅的建筑面积乘以表2-5-1规定的人员密度计算。对于建材商场、家具和灯饰展示建筑，其人员密度可按表2-5-1中规定值的30%确定。

**表2-5-1　商场营业厅内的人员密度**　　（单位：人/$m^2$）

| 楼层位置 | 地下第二层 | 地下第一层 | 地上第一、二层 | 地上第三层 | 地上第四层及以上各层 |
|---|---|---|---|---|---|
| 人员密度 | 0.56 | 0.60 | 0.43～0.60 | 0.39～0.54 | 0.30～0.42 |

（2）歌舞娱乐放映游艺场所。

录像厅、放映厅的疏散人数应根据厅、室的建筑面积按1.0人/$m^2$计算；其他歌舞娱乐放映游艺场所的疏散人数应根据厅、室的建筑面积按0.5人/$m^2$计算。

（3）有固定座位的场所，其疏散人数可按实际座位数的1.1倍计算。展览厅的疏散人数应根据展览厅的建筑面积和人员密度计算，展览厅内的人员密度宜按0.75人/$m^2$确定。

**2. 需要记住的不同建筑的百人宽度指标**

（1）厂房。

厂房内疏散楼梯、走道、门的各自总净宽度，应根据疏散人数按每100人的最小疏散净宽度不小于表2-5-2的规定计算确定。

**表2-5-2　厂房内疏散楼梯、走道和门的每100人最小疏散净宽度**

| 厂房层数/层 | 1～2 | 3 | ≥4 |
|---|---|---|---|
| 最小疏散净宽度/（m/百人） | 0.6 | 0.8 | 1 |

（2）剧场、电影院、礼堂等场所供观众疏散的所有内门、外门、楼梯和走道的各自总净宽度，应根据疏散人数按每100人的最小疏散净宽度不小于表2-5-3的规定计算确定。

笔 记

表 2-5-3　剧场、电影院、礼堂等场所每 100 人所需最小疏散净宽度　（单位：m/百人）

| 观众厅座位数/座 | | | ≤2500 | ≤1200 |
|---|---|---|---|---|
| 耐火等级 | | | 一、二级 | 三级 |
| 疏散部位 | 门和走道 | 平坡地面 | 0.65 | 0.85 |
| | | 阶梯地面 | 0.75 | 1.00 |
| | 楼梯 | | 0.75 | 1.00 |

(3) 体育馆供观众疏散的所有内门、外门、楼梯和走道的各自总净宽度，应根据疏散人数按每 100 人的最小疏散净宽度不小于表 2-5-4 的规定计算确定。

表 2-5-4　体育馆每 100 人所需最小疏散净宽度　（单位：m/百人）

| 观众厅座位数范围/座 | | | 3000～5000 | 5001～10000 | 10001～20000 |
|---|---|---|---|---|---|
| 疏散部位 | 门和走道 | 平坡地面 | 0.43 | 0.37 | 0.32 |
| | | 阶梯地面 | 0.50 | 0.43 | 0.37 |
| | 楼　梯 | | 0.50 | 0.43 | 0.37 |

注：表 2-5-4 中对应较大座位数范围按规定计算的疏散总净宽度，不应小于对应相邻较小座位数范围按其最多座位数计算的疏散总净宽度。对于观众厅座位数少于 3000 个的体育馆，计算供观众疏散的所有内门、外门、楼梯和走道的各自总净宽度时，每 100 人的最小疏散净宽度不应小于表 2-6-3的规定。

(4) 除剧场、电影院、礼堂、体育馆外的其他公共建筑。

除剧场、电影院、礼堂、体育馆外的其他公共建筑百人最小疏散净宽度指标不小于表 2-5-5 的规定。

表 2-5-5　每层的房间疏散门、安全出口、疏散走道和疏散楼梯的每 100 人最小疏散净宽度　（单位：m/百人）

| 建筑层数 | 建筑的耐火等级 | 一、二级 | 三级 | 四级 |
|---|---|---|---|---|
| 地上楼层 | 1～2 层 | 0.65 | 0.75 | 1.00 |
| | 3 层 | 0.75 | 1.00 | — |
| | ≥4 层 | 1.00 | 1.25 | — |
| 地下楼层 | 与地面出入口地面的高差 $\Delta H \leq 10m$ | 0.75 | — | — |
| | 与地面出入口地面的高差 $\Delta H > 10m$ | 1.00 | — | — |

(5) 地下或半地下人员密集的厅、室和歌舞娱乐放映游艺场所，其房间疏散门、安全出口、疏散走道和疏散楼梯的各自总净宽度，应根据疏散人数按每 100 人不小于 1.00m 计算确定。

**3. 百人宽度指标的应用**

(1) 当每层疏散人数不等时，疏散楼梯的总净宽度可分层计算，地上建筑内下层楼梯的总净宽度应按该层及以上疏散人数最多一层的人数计算；地下建筑内上层楼梯的总净宽度应按该层及以下疏散人数最多一层的人数计算。

(2) 首层外门的总净宽度应按该层及以上疏散人数最多一层的疏散人数计

算，不供其他楼层人员疏散的外门，可按本层的疏散人数计算确定。

## 考点2　疏散楼梯、楼梯间的首层疏散门、首层疏散外门和疏散走道的最小净宽度

各类建筑疏散走道、疏散楼梯、疏散门的最小宽度要求见表2-5-6。

**表2-5-6　各类建筑疏散走道、疏散楼梯、疏散门的最小净宽度**

（单位：m）

| 建筑类别 | | 疏散走道宽度 | | 疏散楼梯、楼梯间的首层疏散门、首层疏散外门 | |
|---|---|---|---|---|---|
| | | 单面布房 | 双面布房 | | |
| 高层医疗建筑 | | 1.40 | 1.50 | 1.30 | |
| 其他高层公共建筑 | | 1.30 | 1.40 | 1.20 | |
| 办公建筑 | 走道长度≤40 | 1.30 | 1.50 | | |
| | 走道长度>40 | 1.50 | 1.80 | | |
| 单、多层公共建筑 | | 1.10 | | 除另有规定外，公共建筑内疏散门和安全出口的净宽度不应小于0.90m，疏散楼梯的净宽度不应小于1.10m | |
| 厂房 | | 1.40 | | 1.10m（疏散楼梯）；0.90m（疏散门）<br>1.20（首层外门） | |
| 住宅 | | 1.10 | | 户门 | 0.90 |
| | | | | 首层疏散外门、疏散楼梯 | 1.10 |
| | | | | 建筑高度不大于18m的住宅中一边设置栏杆的疏散楼梯，其净宽度不应小于1.0m | |

## 考点3　各类建筑的安全疏散距离

**1. 公共建筑的安全疏散距离**

（1）直通疏散走道的房间疏散门至最近安全出口的直线距离不应大于表2-5-7的规定。

**表2-5-7　直通疏散走道的房间疏散门至最近安全出口的直线距离**

（单位：m）

| 名　称 | | | 位于两个安全出口之间的疏散门 | | | 位于袋形走道两侧或尽端的疏散门 | | |
|---|---|---|---|---|---|---|---|---|
| | | | 一、二级 | 三级 | 四级 | 一、二级 | 三级 | 四级 |
| 托儿所、幼儿园、老年人照料设施 | | | 25 | 20 | 15 | 20 | 15 | 10 |
| 歌舞娱乐放映游艺场所 | | | 25 | 20 | 15 | 9 | — | — |
| 医疗建筑 | 单、多层 | | 35 | 30 | 25 | 20 | 15 | 10 |
| | 高层 | 病房部分 | 24 | — | — | 12 | — | — |
| | | 其他部分 | 30 | — | — | 15 | — | — |

笔 记

（续）

| 名称 | | 位于两个安全出口之间的疏散门 | | | 位于袋形走道两侧或尽端的疏散门 | | |
|---|---|---|---|---|---|---|---|
| | | 一、二级 | 三级 | 四级 | 一、二级 | 三级 | 四级 |
| 教学建筑 | 单、多层 | 35 | 30 | 25 | 22 | 20 | 10 |
| | 高层 | 30 | — | — | 15 | — | — |
| 高层旅馆、公寓、展览建筑 | | 30<br>30 | — | — | —<br>15 | — | — |
| 其他建筑 | 单、多层 | 40 | 35 | 25 | 22 | 20 | 15 |
| | 高层 | 40 | — | — | 20 | — | — |

注：1. 建筑内开向敞开式外廊的房间疏散门至最近安全出口的直线距离可按本表的规定增加 5m。

2. 直通疏散走道的房间疏散门至最近敞开楼梯间的直线距离，当房间位于两个楼梯间之间时，应按本表的规定减少 5m；当房间位于袋形走道两侧或尽端时，应按本表的规定减少 2m。

3. 建筑物内全部设置自动喷水灭火系统时，其安全疏散距离可按本表及注 1 的规定增加 25%。

（2）楼梯间应在首层直通室外，确有困难时，可在首层采用扩大的封闭楼梯间或防烟楼梯间前室。当层数不超过 4 层且未采用扩大的封闭楼梯间或防烟楼梯间前室时，可将直通室外的门设置在离楼梯间不大于 15m 处。（2016 考点）

（3）房间内任一点至房间直通疏散走道的疏散门的直线距离，不应大于表 2-5-7 规定的袋形走道两侧或尽端的疏散门至最近安全出口的直线距离。

（4）一、二级耐火等级建筑内疏散门或安全出口不少于 2 个的观众厅、展览厅、多功能厅、餐厅、营业厅等，其室内任一点至最近疏散安全出口的直线距离不应大于 30m；当疏散门不能直通室外地面或疏散楼梯间时，应采用长度不大于 10m 的疏散走道通至最近的安全出口。

**2. 住宅建筑的安全疏散距离**

（1）跃廊式住宅的户门至最近安全出口的距离，应从户门算起，小楼梯的一段距离可按其水平投影长度的 1.50 倍计算。

（2）跃层式住宅，户内楼梯的距离可按其梯段水平投影长度的 1.50 倍计算。

**3. 设置自动喷水灭火系统场所的安全疏散距离**

当该场所设置自动喷水灭火系统时，室内任一点至最近安全出口的安全疏散距离可分别增加 25%（2016 年考点）。

## 考点 4　允许设置一个安全出口的条件

**1. 厂房**

厂房内每个防火分区或一个防火分区内的每个楼层，其安全出口的数量应经计算确定，且不应少于 2 个；当符合下列条件时，可设置 1 个安全出口：

1）甲类厂房，每层建筑面积不大于 $100m^2$，且同一时间的作业人数不超过 5 人。

2）乙类厂房，每层建筑面积不大于 $150m^2$，且同一时间的作业人数不超过 10 人。

3）丙类厂房，每层建筑面积不大于 $250m^2$，且同一时间的作业人数不超过

笔 记

20 人。

4）丁、戊类厂房，每层建筑面积不大于 400m²，且同一时间的作业人数不超过 30 人。

5）地下或半地下厂房（包括地下或半地下室），每层建筑面积不大于 50m²，且同一时间的作业人数不超过 15 人。

地下或半地下厂房（包括地下或半地下室），当有多个防火分区相邻布置，并采用防火墙分隔时，每个防火分区可利用防火墙上通向相邻防火分区的甲级防火门作为第二安全出口，但每个防火分区必须至少有 1 个直通室外的独立安全出口。

**2. 仓库**

每座仓库的安全出口不应少于 2 个，当满足下列条件时可以设置一个：

1）当一座仓库的占地面积不大于 300m² 时，可设置 1 个安全出口。

2）仓库内每个防火分区通向疏散走道、楼梯或室外的出口不宜少于 2 个，当防火分区的建筑面积不大于 100m² 时，可设置 1 个出口。通向疏散走道或楼梯的门应为乙级防火门。

3）地下或半地下仓库（包括地下或半地下室）的安全出口不应少于 2 个；当建筑面积不大于 100m² 时，可设置 1 个安全出口。

4）地下或半地下仓库（包括地下或半地下室），当有多个防火分区相邻布置并采用防火墙分隔时，每个防火分区可利用防火墙上通向相邻防火分区的甲级防火门作为第二安全出口，但每个防火分区必须至少有 1 个直通室外的安全出口。

5）粮食筒仓上层面积小于 1000m²，且作业人数不超过 2 人时，可设置 1 个安全出口。

**3. 公共建筑**

（1）符合下列条件之一的公共建筑，可设置 1 个安全出口或 1 部疏散楼梯：

1）除托儿所、幼儿园外，建筑面积不大于 200m² 且人数不超过 50 人的单层公共建筑或多层公共建筑的首层。

2）除医疗建筑，老年人建筑，托儿所、幼儿园的儿童用房，儿童游乐厅等儿童活动场所和歌舞娱乐放映游艺场所等外，符合表 2-5-8 规定的公共建筑。

**表 2-5-8 可设置 1 部疏散楼梯的公共建筑**

| 耐火等级 | 最多层数 | 每层最大建筑面积/m² | 人 数 |
|---|---|---|---|
| 一、二级 | 3 层 | 200 | 第二、三层的人数之和不超过 50 人 |
| 三级 | 3 层 | 200 | 第二、三层的人数之和不超过 25 人 |
| 四级 | 2 层 | 200 | 第二层人数不超过 15 人 |

3）设置不少于 2 部疏散楼梯的一、二级耐火等级公共建筑，如顶层局部升高，当高出部分的层数不超过 2 层、人数之和不超过 50 人且每层建筑面积不大于 200m² 时，高出部分可设置 1 部疏散楼梯，但至少应另外设置 1 个直通建筑主体上人平屋面的安全出口，且上人屋面应符合人员安全疏散的要求。

（2）一、二级耐火等级公共建筑内的安全出口全部直通室外确有困难的防

笔 记

火分区，可利用通向相邻防火分区的甲级防火门作为安全出口，但应符合下列要求：

1）利用通向相邻防火分区的甲级防火门作为安全出口时，应采用防火墙与相邻防火分区进行分隔。

2）建筑面积大于 $1000m^2$ 的防火分区，直通室外的安全出口不应少于 2 个；建筑面积不大于 $1000m^2$ 的防火分区，直通室外的安全出口不应少于 1 个。

3）该防火分区通向相邻防火分区的疏散净宽度不应大于其按《建筑设计防火规范》（GB 50016—2014）第 5.5.21 条规定计算所需疏散总净宽度的 30%，建筑各层直通室外的安全出口总净宽度不应小于按照《建筑设计防火规范》（GB 50016—2014）第 5.5.21 条规定计算所需疏散总净宽度。

**4. 住宅建筑**

（1）建筑高度不大于 27m 的建筑，当每个单元任一层的建筑面积大于 $650m^2$，或任一户门至最近安全出口的距离大于 15m 时，每个单元每层的安全出口不应少于 2 个。

（2）建筑高度大于 27m、不大于 54m 的建筑，当每个单元任一层的建筑面积大于 $650m^2$，或任一户门至最近安全出口的距离大于 10m 时，每个单元每层的安全出口不应少于 2 个。

（3）建筑高度大于 54m 的建筑，每个单元每层的安全出口不应少于 2 个。

（4）建筑高度大于 27m，但不大于 54m 的住宅建筑，每个单元设置一座疏散楼梯时，疏散楼梯应通至屋面，且单元之间的疏散楼梯应能通过屋面连通，户门应采用乙级防火门。当不能通至屋面或不能通过屋面连通时，应设置 2 个安全出口。

## 考点 5　疏散门的设置要求

**1. 公共建筑的疏散门**

（1）歌舞娱乐放映游艺场所可设置 1 个疏散门的条件。

歌舞娱乐放映游艺场所内建筑面积不大于 $50m^2$ 且经常停留人数不超过 15 人的厅、室。

（2）剧场、电影院、礼堂和体育馆的观众厅或多功能厅的疏散门。

1）对于剧场、电影院、礼堂的观众厅或多功能厅，当容纳人数不超过 2000 人时，每个疏散门的平均疏散人数不应超过 250 人；当容纳人数超过 2000 人时，其超过 2000 人的部分，每个疏散门的平均疏散人数不应超过 400 人。

2）对于体育馆的观众厅，每个疏散门的平均疏散人数不宜超过 400～700 人。

**2. 公共建筑的其他疏散通道宽度要求**

（1）除《建筑设计防火规范》（GB 50016—2014）另有规定外，公共建筑内疏散门和安全出口的净宽度不应小于 0.90m，疏散走道和疏散楼梯的净宽度不应小于 1.10m。

（2）人员密集的公共场所、观众厅的疏散门不应设置门槛，其净宽度不应小于 1.40m，且紧靠门口内外各 1.40m 范围内不应设置踏步。

（3）人员密集的公共场所的室外疏散通道的净宽度不应小于3.00m，并应直接通向宽敞地带。

**3. 建筑内疏散门的要求**

（1）民用建筑和厂房的疏散门，应采用向疏散方向开启的平开门，不应采用推拉门、卷帘门、吊门、转门和折叠门。除甲、乙类生产车间外，人数不超过60人且每樘门的平均疏散人数不超过30人的房间，其疏散门的开启方向不限。

（2）仓库的疏散门应采用向疏散方向开启的平开门，但丙、丁、戊类仓库首层靠墙的外侧可采用推拉门或卷帘门。

（3）开向疏散楼梯或疏散楼梯间的门，当其完全开启时，不应减少楼梯平台的有效宽度。

（4）人员密集场所内平时需要控制人员随意出入的疏散门和设置门禁系统的住宅、宿舍、公寓建筑的外门，应保证火灾时不需使用钥匙等任何工具即能从内部易于打开，并应在显著位置设置具有使用提示的标识。

## 考点6　疏散楼梯的设置要求

**1. 各类建筑中疏散楼梯间适用范围**

（1）厂房和仓库疏散楼梯间适用范围见表2-5-9。

**表2-5-9　厂房和仓库疏散楼梯间适用范围**

| | 楼梯间类型 |
|---|---|
| 厂房 | （1）高层厂房和甲、乙、丙类多层厂房的疏散楼梯应采用封闭楼梯间或室外楼梯<br>（2）建筑高度大于32m且任一层人数超过10人的厂房，应采用防烟楼梯间或室外楼梯 |
| 仓库 | 高层仓库的疏散楼梯应采用封闭楼梯间 |

（2）公共建筑疏散楼梯间适用范围见表2-5-10。

**表2-5-10　公共建筑疏散楼梯间适用范围**

| | 防烟楼梯间 | 封闭楼梯间 |
|---|---|---|
| 适用范围 | 一类高层公共建筑和建筑高度大于32m的二类高层公共建筑 | （1）裙房和建筑高度不大于32m的二类高层公共建筑<br>（2）下列多层公共建筑的疏散楼梯，除与敞开式外廊直接相连的楼梯间外，均应采用封闭楼梯间：<br>1）医疗建筑，旅馆、公寓及类似使用功能的建筑<br>2）设置歌舞娱乐放映游艺场所的建筑<br>3）商店、图书馆、展览建筑，会议中心及类似使用功能的建筑<br>4）6层及以上的其他建筑 |

老年人照料设施楼梯间设置要求：

①老年人照料设施的疏散楼梯或疏散楼梯间宜与敞开式外廊直接连通，不能与敞开式外廊直接连通的室内疏散楼梯应采用封闭楼梯间。

②建筑高度大于24m的，其室内疏散楼梯应采用防烟楼梯间。

③建筑高度大于32m的，宜在32m以上部分增设能连通老年人居室和公共活动场所的连廊，各层连廊应直接与疏散楼梯、安全出口或室外避难场地连通。

（3）住宅疏散楼梯间适用范围见表2-5-11。

笔记

笔 记

表 2-5-11 住宅疏散楼梯间适用范围

| 住宅高度 | 楼梯间类型 |
|---|---|
| 建筑高度 $H \leq 21m$ | 可采用敞开楼梯间<br>与电梯井相邻布置的疏散楼梯应采用封闭楼梯间，当户门采用乙级防火门时，仍可采用敞开楼梯间 |
| $21m < H \leq 33m$ | 应采用封闭楼梯间<br>当户门采用乙级防火门时，可采用敞开楼梯间 |
| $H > 33m$ | 应采用防烟楼梯间<br>同一楼层或单元的户门不宜直接开向前室，确有困难时，开向前室的户门不应大于 3 樘且应采用乙级防火门 |

（4）地下或半地下建筑（室）的疏散楼梯间。

1）室内地面与室外出入口地坪高差大于 10m 或 3 层及以上的地下、半地下建筑（室），其疏散楼梯应采用防烟楼梯间。

2）其他地下或半地下建筑（室），其疏散楼梯应采用封闭楼梯间。

3）应在首层采用耐火极限不低于 2.00h 的防火隔墙与其他部位分隔并应直通室外，确需在隔墙上开门时，应采用乙级防火门。

4）建筑的地下或半地下部分与地上部分不应共用楼梯间，确需共用楼梯间时，应在首层采用耐火极限不低于 2.00h 的防火隔墙和乙级防火门将地下或半地下部分与地上部分的连通部位完全分隔，并应设置明显的标志。

**2. 疏散楼梯间和疏散楼梯的设置要求**

（1）封闭楼梯间的设置要求见表 2-5-12。

表 2-5-12 封闭楼梯间的设置要求

| | |
|---|---|
| 封闭楼梯间的设置要求 | 不能自然通风或自然通风不能满足要求时，应设置机械加压送风系统或采用防烟楼梯间 |
| | 除楼梯间的出入口和外窗外，楼梯间的墙上不应开设其他门、窗、洞口 |
| | 高层建筑，人员密集的公共建筑，人员密集的多层丙类厂房，甲、乙类厂房，其封闭楼梯间的门应采用乙级防火门，并应向疏散方向开启；其他建筑，可采用双向弹簧门 |
| | 楼梯间的首层可将走道和门厅等包括在楼梯间内形成扩大的封闭楼梯间，但应采用乙级防火门等与其他走道和房间分隔 |

（2）防烟楼梯间的设置要求见表 2-5-13。

表 2-5-13 防烟楼梯间的设置要求

| | |
|---|---|
| 防烟楼梯间的设置要求 | 应设置防烟设施 |
| | 前室可与消防电梯间前室合用 |
| | 前室的使用面积：公共建筑、高层厂房（仓库），不应小于 $6.0m^2$；住宅建筑，不应小于 $4.5m^2$<br>与消防电梯间前室合用时，合用前室的使用面积：公共建筑、高层厂房（仓库），不应小于 $10.0m^2$；住宅建筑，不应小于 $6.0m^2$ |

（续）

| | |
|---|---|
| 防烟楼梯间的设置要求 | 疏散走道通向前室以及前室通向楼梯间的门应采用乙级防火门 |
| | 除楼梯间和前室的出入口、楼梯间和前室内设置的正压送风口和住宅建筑的楼梯间前室外，防烟楼梯间和前室的墙上不应开设其他门、窗、洞口 |
| | 楼梯间的首层可将走道和门厅等包括在楼梯间前室内形成扩大的前室，但应采用乙级防火门等与其他走道和房间分隔 |

（3）室外疏散楼梯的设置要求见表2-5-14。

**表2-5-14　室外疏散楼梯的设置要求**

| | |
|---|---|
| 室外疏散楼梯的设置要求 | 栏杆扶手的高度不应小于1.10m，楼梯的净宽度不应小于0.90m |
| | 倾斜角度不应大于45° |
| | 梯段和平台均应采用不燃材料制作。平台的耐火极限不应低于1.00h，梯段的耐火极限不应低于0.25h |
| | 通向室外楼梯的门应采用乙级防火门，并应向外开启 |
| | 除疏散门外，楼梯周围2m内的墙面上不应设置门、窗、洞口，疏散门不应正对梯段 |

（4）住宅与高层公共建筑的剪刀楼梯。

住宅与高层公共建筑的剪刀楼梯设置要求的对比见表2-5-15。

**表2-5-15　住宅与高层公共建筑的剪刀楼梯设置要求的对比**

| | 住宅的剪刀楼梯 | 高层公共建筑的剪刀楼梯 |
|---|---|---|
| 设置条件 | 当分散设置确有困难且任一户门至最近疏散楼梯间入口的距离不大于10m时，可采用剪刀楼梯间 | |
| 设置要求 | （1）应采用防烟楼梯间<br>（2）梯段之间应设置耐火极限不低于1.00h的防火隔墙<br>（3）楼梯间的前室不宜共用；共用时，前室的使用面积不应小于$6.0m^2$<br>（4）楼梯间的前室或共用前室不宜与消防电梯的前室合用；合用时，合用前室的使用面积不应小于$12.0m^2$，且短边不应小于2.4m | （1）楼梯间应为防烟楼梯间<br>（2）梯段之间应设置耐火极限不低于1.00h的防火隔墙<br>（3）楼梯间的前室应分别设置<br>（4）楼梯间内的加压送风系统不应合用 |

## 考点7　避难走道、下沉广场与防火隔间

### 1. 疏散走道与避难走道

疏散走道与避难走道要求的对比见表2-5-16。

**表2-5-16　疏散走道与避难走道要求的对比**

| 避难走道 | 疏散走道 |
|---|---|
| 避难走道两侧为不应低于3.00h的防火隔墙<br>避难走道楼板的耐火极限不应低于1.50h<br>提示：隔墙必须砌至梁、板底部且不留缝隙 | 两侧隔墙：一、二级耐火等级的建筑不低于1.00h；三级耐火等级的建筑不低于0.50h；四级耐火等级的建筑不低于0.25h |

笔记

笔 记

（续）

| 避难走道 | 疏散走道 |
|---|---|
| 避难走道直通地面的出口不应少于2个，并应设置在不同方向；当避难走道仅与一个防火分区相通且该防火分区至少有1个直通室外的安全出口时，可设置1个直通地面的出口。任一防火分区通向避难走道的门至该避难走道最近直通地面的出口的距离不应大于60m | |
| 避难走道的净宽度不应小于任一防火分区通向该避难走道的设计疏散总净宽度 | 建筑类型不同，宽度要求不同，见表2-5-6 |
| 避难走道内部装修材料的燃烧性能应为A级 | （1）地上建筑的水平疏散走道，其顶棚应采用A级装修材料，其他部位应采用不低于B1级装修材料<br>（2）地下民用建筑的疏散走道，其顶棚、墙面和地面均采用A级装修材料 |
| 防火分区至避难走道入口处应设置防烟前室，前室的使用面积不应小于6.0$m^2$，开向前室的门应采用甲级防火门，前室开向避难走道的门应采用乙级防火门 | 无前室要求 |
| 避难走道内应设置消火栓、消防应急照明、应急广播和消防专线电话 | 有消防应急照明、应急广播和疏散指示标志要求 |

**2. 下沉广场**

下沉广场的设置要求见表2-5-17。

**表2-5-17　下沉广场的设置要求**

| | |
|---|---|
| 下沉广场设置要求 | 不同防火分区通向下沉式广场等室外开敞空间的开口最近边缘之间的水平距离不应小于13m。室外开敞空间除用于人员疏散外不得用于其他商业或可能导致火灾蔓延的用途，其中用于疏散的净面积不应小于169$m^2$ |
| | 下沉式广场等室外开敞空间内应设置不少于1部直通地面的疏散楼梯。当连接下沉广场的防火分区需利用下沉广场进行疏散时，疏散楼梯的总净宽度不应小于任一防火分区通向室外开敞空间的设计疏散总净宽度 |
| | 确需设置防风雨篷时，防风雨篷不应完全封闭，四周开口部位应均匀布置，开口的面积不应小于室外开敞空间地面面积的25%，开口高度不应小于1.0m；开口设置百叶时，百叶的有效排烟面积可按百叶通风口面积的60%计算 |

**3. 防火隔间**

防火隔间的墙应为耐火极限不低于3.00h的防火隔墙，还应符合表2-5-18的规定。

**表2-5-18　防火隔间的设置要求**

| | |
|---|---|
| 防火隔间设置要求 | 防火隔间的建筑面积不应小于6.0$m^2$ |
| | 防火隔间的门应采用甲级防火门 |
| | 不同防火分区通向防火隔间的门不应计入安全出口，门的最小间距不应小于4m |
| | 防火隔间内部装修材料的燃烧性能应为A级 |
| | 不应用于除人员通行外的其他用途 |

## 考点8　避难层（间）和其他辅助疏散设施

**1. 避难层（间）**

（1）设置范围。

建筑高度大于100m的公共建筑和住宅建筑，应设置避难层（间）。

（2）避难层设置要求。

避难层设置要求见表2-5-19。

**表2-5-19　避难层设置要求**

| 要　点 | 具体要求 |
|---|---|
| 间隔距离 | 第一个避难层(间)的楼地面至灭火救援场地地面的高度不应大于50m，两个避难层（间）之间的高度不宜大于50m |
| 通向避难层的疏散楼梯 | 通向避难层的疏散楼梯应在避难层分隔、同层错位或上下层断开 |
| 避难层（间）的净面积 | 应能满足设计避难人数避难的要求，并宜按5人/$m^2$计算 |
| 避难层兼作设备层的要求 | （1）设备管道宜集中布置，其中的易燃、可燃液体或气体管道应集中布置，设备管道区应采用耐火极限不低于3.00h的防火隔墙与避难区分隔<br>（2）管道井和设备间应采用耐火极限不低于2.00h的防火隔墙与避难区分隔，管道井和设备间的门不应直接开向避难区；确需直接开向避难区时，与避难层区出入口的距离不应小于5m，且应采用甲级防火门<br>（3）避难间内不应设置易燃、可燃液体或气体管道，不应开设除外窗、疏散门之外的其他开口 |
| 消防电梯出口 | 避难层应设置消防电梯出口 |
| 消防设施 | （1）应设置消火栓和消防软管卷盘；应设置消防专线电话和应急广播<br>（2）在避难层（间）进入楼梯间的入口处和疏散楼梯通向避难层（间）的出口处，应设置明显的指示标志<br>（3）应设置直接对外的可开启窗口或独立的机械防烟设施，外窗应采用乙级防火窗<br>（4）消防应急照明和灯光疏散指示标志的备用电源的连续供电时间不应小于1.50h；地面最低水平照度不应低于3.01x |

**2. 高层病房楼的避难间**

高层病房楼应在二层及以上的病房楼层和洁净手术部设置避难间。设置要求见表2-5-20。

**表2-5-20　高层病房楼避难间的设置要求**

| 要　点 | 具体要求 |
|---|---|
| 面积大小 | 避难间服务的护理单元不应超过2个，其净面积应按每个护理单元不小于25.0$m^2$确定；按照规范该条文的说明，40～60个床位为一个护理单元 |
| 避难间兼作其他用途 | 应保证人员的避难安全，且不得减少可供避难的净面积 |

笔记

笔 记

（续）

| 要　点 | 具体要求 |
| --- | --- |
| 防火分隔 | 应靠近楼梯间，并应采用耐火极限不低于2.00h的防火隔墙和甲级防火门与其他部位分隔 |
| 消防设施 | 应设置消防专线电话和消防应急广播<br>避难间的入口处应设置明显的指示标志<br>应设置直接对外的可开启窗口或独立的机械防烟设施，外窗应采用乙级防火窗 |

## 二、难点突破

（1）特别需要注意这一条："直通疏散走道的房间疏散门至最近敞开楼梯间的直线距离，当房间位于两个楼梯间之间时，应按本表的规定减少5m；当房间位于袋形走道两侧或尽端时，应按本表的规定减少2m。"

1）该条是针对敞开楼梯间的规定。

2）当设置自动喷水灭火系统时，上述安全疏散距离应该分别为：1.25x－5和1.25y－2。

（2）歌舞娱乐放映游艺场所的安全疏散距离，大家务必记清楚，2015～2016年都考了。

（3）一、二级耐火等级公共建筑内借用疏散，应符合下列要求：

该防火分区通向相邻防火分区的疏散净宽度不应大于其按《建筑设计防火规范》（GB 50016—2014）第5.5.21条规定计算所需疏散总净宽度的30%，建筑各层直通室外的安全出口总净宽度不应小于按照《建筑设计防火规范》（GB 50016—2014）第5.5.21条规定计算所需疏散总净宽度。

（4）封闭楼梯间当不能自然通风或自然通风不能满足要求时，应设置机械加压送风系统或采用防烟楼梯间。

（5）注意掌握：扩大的封闭楼梯间和扩大的防烟楼梯间前室的概念和要求（2017年真题）。

（6）注意区分：住宅和公共建筑设置剪刀楼梯的不同要求。

（7）特别注意：公众聚集场所和人员密集场所所包括的范围：

1）公众聚集场所，是指宾馆、饭店、商场、集贸市场、客运车站候车室、客运码头候船厅、民用机场航站楼、体育场馆、会堂以及公共娱乐场所等。

2）人员密集场所，是指公众聚集场所，医院的门诊楼、病房楼，学校的教学楼、图书馆、食堂和集体宿舍，养老院，福利院，托儿所，幼儿园，公共图书馆的阅览室，公共展览馆、博物馆的展示厅，劳动密集型企业的生产加工车间和员工集体宿舍，旅游、宗教活动场所等。

## 三、真题解析

### （一）单项选择题

1.（考点7）下列避难走道的防火检查结果中，不符合现行国家消防技术标准的是（　　）。（2017年真题）

A. 避难走道采用耐火极限 3.00h 的防火墙和耐火极限 2.50h 的楼板与其他区域进行分隔

B. 最远防火分区通向避难走道的门至该避难走道最近直通地面的出口的距离为 39m

C. 使用人数最多的防火分区通向与其连接的避难走道的 2 个门净宽度均为 1.6m，避难走道的净宽度为 3.50m

D. 防火分区开向避难走道前室的门采用乙级防火门，前室开向避难走道的门采用甲级防火门

**【答案】** D。

**【解析】** 根据《建筑设计防火规范》（GB 50016—2014）6.4.14 和表2-6-16，可知 D 项不符合。

2.（考点 4、5）下列疏散出口的检查结果中，不符合现行国家消防技术标准的是（　　）。(2017 年真题)

A. 容纳 200 人的观众厅，其 2 个外开疏散门的净宽度均为 1.20m

B. 教学楼内位于两个安全出口之间的建筑面积 $55m^2$，使用人数 45 人的教室设有 1 个净宽 1.00m 的外开门

C. 单层棉花储备仓库在外墙上设置净宽 4.00m 的金属卷帘门作为疏散门

D. 建筑面积为 $200m^2$ 的房间，其相邻 2 个疏散门洞净宽为 1.5m，疏散门中心线之间的距离为 6.5m

**【答案】** A。

**【解析】**《建筑设计防火规范》（GB 50016—2014）规定人员密集的公共场所、观众厅的疏散门不应设置门槛，其净宽度不应小于 1.40m，且紧靠门口内外各 1.40m 范围内不应设置踏步。因此 A 项不符合。

3.（考点 2、3）下列一、二级耐火等级建筑的疏散走道和安全出口的检查结果中，不符合现行国家消防技术标准的是（　　）。(2017 年真题)

A. 容纳 4500 人的单层体育馆，其室外疏散通道的净宽度为 3.5m

B. 一座 2 层老年人公寓中，位于袋形走道两侧的房间疏散门至最近疏散楼梯间的直线距离为 18m

C. 单元式住宅中公共疏散走道净宽度为 1.05m

D. 采用敞开式外廊的多层办公楼中，从袋形走道近端的疏散门至最近封闭楼梯间的直线距离为 27m

**【答案】** C。

**【解析】** 人员密集的公共场所的室外疏散通道的净宽度不应小于 3.00m，并应直接通向宽敞地带。因此，A 项符合。

参照表 2-5-7 可知，老年人公寓中，位于袋形走道两侧的房间疏散门至最近疏散楼梯间的直线距离不应大于 20m，因此，B 项符合。

依据《建筑设计防火规范》（GB 50016—2014）5.5.30 住宅建筑的户门、安全出口、疏散走道和疏散楼梯的各自总净宽度应经计算确定，且户门和安全出口的净宽度不应小于 0.90m，疏散走道、疏散楼梯和首层疏散外门的净宽度不应小

笔 记

于1.10m。因此，C项不符合。

建筑内开向敞开式外廊的房间疏散门至最近安全出口的直线距离可按本表的规定增加5m。所以为27m，故D项符合。

4. 某7层商业综合体建筑，裙房与塔楼连通部位采用防火卷帘分隔，裙房地上3层，地下2层，建筑面积35000m$^2$，耐火等级为一级，商业业态包括商业营业厅及餐厅等。裙房第三层的百人疏散宽度指标应为（　　）m/百人。（2017年真题）

A. 0.65　　B. 1.00　　C. 0.75　　D. 0.85

**【答案】** B。

**【解析】** 本题裙房与塔楼连通部位采用防火卷帘分隔，所以，裙房安全疏散设计应该与主体一致。因此，答案为B。

5. （考点6）下列关于建筑安全出口或疏散楼梯间的做法中，错误的是（　　）。（2016年真题）

A. 位于地下一层，总建筑面积为1000m$^2$的卡拉OK厅和舞厅，设置了3个净宽度均为2m的安全出口

B. 每层为一个防火分区且每层使用人数不超过180人的多层制衣厂，设置了2座梯段净宽度均为1.2m的封闭楼梯间

C. 高层办公楼的每层使用人数为60人，设置了2座防烟疏散楼梯间，楼梯间的净宽度及楼梯间在首层的门的净宽度均为1.2m

D. 单层二级耐火等级且设置自动喷水灭火系统的电影院，其中一个1000座的观众厅设置了4个净宽度均为1.50m的安全出口

**【答案】** D。

**【解析】** （1）地下一层，卡拉OK厅和舞厅人数：1000m$^2$ ×0.5人/m$^2$ =500人，按1m/100人来计算总宽度为5m<3×2m=6m。因此，A项正确。

（2）每层为一个防火分区且每层使用人数不超过180人的多层制衣厂，设置了2座梯段净宽度均为1.2m的封闭楼梯间，B项正确。

（3）高层办公楼的每层使用人数为60人，设置了2座防烟疏散楼梯间，楼梯间的净宽度及楼梯间在首层的门的净宽度均为1.2m，C项正确。

（4）二级耐火等级电影院的观众厅的百人宽度指标为0.65m/100人。

总疏散宽度应为：1000人×0.65m/100人=6.5m>6m，没有满足规范要求。D项错误。

综上所述：答案为D。

**（二）多项选择题**

（考点6）下列安全出口的检查结果中，符合现行国家消防技术标准的有（　　）。（2017年真题）

A. 防烟楼梯间在首层直接对外的出口门采用向外开启的玻璃门

B. 服装厂房设置的封闭楼梯间，各层均采用常闭式乙级防火门，并向楼梯间开启

C. 多层办公楼封闭楼梯间的入口门，采用敞开的乙级防火门并有自行关闭和信号反馈功能

D. 室外地平高 -0.15m，室内地平高 -10.00m 的底下 2 层建筑，其疏散楼梯采用封闭楼梯间

E. 高层宾馆中连续“一”字形内走廊的 2 个防烟楼梯间的入口中心线之间距离为 60m

【答案】ACDE。

【解析】根据《建筑设计防火规范》（GB 50016—2014）6.4.3 和考点 6：防烟楼梯间的首层可将走道和门厅等包括在楼梯间前室内形成扩大的前室，但应采用乙级防火门等与其他走道和房间分隔。并未对通向室外的门进行要求，因此 A 项正确；根据《建筑设计防火规范》（GB 50016—2014）6.4.2：高层建筑、人员密集的公共建筑、人员密集的多层丙类厂房、甲、乙类厂房，其封闭楼梯间的门应采用乙级防火门，并应向疏散方向开启，因此 B 项错误；设置在建筑内经常有人员通行处的防火门宜采用常开防火门。常开防火门应能在火灾时自行关闭，并应具有信号反馈的功能，因此 C 项正确；D 项选项室内外高差为 9.85m，室内外高差不大于 10m 的地下、半地下建筑可采用封闭楼梯间，因此 D 项正确；位于两个安全出口之间的疏散门至最近安全出口的距离不应大于 30 × 1.25 = 37.5（m），E 项选项中两个防烟楼梯间入口中心线之间的距离为 60m，因此，E 项正确。

# 第六章　建筑防爆

## 一、考点提炼

### 考点 1　建筑防爆技术措施和爆炸危险区域的划分

**1. 建筑防爆的基本技术措施**

（1）预防性技术措施。

排除能引起爆炸的各类可燃物质；消除或控制能引起爆炸的各种火源。

（2）减轻性技术措施。

采取泄压措施；采用抗爆性能良好的建筑结构体系；采取合理的建筑布置。

**2. 爆炸危险区域的划分**

爆炸危险区域的划分见表 2-6-1。

**表 2-6-1　爆炸危险区域的划分**

| | 爆炸性气体环境 | 爆炸性粉尘环境 |
|---|---|---|
| 1 | （1）0 级区域（简称 0 区）<br>在正常运行情况下，爆炸性气体混合物连续出现或长期出现的场所 | （1）20 区<br>持续地、长期地、频繁地出现于爆炸性环境中 |
| 2 | （2）1 级区域（简称 1 区）<br>在正常运行时可能出现爆炸性气体混合物的场所 | （2）21 区<br>在正常运行时，空气中的可燃粉尘云很可能偶尔出现于爆炸性环境中 |

笔记

笔记

（续）

| | 爆炸性气体环境 | 爆炸性粉尘环境 |
|---|---|---|
| 3 | （3）2级区域（简称2区）<br>在正常运行时不可能出现爆炸性气体混合物的场所，或即使出现也仅是短时存在爆炸性气体混合物的场所 | （3）22区<br>在正常运行时，空气中的可燃粉尘云一般不可能出现于爆炸性环境中，即使出现，持续时间也是短暂的 |

## 考点2　爆炸危险性厂房、库房的布置

**1. 总平面布局**

（1）有爆炸危险的甲、乙类厂房宜独立设置，并宜采用敞开式或半敞开式。其承重结构宜采用钢筋混凝土或钢框架、排架结构。

（2）甲类厂房与民用建筑的防火间距不应小于25m，与重要公共建筑的防火间距不应小于50m，与明火或散发火花地点的防火间距不应小于30m。甲类库房与重要公共建筑物的防火间距不应小于50m，与民用建筑和明火或散发火花地点的防火间距按其储存物品性质不同为25～40m。

**2. 平面和空间布置**

（1）地下、半地下室。

1）甲、乙类生产场所不应设置在地下或半地下。

2）甲、乙类仓库不应设置在地下或半地下。

（2）变（配）电站。

1）变（配）电站不应设置在甲、乙类厂房内或贴邻，且不应设置在爆炸性气体、粉尘环境的危险区域内。供甲、乙类厂房专用的10kV及以下的变（配）电站，当采用无门、窗、洞口的防火墙分隔时，可一面贴邻，并应符合现行国家标准《爆炸危险环境电力装置设计规范》（GB 50058—2014）等标准的规定。乙类厂房的配电站确需在防火墙上开窗时，应采用甲级防火窗。

2）对乙类厂房的配电站，如氨压缩机房的配电站，为观察设备、仪表运转情况，需要设观察窗，故作了适当放宽，允许在配电站的防火墙上设置不燃烧体的密封固定甲级防火窗。

（3）干式除尘器和过滤器。

净化有爆炸危险粉尘的干式除尘器和过滤器宜布置在厂房外的独立建筑内，且建筑外墙与所属厂房的防火间距不得小于10m。对符合一定条件可以布置在厂房内的单独房间内时，需检查是否采用耐火极限分别不低于3.00h的防火隔墙和1.50h的楼板与其他部位分隔。

（4）总控制室与分控制室。

1）有爆炸危险的甲、乙类厂房的总控制室应独立设置。

2）有爆炸危险的甲、乙类厂房的分控制室宜独立设置，当贴邻外墙设置时，应采用耐火极限不低于3.00h的防火隔墙与其他部位分隔。

（5）有爆炸危险的部位。

1）有爆炸危险的甲、乙类生产部位，宜布置在单层厂房靠外墙的泄压设施

或多层厂房靠外墙的泄压设施附近。

有爆炸危险的设备宜避开厂房的梁、柱等主要承重构件布置。

2）生产、使用或储存相同爆炸物品的房间，应尽量集中在一个区域，这样便于对防火墙等防爆建筑结构的处理。性质不同的危险物品的生产应分开，如乙炔与氧气必须分开。

（6）其他平面和空间布置。

1）散发较空气重的可燃气体、可燃蒸气的甲类厂房和有粉尘、纤维爆炸危险的乙类厂房，应符合下列规定：

①应采用不发火花的地面。采用绝缘材料作整体面层时，应采取防静电措施。

②散发可燃粉尘、纤维的厂房，其内表面应平整、光滑，并易于清扫。

③厂房内不宜设置地沟，确需设置时，其盖板应严密，地沟应采取防止可燃气体、可燃蒸气和粉尘、纤维在地沟积聚的有效措施，且应在与相邻厂房连通处采用防火材料密封。

2）有爆炸危险区域内的楼梯间、室外楼梯或有爆炸危险的区域与相邻区域连通处，应设置门斗等防护措施。门斗的隔墙应为耐火极限不应低于 2.00h 的防火隔墙，门应采用甲级防火门并应与楼梯间的门错位设置。

3）使用和生产甲、乙、丙类液体的厂房，其管、沟不应与相邻厂房的管、沟相通，下水道应设置隔油设施。

4）甲、乙、丙类液体仓库应设置防止液体流散的设施。遇湿会发生燃烧爆炸的物品，仓库应采取防止水浸渍的措施。

## 考点 3　泄压面积计算和泄压设施的设置

### 1. 泄压面积计算

根据《建筑设计防火规范》（GB 50016—2014），有爆炸危险的甲、乙类厂房，其泄压面积宜按式（2-6-1）计算，但当厂房的长径比大于 3 时，宜将该建筑划分为长径比小于或等于 3 的多个计算段，各计算段中的公共截面不得作为泄压面积。

$$A = 10CV^{2/3} \tag{2-6-1}$$

式中　$A$——泄压面积（$m^2$）；

$V$——厂房的容积（$m^3$）；

$C$——厂房容积为 $1000m^3$ 时的泄压比（$m^2/m^3$），其值可按《消防安全技术实务》表 2-8-1 选取。

长径比为建筑平面几何外形尺寸中的最长尺寸与其横截面周长的积和 4.0 倍的建筑横截面面积之比。

### 2. 泄压设施的设置

（1）有爆炸危险的厂房或厂房内有爆炸危险的部位应设置泄压设施。

（2）泄压设施宜采用轻质屋面板、轻质墙体和易于泄压的门、窗等，应采用安全玻璃等在爆炸时不产生尖锐碎片的材料。

笔 记

笔 记

(3) 泄压设施的设置应避开人员密集场所和主要交通道路，并宜靠近有爆炸危险的部位。

(4) 作为泄压设施的轻质屋面板和墙体的质量不宜大于$60kg/m^2$。

(5) 屋顶上的泄压设施应采取防冰雪积聚措施。

(6) 散发较空气轻的可燃气体、可燃蒸气的甲类厂房，宜采用轻质屋面板作为泄压面积。顶棚应尽量平整、无死角，厂房上部空间应通风良好。

## 二、难点突破

**1. 计算矩形厂房的泄压面积。**

(1) 若长径比小于或等于3时，直接利用式（2-6-1）计算即可。

(2) 当厂房的长径比大于3时，宜将该建筑划分为长径比小于或等于3的多个计算段。

一般来说：①长径比为（3，6]，分两段计算；②长径比为（6，9]分三段计算。

**2. 计算L形厂房的泄压面积。**

(1) 计算厂房的长径比（A、B两段分别计算）。

(2) 计算厂房的泄压面积（A、B两段分别计算）。

## 三、真题解析

### （一）单项选择题

1. 下列建筑防爆措施中，不属于预防性措施的是（　　）。(2017年真题)

A. 生产过程中尽量不用具有爆炸危险的可燃物质

B. 消除静电火花

C. 设置可燃气体浓度报警装置

D. 设置泄压构件

**【答案】** D。

**【解析】** 减轻性技术措施：①采取泄压措施；②采用抗暴性能良好的建筑结构体系；③采取合理的建筑布局。

2. 某金属原件抛光车间的下列做法中，不符合规范要求的是（　　）。(2017年真题)

A. 采用铜芯绝缘导线做配线

B. 导线的连接采用压接方式

C. 带电部件的接地干线有两处与接地体相连

D. 电气设备按潮湿环境选用

**【答案】** D。

**【解析】** 金属原件抛光车间属于有粉尘爆炸危险的乙类厂房。根据爆炸性气体环境以及爆炸危险区域的分区、电气设备的种类和防爆结构的要求，因此D项是错误的。

笔 记

（二）多项选择题

对某动物饲料加工厂的谷物碾磨车间进行防火检查，查阅资料得知，该车间耐火等级为一级，防火分区划分符合规范要求。该车间的下列做法中，符合现行国家消防技术标准要求的有（　　）。(2017 年真题)

A. 配电站设于厂房内的一层，采用防火墙和耐火极限 1.50h 的楼板与其他区域分隔，墙上的门为甲级防火门

B. 位于厂房三层的运行调度监控室采用防火墙和耐火极限 1.50h 的楼板与其他区域分隔，且设有独立使用的防烟楼梯间

C. 车间办公室贴邻厂房外墙设置，采用耐火极限 4.00h 的防火墙与厂房分隔，并设有独立的安全出口

D. 设置在一层的产品临时存放仓库单独划分防火分区

E. 位于二层的饲料添加剂仓库（丙类）采用防火墙和耐火极限为 1.50h 的楼板与其他部分分隔，墙上的门为甲级防火门

**【答案】** DE。

**【解析】** 根据《建筑设计防火规范》(GB 50016—2014) 3.3.8：变、配电站不应设置在甲、乙类厂房内或贴邻，且不应设置在爆炸性气体、粉尘环境的危险区域内。该厂房属于乙类厂房，因此 A 项错误。

根据《建规》3.6.9、3.3.5、3.3.6 和表 2-4-3 可知：B、C 均错误。因此，DE 正确。

# 第七章　建筑设备防火防爆

## 一、考点提炼

### 考点 1　供暖系统的防火防爆

供暖系统的防火防爆要点见表 2-7-1。

**表 2-7-1　供暖系统的防火防爆**

| 检查内容 | 技术要求 |
| --- | --- |
| 供暖方式的选择 | 甲乙类厂、库房，其供暖系统应采用不循环使用的热风供暖<br>严禁采用明火和电热供暖 |
| 供暖管道的敷设 | (1) 供暖管道不得穿过存在与供暖管道接触能引起燃烧或爆炸的气体、蒸气或粉尘的房间，必须穿过时，应采用不燃材料隔热<br>(2) 供暖管道与可燃物之间保持的距离：<br>1) 当温度大于 100℃时，此距离不小于 100mm 或采用不燃材料隔热<br>2) 当温度不大于 100℃时，此距离不小于 50mm 或采用不燃材料隔热 |
| 供暖管道和设备绝热材料的燃烧性能 | 对于甲、乙类厂房（仓库），建筑内的供暖管道和设备的绝热材料应采用不燃材料 |
| 散热器表面的温度 | 在散发可燃粉尘、纤维的厂房内，供暖表面的平均温度不得超过 82.5℃<br>输煤廊的散热器的表面平均温度不得超过 130℃ |

笔 记

## 考点2 通风和空气调节系统防火防爆

通风和空气调节系统防火防爆要点见表2-7-2。

表2-7-2 通风和空气调节系统防火防爆

| 要 点 | 技术要求 |
|---|---|
| 空气调节系统选择 | 甲、乙类厂房内的空气不应循环使用<br>（1）丙类厂房内含有燃烧或爆炸危险粉尘、纤维的空气，在循环使用前应经过净化处理，使空气中的含尘浓度低于其爆炸下限的25%<br>（2）对民用建筑内空气中含有容易起火或爆炸危险物质的房间，设置自然通风或独立的机械通风设施 |
| 管道的敷设 | （1）严禁厂房内用于有爆炸危险场所的排风管道穿过防火墙和有爆炸危险的房间隔墙<br>（2）甲、乙、丙类厂房内的送、排风管道宜分层设置 |
| 通风设备的选择 | （1）对空气中含有易燃、易爆危险物质的房间，送、排风系统应选用防爆型的通风设备。当送风机布置在单独分隔的通风机房内且送风干管上设置防止回流设施时，可采用普通型的通风设备<br>（2）燃气锅炉房选用防爆型的事故排风机，以及其排风量满足换气次数不少于12次/h |
| 除尘器、过滤器设置 | （1）对排除含有燃烧和爆炸危险粉尘的空气的排风机，在进入排风机前的除尘器采用不产生火花的除尘器<br>（2）对于遇水可能形成爆炸的粉尘，严禁采用湿式除尘器 |
| 输送温度超过80℃的空气或其他气体，或容易起火的碎屑的管道 | 与可燃或难燃物体之间不小于150mm间隙或采用厚度不小于50mm的不燃材料隔热 |

## 考点3 燃油、燃气设施防火防爆

**1. 柴油发电机房的防火防爆措施**

（1）宜布置在首层或地下一、二层，不应布置在人员密集场所的上一层、下一层或贴邻。柴油机应采用丙类柴油作燃料，柴油的闪点不应小于60℃。

（2）应采用耐火极限不低于2.00h的不燃烧体隔墙和1.50h的不燃烧体楼板与其他部位隔开，应采用甲级防火门。

（3）机房内设置储油间时，其总储存量不应大于1$m^3$，储油间应采用防火墙与发电机间分隔；必须在防火墙上开门时，应设置甲级防火门。

**2. 直燃机的防火防爆措施**

直燃机房的安全核心是防止可燃性气体泄漏，不发生爆炸。

（1）直燃机房应布置在首层或地下一层靠外墙部位，不应布置在人员密集场所的上一层、下一层或贴邻，并采用无门窗洞口的耐火极限不低于2.00h的隔墙和1.50h的楼板与其他部位隔开。当必须开门时，应设甲级防火门。

燃油直燃机房的油箱不应大于1$m^3$，并应设在耐火极限不低于二级的房间内，该房间的门应采用甲级防火门。

（2）直燃机房人员疏散的安全出口不应少于两个，至少应设一个直通室外的安全出口，从机房最远点到安全出口的距离不应超过 35m。疏散门应为甲级防火门，外墙开口部位的上方应设置宽度不小于 1.00m 为不燃烧体的防火挑檐或不小于 1.20m 的窗间墙。

（3）应设置双回路供电，并应在末端配电箱处设自动切换装置。

（4）燃气直燃机房应有事故防爆泄压设施，并应符合消防技术规范的要求。

**3. 厨房设备防火防爆措施**

根据《建筑设计防火规范》（GB 50016—2014）规定，除住宅外，其他建筑内的厨房隔墙应用耐火极限不低于 2.00h 的不燃烧体，隔墙上的门窗应为乙级防火门窗。同时，餐厅建筑面积大于 $1000m^2$ 的餐馆或食堂，其烹饪操作间的排油烟罩及烹饪部位宜设置自动灭火装置，且应在燃气或燃油管道上设置紧急事故自动切断装置。

## 考点 4 锅炉房、电力变压器防火防爆

**1. 锅炉房防火防爆**

（1）耐火等级。

锅炉房的火灾危险性属于丁类生产厂房，但根据锅炉的燃料不同，锅炉房建筑的耐火等级应符合《建筑设计防火规范》（GB 50016—2014）的要求，燃油和燃煤锅炉房分别为一级和二级。但如装设计额定蒸发量不超过 4.00t/h、以煤为燃料的锅炉房，可采用三级耐火等级建筑。

燃油锅炉的油箱间、油泵间、油料加热间为丙类生产厂房，建筑物耐火等级应不低于二级。

（2）在总平面布局中，锅炉房应选择在主体建筑的下风或侧风方向，与易燃易爆等场所防火间距，一般为 25～50m。

燃煤锅炉房与煤堆场之间应保持 6～8m 的防火间距。灰煤与煤堆之间，应保持不小于 10m 的间距。

（3）锅炉房宜独立建造，但确有困难时可贴邻民用建筑布置，但应采用防火墙隔开，且不应贴邻人员密集场所。燃油或燃气锅炉受条件限制必须布置在民用建筑内时，不应布置在人员密集场所的上一层、下一层或贴邻。

（4）锅炉的燃料供给管道应在进入建筑物前和设备间内的管道上设置自动和手动切断阀。储油间的油箱应密闭且应设置通向室外的通气管，通气管应设置带阻火器的呼吸阀，油箱的下部应设置防止油品流散的设施。

**2. 电力变压器防火防爆**

（1）油浸式变压器、充有可燃油的高压电容器和多油断路器等用房受条件限制必须布置在民用内时，不应布置在人员密集场所的上一层、下一层或贴邻。应设在首层、地下一层的靠外墙部位。

油浸式变压器、充有可燃油的高压电容器和多油断路器等用房宜独立建造。当确有困难时相邻民用建筑布置，但应采用防火墙隔开，且不应贴邻人员密集场所。

（2）油浸式变压器室、高压配电装置室的耐火等级不应低于二级。

（3）变（配）电所不应设置在甲、乙类厂房内或贴邻建造，且不应设置在

笔 记

笔 记

爆炸性气体、粉尘环境危险区域内。供甲、乙类厂房专用的≤10kV 的除外（见前面）。

(4) 多层民用建筑与变电所的防火间距，应符合《建筑设计防火规范》(GB 50016—2014) 的规定。10kV 以下的预装式变压器与建筑物的防火间距不应小于 3.00m。

(5) 油浸式变压器的单台容量不应大于 630kV · A，总容量不大于 1260kV · A。

## 二、难点突破

(1) 柴油发电机房、直燃机房、锅炉房、油浸式变压器、充有可燃油的高压电容器和多油断路器等用房位置要求。

1）均不应布置在人员密集场所的上一层、下一层或贴邻。

(这是这些设备用房的共性，必须掌握)

2）均可设在首层、地下一层的靠外墙部位。

3）柴油发电机房可以布置地下二层。

4）燃油或燃气锅炉房应设置在首层或地下一层的靠外墙部位，但常（负）压燃油或燃气锅炉可设置在地下二层或屋顶上。距离通向屋面的安全出口不应小于 6m。

(2) 锅炉房的耐火等级。

燃油和燃煤锅炉房的耐火等级应分别为一级和二级。但如装设计额定蒸发量不超过 4.00t/h、以煤为燃料的锅炉房，可采用三级耐火等级建筑。

## 三、真题解析

### 单项选择题

1. (考点 2) 某氯酸钾厂房通风、空调系统的下列做法中，不符合国家消防技术标准的是（　　）。(2017 年真题)

A. 通风设施设置导除静电的接地装置

B. 排风系统采用防爆型通风设备

C. 厂房内的空气在循环使用前经过净化处理，并使空气中含尘浓度低于其爆炸下限的 25%

D. 厂房内选用不发生火花的除尘器

**【答案】** C。

**【解析】** 根据《建筑设计防火规范》(GB 50016—2014) 第 9.3.9 条：排除有燃烧或爆炸危险气体、蒸气和粉尘的排风系统应设置导除静电的接地装置；故 A 项正确。根据《建筑设计防火规范》(GB 50016—2014) 第 9.3.4 条：空气中含有易燃、易爆危险物质的房间，其送风、排风系统应采用防爆型的通风设备；故 B 项正确。根据《建筑设计防火规范》(GB 50016—2014) 第 9.1.2 条和表 2-8-2：甲、乙类厂房内的空气不应循环使用；故 C 项错误。根据《建筑设计防火规范》(GB 50016—2014) 第 9.3.5 条：含有燃烧和爆炸危险粉尘的空气，在进入排风机前应采用不产生火花的除尘器进行处理。对于遇水可能形成爆炸的粉尘，严禁采用湿式除尘器，故 D 项正确。因此，答案为 C。

2.（考点 1）下列关于建筑供暖系统防火防爆的做法中，错误的是(　　)。(2016 年真题)

A. 生产过程中散发二氧化碳气体的厂房，冬季采用热风供暖，回风经净化除尘再加热后配部分新风送入送风系统

B. 甲醇合成厂房采用热水循环供暖，散热器表面的平均温度为 90℃

C. 面粉加工厂的碾磨车间采用热水循环供暖，散热器表面的最高温度为 82.5℃

D. 铝合金汽车轮胎的抛光车间采用热水循环供暖，散热器表面的平均温度为 80℃

**【答案】** B。

**【解析】**（1）丙类厂房内含有燃烧或爆炸危险粉尘、纤维的空气，在循环使用前应经过净化处理，使空气中的含尘浓度低于其爆炸下限的 25%。

二氧化碳不是可燃气体，显然不属于这两种情况，因此，A 项正确。

（2）在散发可燃粉尘、纤维的厂房内，散热器表面的平均温度不得超过 82.5℃。

输煤廊的散热器的表面平均温度不得超过 130℃。因此，C 项、D 项均正确。

（3）对一些容易发生火灾或爆炸的厂房，其供暖系统应采用不循环使用的热风采暖。

甲醇合成厂房为甲类厂房，其供暖系统应采用不循环使用的热风采暖。

因此，B 项错误。

# 第八章　建筑装修保温材料防火

## 一、考点提炼

### 考点 1　装修材料的燃烧性能等级判定

**1. 标准分级**

《建筑内部装修设计防火规范》(GB 50222—2017)，将建筑装修材料按燃烧性能分为 4 级，即：A 级、B1 级、B2 级、B3 级。

装修材料的燃烧性能等级应按现行国家标准《建筑材料及制品燃烧性能分级》GB 8624 的有关规定，经检测确定。

**2. 按使用部位和功能分类**

可划分为：顶棚装修材料、墙面装修材料、地面装修材料、隔断装修材料、固定家具、装饰织物、其他装修装饰材料七类。

注：其他装修装饰材料系指楼梯扶手、挂镜线、踢脚板、窗帘盒、散热器罩等。

**3. 常用材料等级举例**

常用建筑内部装修材料燃烧性能等级划分举例见表 2-8-1。

笔 记

笔 记

表 2-8-1 常用建筑内部装修材料燃烧性能等级划分举例

| 材料性质 | 级别 | 材料举例 |
| --- | --- | --- |
| 各部位材料 | A | 花岗石、大理石、水磨石、水泥制品、混凝土制品、石膏板、石灰制品、黏土制品、玻璃、瓷砖、马赛克、钢铁、铝合金、铜合金等 |
| 顶棚材料 | B1 | 纸面石膏板、纤维石膏板、水泥刨花板、矿棉装饰吸声板、玻璃棉装饰吸声板、珍珠岩装饰吸声板、难燃胶合板、难燃中密度纤维板、岩棉装饰板、难燃木材、铝箔复合材料、难燃酚醛胶合板、铝箔玻璃钢复合材料等 |
| 墙面材料 | B1 | 纸面石膏板、纤维石膏板、水泥刨花板、矿棉板、玻璃棉板、珍珠岩板、难燃胶合板、难燃中密度纤维板、防火塑料装饰板、难燃双面刨花板、多彩涂料、难燃墙纸、难燃墙布、难燃仿花岗石装饰板、氯氧镁水泥装配饰墙板、难燃玻璃钢平板、PVC 塑料护墙板、轻质高强复合墙板、阻燃模压木质复合板材、彩色阻燃人造板、难燃玻璃钢等 |
| | B2 | 各类天然木材、木制人造板、竹材、纸制装饰板、装饰微薄木贴面板、印刷木纹人造板、塑料贴面装饰板、聚酯装饰板、复塑装饰板、塑纤板、胶合板、塑料壁纸、无纺贴墙布、墙布、复合壁纸、天然材料壁纸、人造革等 |
| 地面材料 | B1 | 硬 PVC 塑料地板、水泥刨花板、水泥木丝板、氯丁橡胶地板等 |
| | B2 | 半硬质 PVC 塑料地板、PVC 卷材地板、木地板氯纶地毯 |
| 装饰织物 | B1 | 经阻燃处理的各类难燃织物等 |
| | B2 | 纯毛装饰布、纯麻装饰布、经阻燃处理的其他织物等 |
| 其他装饰材料 | B1 | 聚氯乙烯塑料、酚醛塑料、聚碳酸酯塑料、聚四氟乙烯塑料、三聚氰胺、脲醛塑料、硅树脂塑料装饰型材，阻燃处理的各类织物等。另见顶棚材料和墙面材料内中的有关材料 |
| | B2 | 经阻燃处理的聚乙烯、聚丙烯、聚氨酯、聚苯乙烯、玻璃钢、化纤织物、木制品等 |

**4. 常用装修材料等级特殊规定**

（1）安装在金属龙骨上燃烧性能达到 B1 级的纸面石膏板、矿棉吸声板，可作为 A 级装修材料使用。

（2）单位面积质量小于 300g/$m^2$ 的纸质、布质壁纸，当直接粘贴在 A 级基材上时，可作为 B1 级装修材料使用。

（3）施涂于 A 级基材上的无机装修涂料，可作为 A 级装修材料使用；施涂于 A 级基材上，湿涂覆比小于 1.5kg/$m^2$，且涂层干膜厚度不大于 1.0mm 的有机装修涂料，可作为 B1 级装修材料使用。

（4）当使用多层装修材料时，各层装修材料的燃烧性能等级均应符合《建筑内部装修设计防火规范》（GB 50222—2017）的规定。复合型装修材料的燃烧性能等级应进行整体检测确定。

## 考点 2 特别场所要求

特别场所装修防火的要求见表 2-8-2。

表 2-8-2 特别场所装修防火要求

| 房间和部位 | | 顶棚 | 墙面 | 地面及其他 |
|---|---|---|---|---|
| （1）水平疏散走道和安全出口的门厅 | 地上建筑 | A | B1 | B1 |
| | 地下建筑 | A | A | A |
| （2）疏散楼梯间和前室 | | A | A | A |
| （3）建筑物内设有上下层相连通的中庭、走马廊、开敞楼梯、自动扶梯时，其连通部位 | | A | A | B1 |
| （4）变形缝 | | 两侧基层的表面装修应采用不低于 B1 级的装修材料 | | |
| （5）无窗房间 | | 不包括地下建筑，除 A 级外，应在原规定基础上提高一级 | | |
| （6）消防水泵房、机械加压送风排烟机房、固定灭火系统钢瓶间、配电室、变压器室、发电机房、储油间、通风和空调机房等 | | A | A | A |
| （7）消防控制室等重要房间 | | A | A | B1 |
| （8）建筑物内的厨房 | | A | A | A |
| （9）使用明火的餐厅和科研实验室 | | 除 A 级外，应比同类建筑物的要求提高一级 | | |
| （10）民用建筑内的库房或储藏间 | | 其内部所有装修除应符合相应场所规定外，且应采用不低于 B 级的装修材料 | | |

其他防火要求：

**1. 强制要求**

（1）建筑内部装修不应擅自减少、改动、拆除、遮挡消防设施、疏散指示标志、安全出口、疏散出口、疏散走道和防火分区、防烟分区等。

（2）建筑内部消火栓箱门不应被装饰物遮掩，消火栓箱门四周的装修材料颜色应与消火栓箱门的颜色有明显区别或在消火栓箱门表面设置发光标志。

（3）疏散走道和安全出口的顶棚、墙面不应采用影响人员安全疏散的镜面反光材料。

（4）展览性场所装修设计应符合下列规定：

1）展台材料应采用不低于 B1 级的装修材料。

2）在展厅设置电加热设备的餐饮操作区内，与电加热设备贴邻的墙面、操作台均应采用 A 级装修材料。

3）展台与卤钨灯等高温照明灯具贴邻部位的材料应采用 A 级装修材料。

**2. 非强制要求**

（1）住宅建筑装修设计尚应符合下列规定：

1）不应改动住宅内部烟道、风道。

2）厨房内的固定橱柜宜采用不低于 B1 级的装修材料。

3）卫生间顶棚宜采用 A 级装修材料。

4）阳台装修宜采用不低于 B1 级的装修材料。

笔 记

笔 记

（2）照明灯具及电气设备、线路的高温部位，当靠近非 A 级装修材料或构件时，应采取隔热、散热等防火保护措施，与窗帘、帷幕、幕布、软包等装修材料的距离不应小于 500mm；灯饰应采用不低于 B1 级的材料。

（3）建筑内部的配电箱、控制面板、接线盒、开关、插座等不应直接安装在低于 B1 级的装修材料上；用于顶棚和墙面装修的木质类板材，当内部含有电器、电线等物体时，应采用不低于 B1 级的材料。

（4）当室内顶棚、墙面、地面和隔断装修材料内部安装电加热供暖系统时，室内采用的装修材料和绝热材料的燃烧性能等级应为 A 级。当室内顶棚、墙面、地面和隔断装修材料内部安装水暖（或蒸汽）供暖系统时，其顶棚采用的装修材料和绝热材料的燃烧性能应为 A 级，其他部位的装修材料和绝热材料的燃烧性能不应低于 B1 级。

（5）建筑内部不宜设置采用 B3 级装饰材料制成的壁挂、布艺等，当需要设置时，不应靠近电气线路、火源或热源，或采取隔离措施。

## 考点 3　各类建筑内装修防火设计要求

**1. 单层、多层公共建筑基准要求**

单层、多层民用建筑内部各部位装修材料的燃烧性能等级不应低于《建筑内部装修设计防火规范》（GB 50222—2017）表 5.1.1 的规定。

**2. 高层公共建筑基准要求**

高层民用建筑内部各部位装修材料的燃烧性能等级不应低于《建筑内部装修设计防火规范》（GB 50222—2017）表 5.2.1 的规定。

**3. 地下民用建筑基准要求**

地下民用建筑内部各部位装修材料的燃烧性能等级，不应低于表 2-8-3 的规定。

**表 2-8-3　地下民用建筑内部各部位装修材料的燃烧性能等级**

| 序号 | 建筑物及场所 | 装修材料燃烧性能等级 | | | | | | |
|---|---|---|---|---|---|---|---|---|
| | | 顶棚 | 墙面 | 地面 | 隔断 | 固定家具 | 装饰织物 | 其他装饰材料 |
| 1 | 观众厅、会议厅、多功能厅、等候厅等，商店营业厅 | A | A | A | B1 | B1 | B1 | B2 |
| 2 | 宾馆、饭店的客房及公共活动用房等 | A | B1 | B1 | B1 | B1 | B1 | B2 |
| 3 | 医院的诊疗区、手术区 | A | A | B1 | B1 | B1 | B1 | B2 |
| 4 | 教学场所、教学实验场所 | A | A | B1 | B2 | B2 | B1 | B2 |
| 5 | 纪念馆、展览馆、博物馆、图书馆、档案馆、资料馆等 | A | A | B1 | B1 | B1 | B1 | B1 |
| 6 | 存放文物、纪念展览物品、重要图书、档案、资料的场所 | A | A | A | A | A | B1 | B1 |
| 7 | 歌舞娱乐游艺场所 | A | A | B1 | B1 | B1 | B1 | B1 |

（续）

| 序号 | 建筑物及场所 | 装修材料燃烧性能等级 | | | | | | |
|---|---|---|---|---|---|---|---|---|
| | | 顶棚 | 墙面 | 地面 | 隔断 | 固定家具 | 装饰织物 | 其他装饰材料 |
| 8 | A、B 级电子信息系统机房及装有重要机器、仪器的房间 | A | A | B1 | B1 | B1 | B1 | B1 |
| 9 | 餐饮场所 | A | A | A | B1 | B1 | B1 | B2 |
| 10 | 办公场所 | A | B1 | B1 | B1 | B1 | B2 | B2 |
| 11 | 其他公共场所 | A | B1 | B1 | B2 | B2 | B2 | B2 |
| 12 | 汽车库、修车库 | A | A | B1 | A | A | — | — |

笔 记

**4. 厂房基准要求**

厂房内部各部位装修材料的燃烧性能等级，不应低于表 2-8-4 的规定。

**表 2-8-4　厂房内部各部位装修材料的燃烧性能等级**

| 序号 | 厂房及车间的火灾危险性和性质 | 建筑规模 | 装修材料燃烧性能等级 | | | | | | |
|---|---|---|---|---|---|---|---|---|---|
| | | | 顶棚 | 墙面 | 地面 | 隔断 | 固定家具 | 装饰织物 | 其他装饰材料 |
| 1 | 甲、乙类厂房<br>丙类厂房中的甲乙类车间<br>有明火的丁类厂房、高温车间 | — | A | A | A | A | A | B1 | B1 |
| 2 | 劳动密集型丙类生产车间或厂房<br>火灾荷载较高的丙类生产车间或厂房<br>洁净车间 | 单、多层 | A | A | B1 | B1 | B1 | B2 | B2 |
| | | 高层 | A | A | A | B1 | B1 | B1 | B1 |
| 3 | 其他丙类生产车间或厂房 | 单、多层 | A | B1 | B2 | B2 | B2 | B2 | B2 |
| | | 高层 | A | B1 | B1 | B1 | B1 | B1 | B1 |
| 4 | 丙类厂房 | 地下 | A | A | A | B1 | B1 | B1 | B1 |
| 5 | 无明火的丁类厂房戊类厂房 | 单、多层 | B1 | B2 | B2 | B2 | B2 | B2 | B2 |
| | | 高层 | B1 | B1 | B2 | B2 | B1 | B1 | B1 |
| | | 地下 | A | A | B1 | B1 | B1 | B1 | B1 |

（1）除《建筑内部装修设计防火规范》（GB 50222—2017）第 4 章规定的场所和部位外，当单层、多层丙、丁、戊类厂房内同时设有火灾自动报警和自动灭火系统时，除顶棚外，其装修材料的燃烧性能等级可在本规范表 2-8-4 规定的基础上降低一级。

（2）当厂房的地面为架空地板时，其地面应采用不低于 B1 级的装修材料。

（3）附设在工业建筑内的办公、研发、餐厅等辅助用房，当采用《建筑设计防火规范》（GB 50016—2014）规定的防火分隔和疏散设施时，其内部装修材料的燃烧性能等级可按民用建筑的规定执行。

笔 记

### 5. 仓库

仓库内部各部位装修材料的燃烧性能等级，不应低于表 2-8-5 的规定。

表 2-8-5 仓库内部各部位装修材料的燃烧性能等级

| 序号 | 仓库类别 | 建筑规模 | 装修材料燃烧性能等级 | | | |
|---|---|---|---|---|---|---|
| | | | 顶棚 | 墙面 | 地面 | 隔断 |
| 1 | 甲、乙类仓库 | — | A | A | A | A |
| 2 | 丙类仓库 | 单层及多层仓库 | A | B1 | B1 | B1 |
| | | 高层及地下仓库 | A | A | A | A |
| | | 高架仓库 | A | A | A | A |
| 3 | 丁、戊类仓库 | 单层及多层仓库 | A | B1 | B1 | B1 |
| | | 高层及地下仓库 | A | A | A | B1 |

### 6. 各类建筑内装修防火设计允许放宽条件及要求

各类建筑内装修防火设计允许放宽条件及要求的对比见表 2-8-6。

表 2-8-6 各类建筑内装修防火设计允许放宽条件及要求的对比

| 类型 | 局部放宽 | 设有自动消防设施的放宽 |
|---|---|---|
| （1）单层、多层公共建筑 | 除《建筑内部装修设计防火规范》（GB 50222—2017）第 4 章规定的场所和《建筑内部装修设计防火规范》（GB 50222—2017）表 5.1.1 中序号为 11～13 规定的部位外，单层、多层民用建筑内面积小于 100m² 的房间，当采用耐火极限不低于 2.00h 的防火隔墙和甲级防火门、窗与其他部位分隔时，其装修材料的燃烧性能等级可在《建筑内部装修设计防火规范》（GB 50222—2017）表 5.1.1 的基础上降低一级 | 除《建筑内部装修设计防火规范》（GB 50222—2017）第 4 章规定的场所和《建筑内部装修设计防火规范》（GB 50222—2017）表 5.1.1 中序号为 11～13 规定的部位外，当装有自动灭火系统时，除顶棚外，可在《建筑内部装修设计防火规范》（GB 50222—2017）表 5.1.1 规定的基础上降低一级；当同时装有火灾自动报警装置和自动灭火系统时，其装修材料可在《建筑内部装修设计防火规范》（GB 50222—2017）表 5.1.1 规定的基础上降低一级 |
| （2）高层公共建筑 | 除《建筑内部装修设计防火规范》（GB 50222—2017）第 4 章规定的场所和《建筑内部装修设计防火规范》（GB 50222—2017）表 5.2.1 中序号为 10～12 规定的部位外，高层民用建筑的裙房内面积小于 500m² 的房间，当设有自动灭火系统，并且采用不低于 2.00h 的防火隔墙和甲级防火门、窗与其他部位分隔时，顶棚、墙面、地面装修材料的燃烧性能等级可在《建筑内部装修设计防火规范》（GB 50222—2017）表 5.2.1 规定的基础上降低一级 | 除《建筑内部装修设计防火规范》（GB 50222—2017）第 4 章规定的场所和《建筑内部装修设计防火规范》（GB 50222—2017）表 5.2.1 中序号为 10～12 规定的部位外，以及大于 400m² 的观众厅、会议厅和高于 100m 以上的高层民用建筑外，当设有火灾自动报警装置和自动灭火系统时，除顶棚外，其内部装修材料的燃烧性能等级可在《建筑内部装修设计防火规范》（GB 50222—2017）表 5.2.1 规定的基础上降低一级 |
| （3）电视塔等特殊高层建筑 | 装饰织物应采用不低于 B1 级的材料，其他均应采用 A 级装修材料 | |
| （4）地下民用建筑 | 除《建筑内部装修设计防火规范》（GB 50222—2017）第 4 章规定的场所和表 2-8-3 中序号为 6～8 规定的部位外，单独建造的地下民用建筑的地上部分，其门厅、休息室、办公室等内部装修材料的燃烧性能等级可在表 2-8-3 的基础上降低一级 | |

## 考点 4　建筑保温和外墙装饰防火

**1. 典型建筑保温材料的燃烧特性**

各种保温材料的燃烧性能等级见表 2-8-7。

**2-8-7　各种保温材料的燃烧性能等级**

| 材料名称 | 胶粉聚苯颗粒浆料 | EPS 板 | XPS 板 | 聚氨酯 | 岩棉 | 矿棉 | 泡沫玻璃 | 加气混凝土 |
|---|---|---|---|---|---|---|---|---|
| 燃烧性能等级 | B1 | B2 | B2 | B2 | A | A | A | A |

**2. 建筑保温系统防火基本原则**

建筑的内、外保温系统，宜采用燃烧性能为 A 级的保温材料，不宜采用 B2 级保温材料，严禁采用 B3 级保温材料。

**3. 建筑外墙内保温系统防火**

建筑外墙内保温系统防火技术要求见表 2-8-8。

**表 2-8-8　建筑外墙内保温系统防火技术要求**

| 场所类型和部位 | 内保温材料燃烧性能 | 防护层厚度 |
|---|---|---|
| （1）人员密集场所，用火、燃油、燃气等具有火灾危险性的场所；各类建筑内的疏散楼梯间、避难走道、避难间、避难层等场所或部位 | 应采用燃烧性能为 A 级的保温材料 | （1）保温系统应采用不燃材料做防护层。采用燃烧性能为 B1 级的保温材料时，防护层的厚度不应小于 10mm<br>（2）建筑外墙采用保温材料与两侧墙体构成无空腔复合保温结构体时，该结构体的耐火极限应符合《建筑设计防火规范》（GB 50016—2014）有关规定；当保温材料的燃烧达到 B1、B2 级时，保温材料两侧的墙体应采用不燃材料且厚度均不应小于 50mm |
| （2）其他场所 | 应采用低烟、低毒且燃烧性能不低于 B1 级的保温材料 | |

**4. 建筑外墙外保温系统防火**

设置人员密集场所的建筑，其外墙保温材料的燃烧性能应为 A 级。

（1）与基层墙体、装饰层之间无空腔的建筑外墙外保温系统的技术要求见表 2-8-9。

**表 2-8-9　与基层墙体、装饰层之间无空腔的建筑外墙外保温系统的技术要求**

| 类别 | 建筑高度 $h$/m | 保温材料的燃烧性能 |
|---|---|---|
| 人员密集场所 | — | A 级 |
| 住宅建筑 | >100 | A 级 |
| | $27<h\leqslant100$ | 不低于 B1 级 |
| | ≤27 | 不低于 B2 级 |
| 除住宅建筑和设置人员密集场所外的其他建筑 | $h>50$ | A 级 |
| | $24<H\leqslant50$ | 不低于 B1 级 |
| | ≤24 | 不低于 B2 级 |

笔 记

笔 记

（2）与基层墙体、装饰层之间有空腔的建筑外墙外保温系统。

除设置人员密集场所的建筑外，与基层墙体、装饰层之间有空腔的建筑外墙外保温系统，其保温材料应符合下列规定：

①建筑高度大于 24m 时，保温材料的燃烧性能应为 A 级；②建筑高度不大于 24m 时，保温材料的燃烧性能不应低于 B1 级。

（3）建筑的外墙外保温系统的隔离带和防护层见表 2-8-10。

**表 2-8-10 建筑的外墙外保温系统的隔离带和防护层**

| 前提条件 | 技术要求 |
|---|---|
| （1）除《建筑设计防火规范》（GB 50016—2014）第 6.7.3 条规定的情况外，当建筑的外墙外保温系统按《建筑设计防火规范》（GB 50016—2014）规定采用燃烧性能为 B1、B2 级的保温材料时 | ①除采用 B1 级保温材料且建筑高度不大于 24m 的公共建筑或采用 B1 级保温材且建筑高度不大于 27m 的住宅建筑外，建筑外墙上门、窗的耐火完整性不应低于 0.50h<br>②应在保温系统中每层设置水平防火隔离带。防火隔离带应采用燃烧性能为 A 级的材料，防火隔离带的高度不应小于 300mm |
| （2）建筑的外墙外保温系统应采用不燃材料在其表面设置防护层 | 防护层应将保温材料完全包覆。除《建筑设计防火规范》（GB 50016—2014）第 6.7.3 条规定的情况外，当按《建筑设计防火规范》（GB 50016—2014）规定采用 B1、B2 级保温材料时，防护层厚度首层不应小于 15mm，其他层不应小于 5mm |
| （3）建筑外墙外保温系统与基层墙体、装饰层之间的空腔 | 应在每层楼板处采用防火封堵材料封堵 |
| 《建筑设计防火规范》（GB 50016—2014）第 6.7.3 条：建筑外墙采用保温材料与两侧墙体构成无空腔复合保温结构体时，该结构体的耐火极限应符合《建筑设计防火规范》（GB 50016—2014）的有关规定；当保温材料的燃烧性能达到 B1、B2 级时，保温材料两侧的墙体应采用不燃材料且厚度均不应小于 50mm | |

**5. 建筑的屋面外保温系统**

（1）建筑的屋面外保温系统，当屋面板的耐火极限不低于 1.00h 时，保温材料的燃烧性能不应低于 B2 级；当屋面板的耐火极限低于 1.00h 时，不应低于 B1 级。

采用 B1、B2 级保温材料的外保温系统应采用不燃材料作防护层，防护层的厚度不应小于 10mm。

（2）当建筑的屋面和外墙外保温系统均采用 B1、B2 级的保温材料时，屋面与外墙之间应采用宽度不小于 500mm 的不燃材料设置防火隔离带进行分隔。

**6. 老年人照料设施**

老年人照料设施的内、外墙体和屋面保温材料：

除规范第 6.7.3 条规定的情况外，下列老年人照料设施的内、外墙体和屋面保温材料应采用燃烧性能为 A 级的保温材料：

（1）独立建造的老年人照料设施。

（2）与其他建筑组合建造且老年人照料设施部分的总建筑面积大于 $500m^2$ 的老年人照料设施。

**7. 建筑外墙的装饰**

建筑外墙的装饰的技术要求见表 2-8-11。

表 2-8-11 建筑外墙的装饰的技术要求

| 条　目 | 技术要求 |
|---|---|
| （1）装饰材料的燃烧性能 | ①室外大型广告牌和条幅的材质要便于火灾时破拆；建筑外墙的装饰层不得使用可燃材料<br>②建筑外墙的装饰层应采用燃烧性能为A级的材料，但建筑高度不大于50m时，可采用B1级材料<br>③当建筑外墙的装饰层采用可燃保温材料时，不得使用火灾时易脱落的瓷砖材料 |
| （2）广告牌的设置位置 | ①户外广告牌不能设置在灭火救援窗或自然排烟窗的外侧，否则将不利于建筑的排烟和人员在紧急情况下的逃生及外部消防救援<br>②同时还要注意，在消防车登高面一侧的外墙上，不得设置突出的广告牌，以防影响消防车登高操作 |
| （3）设置户外电致发光广告牌墙体 | 户外电致发光广告牌不得直接设置在有可燃、难燃材料的墙体上 |

**8. 其他规定**

（1）电气线路不应穿越或敷设在燃烧性能为B1或B2级的保温材料中；确需穿越或敷设时，应采取穿金属管并在金属管周围采用不燃隔热材料进行防火隔离等防火保护措施。

（2）设置开关、插座等电器配件的部位周围应采取不燃隔热材料进行防火隔离等防火保护措施。

## 二、难点突破

（1）《建筑内部装修设计防火规范》（GB 50222—2017）做了以下修订。

1）将民用建筑及工业建筑中的特别场所进行合并，单列一章。

2）对民用建筑及场所的名称进行调整和完善，补充、调整了民用建筑及场所的装修防火要求，新增了展览性场所装修防火要求。

3）补充了住宅的装修防火要求。

4）细化了工业厂房的装修防火要求。

5）新增了仓库装修防火要求。

（2）单、多层公共建筑与高层公共建筑在内装修防火设计允许放宽条件及要求上存在差异，应当掌握表2-8-3中的内容。其中，对于高层公共建筑，当设有火灾自动报警装置和自动灭火系统时，顶棚装修材料的燃烧性能也是不能降低的。

（3）建筑外墙外保温系统按是否与基层墙体、装饰层之间有空腔分为两种，注意：防火设计要求不同，有空腔的要严于没有空腔的。

1）对于无空腔的，下列三种情况均应采用保温材料的燃烧性能为A级的材料。

①人员密集场所；②住宅建筑高度大于100m的住宅建筑；③除了住宅建筑和设置人员密集场所的建筑外的其他建筑，当建筑高度大于50m时。

2）对于有空腔的。

①建筑高度大于24m时，保温材料的燃烧性能应为A级；②建筑高度不大于24m时，保温材料的燃烧性能不应低于B1级。

（4）设置人员密集场所的建筑，其内外墙保温材料的燃烧性能均为A级。

笔记

笔 记

(5) 各类建筑内的疏散楼梯间、避难走道、避难间、避难层等场所或部位，应采用燃烧性能为 A 级的内保温材料。

(6) 建筑外墙的装饰层应采用燃烧性能为 A 级的材料，但建筑高度不大于 50m 时，可采用 B1 级材料。这是《建筑设计防火规范》(GB 50016—2014) 第 6.7.12 条的规定。

(7) 所有防火保护层、防火隔离带、防火封堵材料都要求是不燃材料。

## 三、真题解析

### (一) 单项选择题

1. (考点 4) 对某多层住宅建筑外墙保温及装饰工程施工现场进行检查，发现该建筑外保温材料按设计采用了燃烧性能为 B3 级的保温材料。下列外保温系统施工做法中错误的是 (　　)。(2017 年真题)

A. 外保温系统表面防护层使用不燃材料

B. 在外保温系统中每层沿楼板为准设置不燃材料制作的水平防火分离带

C. 外保温系统防护层将保温材料完全包覆，防护层厚度为 15mm

D. 外保温系统中设置的水平防火隔离带的高度为 200mm

**【答案】** D。

**【解析】** 应在保温系统中每层设置防火隔离带。防火隔离带应采用燃烧性能为 A 级的材料，防火隔离带的高度不应小于 300mm。因此，答案为 D。

2. (考点 4) 关于某层墙体与装饰层之间无空腔的建筑外墙外保温系统的做法中，不符合现行国家消防技术标准的是 (　　)。(2017 年真题)

A. 建筑高度为 18m 的大学教学楼，保温系统采用燃烧性能为 B1 级的保温材料

B. 建筑高度为 54m 的底层设置商业网点的住宅，保温系统采用燃烧性能 B1 级的保温材料

C. 建筑高度为 50m 的办公楼，保温系统采用燃烧性能为 B1 级的保温材料

D. 建筑高度为 24m 的办公楼，保温系统采用燃烧性能为 B2 级的保温材料

**【答案】** D。

**【解析】** 根据《建筑设计防火规范》(GB 50016—2014) 6.7.5 和表 2-8-8 可知：答案为 D。

### (二) 多项选择题

1. (考点 1) 某施工单位对学校报告厅进行内部装饰，其中吊顶采用轻钢龙骨纸面石膏板，地面铺设地毯，墙面采用不同装修材料进行分层装修。关于该报告厅内部装饰的说法，正确的有 (　　)。(2017 年真题)

A. 纸面石膏板安装在钢龙骨上时，可作为 A 级材料使用

B. 复合型装修材料应交专业检测机构进行整体测试确定燃烧性能等级

C. 墙面分层装修材料除表面层的燃烧性能等级应符合规范要求外，其余各层的燃烧性能等级可不限

D. 地毯应使用阻燃制品，并应加贴阻燃标志

E. 进入施工现场的装修材料应按要求填写进场验收记录

【答案】ABDE。

【解析】根据考点1：安装在钢龙骨上燃烧性能达到B1级的纸面石膏板、矿棉吸声板，可作为A级装修材料，因此A项正确；对于复合型装修材料，可通过提交专业检测机构进行整体测试后确定其燃烧性能等级，因此B项正确；当采用不同装修材料进行分层装修时，各层装修材料的燃烧性能均要符合相关规定，因此C项错误；公共建筑内建筑制品、织物等须使用阻燃制品并加贴阻燃标识，因此D项正确；装修材料进场应填写进场验收记录，因此E项正确。因此，答案为ABDE。

2. (考点4) 与基层墙体、装饰层之间无空腔的住宅墙外保温系统，当建筑高度大于27m，但不大于100m时，下列保温材料中，燃烧性能符合要求的有(　　)。(2017年真题)

A. B2级保温材料
B. A级保温材料
C. B3级保温材料
D. B1级保温材料
E. B4级保温材料

【答案】BD。

【解析】住宅建筑中：建筑高度大于27m，但不大于100m时保温材料的燃烧性能不应低于B1级。因此，答案选择BD。

# 第九章　灭火救援设施

## 一、考点提炼

### 考点1　消防车通道的设置要求

**1. 街区内的消防车通道**

(1) 街区内的道路应考虑消防车的通行，道路中心线间的距离不宜大于160m。

(提示：室外消火栓的保护半径在150m左右，按规定一般设在城市道路两旁，道路中心线间的距离设定为不宜大于160m)。

(2) 当建筑物沿街道部分的长度大于150m或总长度大于220m时，应设置穿过建筑物的消防车通道。确有困难时，应设置环形消防车通道。

**2. 环形消防车通道**

应设置环形消防车通道的建筑见表2-9-1。

表2-9-1　应设置环形消防车通道的建筑

| 建筑类型 | | 设置要求 |
|---|---|---|
| 民用建筑 | 单、多层公共建筑 | >3000座的体育馆 |
| | | >2000座的会堂 |
| | | 占地面积>3000m$^2$的商店建筑、展览建筑 |
| | 高层建筑 | 均应设置 |
| 厂房 | 单、多层厂房 | 占地面积>3000m$^2$的甲、乙、丙类厂房 |
| | 高层厂房 | 均应设置 |
| 仓库 | | 占地面积>1500m$^2$的乙、丙类仓库 |

笔记

笔 记

(1) 应设置环形消防车通道，确有困难时，可沿建筑的两个长边设置消防车通道。

(2) 对于住宅建筑和山坡地或河道边临空建造的高层建筑，可沿建筑的一个长边设置消防车通道，但该长边所在建筑立面应为消防车登高操作面。

**3. 进入建筑物内院的消防车通道**

(1) 有封闭内院或天井的建筑物，当内院或天井的短边长度大于 24m 时，宜设置进入内院或天井的消防车通道。

当该建筑物沿街时，应设置连通街道和内院的人行通道（可利用楼梯间），其间距不宜大于 80m。

(2) 在穿过建筑物或进入建筑物内院的消防车通道两侧，不应设置影响消防车通行或人员安全疏散的设施。

**4. 可燃材料露天堆场区，储罐区的消防车通道**

(1) 占地面积大于 30000m$^2$ 的可燃材料堆场，应设置与环形消防车通道相通的中间消防车通道，消防车通道的间距不宜大于 150m 消防车通道的边缘距离可燃材料堆垛不应小于 5m。

(2) 液化石油气储罐区，甲、乙、丙类液体储罐区和可燃气体储罐区内的环形消防车通道之间宜设置连通的消防车通道。

**5. 消防车通道的技术参数**

消防车通道的技术参数见表 2-9-2。

**表 2-9-2 消防车通道的技术参数**

| 技术参数 | 数值大小 |
| --- | --- |
| 净宽度和净空高度 | ≥4.0m |
| 转弯半径 | 普通消防车：9m；登高车：12m；特种车：≥16～20m |
| 距离建筑外墙距离 | 不宜小于 5m |
| 坡度 | 不宜大于 8% |
| 回车场的面积 | (1) 环形消防车通道至少应有两处与其他车道连通<br>(2) 一般不应小于 12m×12m<br>高层建筑，不宜小于 15m×15m；供重型消防车，不宜小于 18m×18m |
| 承受荷载 | 一般轻、中系列消防车最大总质量不超过 11t<br>重系列消防车其总质量为 15～50t |
| 间距 | 车道道路中心线间的距离设定为不宜大于 160m<br>提示：室外消火栓的保护半径在 150m 左右 |
| 边缘与可燃材料堆垛的距离 | 不应小于 5m |
| 边缘与取水点距离 | 不宜大于 2m |
| 与铁路正线平交设置的备用车道 | 消防车通道不宜与铁路正线平交，确需平交时，应设置备用车道，且两车道的间距不应小于一列火车的长度 |

## 考点 2 消防登高面、消防救援场地和灭火救援窗的设置要求

消防登高面、消防救援场地和灭火救援窗的设置要求见表 2-9-3。

**表 2-9-3 消防登高面、消防救援场地和灭火救援窗的设置要求**

| 消防登高面 | 消防救援场地（消防车登高操作场地） | 灭火救援窗 |
| --- | --- | --- |
| （1）高层建筑应至少沿一个长边或周边长度的1/4且不小于一个长边长度的底边连续布置消防车登高操作场地，该范围内的裙房进深不应大于4m<br>（2）建筑高度不大于50m的建筑，连续布置消防车登高操作场地确有困难时，可间隔布置，但间隔距离不宜大于30m，且消防车登高操作场地的总长度仍应符合上述规定<br>建筑高度大于50m的建筑，必须连续布置 | （1）场地与厂房、仓库、民用建筑之间不应设置妨碍消防车操作的树木、架空管线等障碍物和车库出入口<br>（2）场地的长度和宽度分别不应小于15m和10m。对于建筑高度大于50m的建筑，场地的长度和宽度均不应小于20m和10m<br>（3）场地及其下面的建筑结构、管道和暗沟等，应能承受重型消防车的压力<br>（4）场地应与消防车通道连通，场地靠建筑外墙一侧的边缘距离建筑外墙不宜小于5m，且不应大于10m，场地的坡度不宜大于3%<br>（5）建筑物与消防车登高操作场地相对应的范围内，应设置直通室外的楼梯或直通楼梯间的入口 | （1）厂房、仓库、公共建筑的外墙应在每层的适当位置设置可供消防救援人员进入的窗口<br>（2）窗口的净高度和净宽度均不应小于1.0m，下沿距室内地面不宜大于1.2m，间距不宜大于20m且每个防火分区不应少于2个<br>设置位置应与消防车登高操作场地相对应<br>窗口的玻璃应易于破碎，并应设置可在室外易于识别的明显标志 |

笔 记

## 考点3 消防电梯的设置要求

### 1. 消防电梯的设置范围

要求高层建筑和埋深较大的地下建筑设置供消防员专用的消防电梯。

符合消防电梯的要求的客梯或工作电梯，可以兼作消防电梯。

应设置消防电梯的建筑见表2-9-4。

**表 2-9-4 应设置消防电梯的建筑**

| | 设置条件 | 设置要求 |
| --- | --- | --- |
| 住宅建筑 | 建筑高度>33m | 分别设置在不同的防火分区内，且每个防火分区应≥1台 |
| 公共建筑 | （1）一类高层<br>（2）建筑高度>32m的二类高层<br>（3）≥5层且总建筑面积>3000m² 的老年人照料设施 | |
| 地下或半地下建筑（室） | （1）地上部分设置消防电梯的建筑<br>（2）埋深>10m且总建筑面积>3000m² | |
| 高层厂房（仓库） | 建筑高度>32m且设置电梯［符合《建筑设计防火规范》（GB 50016—2014）第7.3.3条规定可不设置］ | 每个防火分区宜设置1台 |

但符合下列条件的建筑可不设置消防电梯：

（1）建筑高度大于32m且设置电梯，任一层工作平台上的人数不超过2人的高层塔架。

（2）局部建筑高度大于32m，且局部高出部分的每层建筑面积不大于50m²的丁、戊类厂房。

### 2. 消防电梯的设置要求

（1）消防电梯应分别设置在不同防火分区内，且每个防火分区不应少于

笔 记

1台。建筑高度大于32m且设置电梯的高层厂房（仓库），每个防火分区宜设置1台消防电梯。

（2）前室宜靠外墙设置，并应在首层直通室外或经过长度不大于30m的通道通向室外。

（3）前室的使用面积见表2-9-5。

**表2-9-5　消防电梯的前室使用面积要求**

| 前室类别 | 建筑类别 | 面积要求/$m^2$ |
|---|---|---|
| 单独前室 | — | ≥6 |
| 合用前室 | 公共建筑、高层厂房（仓库） | ≥10 |
| | 住宅建筑 | ≥6<br>≥12（与剪刀防烟楼梯前室合用） |

（4）除前室的出入口、前室内设置的正压送风口和《建筑设计防火规范》（GB 50016—2014）第5.5.27条规定（住宅建筑的疏散楼梯设置应符合的规定）的户门外，前室内不应开设其他门、窗、洞口。

（5）前室或合用前室的门应采用乙级防火门，不应设置卷帘。

（6）消防电梯井、机房与相邻电梯井、机房之间应设置耐火极限不低于2.00h的防火隔墙，隔墙上的门应采用甲级防火门。

（7）消防电梯的井底应设置排水设施，排水井的容量不应小于$2m^3$，排水泵的排水量不应小于10L/s。消防电梯间前室的门口宜设置挡水设施。

（8）消防电梯短边不应小于2.4m。

**3. 消防电梯还应符合的规定**

（1）应能每层停靠。

（2）电梯的载重量不应小于800kg。

（3）电梯从首层至顶层的运行时间不宜大于60s。

（4）电梯的动力与控制电缆、电线、控制面板应采取防水措施。

（5）在首层的消防电梯入口处应设置供消防队员专用的操作按钮。

（6）电梯轿厢的内部装修应采用不燃材料。

（7）电梯轿厢内部应设置专用消防对讲电话。

## 二、难点突破

（1）消防登高面、消防车登高操作场地、灭火救援窗的位置是相互对应的，消防车登高操作场地与消防登高面垂直，灭火救援窗在消防登高面一侧的外墙上。

建筑高度不大于50m的建筑，连续布置消防车登高操作场地确有困难时，可间隔布置，但间隔距离不宜大于30m；建筑高度大于50m的建筑，必须连续布置。

（2）特别注意本章考点中的几个相同参数。

1）消防车通道距离靠建筑外墙一侧的边缘不宜小于5m。

2）消防车通道边缘与可燃材料堆垛的距离不应小于5m。

3）消防车登高操作场地靠建筑外墙一侧的边缘距离建筑外墙不宜小于5m，

且不应大于 10m。

（3）消防电梯与防烟楼梯间的设置范围基本一致，了解其异同可以帮助我们熟练掌握。

## 三、真题解析

### （一）单项选择题

1.（考点 2）下列消防救援入口设置的做法中，符合要求的是（　　）。（2017 年真题）

A. 一类高层办公楼外墙面，连续设置无间隔的广告屏幕（牌）

B. 救援入口净高和净宽均为 1.0m

C. 每个防火分区设置 1 个救援入口

D. 多层医院顶层外墙面，连续设置无间隔的广告屏幕（牌）

**【答案】** B。

**【解析】** 根据考点 2 和表 2-10-3 可知：C 项是错误的，B 项是正确的。

2.（考点 2）在对某一类高层商业综合体进行检查时，查阅资料得知，该楼地上共 6 层，每层划分为 12 个防火分区，符合规范要求。该综合体外部的下列消防救援设施设置做法中，不符合现行国家消防技术标准要求的是（　　）。（2017 年真题）

A. 由于该综合体外立面无窗，故在二至六层北侧外墙上每个防火分区分别设置 2 个消防救援窗口

B. 仅在该楼的北侧沿长边连续布置宽度 12m 的消防车登高操作场地

C. 消防车登高操作场地内侧与该商业综合体外墙之间的最近距离为 9m

D. 建筑物与消防车登高操作场地相对应范围内有 6 个直通室内防烟楼梯间的入口

**【答案】** A。

**【解析】** 厂房、仓库、公共建筑的外墙应每层设置可供消防救援人员进入的窗口；故 A 项错误。根据表 2-9-3：BCD 项均正确。因此，答案为 A。

3.（考点 2）一座建筑高度为 55m 的新建办公楼，无裙房，矩形平面尺寸为 80m×20m，沿该建筑南侧的长边连续布置消防车登高操作场地。该消防车登高操作场地的最小平面尺寸应为（　　）。（2016 年真题）

A. 15m×10m　　B. 20m×10m

C. 15m×15m　　D. 80m×10m

**【答案】** D。

**【解析】** 按照本章考点 2：消防车登高操作场地的长度和宽度分别不应小于 15m 和 10m。对于建筑高度不小于 50m 的建筑，场地的长度和宽度均不应小于 20m 和 10m。

但根据此题实际情况，该建筑矩形平面尺寸为 80m×20m，应该选 D。

提示：该题需要研究建筑的平面尺寸，而不是死记硬背。

### （二）多项选择题

（考点 3）对某一类高层宾馆进行防火检查，查阅资料得知，该宾馆每层划

笔记

笔 记

分为2个防火分区，符合规范要求，下列检查结果中，不符合现行国家消防技术标准的有（　　）。(2017年真题)

A. 消防电梯前室的建筑面积为6.0m²，与防烟楼梯间合用前室的建筑面积为10m²

B. 兼做客梯用的消防电梯，其前室门采用耐火极限满足完整性和耐火隔热性判定的防火卷帘

C. 设有3台消防电梯，一个防火分区有2台，另一防火分区有1台

D. 消防电梯能够停靠每个楼层

E. 消防电梯从首层到顶层的运行时间为59s

**【答案】** AB。

**【解析】** 根据表2-9-5，消防电梯前室的使用面积不应小于6m²；与防烟楼梯间合用的前室，公共建筑不应小于10m²，住宅建筑不应小于6m²。前室或合用前室的门应采用乙级防火门，不应设置防火卷帘。AB项均错误。由考点3可知：CDE项均正确，因此，答案为AB。

# 第十章　建筑防火检查

## 考点1　建筑高度及层数检查

### 1. 建筑高度的确定

建筑高度的确定方法见表2-10-1。

**表2-10-1　建筑高度的确定方法**

<table>
<tr><th>建筑具体条件</th><th colspan="2">建筑高度的确定方法</th></tr>
<tr><td>建筑屋面为坡屋面时</td><td colspan="2">应为建筑室外设计地面至其檐口与屋脊的平均高度</td></tr>
<tr><td>建筑屋面为平屋面(包括有女儿墙的平屋面）时</td><td colspan="2">应为建筑室外设计地面至其屋面面层的高度</td></tr>
<tr><td>同一座建筑有多种形式的屋面时</td><td colspan="2">应按上述方法分别计算后,取其中最大值</td></tr>
<tr><td rowspan="2">对于台阶式地坪</td><td>当位于不同高程地坪上的同一建筑之间有防火墙分隔,各自有符合规范规定的安全出口,且可沿建筑的两个长边设置贯通式或尽头式消防车通道时</td><td>可分别计算各自的建筑高度</td></tr>
<tr><td colspan="2">否则，应按其中建筑高度最大者确定建筑高度</td></tr>
<tr><td>局部突出屋顶的设备瞭望塔、冷却塔、水箱间、微波天线间或设施、电梯机房等辅助用房</td><td colspan="2">辅助用房占屋面面积不大于1/4者，可不计入建筑高度</td></tr>
<tr><td>对于住宅建筑,设置在底部的房间</td><td colspan="2">设置在底部且室内高度不大于2.2m的自行车库、储藏室、敞开空间，室内外高差或建筑的地下或半地下室的顶板面高出室外设计地面的高度不大于1.5m的部分，可不计入建筑高度</td></tr>
</table>

笔 记

**2. 建筑层数的确定**

建筑层数应按建筑的自然层数计算，下列空间可不计入建筑层数：

（1）室内顶板面高出室外设计地面的高度不大于1.5m的地下或半地下室。

（2）设置在建筑底部且室内高度不大于2.2m的自行车库、储藏室、敞开空间。

（3）建筑屋顶上突出的局部设备用房、出屋面的楼梯间等。

## 考点2　钢结构防火涂料检查方法

对钢结构防火涂料进行检查时，主要进行以下操作，见表2-10-2。

**表2-10-2　钢结构防火涂料进行检查时的操作**

| 检查内容 | 具体方法 |
| --- | --- |
| 对比样品 | （1）对于室内裸露钢结构、轻型屋盖钢结构及有装饰要求的钢结构，当规定其耐火极限在1.5h及以下时，钢结构防火涂料宜选用薄涂型<br>（2）对于室内隐蔽钢结构、高层全钢结构及多层厂房钢结构，当规定其耐火极限在1.50h以上时，钢结构防火涂料宜选用厚涂型<br>（3）对于露天钢结构，钢结构防火涂料应选用适合室外用的类型 |
| 检查涂层外观 | 用质量为0.75～1kg的锤子轻击涂层检测其强度等；用1m直尺检测涂层平整度 |
| 检查涂层厚度 | 用测针（厚度测量仪）检测涂层厚度：选择五个不同部位，可求平均值作为涂层厚度。厚涂型防火涂料的最薄处厚度不低于设计要求的85%，且厚度不足部位连续面积长度不大于1m，并且5m范围内不再出现类似情况 |
| 检查膨胀系数<br>薄涂型（膨胀型）、超薄型防火涂料 | （1）随机选取三个部位，采用磁性测厚仪<br>（2）2L汽油喷灯，供火时间不低于10min<br>（3）膨胀倍数：薄涂型（膨胀型）≥5；超薄型防火涂料≥10 |

## 考点3　常见企业总平面的布局的检查

**1. 石油化工企业**

石油化工企业的检查要点见表2-10-3。

**表2-10-3　石油化工企业的检查要点**

| 检查内容 | 具体方法 |
| --- | --- |
| 企业区域规划 | （1）可能散发可燃气体的工艺装置、罐组、装卸区或全厂性污水处理场等设施，宜布置在人员集中场所及明火或散发火花地点的全年最小频率风向的上风侧<br>（2）在山区或丘陵地区，须避免布置在窝风地带 |
| 主要出入口 | 厂区主要出入口不少于两个，并必须设置在不同方位。生产区的道路宜采用双车道。工艺装置区，液化烃储罐区，可燃液体的储罐区、装卸区及化学危险品仓库区按规定设置环形消防车通道 |
| 企业消防站 | 消防站的设置位置应便于消防车迅速通往工艺装置区和罐区，宜位于生产区全年最小频率风向的下风侧，且避开工厂主要人流道路 |

笔 记

#### 2. 火力发电厂

火力发电厂的检查要点见表2-10-4。

表2-10-4 火力发电厂的检查要点

| 检查内容 | 具体方法 |
| --- | --- |
| 厂区选址 | (1) 厂址应布置在厂区地势较低的边缘地带，安全防护设施可以布置在地形较高的边缘地带<br>(2) 对于布置在厂区内的点火油罐区，检查其围栅高度不小于1.8m。当利用厂区围墙作为点火油罐区的围栅时，实体围墙的高度不小于2.5m |
| 主要出入口 | (1) 厂区的出入口不少于两个，其位置应便于消防车出入<br>(2) 主厂房、点火油罐区及储煤场周围设置环形消防车通道 |

#### 3. 钢铁冶金企业

钢铁冶金企业的检查要点见表2-10-5。

表2-10-5 钢铁冶金企业的检查要点

| 检查内容 | 具体方法 |
| --- | --- |
| 厂区选址 | 储存或使用甲、乙、丙类液体，可燃气体，明火或散发火花以及产生大量烟气、粉尘、有毒有害气体的车间，必须布置在厂区边缘或主要生产车间、职工生活区全年最小频率风向的上风侧 |
| 围墙的设置 | (1) 煤气罐区四周均须设置围墙，实地测量罐体外壁与围墙的间距。当总容积不超过20万$m^3$时，罐体外壁与围墙的间距不宜小于15.0m<br>(2) 当总容积大于20万$m^3$时，罐体外壁与围墙的间距不宜小于18.0m |
| 储罐的间距 | (1) 实地测量：露天布置的可燃气体或不可燃气体固定容积储罐之间的净距，氧气固定容积储罐之间的净距<br>(2) 实地测量：露天布置的液氧储罐或不可燃的液化气体储罐之间的净距，液化气体储罐之间的净距<br>上述净距均不得小于2.0m |
| 管道的敷设 | (1) 高炉煤气、发生炉煤气、转炉煤气和铁合金电炉煤气的管道不能埋地敷设<br>(2) 氧气管道不得与燃油管道、腐蚀性介质管道以及电缆、电线同沟敷设，动力电缆不得与可燃、助燃气体和燃油管道同沟敷设 |

## 考点4 特定距离的测量方法

#### 1. 防火间距的计算方法

建筑物之间；建筑物与储罐、堆场之间；储罐之间；储罐与堆场之间；堆场之间；变压器之间；变压器与建筑物、储罐或堆场之间；建筑物、储罐或堆场与道路、铁路之间的防火间距，均应为最近外缘之间的最小水平距离。

#### 2. 消防车通道的现场检查测量

消防车通道的现场检查测量要点见表2-10-6。

表 2-10-6　消防车通道的现场检查测量要点

| 检查内容 | 具体方法 |
|---|---|
| 消防车通道宽度 | 选择车道路面相对较窄部位以及车道4.0m净空高度内两侧突出物的最近距离处进行测量，将最小宽度确定为消防车通道宽度 |
| 消防车通道净高 | 选择消防车通道正上方距车道相对较低的突出物进行测量，将突出物与车道的垂直高度确定为消防车通道净高 |
| 不规则回车场尺寸 | 不规则回车场以消防车可以利用场地的内接正方形为回车场地或根据实际设置情况进行消防车通行试验，满足消防车回车的要求 |
| 核查消防车通道设计承受荷载 | 查阅施工记录、消防车通行试验报告，核查消防车通道设计承受荷载 |
| 消防车通道设置在建筑红线外时 | 还应查验是否取得权属单位的同意，以确保消防车通道的正常使用 |

笔 记

## 考点 5　防火防烟分隔构件的检查

**1. 防火门检查方法**

（1）防火门是由门板、门框、锁具、闭门器、顺序器、五金件、防火密封件以及电动控制装置等组成的，且符合耐火完整性和隔热性等要求的防火分隔物。在防火检查中，对防火门的选型、外观、安装质量和系统功能等进行检查。

（2）查阅消防设计文件、建筑平面图、门窗大样图、《防火门工程质量验收记录》等资料，了解建筑内防火门的安装位置、选型、数量等数据。

（3）防火门的安装技术参数：门框与墙体采用预埋件或膨胀螺栓等连接牢固，固定点间距不宜大于600mm，防火门门扇与门框的搭接尺寸不小于12mm。

**2. 防火窗检查方法**

（1）防火窗是由窗扇、窗框、五金件、防火密封件以及窗扇启闭控制装置等组成的，符合耐火完整性和隔热性等要求的防火分隔物。在防火检查中，对防火窗的选型、外观、安装质量和控制功能等进行检查。

（2）防火窗的安装质量技术参数。

1）有密封要求的防火窗窗框密封槽内镶嵌的防火密封件应牢固、完好。钢质防火窗窗框内填充水泥砂浆，窗框与墙体采用预埋件或膨胀螺栓等连接牢固，固定点间距不宜大于600mm。

2）活动式防火窗在温控释放装置动作后60s内应能自动关闭。

**3. 防火卷帘检查方法**

（1）防火卷帘是指由帘板、导轨、座板、门楣、箱体并配以卷门机和控制箱组成的，符合耐火完整性等要求的防火分隔物。

（2）组件的安装质量。

防火卷帘的控制器和手动按钮盒应分别安装在防火卷帘内、外两侧的墙壁上便于识别的位置，底边距地面高度宜为1.3～1.5m，并标出上升、下降、停止等功能。

（3）检查内容。

1）防火卷帘的导轨运行平稳，没有脱轨和明显的倾斜现象。

笔 记

2）双帘面卷帘的两个帘面同时升降，两个帘面之间的高度差不大于50mm。

3）垂直卷帘的电动启闭运行速度在2～7.5m/min之间；其自重下降速度不大于9.5m/min。

4）卷帘启、闭运行的平均噪声不大于85dB。

使用声级计在距卷帘表面的水平距离1m、距地面的垂直距离1.5m处水平测量卷帘启、闭运行的噪声。

5）用于疏散通道、出口处的防火卷帘，当感烟探测器发出火灾报警信号后，防火卷帘由上限位降至1.8m处定位，并向控制室的消防控制设备反馈中位信号，延时5～60s后，继续下降至全闭，并向控制室的消防控制设备反馈各部位动作信号。

**4. 防火阀检查方法**

通风、空气调节系统的风管，在穿越防火分区处，穿越通风、空气调节机房的房间隔墙和楼板处，穿越重要或火灾危险性大的房间隔墙和楼板处，穿越防火分隔处的变形缝两侧以及竖向风管与每层的水平风管交接处的水平管段上都要设置防火阀。

设置防火阀的技术参数见表2-10-7。

**表2-10-7 设置防火阀的技术参数**

| 检查内容 | 具体方法 |
|---|---|
| 当建筑内每个防火分区的通风、空气调节系统均独立设置时 | 水平风管与竖向总管的交接处可不设置防火阀 |
| 公共建筑的浴室、卫生间和厨房的竖向风管，如未采取防止回流措施时 | 在支管上应设置防火阀 |
| 公共建筑内厨房的排油烟管道 | 在与竖向风管连接的支管处设置防火阀 |
| 设置防火阀处的风管要设置单独的支吊架 | 在防火阀两侧各2.0m范围内的风管及其绝热材料采用不燃材料。安装防火阀时，安装部位要设置方便维护的检修口 |
| 阀门关闭方向 | 阀门顺气流方向关闭，防火分区隔墙两侧的防火阀距墙端面不大于200mm |

**5. 挡烟垂壁检查方法**

挡烟垂壁检查方法见表2-10-8。

**表2-10-8 挡烟垂壁检查方法**

| 检查内容 | 具体方法 |
|---|---|
| 查看外观 | 设置永久性标志铭牌，标识清楚 |
| 测量挡烟垂壁的搭接宽度<br>宽度测量值的允许负偏差不得大于规定值的5% | 卷帘式挡烟垂壁挡烟部件由两块或两块以上织物缝制时，搭接宽度不得小于20mm |
| | 当单节挡烟垂壁的宽度不能满足防烟分区要求，采用多节垂壁搭接的形式使用时，卷帘式挡烟垂壁的搭接宽度不得小于100mm、翻板式挡烟垂壁的搭接宽度不得小于20mm |

（续）

| 检查内容 | 具体方法 |
| --- | --- |
| 测量挡烟垂壁边沿与建筑物结构表面的最小距离 | 此距离不得大于20mm，测量值的允许正偏差不得大于规定值的5% |
| 使用秒表、卷尺测量挡烟垂壁的电动下降或机械下降的运行速度和时间 | 卷帘式挡烟垂壁的运行速度应大于或等于0.07m/s；翻板式挡烟垂壁的运行时间应小于7s |
| 挡烟垂壁必须设置限位装置 | 当其运行至上、下限位时，能自动停止 |
| 观察活动式挡烟垂壁是否能自动下降至挡烟工作位置 | 采用加烟的方法使感烟探测器发出模拟火灾报警信号 |
| 切断系统供电检查 | 观察挡烟垂壁是否能自动下降至挡烟工作位置 |

## 考点6 楼梯的检查要点及方法

楼梯的检查要点及方法见表2-10-9。

**表2-10-9 楼梯的检查要点及方法**

| 检查要点 | 具体方法 |
| --- | --- |
| 沿楼梯全程检查安全性和畅通性 | 设置永久性标志铭牌，标识清楚 |
| 当地下室或半地下室与地上层共用楼梯间时，防火分隔做法 | 在首层与地下或半地下层的出入口处，必须检查是否设置耐火极限不低于2.00h的隔墙和乙级的防火门隔开，并须检查是否设有明显提示标志 |
| 楼梯宽度的测量 | 在设计人数最多的楼层，选择疏散楼梯扶手与楼梯隔墙之间相对较窄处测量疏散楼梯的净宽度，并核查与消防设计文件的一致性。每部楼梯的测量点不少于5个 |

## 考点7 消防电梯的检查操作

消防电梯的检查操作方法见2-10-10。

**表2-10-10 消防电梯的检查操作方法**

| 检查内容 | 具体方法 |
| --- | --- |
| 测量消防电梯的技术参数 | 测量消防电梯前室面积、首层消防电梯间通向室外的安全出口通道的长度（短边不应小于2.4m） |
| 使用首层供消防人员专用的操作按钮 | 检查消防电梯能否下降到首层并发出反馈信号，此时其他楼层按钮不能呼叫消防电梯，只能在轿厢内控制 |
| 模拟火灾报警 | 检查消防控制设备能否手动和自动控制电梯下降至首层，并接收反馈信号 |
| 使用消防电梯轿厢内专用消防对讲电话 | 使用消防电梯轿厢内专用消防对讲电话与消防控制中心进行不少于2次的通话试验，通话语音清晰 |
| 使用秒表测试消防电梯由首层直达顶层的运行时间 | 检查消防电梯行驶速度是否保证从首层到顶层的运行时间不超过1min |

笔记

笔 记

## 二、难点突破

（1）建筑高度和层数的确定方法是本章的重点，因为这两个参数是对建筑物进行分类的重要依据，建筑分类不同，相应的消防技术要求就不相同。这个考点一般作为一道题目的前提条件，在选择题、案例分析中都可以出现。

（2）特别需要注意。

1）测量参数有些是不能大于规范规定值的，即测量值的允许正偏差不得大于规定值的5%。如防火分区的面积、挡烟垂壁边沿与建筑物结构表面的最小距离等。

2）测量参数有些是不能小于规范规定值的，即测量值的允许负偏差不得小于规定值的5%。如挡烟垂壁的搭接宽度、消防车通道宽度、防火间距等。

## 三、真题解析

### （一）单项选择题

1.（考点4）某多层砖木结构的古建筑，砖墙承重，四坡木结构屋顶，其东侧与一座多层的平屋面钢筋混凝土结构办公楼（外墙上没有突出的构件）相邻。该办公楼相邻侧外墙与该古建筑东侧的基础、外墙面、檐口和屋脊的最近水平距离分别是11.0m、12.0m、10.0m和14.0m。则该办公楼与该古建筑的防火间距应认定为（　　）m。（2016年真题）

A. 10.0　　B. 11.0　　C. 12.0　　D. 14.0

【答案】A。

【解析】根据考点4：建筑物之间的防火间距，应为最近外缘之间的最小水平距离。

因此，取最小值为防火间距。答案为A。

2.（考点5）对防火门进行检查时，应注意检查防火门的门扇与下框或地面的活动间隙。根据现行国家消防技术标准的规定，该间隙不应大于（　　）mm。（2016年真题）

A. 3　　B. 6　　C. 9　　D. 12

【答案】C。

【解析】①门扇与上框的配合活动间隙不应大于3mm；②双扇、多扇门的门扇之间缝隙不应大于3mm；③门扇与下框或地面的活动间隙不应大于9mm。

因此，答案为C。

3.（考点5）在对层高为3.5m的地下车库进行防烟分区检查时，应注意检查挡烟垂壁的材料和挡烟垂壁的高度是否满足现行国家消防技术标准的要求，下列挡烟垂壁的说法中，错误的有（　　）。（2016年真题）

A. 挡烟垂壁的最下端低于机械排烟口

B. 挡烟垂壁突出顶棚500mm

C. 制作挡烟垂壁的材料为5mm厚的普通玻璃

D. 在挡烟垂壁明显位置设置永久性标志铭牌

【答案】C。

【解析】根据考点5：

（1）挡烟垂壁的最下端低于机械排烟口才能起到挡烟的作用，故A项正确。

（2）挡烟垂壁应该突出顶棚500mm，故B项正确。

（3）挡烟垂壁应用不燃材料制成，应该用防火玻璃，故C项错误。

（4）应在挡烟垂壁明显位置设置永久性标志铭牌，故D项正确。

因此，答案为C。

4. （考点5）关于防火阀和排烟防火阀在建筑通风和排烟系统中的设置要求，下列说法中，错误的是（　　）。（2016年真题）

A. 排烟防火阀开启和关闭的动作信号应反馈至消防联动控制器

B. 防火阀和排烟防火阀应具备温感器控制方式

C. 安装在排烟风机入口总管处的排烟防火阀关闭后，应直接联动控制排烟风机停止运转

D. 当建筑内每个防火分区的通风、空调系统均独立设置时，水平风管与竖向总管的交接处应设置防火阀

【答案】D。

【解析】防烟系统竖向穿越防火分区时垂直风管应设置在管井内，且与垂直风管连接的水平风管应设置280℃排烟防火阀。当建筑内每个防火分区的通风、空调系统均独立设置时，无须设置防火阀。

因此，答案为D。

**（二）多项选择题**

（考点6）对建筑的疏散楼梯进行工程验收时，下列关于疏散楼梯间检查的做法中，正确的有（　　）。（2016年真题）

A. 检查疏散楼梯间在各层的位置是否改变

B. 检查地下与地上共用的楼梯间在首层与地下层的出入口处是否设置防火隔墙和乙级防火门完全隔开

C. 测量疏散楼梯间的门完全开启时楼梯平台的有效宽度

D. 检查通向建筑屋面的疏散楼梯间的门的开启方向是否正确

E. 测量疏散楼梯的净宽度，每部楼梯的测量点不少于3处

【答案】ACD。

【解析】

（1）建筑的地下或半地下部分与地上部分不应共用楼梯间，确需共用楼梯间时，应在首层采用耐火极限不低于2.00h的防火隔墙和乙级防火门将地下或半地下部分与地上部分的连通部位完全分隔，并应设置明显的标志。因此，B项错误。

（2）测量疏散楼梯的净宽度，每部楼梯的测量点不少于5处。因此，E项错误。

综上所述：答案为ACD。

笔记

笔 记

# 第三篇　其他建筑、场所防火

## 第一章　石油化工防火

本章思维导图如图 3-1 所示。

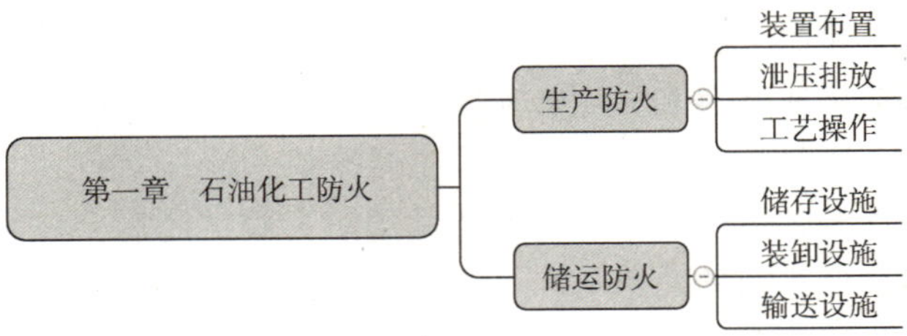


图 3-1　石油化工防火思维导图

### 一、考点提炼

#### 考点 1　泄压排放设施的技术要求

**1. 火炬系统的安全设置**

火炬系统是指将气体送至火炬的管线、炬管（火炬筒）、燃料气管道、惰性气体管道、火炬点火、控制及信号装置等。

火炬系统的安全设置要求见表 3-1-1。

**表 3-1-1　火炬系统的安全设置要求**

| 要　　求 | 技术参数 |
|---|---|
| 防火间距 | （1）全厂性火炬，应布置在工艺生产装置、易燃和可燃液体与液化石油气等可燃气体的储罐区、装卸区以及全厂性重要辅助生产设施及人员集中场所的全年最小频率风向上风侧<br>（2）距火炬筒 30m 范围内严禁可燃气体放空 |
| 火炬高度 | 火炬高度设计应充分考虑事故火炬出现最大排放量时热辐射强度对人员和设备的影响。应使火焰的辐射热不致影响人身及设备的安全 |
| 排放能力 | 火炬的排放能力应根据正常运转时、停车大检修时、全停电或部分停电时、仪器设备故障或发生火灾时等可能出现的排放量中最大可能的排出气量为准。必须保证火炬燃烧嘴具有能处理其中最大的气体排放量的能力 |
| 保证排出气体处理质量 | （1）火炬具有净化、排放并使可燃性气态物质燃烧而消除可燃性的作用。当火焰脱离火炬和熄灭时，会有大量的有毒和可燃气体进入大气，因此，火炬的顶部应设长明灯或其他可靠的点火设施<br>（2）火炬燃烧嘴是关系到排出气体处理质量的重要部件，要求其喷出的气流速度要适中，一般控制在音速的 1/5 左右，既不能吹灭火焰，也不可将火焰吹飞 |

（续）

| 要求 | 技术参数 |
| --- | --- |
| 设置自动控制系统 | 在中央控制室内应安装具有气体排放、输送和燃烧等的参数控制仪表和信号显示装置 |
| 设置安全装置 | （1）为了防止排出的气体带液体，可燃气体放空管道在接入火炬前，应设置分液器<br>（2）为了防止火焰和气体倒入火炬筒，在火炬筒上部应安装防回火装置 |

**2. 放空管的安全设置**

（1）安装要求

放空管一般应设在设备或容器的顶部，室内设备安设的放空管应引出至室外，其管口要高于附近有操作的最高设备 2m 以上。此外：

1）连续排放的放空管口，还应高出半径 20m 范围内的平台或建筑物顶 3.5m 以上。

2）间歇排放的放空管口，应高出 10m 范围内的平台或建筑物顶 3.5m 以上。

3）平台或建筑物应与放空管垂直面呈 45°。

（2）设置安全装置

1）排放后可能立即燃烧的可燃气体，应经冷却装置冷却后接至放空设施。

2）放空管上应安装阻火器或其他限制火焰的设备，以防止气体在管道出口处着火，并使火焰扩散到工艺装置中去。

**3. 安全阀的设置**

根据国家现行相关法规规定，在非正常条件下，可能超压的下列设备应设安全阀：

（1）顶部最高操作压力大于或等于 0.1MPa 的压力容器。

（2）顶部最高操作压力大于 0.03MPa 的蒸馏塔、蒸发塔和汽提塔（汽提塔蒸汽通入另一蒸馏塔者除外）。

（3）顶部最高操作压力为 0.03 ~ 0.1MPa 的设备应根据工艺要求设置。

## 考点 2 罐区防火设计

罐区防火设计要点见表 3-1-2。

**表 3-1-2 罐区防火设计要点**

| 要求 | 技术参数 |
| --- | --- |
| 总平面布局 | （1）甲、乙、丙类液体储罐区，液化石油气储罐区，可燃、助燃气体储罐区和可燃材料堆场等，应布置在城市（区域）的边缘或相对独立的安全地带，并宜布置在城市（区域）全年最小频率风向的上风侧<br>1）甲、乙、丙类液体储罐（区）宜布置在地势较低的地带。当布置在地势较高的地带时，应采取安全防护设施<br>2）液化石油气储罐（区）宜布置在地势平坦、开阔等不易积存液化石油气的地带<br>（2）桶装、瓶装甲类液体不应露天存放<br>（3）液化石油气储罐组或储罐区的四周应设置高度不小于 1.0m 的不燃性实体防护墙<br>（4）甲、乙、丙类液体储罐区，液化石油气储罐区，可燃、助燃气体储罐区和可燃材料堆场，应与装卸区、辅助生产区及办公区分开布置 |

笔记

笔 记

（续）

| 要　　求 | 技术参数 |
| --- | --- |
| 储罐防火 | （1）钢制储罐必须做防雷接地，接地点不应少于两处。钢制储罐接地点沿储罐周长的间距，不宜大于30m，接地电阻不宜大于10Ω<br>（2）装有阻火器的地上卧式储罐的壁厚和地上固定顶钢制储罐的顶板厚度等于或大于4mm时，可不设避雷针<br>（3）铝顶储罐和顶板厚度小于4mm的钢制储罐，应装设避雷针<br>（4）浮顶罐或内浮顶罐可不设避雷针，但应将浮顶与罐体用两根导线做电气连接 |

## 考点3　铁路装卸区防火设计要求

铁路装卸区防火设计要求见表3-1-3。

**表3-1-3　铁路装卸区防火设计要求**

| 要　　求 | 技术参数 |
| --- | --- |
| 铁路油品装卸线 | （1）装卸线一般不与生产、仓储区的出入口道路相交<br>（2）装卸线一般采用尽头式布置，其车位数根据油品运量的大小确定<br>（3）相邻作业线之间要保持20m以上的缓冲段 |
| 装卸栈桥 | （1）装卸栈桥采用非燃材料建造，是装卸油品的操作台<br>（2）在距离装卸栈桥边缘10m以外的油品输入管道上，设有紧急切断阀 |
| 防火间距 | （1）两条油品装卸线共用一座栈桥或一排鹤管时，两条装卸线中心线的距离为：采用公称直径为100mm的小鹤管时，一般不大于6m；采用公称直径为200mm的大鹤管时，不大于7.5m<br>（2）相邻两座装卸栈桥之间两条油品装卸线中心线的距离，两者或其中之一用于甲、乙类油品一般不小于10m，当两者都用于丙类油品时，一般不小于6m |
| 消防车通道的布置 | （1）作业区内需设环形消防车通道。受条件限制的，可设置有回车场的尽头车道<br>（2）消防车通道与装卸栈桥的距离一般不大于80m且不小于15m |

## 考点4　码头装卸总平面布置要求

码头装卸总平面布置要求见表3-1-4。

**表3-1-4　码头装卸总平面布置要求**

| 要　　求 | 技术参数 |
| --- | --- |
| 油品码头位置 | 宜布置在港口的边缘区域 |
| 泊位与锚地的间距 | （1）海港或河港中位于锚地上游的装卸甲、乙类油品泊位与锚地的间距不应小于1000m<br>（2）装卸丙类油品泊位与锚地的间距不应小于150m<br>（3）河港中位于锚地下游的油品泊位与锚地的间距不应小于150m |

笔　记

（续）

| 要　求 | 技术参数 |
|---|---|
| 其他防火间距 | （1）甲、乙类油品码头前沿线与陆上储油罐的防火间距不应小于50m<br>（2）装卸甲、乙类油品的泊位与明火或散发火花地点的防火间距不应小于40m<br>（3）陆上与装卸作业无关的其他设施与油品码头的间距不应小于40m |
| 油品泊位的码头结构 | 油品泊位的码头结构应采用不燃烧材料，油品码头上应设置必要的人行横道和检修道，并应采用不燃或难燃性的材料 |

## 考点5　输送设施防火

输送设施防火要求见表3-1-5。

**表3-1-5　输送设施防火要求**

| 要　求 | 技术参数 |
|---|---|
| 液体运输 | 在输送有爆炸性或燃烧性物料时，要采用氮气、二氧化碳等惰性气体代替空气，以防燃烧和爆炸发生。选用蒸气往复泵输送易燃液体可以避免产生火花，安全性较好<br>只有对闪点高及沸点在130℃以上的可燃液体才用空气压送 |
| 固体运输 | 输送机械运转部位多，极易由于碰撞起火和摩擦生热引燃物料。因此，输送机械的传动和转动部位，要保持正常润滑，防止摩擦过热<br>对于电气设备及其线路注意保护，防止绝缘损坏发生剩余电流及短路事故 |
| 气体运输 | 输送可燃气体的管道应经常保持正压状态，并根据实际需要安装止回阀、水封和阻火器等安全装置<br>在操作中，应保持进气压力在允许范围，谨防出现真空状态。当压缩机意外发生抽负现象，形成爆炸混合物时，应从入口阀注入惰性气体置换出空气，防止爆炸事故发生 |

## 二、难点突破

（1）本章的学习中，建议把《海港总体设计规范》（JTS 165—2013）、《装卸油品码头防火设计规范》（JTJ 237—1999）、《石油库设计规范》（GB 50074—2014）等作为补充。

（2）本章重点内容是：工艺生产装置区平面布置、泄压排放设施防火和火炬系统的安全设置。

在2015～2017年真题中都有相应的题目。

## 三、真题解析

### （一）单项选择题

1. 某单位拟新建一座石油库，下列该石油库规则布局方案中，不符合消防安全布局规则的是（　　）。(2017年真题)

笔记

A. 储罐区布置在本单位地势较低处

B. 储罐区泡沫站布置在罐区防火墙的非防爆区

C. 铁路装卸区布置在地势高于石油库的边缘地带

D. 行政管理区布置在本单位全年最小频率风向的上风侧

【答案】D。

【解析】根据考点2的表3-1-2：储罐区应布置在本单位全年最小频率风向的上风侧，行政管理区应布置在本单位全年最小频率风向的下风侧。因此，D项为正确答案。

2. 对于石油化工企业，下列可燃气体、可燃液体设备的安全阀出口连接方式中，不符合规范要求的是（　　）。(2016年真题)

A. 泄放可能携带液滴的可燃气体应接至火炬系统

B. 可燃液体设备的安全阀出口泄放管应接入储罐或其他容器

C. 泄放后可能立即燃烧的可燃气体应经冷却后接至放空设施

D. 可燃气体设备的安全阀出口泄放管应接至火炬系统或其他安全泄放设施

【答案】A。

【解析】根据本章考点1表3-1-1中的“设置安全装置”：（1）为了防止排出的气体带液体，可燃气体放空管道在接入火炬前，应设置分液器。因此，A项为正确答案。

3. 某石油化工企业的厂区设置办公区、动力设备用房、消防站、甲类和乙类液体储罐、液体烃储罐、装卸设施和桶装油品堆场。下列关于工厂总平面布置的做法中，正确的是（　　）。(2015年真题)

A. 全厂性的高架火炬设置在生产区的全年最小频率风向的上风侧

B. 采用架空电力线路进出厂区的总变电所布置在厂区中心

C. 消防站位于生产区的全年最小频率风向的上风侧

D. 散发可燃气体的工艺装置和罐组布置在人员集中场所的全年最小频率风向的下风侧

【答案】A。

【解析】根据本章考点1表3-1-1中的“防火间距”：全厂性火炬，应布置在工艺生产装置、易燃和可燃液体与液化石油气等可燃气体的储罐区、装卸区以及全厂性重要辅助生产设施及人员集中场所的全年最小频率风向上风侧。

因此，A项为正确答案。

**（二）多项选择题**

1. 关于甲乙丙类液体、气体储罐区的防火要求，错误的是（　　）。(2017年真题)

A. 罐区应布置在城市的边缘或相对独立的安全地带

B. 液化石油气储罐区四周应设置高度不小于0.8m的不燃烧性实体防护墙

C. 钢制储罐必须做防雷接地，接地点不应少于1处

D. 甲、乙、丙类液体储罐宜布置在地势相对较低的地带

E. 液化石油气储罐区宜布置在地势平坦等不易积存液化石油气的地带

【答案】BC。

【解析】根据考点 2 的表 3-1-2：钢制储罐必须做防雷接地，接地点不少于两处，因此 C 项错误；液化石油气储罐（区）宜布置在地势平坦、开阔等不易积存液化石油气的地带。四周应设置高度不小于 1.0m 的不燃烧体实体防护墙，B 项错误。因此，BC 项为正确答案。

2. 某单位经规划部门许可在一江边新建一座油品装卸码头，委托设计单位进行工程设计。下列关于油品装卸码头防火设计要求的说法中，正确的有（　　）。(2015 年真题)

A. 油品码头宜布置在港口的边缘区域

B. 装卸甲、乙油品的泊位与明火或散发火花地点的防火间距不应小于 40m

C. 甲、乙油品码头前沿线与路上储油罐的防火间距不应小于 20m

D. 油品泊位的码头结构应采用不燃烧材料

E. 油品码头上应设置人行横道和检修道

【答案】ABDE。

【解析】根据本章考点 4 和《装卸油品码头设计防火规范》(JTJ 237—1999)第 4.1.2 条："油品码头宜布置在港口的边缘区域"；第 4.2.5 条："装卸甲、乙油品的泊位与明火或散发火花地点的防火间距不应小于 40m"；第 4.3.1 条："油品泊位的码头结构应采用不燃性材料"；第 4.3.2 条："油品码头上应设置必要的人行通道和检修通道并应采用不燃性或阻燃性材料"。因此，A 项、B 项、D 项、E 项正确。

甲、乙油品码头前沿线与路上储油罐的防火间距应该不应小于 50m，故 C 项错误。

综上所述：答案为 ABDE。

3. 某大型石化储罐区设置外浮顶罐、内浮顶罐、固定顶罐和卧式罐。下列储罐中，储罐的通气管上必须设置阻火器的有（　　）。(2016 年真题)

A. 储存甘油（丙类）的地上卧式罐

B. 储存润滑油的地上固定顶罐

C. 储存对二甲苯并采用氮气密封保护系统的内浮顶罐

D. 储存重柴油的地上固定顶罐

E. 储存二硫化碳的覆土卧式罐

【答案】CDE。

【解析】根据《石油库设计规范》(GB 50074—2014) 第 3.0.3 条，石油库储存液化烃、易燃和可燃液体火灾危险分类，应符合下表要求：

| 类　别 | | 特征或液体闪点 $F_t$ |
|---|---|---|
| 甲 | A | 15°C 时的蒸气压力大于 0.1MPa 的烃类液体及其他类似的液体 |
| | B | 除 A 类以外，$F_t$ <28℃ |

笔　记

笔记

（续）

| 类别 | | 特征或液体闪点 $F_t$ |
|---|---|---|
| 乙 | A | $28℃ \leq F_t < 45℃$ |
| | B | $45℃ \leq F_t < 60℃$ |
| 丙 | A | $60℃ \leq F_t < 120℃$ |
| | B | $F_t > 120℃$ |

二甲苯、二硫化碳的火灾危险性分别为：甲类、甲类。

甘油、润滑油、重柴油的火灾危险性分别为：丙类 B、丙类 B、丙类 A。

根据《石油库设计规范》（GB 50074—2014）第 6.4.7 条，下列储罐的通气管必须装设阻火器：

储存甲 B 类、乙类、丙 A 类液体的固定顶储罐和地上卧式储罐；A、B 项错误，D 项正确。

储存甲 B 类、乙类液体的覆土卧式油罐；E 项正确。

储存甲 B 类、乙类、丙 A 类液体并采用氮气密封保护系统的内浮顶储罐；C 项正确。

因此，答案为 CDE。

# 第二章　地铁防火

本章思维导图如图 3-2 所示。

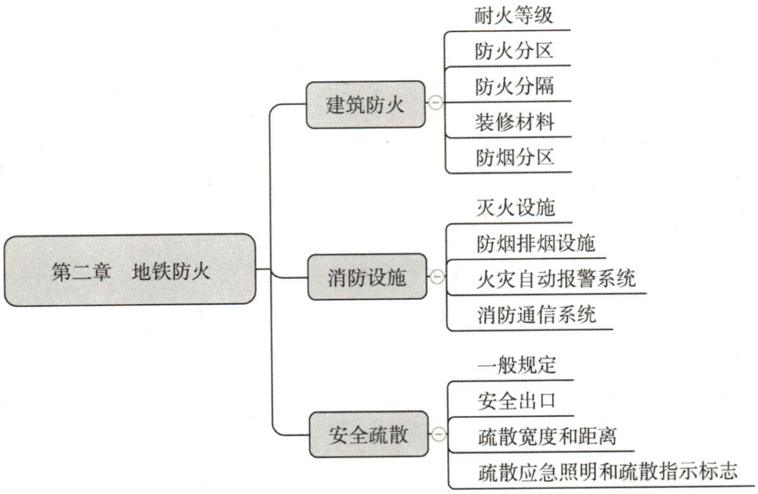


图 3-2　地铁防火思维导图

## 一、考点提炼

### 考点 1　地铁的建筑防火设计要求

地铁的建筑防火设计要求见表 3-2-1。

表 3-2-1 地铁的建筑防火设计要求

| 内容 | 部位 | 技术要求 |
|---|---|---|
| 耐火等级 | 地下的车站、区间、变电站等主体工程及出入口通道、风道 | 耐火等级应为一级 |
| | 地面出入口、风亭等附属建筑，地面车站、高架车站及高架区间的建（构）筑物 | 耐火等级不得低于二级 |
| | 控制中心建筑 | 耐火等级应为一级 |
| 防火分区 | 地下车站站台和站厅公共区应划为一个防火分区 | 设备与管理用房区每个防火分区的最大允许使用面积不应大于1500m² |
| | 地下换乘车站当共用一个站厅时 | 站厅公共区面积不应大于5000m² |
| | 地上的车站站厅公共区采用机械排烟时 | 防火分区的最大允许建筑面积不应大于5000m²，其他部位每个防火分区的最大允许建筑面积不应大于2500m² |
| 装修材料 | 地下车站公共区和设备与管理用房的顶棚、墙面、地面装修材料及垃圾箱 | 应采用A级不燃材料 |
| | 地上车站公共区的墙面、顶面的装修材料及垃圾箱 | 应采用A级不燃材料，地面应采用不低于B1级难燃材料 |
| | 地上、地下车站公共区的广告灯箱、导向标志、休息椅、电话亭、售检票机等固定服务设施 | 应采用不低于B1级难燃材料 |
| | 装修材料不得采用的材料 | 不得采用石棉、玻璃纤维、塑料类等 |
| 防烟分区 | 地下车站的公共区，以及设备与管理用房，应划分防烟分区 | 防烟分区不得跨越防火分区 |
| | 站厅与站台的公共区每个防烟分区的建筑面积 | 不宜超过2000m²，设备与管理用房每个防烟分区的建筑面积不宜超过750m² |
| 安全疏散 | 疏散时间的一般规定 | 在6min内将远期或客流控制期超高峰小时，一列进站列车所载乘客及站台上的候车人员全部撤离站台到达安全区的要求 |
| | 安全出口应分散设置 | 当同方向设置时，两个安全出口通道口部之间的净距不应小于10m |
| | 疏散通道宽度 | 当设备与管理用房区的房间单面布置时，疏散通道宽度不得小于1.2m，双面布置时不得小于1.5m |
| | 设备与管理用房直接通向疏散走道的疏散门至安全出口的距离 | 疏散门与最近安全出口的距离不应大于40m，当房间位于袋形走道两侧或尽端时，其疏散门与最近安全出口的距离不应大于22m |
| | 地下出入口通道的长度 | 不宜超过100m，超过时应采取满足人员消防疏散要求的措施 |

笔记

笔 记

## 考点 2 地铁的消防设施要求

地铁的消防设施要求见表 3-2-2。

**表 3-2-2 地铁的消防设施要求**

| 类型 | 技术要求 | |
|---|---|---|
| 消火栓给水系统 | 设置部位 | 地下车站及其相连的地下区间、长度大于 20m 的出入口通道、长度大于 500m 的独立地下区间应设室内消火栓给水系统 |
| | 设置标准 | （1）地下车站和地下区间的室内消火栓给水系统应设计为环状管网<br>（2）地面和高架车站室内放置的消火栓应超过 10 个，且当室外消防用水量大于 15L/s 时，应设计为环状管网。室内消火栓环状管网应有两根进水管与城市自来水环状管网或消防水泵连接<br>（3）地下车站（含换乘车站）消火栓给水系统用水量应为 20L/s，地下车站出入口通道、折返线及地下区间隧道的消火栓给水系统用水量应为 10L/s |
| 自动喷水灭火系统 | 设置部位 | 地下车站设置的商铺总面积超过 $500m^2$ 时应设自动喷水灭火系统 |
| 防烟排烟设施 | 设置场所 | （1）地下车站及区间隧道内必须设置防烟、排烟和事故通风系统<br>（2）地下车站的站厅和站台，连续长度大于 300m 的区间隧道和全封闭车道、防烟楼梯间和前室应设置机械防烟排烟设施<br>（3）同一个防火分区内的地下车站设备与管理用房的总面积超过 $200m^2$，或面积超过 $50m^2$ 且经常有人停留的单个房间、最远点到车站公共区的直线距离超过 20m 的内走道、连续长度大于 60m 的地下通道和出入口通道应设置机械排烟设施 |
| | 设置标准 | （1）连续长度大于 60m，但不大于 300m 的区间隧道和全封闭车道宜采用自然排烟，当无条件采用自然排烟时，应设置机械排烟设施<br>（2）地面和高架车站应采用自然排烟，当确有困难时，应设置机械排烟设施<br>（3）当防烟、排烟和事故通风系统与正常通风空调系统合用时，通风空调系统应采取防火措施，且应符合防烟排烟系统的要求，并具备事故工况下的快速转换功能 |
| 火灾自动报警系统 | 设置场所 | （1）车站、区间隧道、区间变电所及系统设备用房、主变电所、集中供冷站、控制中心车辆基地应设置火灾自动报警系统<br>（2）地下车站的站厅层公共区、站台层公共区、换乘公共区、各种设备机房、库房、值班室、走廊、配电室、电缆隧道或夹层，以及长度超过 60m 的出入口通道，应设置火灾探测器 |
| | 设置标准 | （1）地下车站、区间隧道和控制中心，按火灾报警一级保护对象设计<br>（2）设有集中空调系统或每层封闭的建筑面积超过 $2000m^2$，但面积不超过 $3000m^2$ 的地面车站、高架车站，保护等级应为二级，面积超过 $3000m^2$ 的保护等级应为一级 |

## 二、难点突破

（1）应当注意：地铁防火分区、防烟分区、安全疏散与一般建筑的要求都是不同的，需要特殊记忆和背诵。

（2）本章的学习中，建议把《地铁设计规范》（GB 50157—2013）作为补充资料。2016 年的真题中，考试涉及内容就是教材里没有的，而该规范里却有，详见后文真题解析。

## 三、真题解析

**单项选择题**

关于地铁防排烟设计的说法，正确的是（　　）。（2017 年真题）

A. 站台公共区每个防烟分区的建筑面积不宜超过 2000$m^2$

B. 地下车站的设备用房和管理用房的防烟分区可以跨越防火分区

C. 站厅公共区每个防烟分区的建筑面积不宜超过 3000$m^2$

D. 地铁内设置挡烟垂壁等设施的下垂高度不应小于 450mm

**【答案】** A。

**【解析】** 根据表 3-2-1：站厅与站台的公共区每个防烟分区的建筑面积不宜超过 2000$m^2$；设备与管理用房每个防烟分区的建筑面积不宜超过 750$m^2$。地下车站的公共区，以及设备与管理用房，应划分防烟分区，且防烟分区不得跨越防火分区。防烟分区可采取挡烟垂壁等措施。挡烟垂壁等设施的下垂高度不应小于 500mm。因此，A 项为正确答案。

# 第三章　城市交通隧道防火

本章思维导图如图 3-3 所示。

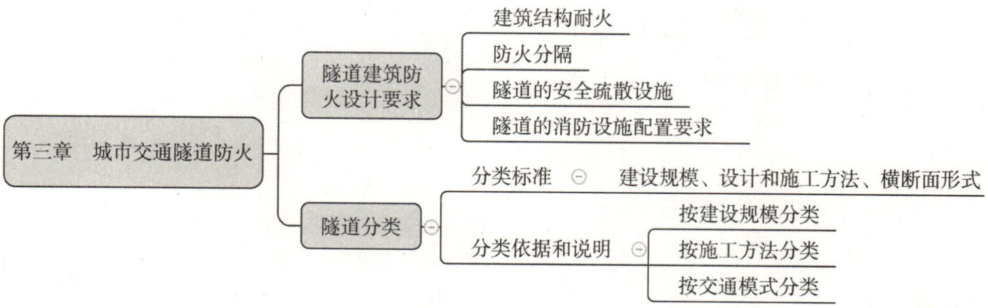


图 3-3　城市交通隧道防火思维导图

## 一、考点提炼

### 考点 1　按建设规模的交通隧道分类

隧道的建设规模大小是区分隧道类型的主要分类依据，根据所建隧道长度和断面面积两项指标来衡量，表 3-3-1 和表 3-3-2 是参考《公路隧道设计规范》

笔 记

笔 记

（JTG D70—2004）、《建筑设计防火规范》（GB 50016—2014）对隧道按建设规模进行的分类。

表 3-3-1 隧道分类

| | | | | | |
|---|---|---|---|---|---|
| 建设规模 | 隧道长度 | 特长隧道 | 长隧道 | 中长隧道 | 短隧道 |
| | $L$/m | $3000<L$ | $1000<L\leqslant 3000$ | $500<L\leqslant 1000$ | $L\leqslant 500$ |
| | 断面面积 $F$/m² | 特大断面 | 大断面 | 中等断面 | 小断面 |
| | | $100<F$ | $50<F<100$ | $30<F<50$ | $F<30$ |
| 横断面形式 | 圆形、矩形、连拱形、马蹄形、双圆形、双层式等 | | | | |
| 交通模式 | （1）单孔对向交通<br>（2）双孔、多孔内各自均为同向交通，双孔间多设有横向连接通道<br>（3）多孔中有一孔或数孔可按交通需求改变交通运行方向，以适应潮流式交通需求 | | | | |
| 施工方法 | 盾构法、沉管法、明挖法、钻爆法等 | | | | |

表 3-3-2 单孔和双孔隧道分类

| 用　途 | 一类 | 二类 | 三类 | 四类 |
|---|---|---|---|---|
| | 隧道封闭段长度 $L$/m | | | |
| 可通行危险化学品等机动车 | $L>1500$ | $500<L\leqslant 1500$ | $L\leqslant 500$ | |
| 仅限非危险化学品等机动车 | $L>3000$ | $1500<L\leqslant 3000$ | $500<L\leqslant 1500$ | $L\leqslant 500$ |
| 仅限人行或通行非机动车 | | | $L>1500$ | $L\leqslant 1500$ |

## 考点2　隧道建筑防火设计要求

隧道建筑防火设计要求见表 3-3-3。

表 3-3-3 隧道建筑防火设计要求

| 内　容 | 部位和要点 | 技术要求 |
|---|---|---|
| 建筑结构耐火 | 构件燃烧性能 | 隧道衬砌、附属构筑物、疏散通道的建筑材料及其内装修材料，除施工缝嵌封材料外均应采用不燃烧材料 |
| | 结构耐火极限 | （1）隧道内的地下设备用房、风井和消防救援出入口的耐火等级应为一级<br>（2）地面的重要设备用房、运营管理中心及其他地面附属用房的耐火等级不应低于二级 |
| 防火分隔 | 隧道内地下设备用房每个防火分区 | 最大允许面积不应超过1500m² |
| | 隧道附属构筑物（用房）之间 | 采用防火墙或耐火极限不低于 2.00h 的防火隔墙，甲级防火门 |
| | 隧道内附属构筑物（如风机房、变压器洞室、水泵房、柴油发动机房等）与隧道分隔 | 应采用耐火极限不低于 2.00h 的隔墙和不低于 1.50h 的楼板、顶板、乙级防火门与隧道分开 |

（续）

| 内　容 | 部位和要点 | 技术要求 |
| --- | --- | --- |
| 安全疏散设施 | 安全出口<br>在两车道孔之间的隔墙上开设直接的安全门，作为两孔互为备用的疏散口 | （1）隧道内每个防火分区的安全出口数量不应少于2个，与车道或其他防火分区相通的出口可作为第二安全出口，但必须至少设置1个直通室外的安全出口<br>（2）建筑面积不大于500m²且无人值守的设备用房可设置1个直通室外的安全出口 |
| | 安全通道<br>（1）利用横洞作为疏散联络道，两座隧道互为安全疏散通道<br>（2）利用平行导坑作为疏散通道<br>（3）利用竖井、斜井等设置人员疏散通道<br>（4）利用多种辅助坑道组合设置人员疏散通道 | （1）矩形双孔（或多孔）加管廊的隧道。在两孔车道之间的中间管廊内设置安全通道，并沿纵向每隔80～125m向安全通道内开设一对安全门<br>（2）圆形隧道。在圆形隧道的两孔隧道之间设置连接通道，并在通道的两端设置防火门。当一条隧道发生火灾时，人员可通过横通道疏散至另一条隧道进行疏散。设有安全通道情况下，其安全口的设置间距一般可取80～125m |

## 考点3　隧道的消防设施配置要求

隧道的消防设施配置要求见表3-3-4。

**表3-3-4　隧道的消防设施配置要求**

| 内　容 | 设　　施 | 技术要求 |
| --- | --- | --- |
| 灭火设施 | 消火栓系统 | （1）除四类隧道和行人或通行非机动车辆的三类隧道外，隧道内应设置消防给水系统，且宜独立设置<br>（2）隧道内的消火栓用水量不应小于20L/s，隧道外的消火栓用水量不应小于30L/s<br>对于长度小于1000m的三类隧道，隧道内、外的消火栓用水量可分别为10L/s和20L/s<br>（3）消火栓给水管网应布置成环状；严寒地区隧道外的消火栓及给水管道应采取防冻设施<br>如有危险品运输车辆通行的隧道，宜设置泡沫消火栓系统<br>（4）隧道内消火栓的间距不应大于50m |
| | 自动喷水灭火系统 | （1）一般为水喷雾灭火系统或泡沫水喷雾联用灭火系统，以达到更好的灭火及保护效果<br>（2）水雾喷头宜采用侧式安装的隧道专用远、近射程水雾喷头 |
| | 灭火器 | （1）隧道内灭火器设置按中危险级考虑<br>（2）隧道内应设置ABC类灭火器，设置点间距不应大于100m<br>（3）运行机动车的一、二类隧道和运行机动车并设置3条及以上车道的三类隧道，在隧道两侧均应设置灭火器，每个设置点不应小于4具<br>（4）其他隧道，可在隧道一侧设置，每个设置点不应小于3具 |
| 排烟模式 | 纵向排烟 | 火灾时，隧道内烟气沿隧道纵向流动的排烟模式为纵向排烟模式，这是一种常用的烟气控制方式，可通过悬挂在隧道内的射流风机或其他射流装置、风井送排风设施等及其组合方式实现 |

笔记

笔 记

（续）

| 内 容 | 设 施 | 技术要求 |
| --- | --- | --- |
| 排烟模式 | 横向（半横向）排烟 | 排烟和平时隧道通风系统兼用，横向方式通常是设置风道均匀排风、均匀补风，半横向方式通常是设置风道均匀排风、集中补风或不补风。火灾情况下，利用排风风道均匀排烟 |
| | 重点排烟适用于双向交通的隧道或交通量较大、阻塞发生率较高的隧道 | 重点排烟是将烟气直接从火源附近排走的一种方式，从两端洞口自然补风，隧道内可形成一定的纵向风速<br>该方式在隧道纵向设置专用排烟风道，并设置一定数量的排烟口。火灾时，火源附近的排烟口开启，将烟气快速有效地排离隧道 |
| 消防供电 | （1）一、二类隧道的消防用电按一级负荷要求供电<br>（2）三类隧道按二级负荷要求供电<br>（3）高速公路隧道应设置不间断照明供电系统。应急照明应采取双电源双回路供电方式，并保证照明中断时间不超过 0.3s | |

## 二、难点突破

（1）关于隧道通风和排烟系统的规定详见《建筑设计防火规范》（GB 50016—2014）第 12 章城市交通隧道的规定。

（2）本章重点是隧道的排烟方式。2015～2017 年真题连续都考了这个方面的内容。

## 三、真题解析

**单项选择题**

1. 判定某封闭段长度为 1.5km 的城市交通隧道的类别，正确的是（　　）。（2017 年真题）

A. 允许通行危险化学品车的隧道，定为一类隧道

B. 不允许通行危险化学品车的隧道，定为二类隧道

C. 仅限通行非危险化学品车的隧道，无论单孔、双孔，均定为三类隧道

D. 单孔的隧道定为一类隧道，双孔的隧道定为二类隧道

**【答案】** C。

**【解析】** 隧道封闭段长度为 1.5km，可通行危险化学品等机动车时属于二类隧道，仅限通行非危险品等机动车时属于三类隧道，当仅限人行或通行非机动车时属于四类隧道，因此答案为 C。

2. 某地区有 1 条城市交通隧道，长度 1500m，按照防火规范要求，隧道内设置了各种消设施。下列关于隧道设置机械排烟系统的说法中，正确的是（　　）。（2015 年真题）

A. 采用纵向排烟方式时，排烟风速纵向气流的速度不应小于 2m/s

B. 排烟风机应能在 280℃下连续正常运行不小于 2.00h

C. 排烟管道的耐火极限不应低于 2.00h

D. 机械排烟系统与隧道的通风系统应共用

**【答案】** A。

**【解析】**（1）《建筑设计防火规范》（GB 50016—2014）第 12.3.4 条第 2 款：采用纵向排烟方式时纵向气流的速度不应小于 2m/s。A 项正确。

（2）《建筑设计防火规范》（GB 50016—2014）第 12.3.4 条第 3 款："排烟风机和烟气流经的风阀、消声器、软接等辅助设备，应能承受设计的隧道火灾烟气排放温度，并应能在 250℃下连续正常运行不小于 1.0h"，B 项错误。

（3）"排烟管道的耐火极限不应低于 2.00h" 应为《建筑设计防火规范》（GB 50016—2014）第 12.3.4 条第 3 款"排烟管道的耐火极限不应低于 1.00h"，C 项错误。

（4）机械排烟系统与隧道的通风系统应共用的说法错误，《建筑设计防火规范》（GB 50016—2014）第 12.3.3 条：机械排烟系统与隧道的通风系统宜分开设置。D 项错误。

因此，只有 A 项是最符合题意的。

# 第四章　加油加气站防火

本章思维导图如图 3-4 所示。

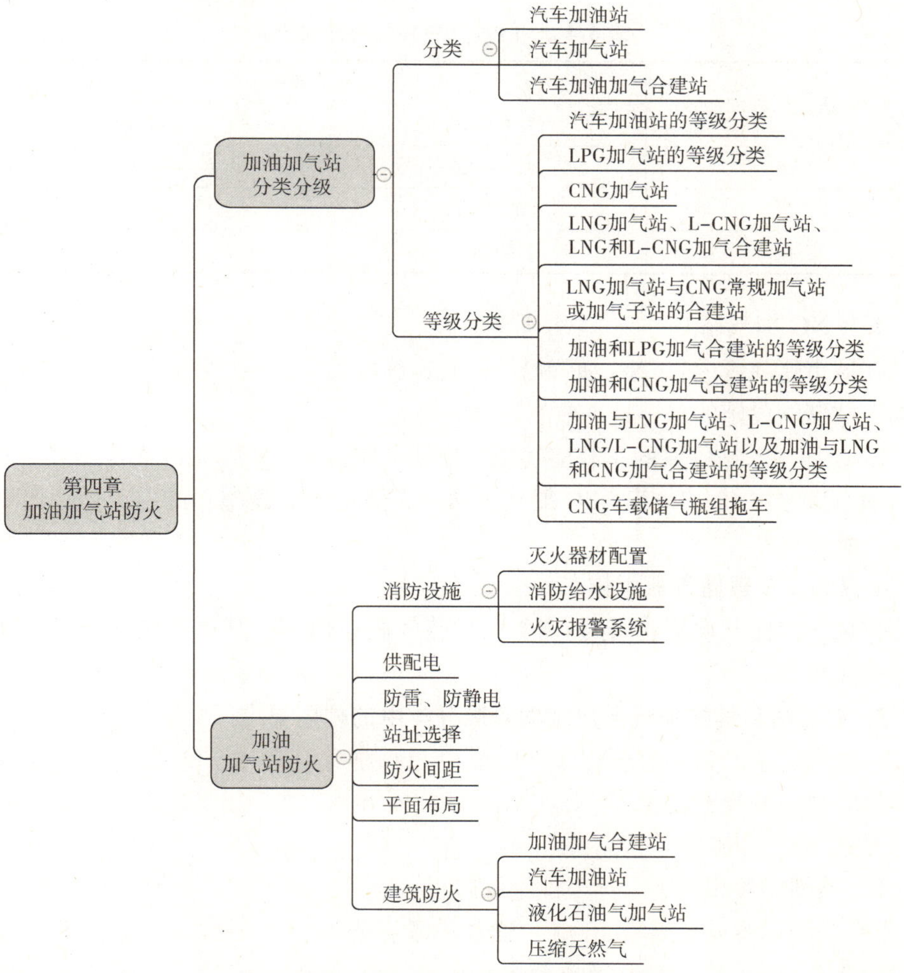


图 3-4　加油加气站防火思维导图

笔 记

## 一、考点提炼

### 考点 1　加油加气站的分类分级

**1. 汽车加油站的等级分类**

加油站的等级划分见表 3-4-1。

**表 3-4-1　加油站的等级划分**

| 级　　别 | 油罐容积/$m^3$ | |
|---|---|---|
| | 总容积 | 单罐容积 |
| 一级 | 150＜$V$≤210 | ≤50 |
| 二级 | 90＜$V$≤150 | ≤50 |
| 三级 | $V$≤90 | 汽油罐≤30，柴油罐≤50 |

注意：柴油罐容积可折半计入总容积。

**2. LPG 加气站的等级分类**

LPG 加气站的等级划分见表 3-4-2。

**表 3-4-2　LPG 加气站的等级划分**

| 级　　别 | LPG 罐容积/$m^3$ | |
|---|---|---|
| | 总容积 | 单罐容积 |
| 一级 | 45＜$V$≤60 | ≤30 |
| 二级 | 30＜$V$≤45 | ≤30 |
| 三级 | $V$≤30 | ≤30 |

**3. CNG 加气站**

在城市建成区内，CNG 加气母站储气设施的总容积不应超过 120$m^3$；CNG 常规加气站储气设施的总容积不应超过 30$m^3$。

CNG 加气子站停放的车载储气瓶组拖车不应多于 1 辆，站内固定储气设施的总容积不应超过 18$m^3$。若 CNG 加气子站内无固定储气设施，站内可停放两辆车载储气瓶组拖车。

**4. CNG 车载储气瓶组拖车**

作为站内储气设施使用的 CNG 车载储气瓶组拖车，其单车储气瓶组的总容积不应大于 24$m^3$。

**5. 加油站和其他加气合建站的等级分类中的相同要求**

三类合建站的共同要求：即①加油和 LPG 加气合建站；②加油和 CNG 加气合建站；③加油与 LNG 加气、L-CNG 加气、LNG/L-CNG 加气以及加油与 LNG 加气和 CNG 加气合建站。

1）柴油罐容积可折半计入油罐总容积。

2）当油罐容积大于 90$m^3$ 时，油罐单罐容积不应大于 50$m^3$；当油罐总容积小于或等于 90$m^3$ 时，汽油罐单罐容积不应大于 30$m^3$，柴油罐单罐容积不应大

于 $50m^3$。

3）LPG 单罐容积不应大于 $30m^3$。

4）LNG 单罐容积不应大于 $60m^3$。

笔 记

## 考点2 加油加气站的平面布局要求

加油加气站的平面布局要求见表 3-4-3。

**表 3-4-3 加油加气站的平面布局要求**

<table>
<tr><th>内 容</th><th colspan="2">技术要求</th></tr>
<tr><td rowspan="2">选址</td><td colspan="2">在城市建成区均不宜建一级加油站、一级加气站、一级加油加气合建站、CNG 加气母站（城市中心区均为不应）</td></tr>
<tr><td colspan="2">城市建成区内的加油加气站，宜靠近城市道路，但不宜选在城市干道的交叉路口附近</td></tr>
<tr><td rowspan="9">平面布局</td><td>车辆入口和出口</td><td>应分开设置</td></tr>
<tr><td>站区停车位和道路</td><td>（1）宜靠近城市道路，但不宜选在城市干道的交叉路口附近<br>（2）CNG 加气母站内单车道或单车停车位宽度，不应小于 4.5m<br>（3）双车道或双车停车位宽度不应小于 9m<br>（4）其他类型加油加气站的车道或停车位，单车道或单车停车位宽度不应小于 4m，双车道或双车停车位宽度不应小于 6m</td></tr>
<tr><td>加油加气作业区内</td><td>不得有“明火地点”或“散发火花地点”</td></tr>
<tr><td>符合防爆要求设备</td><td>在进行平面布置时可按加油机对待</td></tr>
<tr><td>电动汽车充电设施</td><td>应布置在辅助服务区内</td></tr>
<tr><td>变配电间或室外变压器</td><td>应布置在爆炸危险区域之外，且与爆炸危险区域边界线的距离不应小于 3m</td></tr>
<tr><td>加油加气站内设置的便利店、汽车附属设施</td><td>不应布置在加油加气作业区内。便利店、汽车服务等设施内设置明火设备时，则应视为“明火地点”或“散发火花地点”。其中，对加油站内设置的燃煤设备不得按设置有油气回收系统折减距离</td></tr>
<tr><td>加油加气站的工艺设备与站外建（构）筑物之间</td><td>（1）宜设置高度不低于 2.2m 的不燃烧体实体围墙<br>（2）当加油加气站的工艺设备与站外建（构）筑物之间的距离大于规范要求防火间距的 1.5 倍，且大于 25m 时，可设置非实体围墙<br>（3）面向车辆入口和出口道路的一侧可设非实体围墙或不设围墙</td></tr>
</table>

## 考点3 加油加气站的建筑防火通用要求

加油加气站的建筑防火通用要求见表 3-4-4。

笔 记

**表 3-4-4　加油加气站的建筑防火通用要求**

| 内　　容 | 技术要求 |
|---|---|
| 加油加气站内的站房及其他附属建筑物的耐火等级 | （1）耐火等级不应低于二级<br>（2）当罩棚顶棚的承重构件为钢结构时，其耐火极限可为0.25h，顶棚其他部分不得采用燃烧体建造 |
| 加气站、加油加气合建站内建筑物的防爆措施 | （1）门、窗应向外开<br>（2）有爆炸危险的建筑物，应采取泄压措施<br>（3）加油加气站内，爆炸危险区域内的房间的地坪应采用不发火花地面并采取通风措施 |
| 站房与设置在辅助服务区内的餐厅、汽车服务、锅炉房、厨房等设施之间 | 应设置无门、窗、洞口且耐火极限不低于3.00h的实体墙 |
| 液化石油气加气站内的植物 | 液化石油气加气站内不应种植树木和易造成可燃气体积聚的其他植物 |
| 加油岛、加气岛及汽车加油、加气场地罩棚的设置 | 罩棚应采用不燃烧材料制作，其有效高度不应小于4.5m；罩棚边缘与加油机或加气机的平面距离不宜小于2m |
| 锅炉的选用 | （1）锅炉宜选用额定供热量不大于140kW的小型锅炉<br>（2）宜选用具有除尘功能的自然通风型锅炉<br>（3）锅炉烟囱出口应高出屋顶2m及以上，且应采取防止火星外逸的有效措施 |
| 站内地面雨水排出 | （1）在地面雨水排出围墙之前，应设置水封装置<br>（2）清洗油罐的污水应集中收集处理，不应直接进入排水管道<br>（3）液化石油气罐的排污（排水）应采用活动式回收桶集中收集处理，严禁直接接入排水管道 |
| 加油加气站的电力线路 | 宜采用电缆并直埋敷设 |
| 钢制油罐、液化石油气储罐、液化天然气储罐和压缩天然气储气瓶组防雷 | （1）必须进行防雷接地，接地点不应少于两处<br>（2）当加油加气站的站房和罩棚需要防直击雷时，应采用避雷带（网）保护 |

## 考点 4　各类加油加气站的建筑防火要求

各类加油加气站的建筑防火要求见表3-4-5。

**表 3-4-5　各类加油加气站的建筑防火要求**

| 加油站加气站类型 | 技术要求 |
|---|---|
| 汽车加油站 | （1）除撬装式加油装置所配置的防火防爆油罐外，加油站的汽油罐和柴油罐应埋地设置，严禁设在室内或地下室内<br>（2）加油机不得设在室内，位于加油岛端部的加油机附近应设防撞柱（栏），其高度不应小于0.5m |
| 液化石油气加气站 | （1）液化石油气罐严禁设在室内或地下室内<br>（2）液化石油气储罐的进液管、液相回流管和气相回流管上应设止回阀 |

（续）

| 加油站加气站类型 | 技术要求 |
| --- | --- |
| 压缩天然气加气站 | （1）压缩天然气加气站的储气瓶（储气井）间宜采用开敞式或半开敞式钢筋混凝土结构或钢结构；屋面应采用非燃烧轻质材料制作<br>（2）压缩天然气加气站的压缩机房宜采用单层开敞式或半开敞式建筑，净高不宜低于4m；屋面应为不燃烧材料的轻型结构 |
| LNG 和 L-CNG 加气站 | （1）在城市中心区内，各类 LNG 加气站应采用埋地 LNG 储罐、地下 LNG 储罐或半地下 LNG 储罐<br>（2）加气机不得设置在室内；加气机附近应设置防撞（柱）栏，其高度不应小于0.5m |

笔 记

## 考点5　加油加气站消防设施设置要求

各类加油加气站消防设施设置要求见表3-4-6。

**表3-4-6　各类加油加气站消防设施设置要求**

| 消防设施类型 | 技术要求 |
| --- | --- |
| 灭火器材配置 | （1）每两台加气机应配置不少于两具4kg手提式干粉灭火器，加气机不足两台应按两台配置<br>（2）每两台加油机应配置不少于两具4kg手提式干粉灭火器，或1具4kg手提式干粉灭火器和1具6L泡沫灭火器，加油机不足两台应按两台配置<br>（3）地上LPG储罐、地上LNG储罐、地下和半地下LNG储罐、CNG储气设施，应配置两台不小于35kg推车式干粉灭火器；当两种介质储罐之间的距离超过15m时，应分别配置<br>（4）地下储罐应配置1台不小于35kg推车式干粉灭火器；当两种介质储罐之间的距离超过15m时，应分别配置<br>（5）LPG泵和LNG泵、压缩机操作间（棚），应按建筑面积每50m²配置不少于两具4kg手提式干粉灭火器<br>（6）一、二级加油站应配置灭火毯5块、砂子2m³；三级加油站应配置灭火毯不少于两块、砂子2m³；加油加气合建站应按同级别的加油站配置灭火毯和砂子 |
| 消防给水设施 | （1）液化石油气加气站、加油和液化石油气加气合建站应设消防给水系统<br>（2）设置有地上LNG储罐的一、二级LNG加气站和地上LNG储罐总容积大于60m³的合建站应设消防给水系统<br>一级站消火栓消防用水量不小于20L/s，二级站不小于15L/s，连续给水时间为2h<br>（3）消防水泵宜设两台，当设两台时，可以不配置设备用泵 |
| 火灾报警系统 | （1）加气站、加油加气合建站应设置可燃气体检测报警系统<br>（2）加气站、加油加气合建站内设置有LPG设备、LNG设备的场所和设置有CNG设备（包括罐、瓶、泵、压缩机等）的房间内、罩棚下，应设置可燃气体检测器<br>（3）可燃气体检测器一级报警设定值应小于或等于可燃气体爆炸下限的25%<br>（4）LPG储罐和LNG储罐应设置液位上限、下限报警装置和压力上限报警装置 |

笔 记

（续）

| 消防设施类型 | 技术要求 |
|---|---|
| 供配电 | （1）加油加气站的供电负荷等级可为三级，信息系统应设不间断供电电源<br>（2）加油加气站的电力线路宜采用电缆并直埋敷设；电缆穿越行车道部分，应穿钢管保护<br>（3）当采用电缆沟敷设电缆时，加油加气作业区内的电缆沟内必须充砂填实；电缆不得与油品、LPG、LNG 和 CNG 管道以及热力管道敷设在同一沟内 |

### 考点6　可不设消防给水系统的条件

符合下列条件之一的，可不设消防给水系统：

（1）加油站、CNG 加气站、三级 LNG 加气站和采用埋地、地下和半地下 LNG 储罐的各级 LNG 加气站及合建站。

（2）合建站中地上 LNG 储罐总容积不大于 $60m^3$。

（3）LNG 加气站位于市政消火栓保护半径 150m 以内，且能满足一级站供水量不小于 20L/s 或二级站供水量不小于 15L/s。

（4）LNG 储罐之间的净距不小于 4m，且在 LNG 储罐之间设置耐火极限不低于 3.00h 的防火隔墙，防火隔墙顶部高于 LNG 储罐顶部，长度至两侧防护堤，厚度不小于 200mm。

（5）LNG 加气站位于城市建成区以外，且为严重缺水地区；LNG 储罐，放散管、储气瓶（组）、卸车点与站外建（构）筑物的安全距离不小于现行国家标准《汽车加油加气站设计与施工规范（2014 年版）》（GB 50156—2012）所规定安全距离的 2 倍；LNG 储罐之间的净距不小于 4m、灭火器的配置数量在现行国家标准《汽车加油加气站设计与施工规范（2014 年版）》（GB 50156—2012）规定的基础上增加 1 倍。

## 二、难点突破

（1）本章的学习中，建议把《汽车加油加气站设计与施工规范（2014 年版）》（GB 50156—2012）作为必学的参考资料。

（2）本章的知识点中，加油加气站的建筑防火、消防设施设计要求是学习的重点，尤其是汽车加油站的分类是 2015～2017 年真题中都出现的考点。

（3）液化石油气加气站、加油和液化石油气加气合建站应设消防给水系统。提示："有 LPG 的都应该设置消防给水系统。"

## 三、真题解析

### （一）单项选择题

1. （考点 1）某新建的汽车加油、加气合建站，设置消防设施时，下列说法中，错误的是（　　）。(2015 年真题)

A. 在 LNG 储存和加气站应设置可燃气体检测报警系统

B. 设置 2 台消防水泵时，可不设置备用消防水泵

C. 在加油站的罩棚下应设置事故照明

D. 可燃气体检测器的一级警报值应设定为天然气爆炸下限的30%

**【答案】** D。

**【解析】** 由本章考点5中的表3-4-6以及《汽车加油加气站设计与施工规范（2014年版）》（GB 50156—2012）第11.4.3条。

（1）加气站、加油加气合建站应设置可燃气体检测报警系统；故A项正确。

（2）可燃气体检测器一级报警设定值应小于或等于可燃气体爆炸下限的25%；故D项错误。

（3）加油站的罩棚下应设置事故照明；故C项正确。

（4）消防水泵宜设两台，当设两台时，可以不设置备用泵。故B项正确。

综上所述，D为正确答案。

2. （考点5、6）下列关于汽车加油加气站消防设施设置和灭火器材配置的说法中，错误的是（　　）。（2016年真题）

A. 加气机应配置手提式干粉灭火器

B. 合建站中地上LPG设施应设置消防给水系统

C. 二级加油站应配置灭火毯3块、砂子2m³

D. 合建站中地上LPG储罐总容积不大于60m³时，可不设置消防给水系统

**【答案】** C。

**【解析】** 由本章考点5、6中要点可知：

（1）每两台加气机应配置不少于两具4kg手提式干粉灭火器，加气机不足两台应按两台配置；故A项正确。

（2）一、二级加油站应配置灭火毯5块、砂子2m³；三级加油站应配置灭火毯不少于两块、砂子2m³；加油加气合建站应按同级别的加油站配置灭火毯和砂子；故C项错误。

（3）液化石油气加气站、加油和液化石油气加气合建站应设消防给水系统；故B项正确。

（4）合建站中地上LNG储罐总容积不大于60m³，可不设置消防给水系统；故D项正确。

综上所述，C为正确答案。

3. 某汽车加油站设置2个单罐容积为30m³的汽油罐，1个单罐容积为50m³柴油罐，该加油站的等级是（　　）。（2016年真题）

A. 一级　　B. 二级　　C. 三级　　D. 四级

**【答案】** C。

**【解析】** 由本章考点1中要点可知：柴油罐容积可折半计入总容积。

因此，总容积：$2\times30+50/2=85$（$m^3$）。

根据表3-4-1，该加油站的等级为三级。

**（二）多项选择题**

下列汽车加油加气站中，不应在城市中心建设的有（　　）。（2016年真题）

A. 一级加油站　　B. LNG加油站

C. CNG常规加气站　　D. 一级加气站

笔记

笔 记

E. 一级加油加气合建站

【答案】ADE。

【解析】由本章考点 2 中要点可知：在城市建成区不宜（城市中心区不应）建一级加油站、一级加气站、一级加油加气合建站、CNG 加气母站。

因此，答案是 ADE。

# 第五章　发电厂防火

本章思维导图如图 3-5 所示。

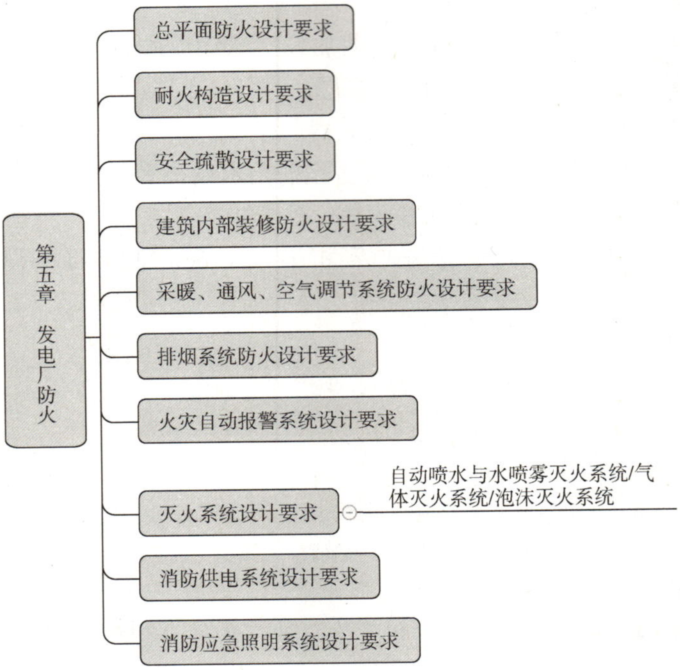


图 3-5　发电厂防火思维导图

## 一、考点提炼

### 考点 1　发电厂总平面防火设计要求

主厂房是火力发电厂生产的核心，应围绕主厂房划分为一个重点防火区域。发电厂重点防火区域见表 3-5-1。

**表 3-5-1　发电厂重点防火区域**

| | 重点防火区域类型 |
|---|---|
| 重点防火区域 | 室外配电装置区：里面多为带油电气设备 |
| | 点火油罐：一般储存可燃油品，包括卸油、储油、输油和含油污水处理设施 |
| | 按生产过程中的火灾危险性划分，乙炔站、制氢站为甲类，制氧站为乙类，各为一个重点防火区域 |

笔 记

（续）

| | 重点防火区域类型 |
|---|---|
| 重点防火区域 | 储煤场：常有自燃现象，尤其是褐煤自燃现象较严重，为一个重点防火区域 |
| | 消防水泵房：全厂的消防中枢，为一个重点防火区域 |
| | 火力发电厂的材料库及棚库：储存物品的场所，同生产车间有所区别，为一个重点防火区域 |

## 考点2　发电厂建筑防火设计要求

发电厂建筑防火设计要求见表3-5-2。

**表3-5-2　发电厂建筑防火设计要求**

| 内　　容 | 技术要求 |
|---|---|
| 耐火构造设计要求 | （1）火力发电厂主厂房（包括汽轮发电机房、除氧间、煤仓间和锅炉房），其生产过程中的火灾危险性为丁级，要求厂房的建筑构件的耐火等级为二级<br>（2）对钢结构，在容易发生火灾的部位需采取必要的防火保护措施，以达到防火要求<br>（3）建筑构件允许采用难燃烧材料（难燃烧体），但耐火极限不应低于0.75h |
| 安全疏散设计要求 | （1）主厂房集中控制室应有两个安全出口（当建筑面积小于$60m^2$时可设1个）<br>（2）集中控制楼至少应设置1个通至各层的封闭楼梯间<br>（3）配电装置室内最远点到疏散出口的直线距离不应大于15m |
| 内装修防火设计要求 | （1）各类控制室、电子计算机室、通信室的墙面、顶棚装修使用A级材料，地面及其他装修使用B1级材料<br>（2）档案室、图书室，有安全疏散功能的楼梯间等的墙面和顶棚的装修材料采用A级材料，地面采用B1级材料<br>（3）火力发电厂运煤系统中除尘系统的风道与部件以及室内采暖系统的管道、管件及保温材料应采用A级材料<br>（4）空气调节系统的风道及其附件应采用A级材料，保温材料应采用A级材料或B1级材料 |

## 考点3　发电厂消防系统设计要求

**1. 火灾自动报警系统设计要求**

（1）消防控制室应与单元控制室或主控制室合并设置。

（2）根据火力发电厂的特点，一般单机容量为200MW及以上发电厂应设火灾报警系统。

**2. 灭火系统**

（1）自动喷水与水喷雾灭火系统。

适用于汽轮机油箱、电液装置（抗燃油除外）、氢密封油装置、汽机运转层下及中间层油管道、给水泵油箱（抗燃油除外）、汽机储油箱（主厂房内）、锅

笔 记

炉本体燃烧器等。

（2）气体灭火系统。

集中控制楼内的单元控制室、电子设备间、电气继电器室、DCS 工程师站房或计算机房、原煤仓、煤粉仓（无烟煤除外）（惰化），宜采用组合分配气体灭火系统。

（3）泡沫灭火系统。

点火油罐区宜采用低倍数或中倍数泡沫灭火系统，其中，单罐容量大于 200$m^3$ 的油罐应采用固定式灭火系统，单罐容量小于 200$m^3$ 的油罐可采用移动式泡沫灭火系统。

**3. 消防供电系统设计要求**

（1）单机容量为 25MW 以上的火力发电厂应按Ⅰ类负荷供电。

（2）单机容量为 25MW 及以下的火力发电厂应按Ⅱ类负荷供电。

## 考点 4　变配站的电气设备与电缆敷设防火设计要求

（1）总油量超过 100kg 的室内油浸式变压器，应设置单独的变压器室。

（2）35kV 及以下室内配电装置当未采用金属封闭开关设备时，其油断路器、油浸电流互感器和电压互感器，应设置在两侧有不燃烧实体墙的间隔内；35kV 以上室内配电装置应安装在有不燃烧实体墙的间隔内，不燃烧实体墙的高度不应低于配电装置中带油设备的高度。

（3）室内外单台总油量为 100kg 以上的电气设备，应设置储油或挡油设施。挡油设施的容积宜按油量的 20% 设计，并应设置将事故油排至安全处的设施；当不能满足上述要求时，应设置能容纳全部油量的储油设施。

（4）地下变电站的变压器应设置能储存最大一台变压器油量的事故储油池。当设置有油水分离措施的总事故储油池时，其容量宜按最大一个油箱容量的 60% 确定。

（5）电缆从室外进入室内的入口处、电缆竖井的出入口处、电缆接头处、主控制室与电缆夹层之间以及长度超过 100m 的电缆沟或电缆隧道，均应采取防止电缆火灾蔓延的阻燃或分隔措施。

（6）220kV 及以上变电站，当电力电缆与控制电缆或通信电缆敷设在同一电缆沟或电缆隧道内时，宜采用防火槽盒或防火隔板进行分隔。地下变电站电缆夹层宜采用 C 类或 C 类以上的阻燃电缆。

## 二、难点突破

（1）在本章的学习中，建议把《火力发电厂与变电站设计防火规范》（GB 50229—2006）作为必学的参考资料。

（2）在本章的知识点中，发电厂的重点防火区域划分、建筑防火、消防设施设计要求是学习的重点。

## 三、真题解析

**单项选择题**

1. 某机组容量为 350MW 的燃煤发电厂的下列灭火系统设置中，不符合规范要求的是（　　）。（2017 年真题）

A. 汽机房电缆夹层采用自动喷水灭火系统

B. 封闭式运煤栈桥采用自动喷水灭火系统

C. 电子设备间采用气体灭火系统

D. 点火油罐区采用低倍数泡沫灭火系统

**【答案】** A。

**【解析】** 自动喷水灭火系统不能扑救电气火灾。因此，答案为 A。

2. 某燃煤火力发电厂，单机容量为 200MW，总容量为 1000MW。下列关于该电厂消防设施的做法中，错误的是（　　）。（2016 年真题）

A. 消防控制室与主控制室合并设置

B. 储煤场的室外消防用水量采用 15L/s

C. 设置控制中心火灾自动报警系统

D. 主厂房周围采用环状消防给水管网

**【答案】** B。

**【解析】** 根据《火力发电厂与变电站设计防火规范》（GB 50229—2006）

（1）根据第 7.12.4 条：消防控制室应与单元控制室、主控制室合并设置；故 A 项正确。

（2）根据第 7.2.2 条第 3 款：储煤场的室外消防用水量不应少于 20L/s；故 B 项错误。

（3）根据第 7.12.2 条：单机容量为 200MW 及以上的燃煤电厂，应设置控制中心报警系统；故 C 项正确。

（4）根据第 7.2.2 条第 5 款：主厂房、储煤厂（室内储煤场）、点火油罐区周围消防给水管网应设为环状；故 D 项正确。

综上所述：该题答案为 B。

# 第六章　飞机库防火

本章思维导图如图 3-6 所示。

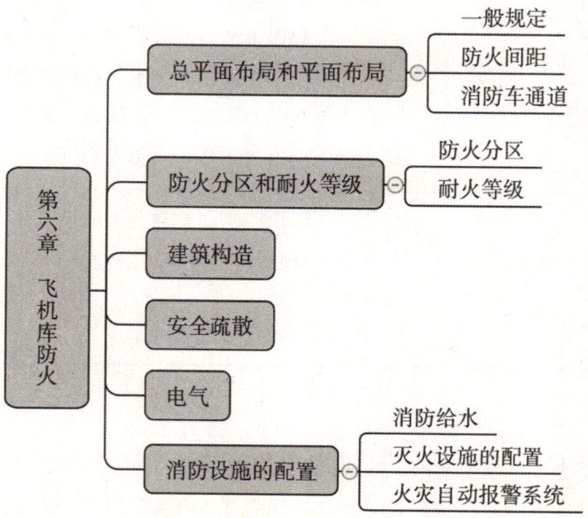


图 3-6　飞机库防火思维导图

笔记

笔记

## 一、考点提炼

### 考点1　按防火分区建筑面积的飞机库分类

**1. Ⅰ类飞机库**

飞机停放和维修区内一个防火分区的建筑面积为5001～50000m²（$5000m^2 < S \leq 50000m^2$）的飞机库为Ⅰ类飞机库。该类型飞机库可停放和维修多架大型飞机。

**2. Ⅱ类飞机库**

飞机停放和维修区内一个防火分区的建筑面积大于3000m²等于或小于5000m²（$3000m^2 < S \leq 5000m^2$）的飞机库为Ⅱ类飞机库。该类型飞机库仅能停放和维修1～2架中型飞机。

**3. Ⅲ类飞机库**

飞机停放和维修区内一个防火分区的建筑面积等于或小于3000m²（$S \leq 3000m^2$）的飞机库为Ⅲ类飞机库。该类型飞机库只能停放和维修小型飞机。

### 考点2　飞机库的防火设计要求

**1. 总平面布局和平面布局**

飞机库的总平面布局和平面布局要点见表3-6-1。

**表3-6-1　飞机库的总平面布局和平面布局要点**

| 部　　位 | 技术要点 |
| --- | --- |
| 危险品库房、装有油浸式变压器的变电所 | 不应设置在飞机库内或与飞机库贴邻建造 |
| 与贴邻的办公楼、飞机部件喷漆间、飞机座椅维修间、航材库、配电室和动力站等防火分隔措施 | 用防火墙分隔，防火墙上的门应采用甲级防火门或耐火极限不低于3.00h的防火卷帘 |
| 与办公室、资料室、休息室等用房之间防火分隔措施 | 应采用耐火极限不低于2.00h的不燃烧体隔墙和1.50h的顶板隔开，隔墙上的门窗应为甲级防火门窗<br>单层维修工作间、办公室、资料室和库房等应采用耐火极限不低于2.00h的隔墙隔开，隔墙上的门应采用乙级防火门窗或耐火极限不低于2.00h的防火卷帘 |
| 甲、乙、丙类火灾危险性的使用场所和库房 | 甲、乙、丙类物品暂存间不应设置在飞机库内<br>与其他部位之间必须用防火隔墙和耐火极限不低于1.50h的不燃烧体楼板隔开<br>甲、乙、丙类物品暂存量应按不超过一昼夜的生产用量设计 |

**2. 防火间距**

（1）一般情况下，两座相邻飞机库之间的防火间距不应小于13.0m。

（2）但当两座飞机库其相邻的较高一面的外墙为防火墙时，其防火间距不限；当两座飞机库其相邻的较低一面外墙为防火墙，且较低一座飞机库屋面结构的耐火极限不低于1.00h时，其防火间距不应小于7.5m。

飞机库与其他建筑物之间的防火间距不应小于表3-6-2的规定。

**表3-6-2　飞机库与其他建筑物之间的防火间距**　（单位：m）

| 建筑物名称 | 喷漆机库 | 高层航材库 | 一、二级耐火等级的丙、丁、戊类厂房 | 甲类物品库房 | 乙、丙类物品库房 | 机场油库 | 其他用建筑 | 重要的公共建筑 |
|---|---|---|---|---|---|---|---|---|
| 飞机库 | 15.0 | 13.0 | 10.0 | 20.0 | 14.0 | 100 | 25 | 50 |

（3）消防车通道。

飞机库周围应设环形消防车通道，Ⅲ类飞机库可沿飞机库的两个长边设置。

消防车通道的净宽度不应小于6.0m，消防车通道边线距飞机库外墙不宜小于5.0m，消防车通道上空4.5m以下范围内不应有障碍物。

飞机库的长边长度大于220.0m时，应设置进出飞机停放和维修区的消防车出入口，消防车出入飞机库的门净宽不应小于车宽加1.0m，门净高度不应小于车高加0.5m，且门的净宽度和净高度均不应小于4.5m。

供消防车取水的天然水源地或消防水池处，应设置消防车通道和回车场。

**3. 防火分区**

各类飞机库内飞机停放和维修区的防火分区允许最大建筑面积应符合表3-6-3规定。

**表3-6-3　防火分区允许最大建筑面积**

| 类　别 | 防火分区允许最大建筑面积/$m^2$ | 机库容量 |
|---|---|---|
| Ⅰ类飞机库 | 50000 | 可停放和维修多架大型飞机 |
| Ⅱ类飞机库 | 5000 | 可停放和维修1～2架中型飞机 |
| Ⅲ类飞机库 | 3000 | 只能停放和维修小型飞机 |

**4. 耐火等级**

（1）Ⅰ类飞机库的耐火等级应为一级，Ⅱ、Ⅲ类飞机库的耐火等级不应低于二级，飞机库地下室的耐火等级应为一级。

（2）飞机库飞机停放和维修区屋顶金属承重构件采取外包防火隔热板或喷涂防火隔热涂料等措施进行防火保护，当采用泡沫—水雨淋系统或采用自动喷水灭火系统后，屋顶可采用无防火保护的金属构件。

**5. 安全疏散**

（1）飞机停放和维修区的每个防火分区至少应有两个直通室外的安全出口，其最远工作地点到安全出口的距离不应大于75.0m。

（2）当飞机库大门上设有供人员疏散用的小门时，小门的最小净宽不应小于0.9m。飞机停放和维修区内的地下通行地沟应设有不少于两个通向室外的安全出口。

## 考点3　飞机库的消防设施要求

飞机库的消防设施要求要点见表3-6-4。

笔记

笔记

表 3-6-4 飞机库的消防设施要求要点

| 部位 | | 技术要点 |
| --- | --- | --- |
| 电气 | | Ⅰ、Ⅱ类飞机库的消防电源负荷等级应为一级，Ⅲ类飞机库应为二级 |
| 消防给水 | 消防给水 | 飞机库的消防水源及消防供水系统要满足火灾延续时间内所有泡沫灭火系统、自动喷水灭火系统和室内外消火栓同时供水的要求 |
| | 消防水泵和消防水泵房 | 飞机库消防水泵应采用自灌式引水方式。<br>泡沫炮及泡沫—水喷淋系统等功率较大的消防泵宜由内燃机直接驱动，当消防泵功率较小时，宜由电动机驱动<br>消防水泵房宜采用自带油箱的内燃机，其燃油料储备量不宜小于内燃机 4h 的用量，并不宜大于 8h 的用量 |
| 灭火设施 | Ⅰ类飞机库 | （1）采用泡沫—水雨淋系统<br>（2）在飞机库屋架内设闭式自动喷水灭火系统，飞机库内较低位置设置的远程消防泡沫炮等低倍数泡沫自动灭火系统和泡沫枪用于扑灭飞机库地面油火 |
| | Ⅱ类飞机库 | （1）设置远控消防泡沫炮灭火系统或其他低倍数泡沫自动灭火系统、泡沫枪<br>（2）设置高倍数泡沫灭火系统和泡沫枪 |
| | Ⅲ类飞机库 | 设置泡沫枪为主要灭火设施<br>应注意<br>（1）在Ⅲ类飞机库内不应从事输油、焊接、切割和喷漆等作业；否则，宜按Ⅱ类飞机库选择灭火系统<br>（2）Ⅲ类飞机库内如停放和维修特殊用途和价值昂贵的飞机，也可按Ⅱ类飞机库选用灭火系统 |
| 火灾自动报警系统 | Ⅰ、Ⅱ、Ⅲ类飞机库均应设置火灾自动报警系统 | （1）屋顶承重构件区宜选用感温探测器<br>（2）在地上空间宜选用火焰探测器和感烟探测器。在建筑高度大于 20.0m 的飞机库，可采用吸气式感烟探测器<br>（3）在地面以下的地下室和地面以下的通风地沟内有可燃气体聚集的空间、燃气进气间和燃气阀门附近应选用可燃气体探测器 |

注意：当飞机库飞机停放和维修区屋顶金属承重构件采取外包防火隔热板或喷涂防火隔热涂料等措施进行防火保护可不设屋架内自动喷水灭火系统。

## 二、难点突破

（1）新建、扩建、改建飞机库的防火设计应符合现行国家标准《飞机库设计防火规范》（GB 50284—2008）的规定要求。

（2）本章的考点中，飞机库的防火间距、消防车通道、安全疏散等方面的技术参数都需要特殊记忆，因为与一般建筑的设计要求不同，这些都是学习的重点。

笔 记

## 三、巩固提高

**单项选择题**

1. 一般情况下，两座相邻飞机库之间的防火间距不应小于（　　）m。

A. 6　　B. 7　　C. 9　　D. 13

2. 当两座飞机库其相邻的较高一面的外墙为防火墙时，其防火间距（　　）。

A. 不应小于 13.0m　　B. 不应小于 7.5m

C. 不应小于 10.0m　　D. 不限

3. 飞机库消防车通道的净宽度不应小于（　　）m。

A. 4.5　　B. 5　　C. 6　　D. 8

4. Ⅱ类飞机库内飞机停放和维修区防火分区允许最大建筑面积为（　　）$m^2$。

A. 3000　　B. 5000　　C. 10000　　D. 30000

5. 飞机停放和维修区的每个防火分区至少应有两个直通室外的安全出口，其最远工作地点到安全出口的距离不应大于（　　）m。

A. 50　　B. 65　　C. 70　　D. 75

【答案】1. D　2. D　3. C　4. B　5. D

# 第七章　汽车库、修车库防火

本章思维导图如图 3-7 所示。

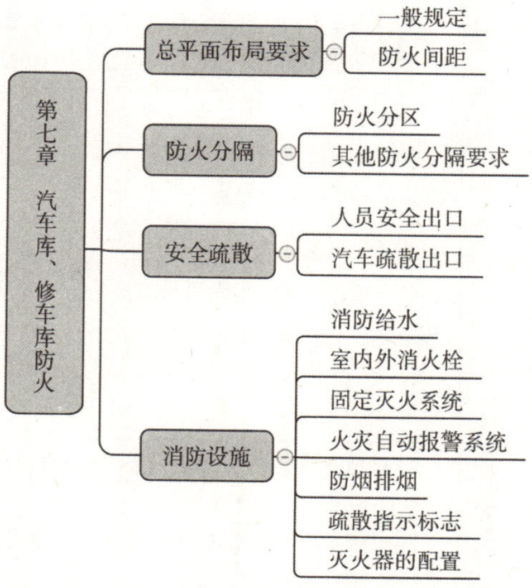


图 3-7　汽车库、修车库防火要求思维导图

## 一、考点提炼

### 考点 1　按照停车数量和建筑面积分类

根据汽车库、修车库车位数和建筑面积，汽车库、修车库的防火分类见

笔 记

表3-7-1。

**表 3-7-1　汽车库、修车库防火分类**

| 名　称 | | Ⅰ | Ⅱ | Ⅲ | Ⅳ |
|---|---|---|---|---|---|
| 汽车库 | 停车数量/辆 | ＞300 | 151～300 | 51～150 | ≤50 |
| | （或）总建筑面积/$m^2$ | ＞10000 | 5001～10000 | 2001～5000 | ≤2000 |
| 修车库 | 车位数/个 | ＞15 | 6～15 | 3～5 | ≤2 |
| | （或）总建筑面积/$m^2$ | ＞3000 | 1001～3000 | 501～1000 | ≤500 |

## 考点2　汽车库、修车库的总平面布局要求

汽车库、修车库的总平面布局设计要点见表3-7-2。

**表 3-7-2　汽车库、修车库的总平面布局设计要点**

| 内　容 | 要　点 |
|---|---|
| 汽车库、修车库、停车场 | （1）不应布置在易燃、可燃液体或可燃气体的生产装置区和储存区内<br>（2）汽车库不应与甲、乙类厂房、仓库贴邻或组合建造<br>（3）汽车库不应与托儿所、幼儿园、老年人建筑、中小学校的教学楼、病房楼等组合建造 |
| 可设置在托儿所、幼儿园、老年人建筑、中小学校的教学楼、病房楼等的地下部分的条件 | （1）汽车库与托儿所、幼儿园、老年人建筑等建筑、中小学校的教学楼、病房楼等建筑之间，应采用耐火极限不低于2.00h的楼板完全分隔<br>（2）汽车库与托儿所、幼儿园、老年人建筑等建筑、中小学校的教学楼、病房楼等的安全出口和疏散楼梯应分别独立设置 |
| 甲、乙类物品运输车的汽车库、修车库 | 应为单层建筑，且应独立建造<br>当停车数量不大于3辆时，可与一、二级耐火等级的Ⅳ类汽车库贴邻，但应采用防火墙隔开 |
| Ⅰ类修车库 | Ⅰ类修车库应单独建造<br>Ⅱ、Ⅲ、Ⅳ类修车库可设置在一、二级耐火等级建筑的首层或与其贴邻，但不得与甲、乙类厂房、仓库，明火作业的车间，托儿所、幼儿园、老年人建筑、中小学校的教学楼、病房楼及人员密集场所组合建造或贴邻 |
| 汽车库内不应设置 | （1）地下、半地下汽车库内不应设置修理车位、喷漆间、充电间、乙炔间和甲、乙类物品库房<br>（2）汽车库和修车库内不应设置汽油罐、加油机、液化石油气或液化天然气储罐、加气机 |
| 燃油或燃气锅炉、油浸式变压器等 | 燃油或燃气锅炉、油浸式变压器、充有可燃油的高压电容器和多油断路器等不应设置在汽车库、修车库内 |
| 为汽车库、修车库服务的下列附属建筑，可与汽车库、修车库贴邻，但应采用防火墙隔开，并应设置直通室外的安全出口 | （1）储存量不超过1.0t的甲类物品库房<br>（2）总安装容量不大于5.0$m^3$/h的乙炔发生器间和储存量不超过5个标准钢瓶的乙炔气瓶库<br>（3）1个车位的非封闭喷漆间或不大于2个车位的封闭喷漆间<br>（4）建筑面积不大于200$m^2$的充电间和其他甲类生产的房间 |

## 考点3 汽车库、修车库的耐火等级和防火间距

**1. 耐火等级**

（1）地下、半地下和高层汽车库耐火等级应为一级。

（2）甲、乙类物品运输车的汽车库、修车库和Ⅰ类的汽车库、修车库，应为一级。

（3）Ⅱ、Ⅲ类的汽车库、修车库的耐火等级不应低于二级。

（4）Ⅳ类的汽车库、修车库的耐火等级不应低于三级。

**2. 防火间距**

汽车库、修车库、停车场之间及汽车库、修车库、停车场与除甲类物品仓库外的其他建筑物的防火间距，应符合表3-7-3的规定。

**表3-7-3 汽车库、修车库、停车场之间及汽车库、修车库、停车场与除甲类物品仓库外的其他建筑物之间的防火间距** （单位：m）

| 名称和耐火等级 | 汽车库、修车库 | | 厂房、仓库、民用建筑 | | |
|---|---|---|---|---|---|
| | 一、二级 | 三级 | 一、二级 | 三级 | 四级 |
| 一、二级汽车库、修车库 | 10 | 12 | 10 | 12 | 14 |
| 三级汽车库、修车库 | 12 | 14 | 12 | 14 | 16 |

（1）高层汽车库与其他建筑物，汽车库、修车库、停车场与高层工业、民用建筑的防火间距应按3-7-2的规定值增加3m。

（2）汽车库、修车库、停车场与甲类厂房的防火间距应按以上规定值增加2m。

（3）甲、乙类物品运输车的汽车库、修车库、停车场与民用建筑的防火间距不应小于25m，与重要公共建筑的防火间距不应小于50m；与明火或散发火花地点的防火间距不应小于30m。

## 考点4 汽车库、修车库的防火分区

**1. 一般要求**

汽车库应设防火墙划分防火分区，每个防火分区的最大允许建筑面积应符合表3-7-4的规定。

**表3-7-4 汽车库防火分区最大允许建筑面积** （单位：$m^2$）

| 耐火等级 | 单层汽车库 | 多层汽车库 | 地下汽车库或高层汽车库 |
|---|---|---|---|
| 一、二级 | 3000 | 2500 | 2000 |
| 三级 | 1000 | 不允许 | 不允许 |

注意：

（1）敞开式、错层式、斜楼板式汽车库的上下连通层面积应叠加计算，每个防火分区的最大允许面积不应大于以上规定的2.0倍。

（2）室内有车道且有人员停留的机械式汽车库，其防火分区最大允许建筑面积应按以上规定减少35%。

（3）汽车库内设有自动灭火系统时，其每个防火分区的最大允许建筑面积

笔 记

笔 记

不应大于以上规定的2.0倍。

**2. 甲、乙类物品运输车的汽车库、修车库要求**

甲、乙类物品运输车的汽车库、修车库，每个防火分区的最大允许建筑面积不应大于500m²。

**3. 修车库要求**

修车库每个防火分区的最大允许建筑面积不应大于2000m²，当修车部位与相邻使用有机溶剂和喷漆工段采用防火墙分隔时，每个防火分区的最大允许建筑面积不应大于4000m²。

## 考点5　汽车库、修车库的安全疏散

汽车库、修车库的人员安全出口和汽车疏散出口应分开设置。设在工业与民用建筑内的汽车库，其车辆疏散出口应与其他部分的人员安全出口分开设置。汽车库、修车库的安全疏散设计要点见表3-7-5。

**表3-7-5　汽车库、修车库的安全疏散设计要点**

<table>
<tr><th>内　容</th><th colspan="2">技术要点</th></tr>
<tr><td rowspan="3">人员安全疏散</td><td>人员安全出口</td><td>（1）除室内无车道且无人员停留的机械式汽车库外，汽车库、修车库内每个防火分区的人员安全出口不应少于2个，Ⅳ类汽车库和Ⅲ、Ⅳ类的修车库可设置1个<br>（2）室内无车道且无人员停留的机械式汽车库可不设置人员安全出口，但应按有关规定设置供灭火救援用的楼梯间，且设汽车库检修通道，其净宽不应小于0.9m</td></tr>
<tr><td>疏散楼梯</td><td>（1）建筑高度大于32m的高层汽车库、室内地面与室外出入口地坪的高差大于10m的地下汽车库，应采用防烟楼梯间；其他车库应采用封闭楼梯间；楼梯间和前室的门应采用乙级防火门，并应向疏散方向开启；疏散楼梯的宽度不应小于1.1m<br>（2）室内无车道且无人员停留的机械式汽车库，每个停车区域当停车数量大于100辆时，应至少设置1个楼梯间；楼梯间与停车区域之间应采用防火隔墙进行分隔，楼梯间的门应采用乙级防火门；楼梯的净宽不应小于0.9m</td></tr>
<tr><td>疏散距离</td><td>汽车库室内任一点至最近人员安全出口的疏散距离不应大于45m，当设置自动灭火系统时，其距离不应大于60m，对于单层或设置在建筑首层的汽车库，室内任一点至室外出口的距离不应大于60m</td></tr>
<tr><td>汽车疏散出口</td><td colspan="2">（1）汽车疏散出口总数不应少于2个，且应分散布置<br>（2）汽车库、修车库的汽车疏散出口的可设置1个的条件<br>1）Ⅳ类汽车库<br>2）设置双车道汽车疏散出口的Ⅲ类地上汽车库<br>3）设置双车道汽车疏散出口、停车数量小于或等于100辆且建筑面积小于4000m²的地下或半地下汽车库<br>（3）Ⅰ、Ⅱ类地上汽车库和停车数量大于100辆的地下汽车库，当采用错层或斜楼板式且车道、坡道为双车道时，其首层或地下一层至室外的汽车疏散出口不应少于2个，汽车库内其他楼层的汽车疏散坡道可设置1个<br>（4）Ⅳ类汽车库设置汽车坡道有困难时，可采用汽车专用升降机作汽车疏散出口，升降机的数量不应少于2台；停车数少于25辆时，可设置1台<br>（5）汽车疏散坡道的净宽度，单车道不应小于3.0m，双车道不应小于5.5m</td></tr>
</table>

## 考点6　汽车库、修车库的消防设施

汽车库、修车库的消防设施要点见表3-7-6。

**表3-7-6　汽车库、修车库的消防设施设计要点**

| 内　容 | | 技术要点 |
|---|---|---|
| 消防给水 | | 汽车库、修车库应设置消防给水系统，耐火等级为一、二级的Ⅳ类修车库和停放车辆不大于5辆的一、二级耐火等级的汽车库可不设消防给水系统 |
| 室内外消火栓 | 室外消火栓 | 室外消防用水量应按消防用水量最大的一座计算；Ⅰ、Ⅱ类汽车库、修车库的室外消防用水量不应小于20L/s；Ⅲ类室外消防用水量不应小于15L/s；Ⅳ类室外消防用水量不应小于10L/s |
| | 室内消火栓 | （1）设置范围：汽车库、修车库应设室内消火栓给水系统<br>（2）设置要求：Ⅰ、Ⅱ、Ⅲ类汽车库及Ⅰ、Ⅱ类修车库的用水量不应小于10L/s，系统管道内的压力应保证相邻两个消火栓的水枪充实水柱同时到达室内任何部位；Ⅳ类汽车库及Ⅲ、Ⅳ类修车库的用水量不应小于5L/s |
| 自动喷水灭火系统 | | （1）除敞开式汽车库外，Ⅰ、Ⅱ、Ⅲ类地上汽车库，停车数大于10辆的地下、半地下汽车库、机械式汽车库，采用汽车专用升降机作汽车疏散出口的汽车库，Ⅰ类修车库，均要设置自动喷水灭火系统<br>（2）环境温度低于4℃时间较短的非严寒或非寒冷地区，可采用湿式自动喷水灭火系统，但应采取防冻措施 |
| 火灾自动报警系统 | | 除敞开式汽车库外，Ⅰ类汽车库、修车库，Ⅱ类地下、半地下汽车库、修车库，Ⅱ类高层汽车库、修车库，机械式汽车库，以及采用汽车专用升降机作汽车疏散出口的汽车库应设置火灾自动报警系统 |
| 防排烟 | | （1）除敞开式汽车库、建筑面积小于1000m²的地下一层汽车库和修车库外，汽车库、修车库应设置排烟系统，并应划分防烟分区<br>（2）机械排烟系统可与人防、卫生等排气、通风系统合用。排烟风机可采用离心风机或排烟轴流风机，并应保证280℃时能连续工作30min |

## 二、难点突破

（1）建议把《汽车库、修车库、停车场设计防火规范》（GB 50067—2014）作为本节学习的辅助资料。

（2）按照停车数量和建筑面积来确定汽车库、修车库的分类时，可分别按停车数量和建筑面积来确定，当两个级别不同时，按较高的级别来确定最后的类别。

（3）应当掌握汽车库、修车库的消防设计与其他建筑物在防火分区、安全疏散等方面不同的特殊要求，这些要求也需要特殊记忆。例如：敞开式、错层式、斜楼板式汽车库，复式汽车库防火分区面积是各不相同的。

## 三、真题解析

### （一）单项选择题

1.（考点2）关于汽车库防火设计的做法中，不符合规范要求的是（　　）。

笔　记

笔 记

（2017 年真题）

A. 社区幼儿园与地下车库之间采用耐火极限不低于 2.00h 的楼板完全分隔，安全出口和疏散楼梯分别独立设置

B. 地下二层设置汽车库、设备用房、存放丙类物品的工具库和自行车库

C. 地下一层设置汽车库附设一个修理车位和一个喷漆间

D. 地下二层设置谷物运输车、大巴车和垃圾运输车间

【答案】C。

【解析】根据表 3-7-2：地下、半地下汽车库内不应设置修理车间、喷漆间、充电间、乙炔间和甲、乙类物品的库房，C 项错误。因此，答案为 C。

2. （考点 6）根据《汽车库、修车库、停车场设计防火规范》（GB 50067—2014），关于室外消火栓用水量的说法，正确的是（　　）。（2017 年真题）

A. Ⅱ类汽车库、修车库、停车场室外消火栓用水量不应小于 15L/s

B. Ⅰ类汽车库、修车库、停车场室外消火栓用水量不应小于 20L/s

C. Ⅲ类汽车库、修车库、停车场室外消火栓用水量不应小于 10L/s

D. Ⅳ类汽车库、修车库、停车场室外消火栓用水量不应小于 5L/s

【答案】B。

【解析】根据表 3-7-6：Ⅰ类和Ⅱ类汽车库、修车库的室外消火栓用水量不应小于 20L/s；Ⅲ类汽车库、修车库的室外消火栓用水量不应小于 15L/s；Ⅳ类汽车库、修车库的室外消火栓用水量不应小于 10L/s。因此，答案为 B。

3. （考点 1）某汽车库的建筑面积为 5100$m^2$，停车数量为 150 辆，该汽车库的防火分类应为（　　）类。（2016 年真题）

A. Ⅰ　　B. Ⅲ　　C. Ⅳ　　D. Ⅱ

【答案】D。

【解析】根据本章考点 1 的表 3-7-1，按停车数量和建筑面积来确定的级别分别是Ⅲ级和Ⅱ级，

当两个级别不同时，按较高的级别来确定最后的类别。

因此，该汽车库的级别为Ⅱ级。

4. （考点 5）新建一座地下汽车库，建筑面积为 15000$m^2$，停车 300 辆，汽车库按规定设置了消防设施。该汽车库室内任一点至最近人员安全出口的疏散距离不应大于（　　）m。（2015 年真题）

A. 45　　B. 50　　C. 60　　D. 80

【答案】C。

【解析】根据本章考点 5 和《汽车库、修车库、停车场设计防火规范》（GB 50067—2014）第 6.0.6 条规定：汽车库室内任意一点至最近人员安全出口的疏散距离不应大于 45m，当设置自动灭火系统时，其距离不应大于 60m。

因此，应该选 C。

**（二）多项选择题**

1. （考点 6）下列汽车库、修车库、停车场中，可不设置自动喷水灭火系统的有（　　）。（2016 年真题）

A. Ⅳ类地上汽车库　　B. 机械式汽车库

C. Ⅰ类汽车库　　D. 屋面停车场

E. 停车数量为 10 辆的地下停车库

【答案】ADE。

【解析】根据本章考点 6：除敞开式汽车库外，Ⅰ、Ⅱ、Ⅲ类地上汽车库，停车数大于 10 辆的地下、半地下汽车库、机械式汽车库，采用汽车专用升降机作汽车疏散出口的汽车库、Ⅰ类修车库，均要设置自动喷水灭火系统。

因此，B、C 项应当设置自动喷水灭火系统，而 A、D、E 项均不需要，故答案为 ADE。

2.（考点 2）新建一座大型的商业建筑，地下一层为汽车库，可停车 300 辆。下列设施和房间中，不应设置在该地下汽车库内的有（　　）。

A. 汽油罐　　B. 加油机　　C. 修理车位　　D. 丙类库房

E. 充电间

【答案】ABCE。

【解析】根据本章（考点 2）：地下、半地下汽车库内不应设置修理车位、喷漆间、充电间、乙炔间和甲、乙类物品库房。

汽车库和修车库内不应设置汽油罐、加油机、液化石油气或液化天然气储罐、加气机。

因此，应当选 ABCE。

# 第八章　洁净厂房防火

本章思维导图如图 3-8 所示。

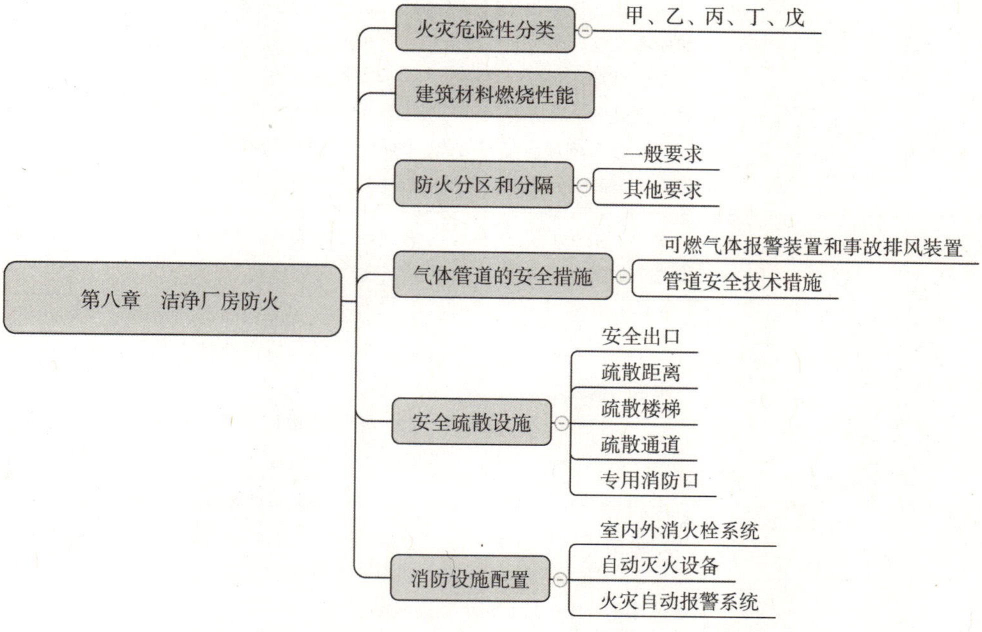


图 3-8　洁净厂房防火思维导图

笔记

## 一、考点提炼

### 考点1　洁净厂房的建筑防火设计要求

洁净厂房的建筑防火设计要求见表3-8-1。

**表3-8-1　洁净厂房的建筑防火设计要求**

<table>
<tr><th>内　容</th><th colspan="2">技术要求</th></tr>
<tr><td>耐火等级</td><td colspan="2">不应低于二级</td></tr>
<tr><td>建筑材料及其燃烧性能</td><td colspan="2">（1）洁净室的顶棚和壁板（包括夹芯材料）应为不燃烧体，且不得采用有机复合材料；顶棚的耐火极限不应低于0.40h，疏散走道顶棚的耐火极限不应低于1.00h<br>（2）在一个防火区内的综合性厂房，其洁净生产与一般生产区域之间应设置非燃烧体隔墙封闭到顶；隔墙及其相应顶板的耐火极限不应低于1.00h，隔墙上的门窗耐火极限不应低于0.60h<br>（3）技术竖井井壁应为非燃烧体，其耐火极限不应低于1.00h；井壁上检查门的耐火极限不应低于0.60h；竖井内在各层或间隔一层楼板处，应采用相当于楼板耐火极限的非燃烧体作水平防火分隔</td></tr>
<tr><td>防火分区和分隔</td><td colspan="2">（1）甲、乙类生产的洁净厂房，宜采用单层厂房；其防火墙间最大允许占地面积，单层厂房应为3000m²，多层厂房应为2000m²<br>（2）防火分区之间应采用防火墙分隔；单层厂房（甲、乙类除外）如建筑面积超过上述规定，设置防火墙有困难时，可用防火卷帘并加喷淋保护进行分隔<br>（3）丙、丁、戊类生产厂房当喷淋保护等级以严重危险级设置时，其防火分区可扩大一倍<br>（4）丁、戊类生产厂房安装自动灭火系统统时，防火分区面积不限，如局部安装自动灭火系时，增加面积可按该局部面积的一倍计算<br>（5）洁净厂房的技术夹层与其直接服务的生产区域视为同一防火分区，大型集成电子厂房的回风夹层可计入洁净厂房的防火分区面积<br>（6）带有剧毒、有害菌体、病毒、放射性物料，以及其他不能使用水作为灭火剂灭火的工位区域应设置防火分隔单元</td></tr>
<tr><td rowspan="3">安全疏散设施</td><td>甲、乙类生产厂房可设置一个安全出口条件</td><td>每层的总建筑面积不超过100m²，且同一时间内的生产人员总数不超过5人</td></tr>
<tr><td>疏散门的要求</td><td>（1）洁净区与非洁净区和洁净区与室外相通的安全疏散门应向疏散方向开启，并应加闭门器<br>（2）安全疏散门不得采用吊门、转门、侧拉门以及电控自动门</td></tr>
<tr><td>专用消防口：洁净厂房与洁净区同层外墙应设可供消防人员通往厂房洁净区的门窗，其洞口间距大于80m时，在该段外墙的适当部位设置专用消防口</td><td>（1）专用消防口的宽度不小于750mm，高度不小于1800mm，并应有明显标志；楼层专用消防口应设置阳台，并从二层开始向上层架设钢梯<br>（2）洁净厂房外墙上的吊门、电控自动门以及装有栅栏的窗，均不应作为火灾发生时提供消防人员进入厂房的入口</td></tr>
</table>

笔 记

## 考点2 洁净厂房的消防设施配置要求

洁净厂房的消防设施配置要求见表 3-8-2。

**表 3-8-2 洁净厂房的消防设施配置要求**

| 内 容 | 技术要求 |
|---|---|
| 消防给水和室内消火栓 | （1）洁净厂房必须设置消防给水设施，消防给水设施应根据生产的火灾危险性、建筑物耐火等级以及建筑物的体积等因素确定<br>（2）洁净室的生产层及可通行的上、下技术夹层应设置室内消火栓<br>消火栓的用水量不应小于 10L/s，同时使用消防水枪数不应少于 2 只，消防水枪充实水柱长度不应小于 10m，每只消防水枪的出水量应按不小于 5L/s 计算 |
| 自动灭火设备 | 宜采用预作用自动喷水灭火系统。其喷水强度一般不宜小于 8.0L/（min·$m^2$），作用面积不宜小于 160$m^2$ |
| 其他灭火设施 | （1）配置灭火器<br>（2）二氧化碳、IG541、三氟甲烷和七氟丙烷等洁净气体灭火系统<br>在洁净室内通常不宜选用化学干粉灭火剂、泡沫灭火剂等灭火后会对工艺设备和洁净室环境产生一定污染和腐蚀作用的灭火剂 |
| 火灾自动报警系统 | （1）洁净厂房应设置火灾自动报警系统及消防联动控制，洁净生产区、走道和技术夹层（不包括不通行的技术夹层）应设置手动报警按钮和声光报警装置<br>（2）洁净厂房中易燃易爆气体、液体的储存和使用场所及入口室或分配室应设可燃气体探测器；有毒气体、液体的储存和使用场所应设气体检测器；报警信号应联动起动或手动起动相应的事故排风机，并应将报警信号送至消防控制室 |
| 防烟排烟 | （1）防烟设施<br>洁净避难区设置的机械加压送风系统一般利用新风空调机组进行加压，火灾时，维持避难区正压，正压值相对于相邻区域为 25～30Pa<br>（2）排烟系统<br>1）每个防烟分区的排烟支管上均应设置排烟防火阀；排烟风机入口处设置 280℃关闭的排烟防火阀，并与排烟风机连锁<br>2）为维持洁净室内部空气压力，服务于净化区域内的排烟系统管路上应采用低泄漏的排烟阀和排烟防火阀；排烟口宜采用低泄漏常闭型板式排烟口，在排烟风机入口处采用低泄漏常闭型排烟防火阀并能接受消防中心的信号自动开启阀体 |

## 二、难点突破

（1）建议把《洁净厂房设计规范》（GB 50073—2013）作为本章学习的辅助资料。

（2）应当掌握洁净厂房的消防设计与其他建筑物在防火分区、安全疏散等方面不同的特殊要求，这些要求也需要特殊记忆。

## 三、巩固提高

### 单项选择题

洁净厂房的洁净室和疏散走道顶棚的耐火极限分别不应低于(　　)。(2016 年

笔 记

真题）

A. 0.25h 和 1.0h　　B. 0.4h 和 1.0h

C. 0.5h 和 0.5h　　D. 1.0h 和 0.5h

【答案】B。

【解析】根据本章考点 1：洁净室的顶棚和壁板（包括夹芯材料）应为不燃烧体，且不得采用有机复合材料；顶棚的耐火极限不应低于 0.40h，疏散走道顶棚的耐火极限不应低于 1.00h。

因此，答案为 B。

# 第九章　信息机房防火

本章思维导图如图 3-9 所示。

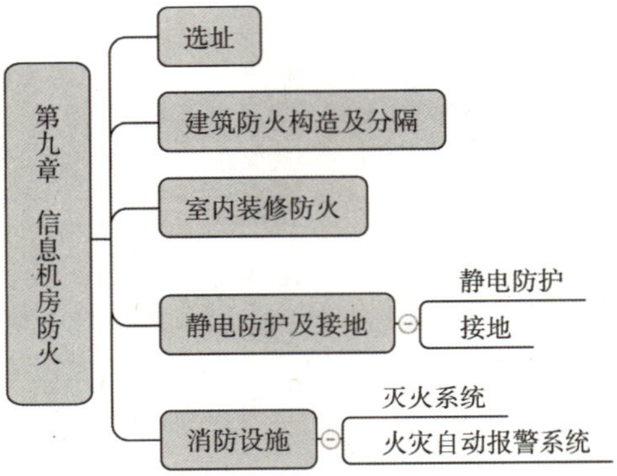


图 3-9　信息机房防火思维导图

## 一、考点提炼

### 考点 1　信息机房分类

信息机房分类见表 3-9-1。

**表 3-9-1　信息机房分类**

| 分　类 | 特　征 | 举　例 |
|---|---|---|
| A 级信息机房 | 电子信息系统运行中断将造成重大的经济损失及公共场所秩序严重混乱的机房为 A 级 | 国家气象台、国家级信息中心、计算中心、重要的军事指挥部门、大中城市的机场、广播电台、电视台、应急指挥中心、银行总行等的电子信息系统机房和重要的控制室 |
| B 级信息机房 | 电子信息系统中断将造成较大的经济损失或公共场所秩序混乱的机房为 B 级 | 科研院所、高等院校、三级医院、大中城市的气象台、信息中心、疾病预防和控制中心、电力调度中心、交通指挥调度中心，国际会议中心、省部级以上政府办公楼等的电子信息系统机房和重要的控制室 |
| C 级 | 其余类型的机房为 C 级 | |

## 考点2 信息机房的建筑防火设计要求

信息机房的建筑防火设计要求见表3-9-2。

表3-9-2 信息机房的建筑防火设计要求

| 内容 | 技术要求 |
| --- | --- |
| 选址 | （1）选择地址时不宜布置在火灾危险性高的场所，应远离散发有害气体、腐蚀气体和尘埃的地区，避免设置在落雷区和地震断裂带附近<br>（2）当信息机房与其他性质的用房设置在同一幢建筑内时，宜设在多层或高层建筑内的第二、三层并应尽量避免与商场、宾馆、餐饮娱乐等影响机房安全的场所设在同一幢建筑物内<br>（3）数据中心内放置计算机的机房不宜超过5层 |
| 建筑防火构造及分隔 | （1）电子信息系统机房的耐火等级不应低于二级<br>当A级或B级电子信息系统机房位于其他建筑物内时，在主机房与其他部位之间应设置耐火极限不低于2.00h的隔墙，隔墙上的门应采用甲级防火门<br>（2）附设在其他建筑内的A、B级信息机房<br>1）应避免设置建筑物地下室，以及用水设备的下层或隔壁<br>2）不应布置在燃油、燃气锅炉房，油浸式变压器室，充有可燃油的高压电容器和多油断路器室等易燃、易爆房间的上、下层或贴邻<br>（3）各级机房主体结构应具有耐久、抗震、防火、防止不均匀沉陷等性能，变形缝和伸缩缝不应穿过主机房，机房围护结构的构造应满足保温、隔热、防火等要求<br>（4）管线敷设主机房中各类管线宜暗敷，当管线需穿楼层时，宜设计技术竖井，并采取相应的防火分隔、封堵措施<br>（5）主机房、基本工作间及辅助房间与其他建筑物合建时，应单独设置防火分区<br>（6）面积大于100m²的主机房，安全出口不应少于2个，并宜设于机房的两端，面积不大于100m²的主机房，可设置1个安全出口，并可通过其他相邻房间的门进行疏散<br>（7）走廊、楼梯间应畅通并有明显的疏散指示标志，计算机房建筑的入口至主机房应设通道，通道净宽不应小于1.5m |
| 室内装修防火 | （1）计算机房的室内装修（包括吊顶棚、装修墙裙等）材料均应采用不燃或难燃材料<br>（2）机房内活动地板应采用导电性能好、具有足够的机械强度、具有耐腐蚀、耐潮湿和防火等特点的抗静电铝合金活动地板<br>（3）规模大的电子计算中心，宜采用分区空调方式，避免风管穿过楼层和水平隔墙太多，防止火势蔓延扩大 |
| 静电防护及接地 | （1）静电防护。主机房和辅助区的地板或地面应有静电泄放措施和接地构造<br>（2）接地。防雷和接地设计，应满足人身安全及电子信息系统正常运行的要求 |

## 考点3 信息机房的消防设施设置要求

信息机房的消防设施设置要求见表3-9-3。

笔记

笔 记

表 3-9-3 信息机房的消防设施设置要求

| 内 容 | 技术要求 |
|---|---|
| 灭火系统 | (1) 一般规定<br>A 级应设置洁净气体灭火系统<br>B 级，以及 A 级和 B 级机房中的变配电、不间断电源系统和电池室宜设置洁净气体灭火系统，也可设置高压细水雾灭火系统<br>C 级，可设置高压细水雾灭火系统或自动喷水灭火系统，自动喷水灭火系统宜采用预作用系统<br>凡设置固定灭火系统及火灾探测器的计算机房，其吊顶的上、下及活动地板下，均应设探测器和喷嘴<br>(2) 室内消火栓系统。当机房进深大于 25m 时，应在机房两侧设置公共走道，并在走道上设置室内消火栓系统<br>(3) 气体灭火系统。当单个防护区面积小于 $800m^2$、体积小于 $3600m^3$ 时，可考虑采用气体灭火系统<br>(4) 其他灭火系统。信息机房主机房及基本工作间内宜使用对设备无损坏且环保、安全无毒性的 IG541 灭火系统或细水雾灭火系统。当防护区面积、体积大于上述标准或防护区个数大于 8 个时，为了经济实用，可采用细水雾系统或其他新型、环保的卤代烷替代技术 |
| 火灾自动报警系统 | (1) 大型数据中心、计算中心的火灾自动报警系统应按特级保护对象的要求进行设置<br>(2) A 级计算机房及面积大于 $140m^2$ 的信息机房的火灾自动报警系统应按一级保护对象的要求进行设置<br>(3) 面积小于 $140m^2$ 的 B 级计算机房的火灾自动报警系统应按二级保护对象的要求进行设置<br>(4) 火灾报警系统设置、联动中的特殊要求<br>当机房内采用由火灾自动报警系统启动的自动灭火系统时，其火灾探测器宜在感温、感烟、感光等不同类型的探测器中选用两种，采用立体安装，共同监控各个不同的空间，当采用空气采样早期烟雾探测报警系统及传统火灾报警系统组合方式时，其中主机房及基本工作间应将空气采样等早期报警系统信号作为第一预警信号 |

## 二、难点突破

(1) 信息机房的防火设计有许多独特之处，建议把《数据中心设计规范》(GB 50174—2017)、《建筑物防雷设计规范》(GB 50057—2010) 和《建筑物电子信息系统防雷技术规范》(GB 50343—2012) 等相关标准作为本节学习的辅助资料。

(2) 应当掌握信息机房的消防设计与其他建筑物在防火分区、安全疏散等方面不同的特殊要求，这些要求也需要特殊记忆。

## 三、真题解析

**多项选择题**

(考点 2－3) 某地市级电力调度中心大楼内设置了电子信息系统机房，下列关于该机房的防火措施中，正确的有 ( )。(2016 年真题)

A. 主机房与其他部位之间采用 200mm 厚加气混凝土砌块墙分隔，隔墙上的门采用甲级防火门

B. 主机房，辅助区和支持区采用 200mm 厚加气混凝土砌块墙与其他区域分隔成独立的防火分区

C. 建筑面积为500$m^2$的主机房设置2个净宽度均为1.6m、感应式自动的推拉门通向疏散走道

D. 主机房设置高压细水雾灭火系统

E. 主机房设置点式光电感烟火灾探测器，并由其中的2只火灾探测器的报警信号作为自动灭火系统的联动信号

笔 记

**【答案】** ABD。

**【解析】** 该机房为B级。

（1）根据考点2：当A级或B级电子信息系统机房位于其他建筑物内时，在主机房与其他部位之间应设置耐火极限不低于2.00h的隔墙，隔墙上的门应采用甲级防火门；主机房、基本工作间及辅助房间与其他建筑物合建时，应单独设置防火分区。

200mm厚加气混凝土砌块墙能够达到8.00h的耐火极限；因此，A、B项均正确。

（2）通向疏散走道的门，应为向疏散走道开启的平开门；C项错误。

（3）根据考点3：B级，以及A级和B级机房中的变配电、不间断电源系统和电池室宜设置洁净气体灭火系统，也可设置高压细水雾灭火系统；D项正确。

（4）根据考点3：火灾报警系统设置、联动中的特殊要求。

当机房内采用由火灾自动报警系统启动的自动灭火系统时，其火灾探测器宜在感温、感烟、感光等不同类型的探测器中选用两种，采用立体安装，共同监控各个不同的空间，当采用空气采样早期烟雾探测报警系统及传统火灾报警系统组合方式时，其中主机房及基本工作间应将空气采样等早期报警系统信号作为第一预警信号。E项错误。

综上所述：答案为ABD。

# 第十章　古建筑防火

本章思维导图如图3-10所示。

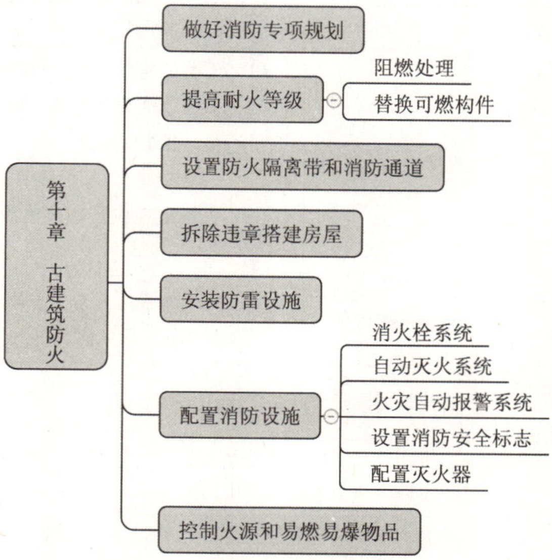


图3-10　古建筑防火思维导图

笔 记

## 一、考点提炼

### 考点 1　做好消防专项规划

古建筑防火中做好消防专项规划的要点见表 3-10-1。

**表 3-10-1　古建筑防火中做好消防专项规划的要点**

| 内　　容 | 技术要点 |
| --- | --- |
| 建立多种形式的消防站 | 我国《消防法》规定："距离当地公安消防队较远、被列为全国重点文物保护单位的古建筑群的管理单位，应当建立单位专职消防队，承担本单位的火灾扑救工作。"根据古建筑群的特点和周边环境，在改造规划中，可考虑建立公安、专职、兼职和民间消防等多种形式的消防站 |
| 配备实用有效的消防器材 | 消防器材的配置应减少水渍损失，配置适合扑救古建筑火灾的灭火效率高、水渍损失小的灭火和抢险救援器材，如高压脉冲水枪、细水雾等 |
| 因地制宜地设置消防供水设施 | 应充分利用天然水源，在无天然水源的古建筑，应建设消防泵房 |
| 科学合理地进行消防安全布局 | （1）应选择联合国教科文组织推荐的利用方式，与历史、文化背景相适应，与古代使用功能相适应。在保护的基础上，科学规划、适度利用<br>（2）应拆迁危及古建筑安全的各类危险源和毗连寺庙的易燃棚屋、简易房和临时建筑，打通消防车通道，留足防火间距 |

### 考点 2　古建筑建筑防火技术措施

古建筑建筑防火技术措施见表 3-10-2。

**表 3-10-2　古建筑建筑防火技术措施**

| 内　　容 | 技术要点 | |
| --- | --- | --- |
| 提高耐火等级 | 阻燃处理 | （1）对可燃构件进行阻燃处理<br>（2）对吸水性装饰织物，如窗帘、地毯等棉、麻、毛、丝绸、混纺针织品，可用织物专用型燃液处理，降低其燃烧性能<br>（3）电线电缆应采用防火涂料刷涂、喷涂，以达到防火阻燃的要求 |
| | 替换可燃构件 | 可以用耐火极限较高的现代建筑材料来替代，需要重新制作的顶棚应为轻钢龙骨石膏板吊顶 |
| 设置防火隔离带和消防车通道 | 古建筑周围应开辟宽度 30～50m 的防火隔离带 | |
| 拆除违章搭建房屋 | 在古建筑范围内，禁止搭建临时可燃、易燃建筑，禁止在殿堂内使用可燃材料隔断和堆放可燃材料等 | |
| 安装防雷设施 | 高大的古建筑物上应视地形地物需要，安装避雷设施，并在每年雷雨季之前进行测试维修，保证完好有效 | |

## 考点3 古建筑消防设施的配置

古建筑消防设施的配置见表3-10-3。

**表3-10-3 古建筑消防设施的配置**

| 内容 | 技术要点 |
|---|---|
| 消火栓系统 | （1）古建筑在完善消防给水系统的基础上，合理设置消火栓<br>（2）国家级文物保护单位的重点砖-木、木结构的建筑物室外消火栓设计流量，按三级耐火等级民用建筑消火栓设计流量 |
| 自动灭火系统 | （1）重要的砖木结构和木结构的古建筑内，宜设置湿式自动喷水灭火系统<br>（2）寒冷地区需防冻或需防误喷的古建筑宜采用预作用自动喷水灭火系统<br>（3）缺水地区和珍宝库、藏经楼等重要场所宜采用水喷雾灭火系统、细水雾灭火系统、超细水雾灭火系统<br>（4）对性质重要，不宜用水扑救的古建筑，如收藏珍贵文物的古建筑，可设置固定、半固定干粉、气体灭火系统或悬挂式自动干粉灭火装置、二氧化碳自动灭火装置、七氟丙烷自动灭火装置 |
| 火灾自动报警系统 | （1）古建筑内大殿，可以选用红外线光束感烟探测器、缆式线型定温探测器及火焰探测器<br>（2）佛像体上和壁挂、经书、文物较密集的部位可采用缆式线型定温探测器<br>（3）对于人员住房、库房等其他建筑，可采用感烟探测器和火焰探测器的组合<br>（4）收藏陈列珍贵文物的古建筑，宜选择吸气式早期火灾探测器或线型光纤感温探测器<br>火焰图像探测器宜与图像监控系统相结合 |
| 配置灭火器 | 应选择不污损和破坏保护对象的灭火器 |

## 考点4 控制火源和易燃易爆物品

控制火源和易燃易爆物品要点见表3-10-4。

**表3-10-4 控制火源和易燃易爆物品要点**

| 内容 | 技术要点 |
|---|---|
| 易燃可燃物品 | 禁止在古建筑保护范围内堆存柴草、木料等的易燃可燃物品 |
| 煤气、液化石油气 | 严禁将煤气、液化石油气等引入古建筑内 |
| 生产、生活用火 | 禁止在古建筑的主要殿屋进行生产、生活用火，在厢房、走廊、庭院等处需设置生活用火必须有防火安全措施 |
| 灯具防火 | （1）古建筑内严禁使用卤钨灯等高温照明灯具和电炉等电加热器具，不准使用荧光灯和大于60W白炽灯<br>（2）灯饰材料的燃烧性能不应低于B1级，且不得靠近可燃物 |

笔 记

笔 记

（续）

| 内　　容 | 技术要点 |
| --- | --- |
| 古建筑内的电气线路 | （1）一律采用铜芯绝缘导线，并采用阻燃聚氯乙烯穿管保护或穿金属管敷设，不得直接敷设在梁、柱、枋等可燃构件上<br>（2）严禁乱拉乱接电线。配线方式应以一座殿堂为一个单独的分支回路，控制开关、熔断器均应安装在专用的配电箱内，配电箱设在室外，严禁使用铜丝、铁丝、铝丝等代替熔丝 |
| 宗教活动用火 | （1）古建筑内燃灯、点烛、烧香、焚纸等宗教活动用火，应在室外固定位置，并由专人负责看管<br>（2）神佛像前的长明灯，应设固定的灯座，灯座应为不燃材料<br>（3）蜡烛应有固定的烛台，以防倾倒，发生意外<br>（4）香炉应用不燃材料制作，放置香、烛、灯的木制供桌上，应铺盖金属薄板或涂防火材料 |

## 二、难点突破

（1）提高古建筑的耐火等级、设置合理的消防设施是最重要的消防技术措施。

（2）控制火源和易燃易爆物品属于消防管理的范畴，对于降低古建筑的火灾风险也是非常必要的。

## 三、真题解析

**多项选择题**

为预防古建筑发生火灾，必须加强对古建筑的消防安全管理，下列关于古建筑消防安全管理措施中，正确的有（　　）。（2015 年真题）

A. 禁止使用大于 40W 的白炽灯

B. 禁止在古建筑保护范围内堆存和使用易燃易爆物品

C. 严禁在古建筑内私接乱拉电气线路

D. 禁止在古建筑的主要殿屋内进行炊煮

E. 不应在古建筑内烧香

**【答案】** BCD。

**【解析】** 根据本章考点 4：“严禁将煤气、液化石油气等引入古建筑”“禁止在古建筑的主要殿屋进行生产、生活用火”“严禁乱拉乱接电线”。

因此，应选 BCD。

# 第十一章　人民防空工程防火

本章思维导图如图 3-11 所示。

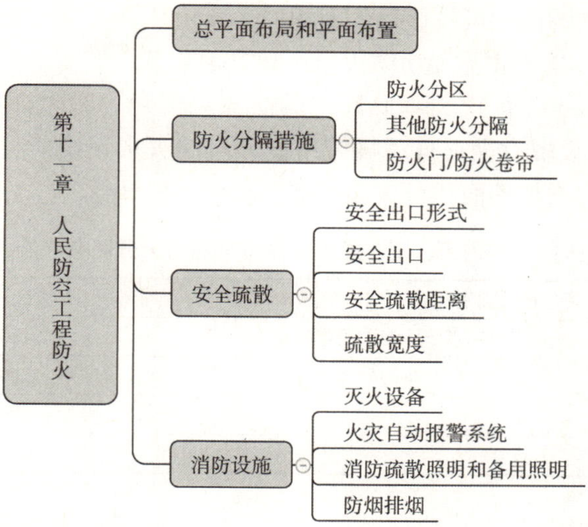


图 3-11　人民防空工程防火思维导图

笔　记

## 一、考点提炼

### 考点 1　人防工程内建筑总平面布局和平面布局

人防工程内建筑总平面布局和平面布局的要点见表 3-11-1。

表 3-11-1　人防工程内建筑总平面布局和平面布局的要点

| 内　　容 | 技术要点 |
|---|---|
| 人防工程内不得设置的场所 | （1）不得使用和储存液化石油气、相对密度（与空气密度比值）大于或等于 0.75 的可燃气体和闪点小于 60℃ 的液体燃料<br>（2）不得设置油浸式变压器和其他油浸电气设备<br>（3）不应设置哺乳室、托儿所、幼儿园、游乐厅等儿童活动场所和残疾人员活动场所<br>（4）不应经营和储存火灾危险性为甲、乙类储存物品属性的商品 |
| 医院病房 | 不应设置在地下二层及以下层，当设置在地下一层时，室内地面与室外出入口地坪高差不应大于 10m |
| 歌舞娱乐放映游艺场所 | 不应设置在人防工程内地下二层及以下层；当设置在地下一层时，室内地面与室外出入口地坪高差不应大于 10m |
| 营业厅 | 不应设置在地下三层及三层以下；当地下商店总建筑面积大于 20000$m^2$ 时，应采用防火墙进行分隔，且防火墙上不得开设门窗洞口，相邻区域确需局部连通时，应采取可靠的防火分隔措施 |
| 人防工程内设置有旅店、病房、员工宿舍 | 不得设置在地下二层及以下层，并应分为独立的防火分区，其疏散楼梯不得与其他防火分区的疏散楼梯共用 |

### 考点 2　人防工程内防火分区面积大小

（1）一般防火分区面积。

一般来说，人防工程每个防火分区的允许最大建筑面积，除另有规定者外，不应大于 500$m^2$；当设置有自动灭火系统时，允许最大建筑面积可增加 1.0 倍；

笔 记

局部设置时，增加的面积可按该局部面积的1.0倍计算。

（2）丙、丁、戊类物品库房防火分区建筑面积。

人防工程内丙、丁、戊类物品库房的防火分区允许最大建筑面积应符合表3-11-2的规定。当设置有火灾自动报警系统和自动灭火系统时允许面积可增加1倍；局部设置时，增加的面积可按该局部面积的1倍计算。

**表3-11-2 人防工程内丙、丁、戊类物品库房的防火分区允许最大建筑面积**

| 储存物品类别 | | 防火分区最大允许建筑面积/$m^2$ |
|---|---|---|
| 丙 | 闪点≥60℃的可燃液体 | 150 |
| | 可燃固体 | 300 |
| 丁 | | 500 |
| 戊 | | 1000 |

（3）人防工程内商业营业厅、展览厅、电影院和礼堂的观众厅、溜冰馆、游泳馆、射击馆、保龄球馆等防火分区建筑面积。

1）设置有火灾自动报警系统和自动灭火系统的商业营业厅、展览厅等，当采用A级装修时，防火分区允许最大建筑面积不应大于2000$m^2$。

2）电影院、礼堂的观众厅，防火分区允许最大建筑面积不应大于1000$m^2$。当设置有火灾自动报警系统和自动灭火系统时，其允许最大建筑面积也不得增加。

3）溜冰馆的冰场、游泳馆的游泳池、射击馆的靶道区、保龄球馆的球道区等，其面积可不计入溜冰馆、游泳馆、射击馆、保龄球馆的防火分区面积内。溜冰馆的冰场、游泳馆的游泳池、射击馆的靶道区等，其装修材料应采用A级。

## 考点3 人防工程内疏散楼梯间的设置

（1）设有下列公共活动场所的人防工程，当底层室内地面与室外出入口地坪高差大于10m时，应设置防烟楼梯间：

1）电影院、礼堂。

2）建筑面积大于500$m^2$的医院、旅馆。

3）建筑面积大于1000$m^2$的商场、餐厅、展览厅、公共娱乐场所（礼堂、多功能厅、歌舞娱乐放映游艺场所等）、健身体育场所（溜冰馆、游泳馆、体育馆、保龄球馆、射击馆等）等。

（2）当地下为两层，且地下第二层的室内地面与室外出入口地坪高差不大于10m时，应设置封闭楼梯间。

人防工程安全出口、疏散楼梯和疏散走道的最小净宽应符合表3-11-3的规定。

**表3-11-3 安全出口、疏散楼梯和疏散走道的最小净宽** （单位：m）

| 工程名称 | 安全出口和疏散楼梯净宽 | 疏散走道净宽 | |
|---|---|---|---|
| | | 单面布置房间 | 双面布置房间 |
| 商场、公共娱乐场所、健身体育场所 | 1.4 | 1.5 | 1.6 |
| 医院 | 1.3 | 1.4 | 1.5 |

（续）

| 工程名称 | 安全出口和疏散楼梯净宽 | 疏散走道净宽 | |
|---|---|---|---|
| | | 单面布置房间 | 双面布置房间 |
| 旅馆、餐厅 | 1.1 | 1.2 | 1.3 |
| 车间 | 1.1 | 1.2 | 1.5 |
| 其他民用工程 | 1.1 | 1.2 | — |

笔　记

## 考点4　人防工程内安全出口设置要求

人防工程每个防火分区的安全出口数量不应少于2个。人防工程有2个或2个以上防火分区相邻，可将相邻防火分区之间防火墙上设置的防火门作为安全出口。

防火分区安全出口应符合下列规定：

1）防火分区建筑面积大于1000m²的商业营业厅、展览厅等场所，设置通向室外、直通室外的疏散楼梯间或避难走道的安全出口个数不得少于2个。

2）防火分区建筑面积不大于1000m²的商业营业厅、展览厅等场所，设置通向室外、直通室外的疏散楼梯间或避难走道的安全出口个数不得少于1个。

3）在一个防火分区内，设置通向室外、直通室外的疏散楼梯间或避难走道的安全出口宽度之和，不宜小于规范规定的安全出口总宽度的70%。

4）建筑面积不大于500m²，且室内地面与室外出入口地坪高差不大于10m，容纳人数不大于30人的防火分区，当设置有仅用于采光或进风用的竖井，且竖井内有金属梯直通地面、防火分区通向竖井处设置有不低于乙级的常闭防火门时，可只设置一个通向室外、直通室外的疏散楼梯间或避难走道的安全出口；也可设置一个与相邻防火分区相通的防火门。

5）建筑面积不大于200m²，且经常停留人数不超过3人的防火分区，可只设置一个通向相邻防火分区的防火门。房间建筑面积不大于50m²，且经常停留人数不超过15人时，可设置一个疏散出口。

## 考点5　人防工程内消防设施配置要求

人防工程内消防设施配置要求见表3-11-4。

**表3-11-4　人防工程内消防设施配置要求**

| 消防设施 | 设置范围 | 其　他 |
|---|---|---|
| 室内消火栓系统 | （1）建筑面积大于300m²的人防工程<br>（2）电影院、礼堂、消防电梯间前室和避难走道 | 应符合《人民防空工程设计防火规范》（GB 50098—2009）的有关要求 |
| 自动喷水灭火系统 | （1）除丁、戊类物品库房和自行车库外，建筑面积大于500m²的丙类库房和其他建筑面积大于1000m²的人防工程<br>（2）大于800个座位的电影院和礼堂的观众厅，且顶棚下表面至观众席室内地面高度不大于8m时；舞台使用面积大于200m²时；观众厅与舞台之间的台口宜设置防火幕或水幕分隔<br>（3）歌舞娱乐放映游艺场所<br>（4）建筑面积大于500m²的地下商店和展览厅<br>（5）燃油或燃气锅炉房和装机总容量大于300kW的柴油发电机房 | $100m^2 < A \leqslant 500m^2$的地下商店和展览厅，$100m^2 < A \leqslant 1000m^2$影剧院、礼堂、健身体育场所、旅馆、医院，$100m^2 < A \leqslant 500m^2$的丙类库房等，宜设置自动喷水灭火系统，当有困难时，也可设置局部应用系统 |

笔 记

（续）

| 消防设施 | 设置范围 | 其　他 |
|---|---|---|
| 火灾自动报警系统 | （1）$A>500m^2$的地下商店、展览厅和健身体育场所<br>（2）$A>1000m^2$的丙、丁类生产车间和丙、丁类物品库房<br>（3）重要的通信机房和电子计算机机房，柴油发电机房和变（配）电室，重要的实验室和图书、资料、档案库房等<br>（4）歌舞娱乐放映游艺场所 | |
| 防排烟 | （1）防烟。人防工程的防烟楼梯间及其前室或合用前室、避难走道的前室应设置机械加压送风防烟设施，丙、丁、戊类物品库房宜采用密闭防烟措施<br>（2）排烟。总建筑面积大于$200m^2$的人防工程，建筑面积大于$50m^2$且经常有人停留或可燃物较多的房间，丙、丁类生产车间，长度大于20m的疏散走道，歌舞娱乐放映游艺场所，中庭等，应设置排烟设施 | |

## 二、难点突破

（1）人防工程防火分区划分要点与其他建筑不同之处。

1）防火分区应在各安全出口处的防火门范围内划分。

2）与柴油发电机房或锅炉房配套的水泵间、风机房、储油间等，应与柴油发电机房或锅炉房一起划分为一个防火分区。

3）防火分区的划分宜与防护单元相结合。

（2）人防工程的下列部位应采用甲级防火门：

1）消防控制室、消防水泵房、排烟机房、灭火剂储瓶室、变（配）电室、通信机房、通风和空调机房、可燃物存放量平均值超过$30kg/m^2$火灾荷载密度的房间等，应采用耐火极限不低于2.00h的隔墙和1.50h的楼板与其他场所隔开，墙上如设门应设置常闭的甲级防火门。

2）柴油发电机房的储油间，墙上应设置常闭的甲级防火门，并应设置高150mm的不燃烧、不渗漏的门槛，地面不得设置地漏。

同一防火分区内厨房、食品加工等用火用电用气场所，频繁出入的防火门应设置火灾时能自动关闭的常开式乙级防火门。

歌舞娱乐放映游艺场所，隔墙上如设门应设置不低于乙级的防火门。

（3）人防工程安全出口、疏散楼梯和疏散走道的最小净宽与一般公共建筑相比，要求较高。例如：人防工程疏散楼梯最小净宽为1.4m，可以与第二篇第六章安全疏散的表2-6-6做对比。

（4）“在一个防火分区内，设置通向室外、直通室外的疏散楼梯间或避难走道的安全出口宽度之和，不宜小于规范规定的安全出口总宽度的70%。”

（5）人防工程中的避难走道的设置要求与前文的完全一样。

（6）人防工程内设置自动喷水灭火系统的范围是重要考点。

## 三、真题解析

### （一）单项选择题

1. 人防工程的采光窗、井与相邻一类高层民用建筑主体出入口的最小防火间距离是（　　）m。（2017 年真题）

A. 6　　B. 9　　C. 10　　D. 13

**【答案】** D。

**【解析】** 人防工程的采光窗、井与相邻地面建筑物的最小防火间距，应符合《人民防空工程设计防火规范》（GB 50098—2009）表 3.2.2 规范的规定，因此，答案为 D。

| 防火间距 / 地面建筑类别和耐火等级 / 人防工程类别 | 民用建筑 | | | 丙、丁、戊类厂房、库房 | | | 高层民用建筑 | | 甲、乙类厂房、库房 |
|---|---|---|---|---|---|---|---|---|---|
| | 一、二级 | 三级 | 四级 | 一、二级 | 三级 | 四级 | 主体 | 附属 | |
| 丙、丁、戊类生产车间物品库房 | 10 | 12 | 14 | 10 | 12 | 14 | 13 | 6 | 25 |
| 其他人防工程 | 6 | 7 | 9 | 10 | 12 | 14 | 13 | 6 | 25 |

2. 根据《人民防空工程设计防火规范》（GB 50098—2009）的规定，人防工程设置有火灾自动报警系统和自动灭火系统时，人防工程中电影院的观众厅一个防火分区允许最大建筑面积为（　　）$m^2$。（2015 年真题）

A. 500　　B. 1000　　C. 1500　　D. 2000

**【答案】** B。

**【解析】** 根据本章考点 2：电影院的观众厅，防火分区允许最大建筑面积不应大于 1000$m^2$。当设置有火灾自动报警系统和自动灭火系统时，其允许最大建筑面积也不得增加。

综上所述，答案为 B。

3. 某人防工程设置在地下一层，其室内地面与室外出入口地坪的高差为 8m。下列场所中，不能设置在该人防工程内的是（　　）。（2016 年真题）

A. 歌舞娱乐放映游艺场所　　B. 医院病房

C. 儿童游乐厅　　D. 百货商店

**【答案】** C。

**【解析】** 根据本章考点 1：

（1）人防工程内不应设置哺乳室、托儿所、幼儿园、游乐厅等儿童活动场所和残疾人员活动场所。

（2）医院病房不应设置在地下二层及以下层，当设置在地下一层时，室内地面与室外出入口地坪高差不应大于 10m；B 项可以设置。

（3）歌舞娱乐放映游艺场所不应设置在人防工程内地下二层及以下层；当设置在地下一层时，室内地面与室外出入口地坪高差不应大于 10m；A 项可以设置。

笔记

笔记

（4）营业厅不应设置在地下三层及三层以下；D 项可以设置。

根据本题题意：答案为 C。

**（二）多项选择题**

1.（考点 1）某平战结合的人防工程，地下 3 层。下列防火设计中，符合《人民防空工程设计防火规范》（GB 50098—2009）要求的有（　　）。（2017 年真题）

A. 地下一层靠外墙部位设置油浸式变压器室

B. 地下一层设置卡拉 OK 厅，室内地坪与室外出入口地坪高差 6m

C. 地下一层设置员工宿舍

D. 地下三层设置沉香专卖店

E. 地下一层设置 400$m^2$ 儿童游乐园，游乐场下层设置汽车库

**【答案】** BC。

**【解析】** 根据表 3-11-1：沉香属于挥发性物质，为甲、乙类，不能设置在地下三层人防工程内 AE 也不符合要求。因此，答案为 BC。

2. 下列设置在人防工程内的场所中，疏散门应采用甲级防火门的有（　　）。（2016 年真题）

A. 厨房

B. 消防控制室

C. 柴油发电机的储油间

D. 歌舞厅

E. 消防水泵房

**【答案】** BCE。

**【解析】** 根据本章难点突破中的第 2 点，需要设置甲级防火门的有：消防控制室、消防水泵房、柴油发电机的储油间。

厨房和歌舞厅应该设置乙级防火门。

因此，答案为 BCE。

笔　记

# 第四篇　消防安全评估

本篇思维导图如图 4-1 所示。

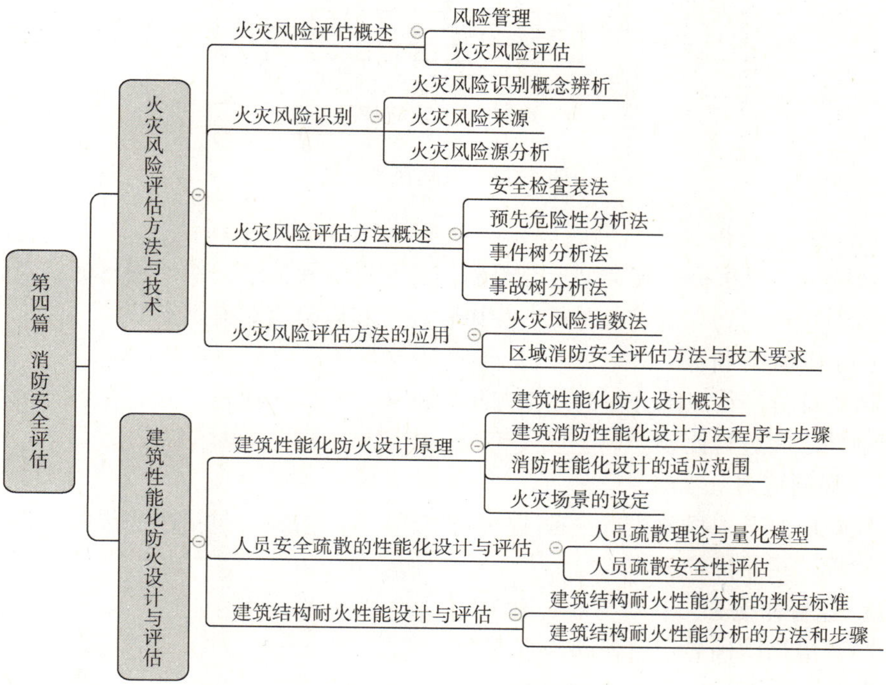


图 4-1　消防安全评估思维导图

## 第一章　火灾风险管理

### 一、考点提炼

#### 考点 1　风险管理的过程

风险管理过程包括：明确环境信息、风险评估、风险应对、监督和检查。其中，风险评估包括：风险识别、风险分析和风险评价。沟通和记录应贯穿于风险管理全过程。

风险管理过程如图 4-1-1 所示。

**1. 风险评估**

（1）风险识别。

风险识别是通过识别风险源、影响范围、事件及其原因和潜在的后果等，生成一个全面的风险列表。

笔 记

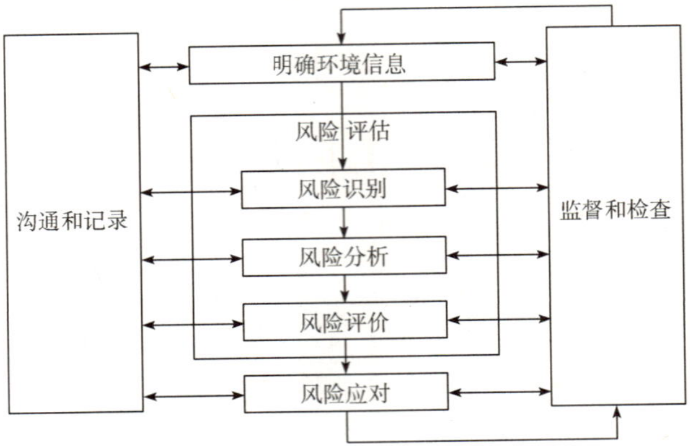


图 4-1-1　风险管理过程

（2）风险分析。

风险分析是根据风险类型、获得的信息和风险评估结果的使用目的，对识别出的风险进行定性和定量的分析，为风险评价和风险应对提供支持。

（3）风险评价。

风险评价是将风险分析的结果与组织的风险准则作比较，或者在各种风险的分析结果之间进行比较，确定风险等级，以便做出风险应对的决策。

**2. 风险应对**

风险应对是选择并执行一种或多种改变风险的措施，包括改变风险事件发生的可能性或后果的措施。

**3. 监督和检查**

组织应当明确界定监督和检查的责任。

监督和检查活动包括：常规检查、监控已知的风险、定期或不定期检查，定期或不定期检查都应被列入风险应对计划。

**4. 沟通和记录**

组织在风险管理过程的每一个阶段都应当与内部和外部利益相关者有效沟通，以保证实施风险管理的责任人和利益相关者能够理解组织风险管理决策的依据，以及需要采取某些行动的原因。在风险管理过程中，记录是实施和改进整个风险管理过程的基础。

## 考点 2　火灾风险评估的分类

火灾风险评估的分类如下：

**1. 按建筑所处状态分类**

根据建筑所处的不同状态，火灾风险评估可以分为预先评估和现状评估。

**2. 按指标处理方式分类**

根据建筑（区域）风险评估指标的处理方式，风险评估可以分为定性评估、半定量评估和定量评估。

## 考点 3　火灾风险评估的基本流程

（1）前期准备。

（2）火灾危险源的识别。

（3）定性、定量评估。

（4）消防安全管理水平评估。

（5）确定对策、措施及建议。

（6）确定评估结论。

（7）编制火灾风险评估报告。

笔记

## 考点 4　火灾危险源与火灾风险源关系

### 危险源的分类

火灾危险源的分类及内容见表 4-1-1。

**表 4-1-1　火灾危险源的分类及内容**

| | 分　类 | 定　义 | 举　例 |
|---|---|---|---|
| 火灾危险源 | 第一类危险源 | 是指产生能量的能量源或拥有能量的载体<br>由于第一类危险源在事故时释放的能量是导致人员伤害或财物损坏的能量主体，所以它决定了事故后果的严重程度 | 可燃物、火灾烟气及燃烧产生的有毒、有害气体成分 |
| | 第二类危险源 | 是指导致约束、限制能量屏蔽措施失效或破坏的各种不安全因素<br>所以第二类危险源出现的难易程度决定了事故发生可能性的大小 | 是人们为了防止火灾发生、减小火灾损失所采取的消防措施中的隐患 |

## 考点 5　火灾风险源分析

火灾风险源包含的内容见表 4-1-2。

**表 4-1-2　火灾风险源包含的内容**

| 火灾风险源 | 类　别 | 内　容 |
|---|---|---|
| （一）火灾危险源 | 客观因素 | （1）电气引起火灾<br>（2）易燃易爆物品引起火灾<br>（3）气象因素引起火灾 |
| | 人为因素 | （1）用火不慎引起火灾<br>（2）不安全吸烟引起火灾<br>（3）人为纵火 |
| （二）建筑防火 | 被动防火 | （1）防火间距<br>（2）耐火等级<br>（3）防火分区<br>（4）消防扑救条件<br>（5）防火分隔设施 |

笔 记

（续）

| 火灾风险源 | 类　别 | 内　容 |
| --- | --- | --- |
| （二）建筑防火 | 主动防火 | （1）灭火器材<br>（2）消防给水<br>（3）火灾自动报警系统<br>（4）防烟排烟系统<br>（5）自动灭火系统<br>（6）疏散设施 |
| （三）人员状况 | （1）人员荷载<br>（2）人员素质<br>（3）人员熟知度<br>（4）人员体质 | 人员荷载是决定疏散分析结论的基础，也是评估建筑物疏散安全性的前提条件。疏散设计是建立在正确的人员荷载统计的基础之上的 |
| （四）消防安全管理 | 单位内部管理 | （1）消防安全责任制<br>（2）消防设施维护管理<br>（3）管理人员及员工消防安全培训<br>（4）隐患检查整改机制 |
| | 消防监督管理 | （1）消防宣传<br>（2）消防培训<br>（3）监督检查 |
| （五）消防力量 | （1）消防站<br>（2）消防队员<br>（3）消防装备<br>（4）到场时间<br>（5）预案完善<br>（6）后勤保障 | （1）预案完善<br>预案制订；预案演练<br>（2）后勤保障<br>心理保障；食宿保障；医疗保障 |

## 二、难点突破

（1）风险管理主要包括风险评估和风险应对，风险评估是最核心的组成部分。风险评估包括风险识别、风险分析和风险评价三个步骤。

（2）应当区分下列概念的区别与联系。

①火灾隐患与火灾风险；②火灾危险源与火灾风险源；③火灾危险、火灾危险性与火灾风险。

## 三、真题解析

**单项选择题**

1. 净高6m以下的室内空间，顶棚射流的厚度通常为室内净高的5%～12%，其最大温度和速度出现在顶棚以下顶棚高度的（　　）处。（2017年真题）

A. 5%　　B. 1%

C. 3%～5%　　D. 5%～10%

【答案】B。

【解析】研究表明，一般情况下顶棚射流的厚度为顶棚高度的5%～12%，而在顶棚射流最大温度和速度出现在顶棚以下顶棚高度的1%处。

2. （考点4）对某石油库进行火灾风险评估，辨识火灾危险源时，下列因素中，应确定为第一类危险源的是（　　）。(2016年真题)

A. 雷电　　B. 油罐呼吸阀故障

C. 操作人员在卸油时打手机　　D. 2000$m^3$的柴油罐

【答案】D。

【解析】由本章考点4的表4-1-1可知：

第一类危险源是指产生能量的能量源或拥有能量的载体。由于第一类危险源在事故时释放的能量是导致人员伤害或财物损坏的能量主体，所以它决定了事故后果的严重程度。

第二类危险源是指导致约束、限制能量屏蔽措施失效或破坏的各种不安全因素。第二类危险源出现的难易程度决定了事故发生可能性的大小。

根据上述危险源分类，火灾中的第一类危险源包括：可燃物、火灾烟气及燃烧产生的有毒、有害气体成分；第二类危险源是人们为了防止火灾发生、减小火灾损失所采取的消防措施中的隐患。

因此，答案为D。

# 第二章　火灾风险评估方法

## 一、考点提炼

### 考点1　安全检查表的应用

**1. 安全检查表的概念**

在安全系统工程学科中，安全检查表法是最基础、最简单的一种系统安全分析方法。它不仅是为了事先了解与掌握可能引起系统事故发生的所有原因而实施安全检查和诊断的一种工具，也是发现潜在危险因素的一个有效手段和用于分析事故的一种方法。

**2. 安全检查表的形式**

①提问式；②对照式。

**3. 安全检查表的编制依据**

（1）国家和行业的安全规章制度、规程、规范和规定等。

（2）在结合本单位的经验及具体情况的基础上进行系统安全分析的科学结论（确定的危险部位及防范措施）。由管理人员、技术人员、操作人员和安技人员一起，系统分析本单位的各种潜在危险因素和外界环境条件，从而编制出完美的检查表。

（3）国内外、本企业事故案例。

**4. 安全检查表的编制方法**

安全检查表的编制一般采用经验法和系统安全分析法。

笔记

笔 记

（1）经验法。

找熟悉被检查对象的人员和具有实践经验的人员，以“三结合”（工人、工程技术人员和管理人员相结合）的方式组成一个小组，依据人、物、环境的具体情况，根据以往积累的实践经验以及有关统计数据，按照规程、规章制度等文件的要求，编制安全检查表。

（2）系统安全分析法。

根据对编制的事故树的分析、评价结果来编制安全检查表。通过事故树进行定性分析，求出事故树的最小割集，按最小割集中基本事件的多少，找出系统中的薄弱环节，以这些薄弱环节作为安全检查的重点对象，编制成安全检查表。

**5. 安全检查表的编制与实施**

①确定系统；②找出危险点；③确定项目与内容，编制成表；④检查应用；⑤整改；⑥反馈。

## 考点2　预先危险性分析法

火灾风险预先危险性分析也称初始风险分析，是安全评估的一种方法。它是在评估对象运营之前，特别是在设计的开始阶段，对系统存在火灾风险类别、出现条件后果等进行概略的分析，尽可能评价出潜在的火灾危险性。

**1. 分析步骤和分级**

（1）调查、了解和收集过去的经验和相似区域火灾事故发生情况。

（2）辨识、确定危险源，并分类制成表格。危险源的确定可通过经验判断、技术判断和实况调查或安全检查表等方法进行。

（3）研究危险源转化为火灾事故的触发条件。

（4）进行危险分级。危险分级的目的是确定危险程度，指出应重点控制的危险源。

**2. 分级**

可分为以下四个级别：

Ⅰ级：安全的（可忽视的）。不会造成人员伤亡和财产损失以及环境危害、社会影响等。

Ⅱ级：临界的。可能降低整体安全等级，但不会造成人员伤亡，能通过采取有效消防措施消除和控制火灾危险的发生。

Ⅲ级：危险的。在现有消防装备条件下，很容易造成人员伤亡和财产损失以及环境危害、社会影响等。

Ⅳ级：破坏性的（灾难性的）。会造成严重的人员伤亡和财产损失以及环境危害、社会影响等。

**3. 辨识危险性**

（1）直接火灾。

当可燃物质和氧气共存时，遇到火源就有可能发生火灾，这是人们所熟知的，称为直接火灾。应该注意某些物质发生直接火灾的可能性。

（2）间接火灾。

间接火灾是指受到外力破坏引起本身发生火灾的情况，如设备或其他容器遭受外来事故的波及，易燃物质外泄，遇火源发生事故。

因此，在设计时要注意设备之间、装置之间、工厂之间的间距，就是要避免间接火灾的影响。

（3）自动反应。

有些化学物质本身带有含氧分子团，不需外部供氧就能发生氧化反应。

例如炸药、过氧化物等，性质极不稳定，遇到冲击振动或其他刺激因素，就能发生火灾爆炸。

（4）人的因素。

人的可靠性较低，往往由于生理和心理状态造成误操作而发生事故。

如何对人进行教育训练，提高其可靠性，这是人机工程学所研究的主要课题。

**4. 预先危险性分析格式**

预先危险性分析结果可列为一种表格。火灾风险定性评估的最终结果以风险等级表征。

由定性风险矩阵模型确定的风险等级见表 4-2-1。

**表 4-2-1　定性风险矩阵模型**

| 概率＼结果 | 无关紧要 1 | 较小 2 | 中等 3 | 较大 4 | 灾难 5 |
|---|---|---|---|---|---|
| A | H | H | N | N | N |
| B | M | H | H | N | N |
| C | L | M | H | N | N |
| D | L | L | M | H | N |
| E | L | L | M | H | H |

注：N—风险极大，需要立刻采取行动；H—高风险性，需要引起高度重视；M—中等风险性，需要指定人员负责处理；L—低风险性，需要日常定期维护管理。

## 考点 3　事件树分析法

事件树分析法起源于决策树分析法，它是一种按事故发展的时间顺序，由初始事件开始推论可能的后果，从而进行危险源辨识的方法。

**1. 事件树的编制程序**

事件树的编制程序见表 4-2-2。

**表 4-2-2　事件树的编制程序**

| 事件树的编制程序 | 具体工作 |
|---|---|
| 1. 确定初始事件 | （1）根据系统设计、系统危险性评价、系统运行经验或事故经验等确定<br>（2）根据系统重大故障或事故树分析，从其中间事件或初始事件中选择 |
| 2. 判定安全功能 | 系统中包含许多安全功能，在初始事件发生时，可消除或减轻其影响以维持系统安全运行 |

笔记

笔 记

（续）

| 事件树的编制程序 | 具体工作 |
|---|---|
| 3. 绘制事件树 | （1）从初始事件开始，按事件发展过程自左向右绘制事件树，用树枝代表事件发展途径<br>（2）首先考察初始事件一旦发生时最先起作用的安全功能，把可以发挥功能的状态画在上面的分枝，不能发挥功能的状态画在下面的分枝<br>（3）然后依次考察各种安全功能的两种可能状态，把发挥功能的状态（又称成功状态）画在上面的分枝，把不能发挥功能的状态（又称失败状态）画在下面的分枝，直到到达系统故障或事故为止 |
| 4. 简化事件树 | 在绘制事件树的过程中，可能会遇到一些与初始事件或与事故无关的安全功能，或者其功能关系相互矛盾、不协调的情况，需用工程知识和系统设计的知识予以辨别，然后从树枝中去掉，即构成简化的事件树 |

**2. 事件树的定性分析**

画好事件树之后的工作，就是找出发生事故的途径和类型以及制订预防事故的对策。

①找出事故连锁；②找出预防事故的途径。

**3. 事件树的定量分析**

（1）各发展途径的概率。

各发展途径的概率等于自初始事件开始的各事件发生概率的乘积。

（2）事故发生概率。

事件树定量分析中，事故发生概率等于导致事故的各发展途径的概率和。

## 考点4　事故树分析法的基本概念

事故树分析法是一种演绎推理法。这种方法把系统可能发生的某种事故与导致事故发生的各种原因之间的逻辑关系用一种称为事故树的树形图表示，通过对事故树的定性与定量分析，找出事故发生的主要原因，为确定安全对策提供可靠依据。

（1）割集和最小割集。

在事故树中，引起顶事件发生的基本事件的集合称为割集，也称截集或截止集。

一个事故树中的割集一般不止一个，在这些割集中，凡不包含其他割集的，称为最小割集。换言之，如果从割集中任意去掉一个基本事件后就不是割集，那么这样的割集就是最小割集。所以，最小割集是引起顶事件发生的充分必要条件。

最小割集在事故树分析中起着非常重要的作用，归纳起来有以下三个方面：

①表示系统的危险性；②表示顶事件发生的原因组合；③为降低系统的危险性，提出控制方向和预防措施。

（2）径集与最小径集。

在事故树中，当所有基本事件都不发生时，顶事件肯定不会发生。然而，顶事件不发生常常并不要求所有基本事件都不发生，而只要某些基本事件不发生，顶事件就不会发生。

这些不发生的基本事件的集合称为径集，也称通集或路集。

在同一事故树中，不包含其他径集的径集称为最小径集。如果从径集中任意去掉一个基本事件后就不再是径集，那么这样的径集就是最小径集。所以，最小径集是保证顶事件不发生的充分必要条件。

最小径集在事故树分析中的作用与最小割集同样重要，主要表现在以下两个方面：

（1）表示系统的安全性。

（2）选取确保系统安全的最佳方案。

## 二、难点突破

（1）注意区分事件树与事故树。

1）事件树是一种按事故发展的时间顺序，由初始事件开始推论可能的后果，从而进行危险源辨识的方法。

2）事故树分析法是一种演绎推理法。这种方法把系统可能发生的某种事故与导致事故发生的各种原因之间的逻辑关系用一种称为事故树的树形图表示。

（2）应当熟练掌握事故树的定性和定量分析的方法。

定性分析中最小割集合、最小径集是重点，定量分析中顶事件的发生概率的计算是重点。

## 三、真题解析

### 多项选择题

1. （考点3）在进行火灾风险评估中采用事件树分析法进行分析时，确定初始事件的方法有（　　）。(2016 年真题)

A. 根据系统设计确定

B. 根据系统危险性评价确定

C. 根据系统运行经验或事故经验确定

D. 根据系统事故树分析，从其中间事件或初始事件中选择

E. 根据结果时间确定

**【答案】** ABCD。

**【解析】** 从本章考点 3 可知：

在事件树的编制程序中，可以用两种方法确定初始事件：

1）根据系统设计、系统危险性评价、系统运行经验或事故经验等确定。

2）根据系统重大故障或事故树分析，从其中间事件或初始事件中选择。

因此，答案为 ABCD。

2. （考点1）某化工企业拟采用安全检查表法对甲醇合成车间进行火灾风险评估。编制安全检查表的主要步骤应包括（　　）。(2015 年真题)

A. 确定检查对象　　B. 找出危险点

C. 预案演练　　D. 确定检查内容

E. 编制检查表

**【答案】** ABDE。

笔 记

笔记

【解析】通过本章考点1可知：

安全检查表的编制步骤包括：①确定系统；②找出危险点；③确定项目与内容，编制成表；④检查应用；⑤整改；⑥反馈。

因此，结合题意答案为ABDE。

# 第三章　火灾风险评估方法的应用

## 一、考点提炼

### 考点1　区域消防安全评估方法与技术要求

**1. 评估目的**

对区域进行火灾风险评估，是分析区域消防安全状况、查找当前消防工作薄弱环节的有效手段。从而可以根据不同的火灾风险级别，部署相应的消防救援力量，建设消防基础设施，使公众和消防员生命、财产的预期风险水平与消防安全设施、火灾及其他应急救援力量的种类和部署之间达到最佳平衡。

**2. 评估原则**

①系统性原则；②实用性原则；③可操作性原则。

**3. 评估内容**

（1）分析区域范围内可能存在的火灾危险源，合理划分评估单元，建立全面的评估指标体系。

（2）对评估单元进行定性及定量分级，并结合专家意见建立权重体系。

（3）对区域的火灾风险做出客观、公正的评估结论。

（4）提出合理可行的消防安全对策及规划建议。

**4. 评估流程**

区域火灾风险评估的六个步骤见表4-3-1。

**表4-3-1　区域火灾风险评估的步骤**

| 步　骤 | 完成的工作 |
| --- | --- |
| 1. 信息采集 | 在明确火灾风险评估目的和内容的基础上，收集所需的各种资料，重点收集与区域安全相关的信息，可包括：评估区域内人口、经济、交通等概况；区域内消防重点单位情况；周边环境情况；市政消防设施相关资料；火灾事故应急救援预案；消防安全规章制度等 |
| 2. 风险识别 | 火灾风险源一般分为客观因素和人为因素两类 |
| 3. 评估指标体系建立 | （1）一级指标<br>一级指标一般包括：火灾危险源、区域基础信息、消防能力和社会面防控能力等<br>（2）二级指标<br>二级指标一般包括：客观因素、人为因素、城市公共消防基础设施、灭火救援能力、消防管理、消防宣传教育、灾害抵御能力等<br>（3）三级指标<br>三级指标一般包括易燃易爆危险品、燃气管网密度、加油加气站密度等 |

（续）

| 步　骤 | 完成的工作 |
|---|---|
| 4. 风险分析与计算 | ①风险因素量化及处理；②模糊集值统计；③指标权重确定；④风险等级划分，见表 4-3-2 |
| 5. 确定评估结论 | 根据评估结果，明确指出建筑设计或建筑本身的消防安全状态，提出合理可行的消防安全意见 |
| 6. 风险控制 | 根据火灾风险分析与计算结果，遵循针对性、技术可行性和经济合理性的原则，按照当前通行的风险规避、风险降低、风险转移以及风险自留四种风险控制措施，根据当前经济、技术、资源等条件下所能采用的控制措施，提出消除或降低火灾风险的技术措施和管理对策 |

**表 4-3-2　火灾风险等级的划分**

| 风险等级 | 名　称 | 量化范围 | 风险等级特征描述 |
|---|---|---|---|
| Ⅰ级 | 低风险 | (85，100] | 几乎不可能发生火灾，火灾风险性低，火灾风险处于可接受的水平，风险控制重在维护和管理 |
| Ⅱ级 | 中风险 | [65，85] | 可能发生一般火灾，火灾风险性中等，火灾风险处于可控制的水平，在适当采取措施后可达到接受水平，风险控制重在局部整改和加强管理 |
| Ⅲ级 | 高风险 | [25，65) | 可能发生较大火灾，火灾风险性较高，火灾风险处于较难控制的水平，应采取措施加强消防基础设施建设和完善消防管理水平 |
| Ⅳ级 | 极高风险 | [0，25) | 可能发生重大或特大火灾，火灾风险性极高，火灾风险处于很难控制的水平，应当采取全面的措施对建筑的设计、主动防火设施进行完善，加强对危险源的管控、增强消防管理和救援力量 |

注意：以上是按分值越大表示安全性能越优的打分方法。$F_i$ 的取值范围采用的是百分制。

火灾风险分级和火灾等级的对应关系为：

（1）极高风险/特别重大火灾、重大火灾。

特别重大火灾是指造成 30 人以上死亡，或者 100 人以上重伤，或者 1 亿元以上直接财产损失的火灾。重大火灾是指造成 10 人以上 30 人以下死亡，或者 50 人以上 100 人以下重伤，或者 5000 万元以上 1 亿元以下直接财产损失的火灾。

（2）高风险/较大火灾。

较大火灾是指造成 3 人以上 10 人以下死亡，或者 10 人以上 50 人以下重伤，或者 1000 万元以上 5000 万元以下直接财产损失的火灾。

（3）中风险/一般火灾。

一般火灾是指造成 3 人以下死亡，或者 10 人以下重伤，或者 1000 万元以下直接财产损失的火灾。

笔记

笔记

## 考点2　建筑火灾风险分析方法与评估要求

**1. 评估目的**

建筑火灾风险评估的目的是指通过各种手段和方法消除或减少建筑中存在的不安全因素，防止建筑发生火灾或在意外发生火灾时能够保证人员及时、安全地撤离，尽快扑救火灾，降低火灾损失，提高建筑的安全程度。按照建筑消防安全管理工作方式的不同，又可以分为一般目的和特定目的。

（1）所谓一般目的的评估是指建筑的所有者、使用者自身出于提高建筑消防安全程度的需要，采取建筑火灾风险评估方法，更为精细地管理建筑消防安全问题。

（2）所谓特定目的的评估是指建筑的所有者、使用者根据消防法规的要求必须进行的建筑火灾风险评估。

**2. 评估原则**

①科学性；②系统性；③综合性；④适用性。

**3. 评估内容**

（1）分析建筑内可能存在的火灾危险源，合理划分评估单元，建立全面的评估指标体系。

（2）对评估单元进行定性及定量分级，并结合专家意见建立权重系统。

（3）对建筑的火灾风险做出客观、公正的评估结论。

（4）提出合理可行的消防安全对策及规划建议。

**4. 评估流程**

建筑火灾风险评估与区域火灾风险评估的六个步骤基本一致：

①信息采集；②风险识别；③评估指标体系建立；④风险分析与计算；⑤风险等级判断（风险等级判断参照表4-3-2）；⑥风险控制措施。

其中，风险控制措施更加具体，包括以下三个方面：

（1）风险消除。

消除能够引起火灾的要素，也是控制风险的最有效的方法。由于空气无处不在，因此主要可行的措施是消除火源和可燃物。例如：不在可燃物附近燃放烟花、电焊作业时清除附近的可燃物。

（2）风险减少。

在建筑的使用过程中，经常会出现需要在有可燃物的附近进行用火、电焊等存在引起火灾可能性的情况，这时候既不能消除火源，也不能清除可燃物。为了减少火灾风险，需要采取降低可燃物的存放数量或者安排适当的人员看管等措施。

（3）风险转移。

与他人共同分担可能面对的风险，对于建筑物而言，风险转移并不能消除或降低其面临的风险，但是对于建筑所有者或使用者而言，通过风险转移可以降低其面临的风险。风险转移主要通过建筑保险来实现。

## 二、难点突破

（1）在教材中，用于区域、建筑火灾风险评估的方法为：火灾风险指数法。

（2）应该重点掌握：

1）区域、建筑火灾风险评估的评估内容、流程。

2）火灾风险分级和火灾等级的对应关系。

笔 记

## 三、真题解析

**单项选择题**

1. 进行区域火灾风险评估时，在明确火灾风险评估目的和内容的基础上，应进行信息采集、重点收集与区域安全相关的信息。下列信息中，不属于区域火灾风险评估时应采集的信息是（　　）。（2017 年真题）

A. 区域内人口概况　　B. 消防安全规章制度

C. 区域内经济概况　　D. 区域的环保概况

**【答案】** D。

**【解析】** 在明确火灾风险评估目的和内容的基础上，收集所需的各种资料，重点收集与区域安全相关的信息，可包括：评估区域内人口、经济、交通等概况；区域内消防重点单位情况；周边环境情况；市政消防设施相关资料；火灾事故应急救援预案；消防安全规章制度等。区域的环保概况不属于采集内容，因此，答案为 D。

2. 对建筑进行火灾风险评估时，应确定评估对象可能面临的火灾风险，关于火灾风险识别的说法中，错误的是（　　）。（2017 年真题）

A. 查找火灾风险来源的过程称为火灾风险识别

B. 火灾风险识别是开展火灾风险评估工作所必需的基础环节

C. 消防安全措施有效性分析包括专业队伍扑救能力

D. 衡量火灾风险的高低主要考虑起火概率大小

**【答案】** D。

**【解析】** 衡量火灾风险的高低不仅要考虑起火概率大小还要考虑火灾损失大小，因此，错误的是 D。

3. （考点 2）建筑火灾风险评估流程顺序描述正确的是（　　）。（2015 年真题）

A. 信息采集→风险识别→评估指标体系建立→风险分析与计算→风险等级判断→风险控制措施

B. 信息采集→风险识别→风险分析与计算→风险等级判断→评估指标体系建立→风险控制措施

C. 信息采集→评估指标体系建立→风险识别→风险分析与计算→风险等级判断→风险控制措施

D. 评估指标体系建立→信息采集→风险识别→风险分析与计算→风险等级判断→风险控制措施

**【答案】** A。

**【解析】** 通过本章考点 2，我们可以知道：A 项正确。

笔 记

# 第四章　建筑性能化防火设计原理

## 一、考点提炼

### 考点 1　性能化的防火设计步骤

建筑消防性能化设计的基本步骤如图 4-4-1 所示。

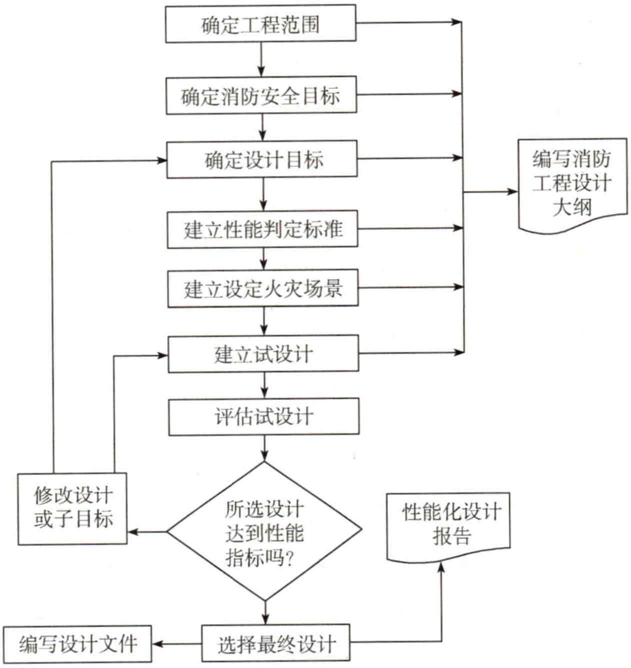


图 4-4-1　建筑消防性能化设计的基本步骤

### 考点 2　消防性能化设计的适应范围

**1. 可全部或部分进行消防性能化设计的建筑**

具有下列情形之一的工程项目，可对其全部或部分进行消防性能化设计：

（1）超出现行国家消防技术标准适用范围的。

（2）按照现行国家消防技术标准进行防火分隔、防烟与排烟、安全疏散、建筑构件耐火等设计时，难以满足工程项目特殊使用功能的。

**2. 不应采用性能化设计评估方法的建筑**

下列情况不应采用性能化设计评估方法：

（1）国家法律、法规和现行国家消防技术标准强制性条文规定的。

（2）国家现行消防技术标准已有明确规定，且无特殊使用功能的建筑。

（3）居住建筑。

（4）医疗建筑、教学建筑、幼儿园、托儿所、老年人建筑以及歌舞娱乐游艺场所。

（5）室内净高小于8.0m的丙、丁、戊类厂房和丙、丁、戊类仓库。

（6）甲、乙类厂房，甲、乙类仓库，可燃液体、气体储存设施及其他易燃、易爆工程或场所。

笔 记

## 考点3　火灾场景的设定

### 1. 火灾场景确定的原则

火灾场景的确定应根据最不利的原则确定，选择火灾风险较大的火灾场景作为设定火灾场景。如火灾发生在疏散出口附近并导致该疏散出口不可利用、自动灭火系统或排烟系统由于某种原因而失效等。

火灾风险较大的火灾场景一般为最有可能发生，但其火灾危害不一定最大；或者火灾危害大，但发生的可能性较小的火灾场景。

### 2. 火灾增长的 $t^2$ 火模型

大量试验表明，多数火灾从点燃到发展再到充分燃烧阶段，火灾中的热释放速率大体按照时间的平方的关系增长，只是增长的速度有快有慢，因此在实际设计中人们通常采用这一种称为“$t$ 平方火（$t^2$ 火）”的火灾增长模型对实际火灾进行模拟。

火灾的增长规律可用下面的方程描述：

$$Q = \alpha t^2 \qquad (4\text{-}4\text{-}1)$$

式中　$Q$——热释放速率（kW）；

$\alpha$——火灾增长系数（$kW/s^2$）；

$t$——时间（s）。

“$t$ 平方火（$t^2$ 火）”的增长速度一般分为慢速、中速、快速、超快速四种类型，如图4-4-2所示，其火灾增长系数见表4-4-1。

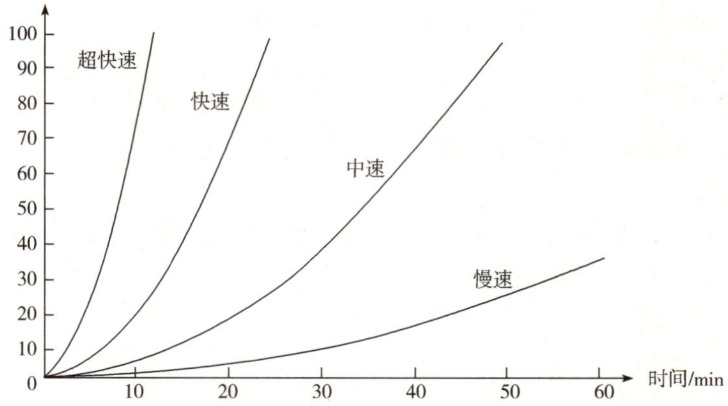


图4-4-2　四种“$t^2$ 火”增长曲线

**表4-4-1　“$t^2$ 火”的对比情况**

| 增长类型 | 火灾增长系数/（$kW/s^2$） | 达到1MW的时间/s | 典型可燃材料 |
|---|---|---|---|
| 超快速 | 0.1876 | 75 | 油池火、易燃的装饰家具、轻质的窗帘 |
| 快速 | 0.0469 | 150 | 装满东西的邮袋、泡沫塑料、叠放的木架 |
| 中速 | 0.01172 | 300 | 棉与聚酯纤维弹簧床垫、木制办公桌 |
| 慢速 | 0.00293 | 600 | 厚重的木制品 |

笔 记

表4-4-1可以与《消防安全技术实务》第524页的表5-4-1做对比，由于数据来源不同，数据略有差异。

## 二、难点突破

（1）火灾场景是对一次火灾整个发展过程的定性描述，该描述确定了反映该次火灾特征并区别于其他可能火灾的关键事件。火灾场景通常要定义引燃、火灾增长阶段、完全发展阶段、衰退阶段以及影响火灾发展过程的各种消防措施和环境条件。

（2）确定火灾场景可采用下述方法：故障类型和影响分析、故障分析、如果—怎么办分析、相关统计数据、工程核查表、危害指数、危害和操作性研究、初步危害分析、故障树分析、事件树分析、原因后果分析和可靠性分析等。

## 三、真题解析

### （一）单项选择题

1．（考点3）将计算空间划分为众多相互关联的体积元，通过求解质量、能量和动量方程，获得空间热参数在设定时间步长内变化情况的预测，以描述火灾发展过程的模型属于（　　）。（2017年真题）

A．经验模型　　B．区域模型　　C．不确定模型　　D．场模型

**【答案】** B。

**【解析】** 根据《实务》534－535可知：区域模型主要以描述火灾发展过程为主，因此，答案为B。

2．（考点3）采用$t^2$火模型描述火灾发展过程时，装满书籍的厚布邮袋火灾是（　　）$t^2$火。（2017年真题）

A．超快速　　B．中速　　C．慢速　　D．快速

**【答案】** D。

**【解析】** 中速$t^2$火包括：无棉制品、聚酯床垫；快速$t^2$火包括：塑料泡沫、堆积的木板、装满邮件的邮袋；极快速$t^2$火包括：甲醇、快速燃烧的软垫座椅。因此，答案为D。

3．（考点4）火灾从点燃到发展至充分燃烧阶段，其热释放速率大体按照时间的平方关系增长，通常采用“$t^2$火”火灾增长模型表征实际火灾发展情况。按“$t^2$火”火灾增长模型，从火灾发生至热释放速率达至1MW所需时间为300s的火灾是（　　）“$t^2$火”。（2015年真题）

A．中速　　B．慢速　　C．快速　　D．超快速

**【答案】** A。

**【解析】** 根据本章考点3：热释放速率达至1MW所需时间为300s的火灾是中速火灾。

因此，选择A是正确的。

4．（考点3）在开展建筑消防性能化设计与评估时，预测自动喷水灭火系统洒水喷头的起动时间，主要应考虑火灾的（　　）阶段。（2016年真题）

A．阻燃　　B．增长　　C．全面发展　　D．衰退

【答案】B。

【解析】根据本章考点3，在设定火灾场景时需要预测自动喷水灭火系统洒水喷头的起动时间，而这在火灾增长阶段具有重要意义。

因此，答案为B。

**（二）多项选择题**

（考点1）消防性能化设计以消防安全工程学为基础，是一种先进、有效、科学、合理的防火设计方法。下列属于建筑物消防性能化设计的基本步骤的有（　　）。(2015年真题)

A. 确定建筑物的消防安全总体目标

B. 进行性能化防火试设计和评估验证

C. 修改、完善设计并进一步评估验证确实是否满足所确定的消防安全目标

D. 编制设计说明与分析报告，提交审查与批准

E. 确定建筑各楼层和区域的使用功能

【答案】ABCD。

【解析】根据本章考点1，建筑物消防性能化设计的基本步骤的有：

①确定工程范围；②确定消防安全目标；③确定设计目标；④设定火灾场景；⑤建立试设计并进行评估；⑥完成报告，编写设计文件。

因此，选项ABCD是正确的。

# 第五章　人员安全疏散的性能化设计与评估

## 一、考点提炼

### 考点1　影响人员安全疏散的因素

影响人员安全疏散的因素见表4-5-1。

**表4-5-1　影响人员安全疏散的因素**

| 影响因素 | 包含内容 | 细分内容 |
| --- | --- | --- |
| 人员内在影响因素 | 心理因素 | 心理因素包括：自信心；耐心；反应时间；信息感知能力 |
| | 生理因素 | 性别、年龄、高度和体重；移动能力和速度；敏捷性；肺活量大小（与动作类型有关） |
| | 现场状态因素 | 包括清醒状态、睡眠状态、人员对周围环境的熟悉程度等 |
| | 社会关系因素 | 即使是在紧急情况下，人们的社会关系因素仍然会对疏散产生一定影响。如：火灾时，人们往往会首先想到通知、寻找自己的亲友；对于处在特殊岗位的人员，如核电站操作员，会首先想到自身的责任等 |

笔记

（续）

| 影响因素 | 包含内容 | 细分内容 |
|---|---|---|
| 外在环境影响因素 | 建筑物的空间几何形状、建筑功能布局以及建筑内具备的防火条件等因素 | |
| 环境变化影响因素 | 火灾时现场环境条件势必要发生变化，从而对人员疏散造成影响 | |
| 救援和应急组织影响因素 | 火灾时自救、外部救援及组织能力也会对安全疏散产生影响 | |
| 安全管理因素 | 建筑的管理、关键设备（如火灾自动报警、灭火设备等）的管理与维护、建筑内人员的管理与培训、防火管理、火灾监督及安全、应急计划步骤等 | |

## 考点2　人员疏散时间的构成

疏散时间（REST）包括疏散开始时间（$t_{start}$）和疏散运动时间（$t_{trav}$）两部分，疏散时间的预测公式为：

$$t_{REST} = t_{start} + t_{trav} \tag{4-5-1}$$

**1. 开始时间（$t_{start}$）**

疏散开始时间即从起火到开始疏散的时间。

一般情况下，疏散开始时间与火灾探测系统、报警系统、起火场所、人员相对位置、疏散人员状态及状况、建筑物形状及管理状况、疏散诱导手段等因素有关。疏散开始时间可分为探测时间（$t_{det}$）、报警时间（$t_{warn}$）和人员的疏散预动时间（$t_{pre}$），即：

$$t_{start} = t_{det} + t_{warn} + t_{pre} \tag{4-5-2}$$

其中，$t_{det}$是指火灾发生、发展将触发火灾探测与报警装置而发出报警信号，使人们意识到有异常情况发生，或者人员通过本身的味觉、嗅觉及视觉系统察觉到火灾征兆的时间；$t_{warn}$是指从探测器动作或报警开始至警报系统启动的时间；$t_{pre}$是指疏散预动作时间，指人员从接到火灾警报之后到疏散行动开始之前的这段时间间隔，包括识别时间（$t_{rec}$）和反应时间（$t_{res}$），即：

$$t_{pre} = t_{rec} + t_{res} \tag{4-5-3}$$

其中，$t_{rec}$是指从火灾报警或信号发出后到人员还未开始反应的时间。当人员接收到火灾信息并开始作出反映时，识别阶段即结束；$t_{res}$是指从人员识别报警或信号并开始作出反映至开始直接朝出口方向疏散的时间。与识别阶段类似，反应阶段的时间长短也与建筑空间的环境状况有密切关系，从数秒钟到数分钟不等。

发生火灾时，通知人们疏散的方式不同，建筑物的室内环境不同，人们得到发生火灾的消息并准备疏散的时间也不同。

**2. 运动时间（$t_{trav}$）**

疏散运动时间即从疏散开始至疏散到安全地点的时间，它由疏散动态模拟模型得到。疏散运动时间的预测是基于建筑中人员在疏散过程中是有序进行，不发生恐慌为前提的。

火灾发展与人员疏散过程的关系如图 4-5-1 所示。

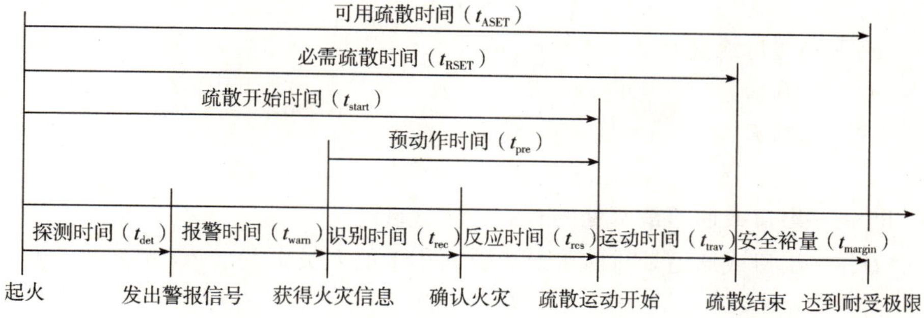


图 4-5-1　火灾发展与人员疏散过程关系

因此，疏散时间（REST）可以概括为：

$$t_{REST} = t_{det} + t_{warn} + t_{rec} + t_{res} + t_{trav} \tag{4-5-4}$$

考虑到疏散过程中存在的某些不确定性因素（实际人员组成、人员状态等），需要在分析中考虑一定的安全余量 $t_{margin}$ 以进一步提高建筑物的疏散安全水平。

**3. 火灾探测时间（$t_{det}$）**

设计方案中所采用的火灾探测器类型和探测方式不同，探测到火灾的时间也不相同。因此，在计算火灾探测时间时可以通过计算火灾中烟气的减光度、温度或火焰长度等特性参数来预测火灾探测时间。

## 考点 3　疏散行动时间的量化

人员疏散行动时间是指建筑内的人员从疏散行动开始至疏散结束所需要的时间，包含行走时间和通过时间。

**1. 行走时间 $t_w$**

行走时间是指行走到疏散线路上安全出口的时间。行走时间与人的行走速度以及到达出口的距离有关。当人员密度较低且人员行走不受阻时则代表最短的行走时间，用下式计算，即：

$$t_w = L/S \tag{4-5-5}$$

式中　$t_w$——行走时间（s）；

$L$——人员从初始位置行走至疏散安全出口的距离（m）；

$S$——人的行走速度（m/s）。

**2. 通过时间 $t_p$**

通过时间是指人流通过出口或通道的时间。通过时间由出口的通行人数和出口的通行能力决定。出口的通行能力则与出口有效宽度和出口流量有关。用下式计算，即：

$$t_p = P/F_c \tag{4-5-6}$$

式中　$t_p$——通过出口或通道的时间（s）；

$P$——在出口或通道处排队通过的总人数（人）；

$F_c$——通过出口或通道的人流量（人/s）。

通过出口或通道的人流量可用下式计算，即：

笔记

$$F_c = F_s W_e \quad (4\text{-}5\text{-}7)$$

式中 $F_s$——通行流速［人/（m·s）］，又称为流出系数，可用式（4-5-8）计算为单位时间内通过出口或通道单位宽度上的人数；（提示：这里的 $F_s$ 与《综合能力》第 362 页的流动系数 $F = VD$ 的实际意义是完全一致的，只是符号和单位有变化）

$W_e$——出口或通道最窄处的有效宽度（m）；

$D$——出口或通道处排队人员单位面积上的人员密度（人/$m^2$）；

$$F_s = SD \quad (4\text{-}5\text{-}8)$$

式中 $D$——出口或通道处排队人员单位面积上的人员密度（人/$m^2$）；

$S$——人员通过出口或通道的行走速度（m/s）。

当计算建筑内某区域的疏散行动时间时，需要考虑行走时间 $t_w$ 和通过时间 $t_p$ 之间的关系。

（1）当 $t_w < t_p$ 时，说明人员行走到达出口时，人员并没有全部通过出口，因此人员将会在出口处出现滞留现象，此时该区域内疏散行动时间由通过时间 $t_p$ 决定。

（2）当 $t_w > t_p$ 时，说明区域内人员在到达出口时，其他人员已经通过了出口，因而不必再在出口处排队等候，因此疏散行动时间由最远点的人员行走时间 $t_w$ 决定。

**3. 人员的行走速度**

人员自身的条件、建筑的情况和人员密度均对人员行走速度有一定的影响。

（1）人员自身条件的影响。

人员自身条件包括年龄、性别、状态等，人的行走速度受到这些因素的影响很大。

（2）建筑情况的影响。

不同的建筑中由于功能、构造、布置不同，对人员行走速度的影响不同。不同的建筑类型、建筑物的不同部位、不同的疏散方向（上楼/下楼），人员行走速度差异较大。

（3）人员密度的影响。

行人运动与密度之间存在着密切关系，当密度小于 0.5m/s 时，行人可以自由运动；当密度在 0.5～4.0m/s 之间时，行人的运动受到约束；当密度大于 4.0m/s 时，很容易导致人群阻塞。

正常情况下，公共场所行人的步行速度为 1～2m/s，根据日本研究人员的统计，正常情况下步速的平均值为 1.33m/s。但是，当人群密度增大时，疏散速度就会相应减小。

**4. 水力模型和行为模型**

（1）水力疏散计算模型。

水力疏散计算模型将人在疏散通道内的走动模拟为水在管道内的流动状态，将人群的疏散作为一种整体运动，完全忽略人的个体特性。

（2）人员行为疏散计算模型。

人员行为疏散计算模型综合考虑了人与人、人与建筑物以及人与环境之间的相互作用，并能够从一定程度上反映火灾时人员疏散运动规律和个体特性对人员疏散的影响。

## 考点4 通道的有效宽度（$W_e$）

大量的火灾演练试验表明：人群的流动依赖于通道的有效宽度，而不是通道实际宽度，也就是说在人群和侧墙之间存在一个“边界层”。对于一条通道来说，每侧的边界层大约是0.15m，如果墙壁表面是粗糙的，那么这个距离可能会再大一些。而如果在通道的侧面有数排座位，例如在剧院或体育馆，这个边界层是可以忽略的。在工程计算中应从实际通道宽度中减去边界层的厚度，得到有效宽度。

美国《SFPE防火工程手册》给出了典型通道的边界层厚度如下：

楼梯间的墙：15cm；扶手栏杆：9cm；剧院座椅：0；走廊的墙：20cm；其他的障碍物：10cm；宽通道处的墙：46cm；门：15cm。

疏散走道或出口的净宽度应按下列要求计算：

（1）对于走廊或过道，为从一侧墙到另一侧墙之间的距离。

（2）对于楼梯间，为踏步两扶手间的宽度。

（3）对于门扇，为门在其开启状态时的实际通道宽度。

（4）对于布置固定座位的通道，为沿走道布置的座位之间的距离或两排座位中间最狭窄处之间的距离。

## 考点5 人员疏散安全性评估

**1. 不考虑建筑倒塌因素的判定原则**

建筑的使用者撤离到安全地带所花的时间（REST）小于火势发展到超出人体耐受极限的时间（AEST），则表明达到人员生命安全的要求。即保证安全疏散的判定准则为：

$$\text{RSET} + T_S < \text{ASET} \tag{4-5-9}$$

式中 RSET——疏散时间；

ASET——开始出现人体不可忍受情况的时间，也称可用疏散时间或危险来临时间；

$T_S$——安全裕度，即防火设计为疏散人员所提供的安全余量。

疏散时间RSET，即建筑中人员从疏散开始至全部人员疏散到安全区域所需要的时间，疏散过程大致可分为感知火灾、疏散行动准备、疏散行动、到达安全区域等几个阶段。

危险来临时间ASET，即疏散人员开始出现生理或心理不可忍受情况的时间，一般情况下，火灾烟气是影响人员疏散的最主要因素，常常以烟气下降一定高度或浓度超标的时间作为危险来临时间。

安全裕度的取值：

（1）一般情况下，安全裕度建议取为0～1倍的疏散行动时间。

（2）对于商业建筑来说，由于人员类型复杂，对周围的环境和疏散路线并不都十分熟悉，所以在选择安全裕度时，取值建议不应小于0.5倍的疏散行动

笔记

笔 记

时间。

**2. 考虑建筑倒塌和灭火救援因素的安全评估原则**

（1）考虑建筑倒塌的安全评估原则。

如当结构存在坍塌的危险时，要保证人员的安全，需要同时满足下面的条件，即：

$$\text{RSET} < \min(T_{fr}, T_f) \quad (4\text{-}5\text{-}10)$$

式中 $T_{fr}$——结构的耐火极限（s）；

$T_f$——在火灾条件下结构的失效时间（s）。

（2）考虑灭火救援因素的安全评估原则。

当人员无法疏散、需要滞留在建筑内等待救援时，需要同时满足下面的条件：

$$kT_{control} < \min(T_{fr}, T_f) \quad (4\text{-}5\text{-}11)$$

式中 $T_{control}$——消防队有效控火时间；

$k$——安全系数。

## 二、难点突破

1. 应当掌握人员疏散时间的构成，尤其是疏散预动作时间的组成和含义。

2. 应当掌握人员疏散量化模型里的各种参数的含义，例如：通行流速[人/（m. s）]，又称为流出系数；行走速度与人员密度关系等。

3. 前提条件不同，人员疏散安全性评估模型不同。

## 三、真题解析

**多项选择题**

1.（考点 2）在进行建筑消防安全评估时，关于疏散时间的说法，正确的有（　　）。（2017 年真题）

A. 疏散开始时间是指从起火到开始疏散的时间

B. 疏散开始时间不包括火灾探测时间

C. 疏散运动时间是指从疏散开始至疏散到安全地点的时间

D. 与疏散相关的火灾探测时间可以采用喷头动作的时间

E. 疏散准备时间与通知人们疏散方式有较大关系

**【答案】** ACDE。

**【解析】** 疏散开始时间可分为探测时间、报警时间和人员的疏散预动作时间，因此 B 项错误。

2.（考点 3）按下图估算，200 人按疏散指示有序通过一个净宽度为 2m 且直接对外的疏散出口疏散至室外，其最快疏散时间约为（　　）s。（2017 年真题）

A. 40　　B. 60　　C. 80　　D. 100

**【答案】** C。

**【解析】** 从图示可知：最大通行系数为 13 人/m · s，因此，最快时间 $t = Q/W_e \cdot N = 200/1.3 \times 2 \approx 80$（s）。因此，答案为 C。

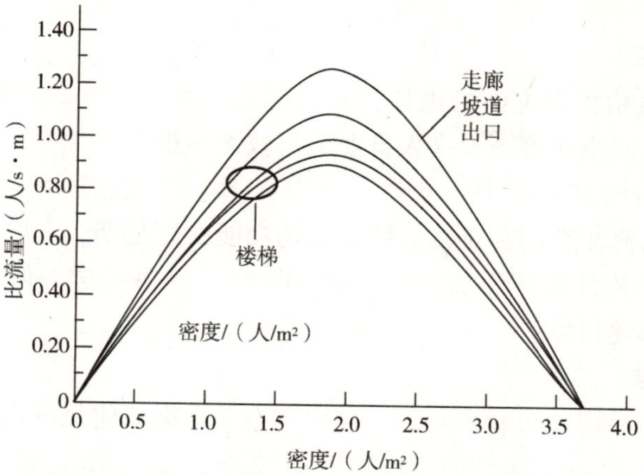


3.（考点3）对建筑进行性能化防火设计评估中，在计算人员安全疏散时间时，应确定人员密度、疏散宽度、行走速度等相关参数。行走速度的确定需考虑影响行走速度的因素。影响行走速度的因素主要包括（　　）。（2015年真题）

A. 灭火器配置　　B. 人员自身条件

C. 报警时间　　D. 建筑情况

E. 人员密度

【答案】BDE。

【解析】根据本章考点3：“影响行走速度的因素主要包括人员自身的条件的影响、建筑情况的影响和人员密度的影响”，应选BDE。

# 第六章　建筑结构耐火性能化设计与评估

## 一、考点提炼

### 考点1　影响建筑结构耐火性能的因素

**1. 结构类型**

①钢结构；②钢筋混凝土结构；③钢-混凝土组合结构，型钢混凝土结构和钢管混凝土结构。

**2. 荷载比**

荷载比为结构所承担的荷载与其极限荷载的比值。

**3. 火灾规模**

火灾规模包括火灾温度和火灾持续时间。

**4. 结构及构件温度场**

温度越高，材料性能劣化越严重，结构及构件的温度场是影响其耐火性能的主要因素之一。

### 考点2　结构耐火性能设计的目标及判定标准

**1. 总目标**

受火灾作用时，建筑物中受力结构应能在合理的消防投入基础上，保持建筑

笔记

笔 记

结构的安全性和整体稳定性。

**2. 性能目标**

（1）减轻结构在火灾中的破坏，避免因结构在火灾中局部倒塌而危害建筑内部人员的疏散安全和外部灭火人员安全与救援困难。

（2）避免结构在火灾中因变形、垮塌而难以修复或影响重要功能的使用、减少灾后结构的修复费用和难度，缩短结构功能的恢复期。

（3）预防因构件破坏而加剧火灾中的热对流和热辐射，使火灾蔓延至其他防火区域或相邻建筑物。

**3. 判定标准**

所设计的结构构件的耐火时间，必须不小于根据该建筑设定火灾场景下各结构构件应具备的最小耐火时间或根据规范确定的耐火极限。即，对于建筑构件，无论是构件层次还是整体结构层次的耐火设计，均应满足下列要求之一：

（1）在规定的结构耐火时间内，结构的承载力 $R_d$ 应不小于各种作用所产生的组合效应 $S_m$，即 $R_d \geqslant S_m$。

（2）在各种荷载效应组合下，结构的耐火时间 $t_d$ 应不小于规定的结构耐火极限 $t_m$，即 $t_d \geqslant t_m$。

（3）在火灾条件下，当结构内部温度均匀时，若取结构达到承载力极限状态时的内部温度为临界温度 $T_d$，则应不小于在耐火极限时间内结构的最高温度 $T_m$，即 $T_d \geqslant T_m$。

钢结构失效的判定条件如下：

（1）在要求的耐火时间内，钢结构梁、柱的温度超过 550℃。

（2）钢结构构件的变形或承载力大于允许值。

（3）在要求的耐火时间内，钢屋架中各支撑构件的温度超过 380℃。

## 二、难点突破

（1）耐火承载力极限状态火灾条件下，当满足以下条件之一时，可认为建筑构件达到耐火承载力极限状态：

1）轴心受力构件的截面屈服。

2）受弯构件产生足够的塑性铰而成为可变机构。

3）构件丧失整体稳定。

（2）应当掌握钢结构与其他结构在判定标准上的区别。

## 三、综合练习

1. 影响建筑结构耐火性能的因素有（　　）。

A. 结构类型　　B. 荷载比

C. 可燃物数量　　D. 火灾规模

E. 结构及构件温度场

【答案】ABDE。

2. 对于建筑构件，无论是构件层次还是整体结构层次的耐火设计，符合满足的要求是（　　）。

A. 在规定的结构耐火时间内，结构的承载力 $R_d$ 应不小于各种作用所产生的组合效应 $S_m$，即 $R_d \geqslant S_m$

B. 在各种荷载效应组合下，结构的耐火时间 $t_d$ 应不小于规定的结构耐火极限 $t_m$，即 $t_d \geqslant t_m$

C. 在火灾条件下，当结构内部温度均匀时，若取结构达到承载力极限状态时的内部温度为临界温度 $T_d$，则应不小于在耐火极限时间内结构的最高温度 $T_m$，即 $T_d \geqslant T_m$

D. 在火灾条件下，当结构内部温度均匀时，若取结构达到承载力极限状态时的内部温度为临界温度 $T_d$，则应不小于在耐火极限时间内结构的最高温度 $T_m$，即 $T_d \leqslant T_m$

【答案】ABC。

笔记

笔 记

# 第五篇　消防设备设施

## 第一章　灭火器

本章思维导图如图 5-1 所示。

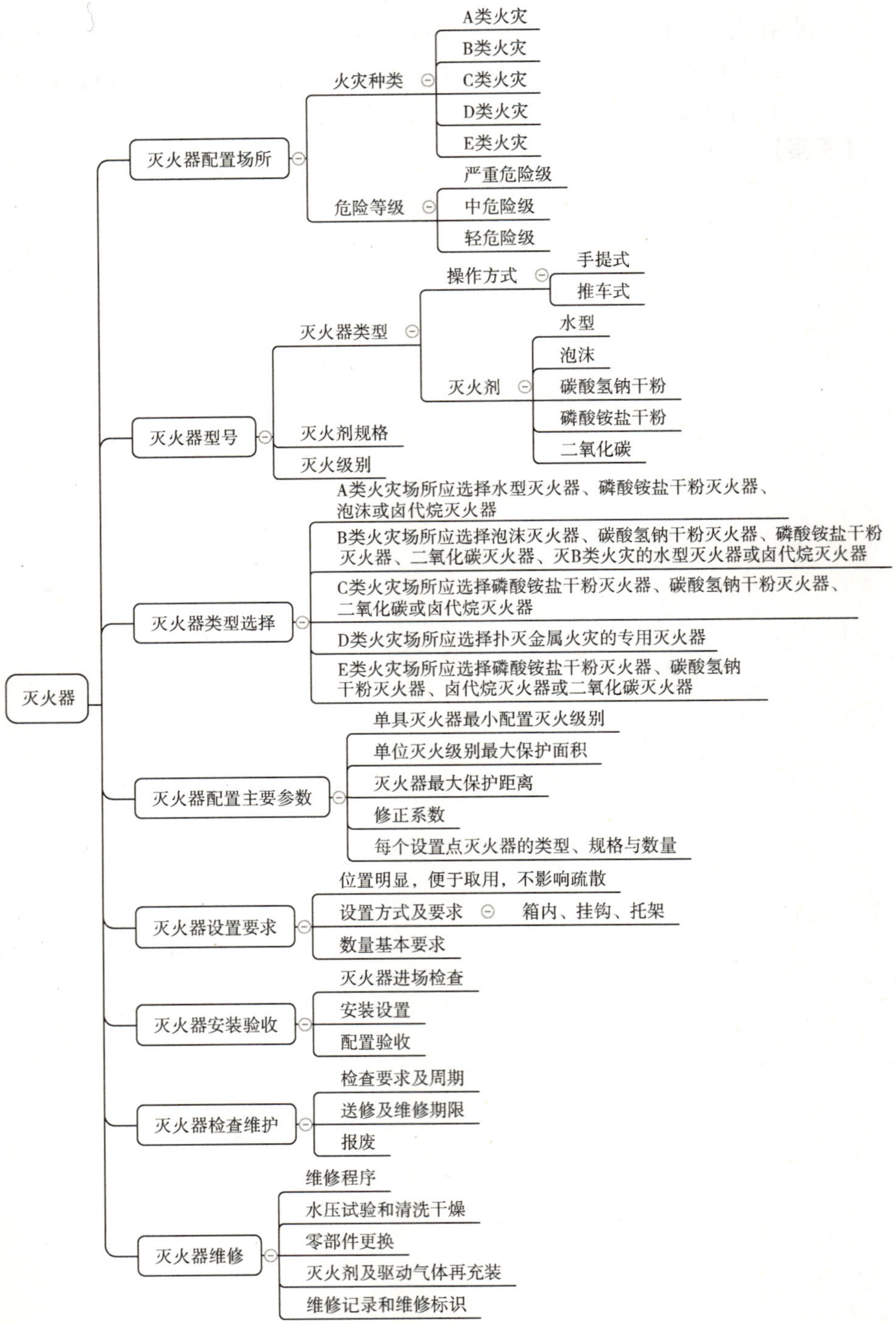

图 5-1　灭火器思维导图

## 一、考点提炼

### 考点 1　灭火器配置场所的种类和灭火器型号

（1）灭火器配置场所的火灾种类分为五类。

A 类火灾：固体物质火灾。

B 类火灾：液体火灾或可熔化固体物质火灾。

C 类火灾：气体火灾。

D 类火灾：金属火灾。

E 类火灾：物体带电燃烧的火灾。

（2）灭火器配置场所的危险等级见表 5-1-1。

**表 5-1-1　灭火器配置场所的危险等级**

| 危险等级 | 工业场所 | 民用建筑 |
| --- | --- | --- |
| 严重危险级 | 易燃易爆场所 | 50 张及以上床位的养老院、幼儿园、医院住院部；50 间以上的旅馆的公共活动用房；100 张及以上床位的学校集体宿舍；200$m^2$ 及以上的娱乐场所；500$m^2$ 及以上的车站码头候车（船）室；演出场所的舞台和后台；超高层和一类高层建筑的写字楼、公寓楼 |
| 中危险级 | 可燃物质场所 | 商场、演出场所的观众厅、县级以下重要公共建筑 |
| 轻危险级 | 难燃不燃物质场所 | 客房、住宅、无电气设备办公室 |

（3）灭火级别：表示灭火器能够扑灭不同种类火灾的效能，由表示灭火效能的数字和灭火种类的字母组成。

（4）灭火器型号。

灭火器型号用代号、类型和规格表示。水型灭火器和泡沫灭火器规格单位为 L，其他类型灭火器规格单位为 kg。常见手提式灭火器型号及灭火级别见表 5-1-2。推车式灭火器用“T”表示，如推车式 50kg 碳酸氢钠干粉灭火器的型号为 MFT50。

**表 5-1-2　手提式灭火器型号和灭火级别**

| 灭火器类型 | 灭火剂规格 | | 灭火器型号 | 灭火级别 | |
| --- | --- | --- | --- | --- | --- |
| | /L | /kg | | A 类 | B 类 |
| 水型 | 6 | — | MS/Q3（清水） | 1A | — |
| | 6 | — | MS/T3（添加剂） | | 55B |
| 泡沫 | 6 | — | MP6 | 1A | 55B |
| | 9 | — | MP/AR9（抗溶） | 2A | 89B |
| 碳酸氢钠干粉 | — | 5 | MF5 | — | 89B |
| 磷酸铵盐干粉 | — | 2 | MF/ABC2 | 1A | 21B |
| | — | 3 | MF/ABC3 | 2A | 34B |
| | — | 4 | MF/ABC4 | 2A | 55B |
| | — | 5 | MF/ABC5 | 3A | 89B |
| 二氧化碳 | — | 7 | MT7 | — | 55B |

笔 记

笔 记

（5）手提式灭火器的最小有效喷射时间为8～15s，最小有效喷射距离，二氧化碳灭火器和洁净气体灭火器不小于2m，干粉灭火器和水基灭火器3～5m。

## 考点2 灭火器选择要求

（1）在同一灭火器配置场所，宜选用相同类型和操作方法的灭火器。当同一灭火器配置场所存在不同火灾种类时，应选用通用型灭火器。

（2）在同一灭火器配置场所，当选用两种或两种以上类型灭火器时，应采用灭火剂相容的灭火器，不相容的灭火剂见表5-1-3。

**表5-1-3 不相容的灭火剂举例**

| 灭火剂类型 | 不相容的灭火剂 | |
|---|---|---|
| 干粉与干粉 | 磷酸铵盐 | 碳酸氢钠、碳酸氢钾 |
| 干粉与泡沫 | 碳酸氢钠、碳酸氢钾 | 蛋白泡沫 |
| 泡沫与泡沫 | 蛋白泡沫、氟蛋白泡沫 | 水成膜泡沫 |

（3）灭火器的类型选择。

1）A类火灾场所应选择水型灭火器、磷酸铵盐干粉灭火器、泡沫灭火器或卤代烷灭火器。

2）B类火灾场所应选择泡沫灭火器、碳酸氢钠干粉灭火器、磷酸铵盐干粉灭火器、二氧化碳灭火器、灭B类火灾的水型灭火器或卤代烷灭火器。极性溶剂的B类火灾场所应选择灭B类火灾的抗溶性灭火器。

3）C类火灾场所应选择磷酸铵盐干粉灭火器、碳酸氢钠干粉灭火器、二氧化碳灭火器或卤代烷灭火器。

4）D类火灾场所应选择扑灭金属火灾的专用灭火器。

5）E类火灾场所应选择磷酸铵盐干粉灭火器、碳酸氢钠干粉灭火器、卤代烷灭火器或二氧化碳灭火器，但不得选用装有金属喇叭喷筒的二氧化碳灭火器。

6）非必要场所不应配置卤代烷灭火器。

7）灭火器适用火灾种类：

①水型灭火器：A类，部分水型还可灭B类；②磷酸铵盐干粉灭火器：A、B、C、E类；③碳酸氢钠干粉灭火器：B、C、E类；④泡沫灭火器：A、B类；⑤二氧化碳灭火器：B、C、E类。

## 考点3 灭火器设置一般要求

（1）灭火器应设置在位置明显和便于取用的地点，且不得影响安全疏散。

（2）对有视线障碍的灭火器设置点，应设置指示其位置的发光标志。

（3）灭火器的摆放应稳固，其铭牌应朝外。手提式灭火器宜设置在灭火器箱内或挂钩、托架上，其顶部离地面高度不应大于1.50m；底部离地面高度不宜小于0.08m。灭火器箱不得上锁。

（4）灭火器不宜设置在潮湿或强腐蚀性的地点。当必须设置在这类地点时，应有相应的保护措施。灭火器设置在室外时，应有相应的保护措施。

（5）灭火器不得设置在超出其使用温度范围的地点。

（6）一个计算单元内配置的灭火器数量不得少于2具，每个设置点的灭火器数量不宜多于5具。

笔 记

## 考点4 灭火器最大保护距离

（1）设置在A类火灾场所的灭火器，其最大保护距离见表5-1-4。

**表5-1-4 A类火灾场所的灭火器最大保护距离** （单位：m）

| 危险等级 | 灭火器型式 | |
| --- | --- | --- |
| | 手提式 | 推车式 |
| 严重危险级 | 15 | 30 |
| 中危险级 | 20 | 40 |
| 轻危险级 | 25 | 50 |

（2）设置在B、C类火灾场所的灭火器，其最大保护距离见表5-1-5。

**表5-1-5 B、C类火灾场所的灭火器最大保护距离**（单位：m）

| 危险等级 | 灭火器型式 | |
| --- | --- | --- |
| | 手提式 | 推车式 |
| 严重危险级 | 9 | 18 |
| 中危险级 | 12 | 24 |
| 轻危险级 | 15 | 30 |

（3）D类火灾场所的灭火器，其最大保护距离应根据具体情况研究确定。

（4）E类火灾场所的灭火器，其最大保护距离不应低于该场所内A类或B类火灾的规定。

## 考点5 灭火器最低配置基准

（1）A类火灾场所灭火器的最低配置基准见表5-1-6。

**表5-1-6 A类火灾场所灭火器的最低配置基准**

| 危险等级 | 严重危险级 | 中危险级 | 轻危险级 |
| --- | --- | --- | --- |
| 单具灭火器最小配置灭火级别 | 3A（ABC5、6） | 2A（ABC3、4） | 1A（ABC1、2） |
| 单位灭火级别最大保护面积/($m^2$/A) | 50 | 75 | 100 |

（2）B、C类火灾场所灭火器的最低配置基准见表5-1-7。

**表5-1-7 B、C类火灾场所灭火器的最低配置基准**

| 危险等级 | 严重危险级 | 中危险级 | 轻危险级 |
| --- | --- | --- | --- |
| 单具灭火器最小配置灭火级别 | 89B（ABC5、6） | 55B（ABC4） | 21B（ABC1、2） |

笔 记

（续）

| 危险等级 | 严重危险级 | 中危险级 | 轻危险级 |
|---|---|---|---|
| 单位灭火级别最大保护面积/($m^2$/B) | 0.5 | 1.0 | 1.5 |

(3) D类火灾场所的灭火器最低配置基准应根据金属的种类、物态及其特性等研究确定。

(4) E类火灾场所的灭火器最低配置基准不应低于该场所内A类（或B类）火灾的规定。

(5) 当住宅楼每层的公共部位建筑面积超过$100m^2$时，应配置1具1A的手提式灭火器；每增加$100m^2$时，增配1具1A的手提式灭火器。

## 考点6　灭火器配置的设计计算程序

(1) 确定各灭火器配置场所的火灾种类和危险等级。

(2) 划分计算单元，计算各计算单元的保护面积。

(3) 计算各计算单元的最小需配灭火级别。

(4) 确定各计算单元中的灭火器设置点的位置和数量。

(5) 计算每个灭火器设置点的最小需配灭火级别。

(6) 确定每个设置点灭火器的类型、规格与数量。

(7) 确定每具灭火器的设置方式和要求。

(8) 在施工图上用灭火器图例和文字标明灭火器的型号、数量与设置位置。

## 考点7　灭火器配置计算过程

**1. 划分计算单元**

(1) 当一个楼层或一个水平防火分区内各场所的危险等级和火灾种类相同时，可将其作为一个计算单元。

(2) 当一个楼层或一个水平防火分区内各场所的危险等级和火灾种类不相同时，应将其分别作为不同的计算单元。

(3) 同一计算单元不得跨越防火分区和楼层。

**2. 确定计算单元保护面积**

(1) 建筑物按其建筑面积确定。

(2) 可燃物露天堆场，甲、乙、丙类液体储罐区，可燃气体储罐区按堆垛、储罐的占地面积确定。

**3. 配置设计计算过程**

(1) 计算单元的最小需配灭火级别。

$$Q = K\frac{S}{U}$$

式中　$Q$——计算单元的最小需配灭火级别（A或B）；

$S$——计算单元的保护面积（$m^2$）；

$U$——A类或B类火灾场所单位灭火级别最大保护面积（$m^2$/A或$m^2$/B）；

$K$——修正系数，见表5-1-8。

**表5-1-8　修正系数**

| 计算单元 | $K$ |
|---|---|
| 未设室内消火栓系统和灭火系统 | 1.0 |
| 设有室内消火栓系统 | 0.9 |
| 设有灭火系统 | 0.7 |
| 设有室内消火栓系统和灭火系统 | 0.5 |
| 可燃物露天堆场<br>甲、乙、丙类液体储罐区<br>可燃气体储罐区 | 0.3 |

（2）歌舞娱乐放映游艺场所、网吧、商场、寺庙以及地下场所等的计算单元的最小需配灭火级别是计算结果的1.3倍。

（3）计算单元中每个灭火器设置点的最小需配灭火级别：

$$Q_e = \frac{Q}{N}$$

式中　$Q_e$——计算单元中每个灭火器设置点的最小需配灭火级别（A或B）；

$N$——计算单元中的灭火器设置点数（个）。

## 考点8　灭火器和灭火器箱进场检查要求

（1）灭火器应符合市场准入的规定，应有出厂合格证和相关证书。

（2）灭火器的铭牌、生产日期和维修日期等标志应齐全。

（3）灭火器的类型、规格、灭火级别和数量应符合配置设计要求。

（4）灭火器筒体应无明显缺陷和机械损伤。

（5）灭火器的保险装置应完好。

（6）灭火器压力指示器的指针应在绿区范围内。

（7）推车式灭火器的行驶机构应完好。

（8）灭火器箱应有出厂合格证和型式检验报告。

（9）灭火器箱外观应无明显缺陷和机械损伤。

（10）灭火器箱应开启灵活。

## 考点9　灭火器安装设置一般要求

（1）灭火器的安装设置包括灭火器、灭火器箱、挂钩、托架和发光指示标志等的安装。

（2）灭火器的安装设置应按照灭火器配置设计图和安装说明进行，应编制建筑灭火器配置定位编码表。包括设置点编号及位置描述、灭火器型号规格、实配灭火级别、设置方式、灭火器数量。

（3）灭火器的安装设置应便于取用，且不得影响安全疏散。

（4）灭火器的安装设置应稳固，灭火器的铭牌应朝外，灭火器的器头宜向上。

笔记

笔 记

(5) 灭火器设置点的环境温度不得超出灭火器的使用温度范围。

(6) 设置点有视线障碍的，应在醒目的地方设置指示灭火器位置的发光标志。

(7) 在灭火器箱的箱体正面和灭火器设置点附近的墙面上应设置指示灭火器位置的标志，并宜选用发光标志。

(8) 室外设置的灭火器应采取防湿、防寒、防晒等保护措施。

(9) 潮湿性或腐蚀性的场所设置的灭火器，应采取防湿或防腐蚀措施。

(10) 推车式灭火器宜设置在平坦场地，不得设置在台阶上。在没有外力作用下，推车式灭火器不得自行滑动。

(11) 推车式灭火器防止自行滑动的固定措施不得影响其操作使用和正常行驶移动。

## 考点 10　手提式灭火器安装设置要求

(1) 手提式灭火器宜设置在灭火器箱内或挂钩、托架上。环境干燥、洁净的场所，可直接放置在地面上。

(2) 灭火器箱不应被遮挡、上锁或拴系。

(3) 灭火器箱的箱门开启应方便灵活，其箱门开启后不得阻挡人员安全疏散。箱门开启角度不应小于 175°，翻盖开启角度不应小于 100°。

灭火器和灭火器箱检查数量为全数检查。检查方法为观察检查与实测。

(4) 挂钩、托架应能承受一定的静载荷，不应松动、脱落、断裂和明显变形。

检查数量：随机抽查 20%，但不少于 3 个。总数少于 3 个时，全数检查。

检查方法：以 5 倍的手提式灭火器的载荷悬挂于挂钩、托架上，作用 5min，观察是否出现松动、脱落、断裂和明显变形等现象。当 5 倍的手提式灭火器质量小于 45kg 时，应按 45kg 进行检查。

(5) 挂钩、托架安装应方便徒手取用手提式灭火器，多个挂钩、托架相邻设置时，应方便取用任意一具。

(6) 设有夹持带的挂钩、托架，夹持带的打开方式应从正面可以看到。当夹持带打开时，灭火器不应掉落。

(7) 手提式灭火器顶部离地面距离不大于 1.50m，底部离地面距离不小于 0.08m。

## 考点 11　灭火器配置验收主要要求

(1) 灭火器的类型、规格、灭火级别和配置数量应符合设计要求。

(2) 灭火器的产品质量必须符合标准的要求。

(3) 在同一灭火器配置单元内，采用不同类型灭火器时，其灭火剂应能相容。

(4) 灭火器的保护距离应符合规定。

(5) 灭火器设置点附近应无障碍物，取用灭火器方便，且不得影响人员安全疏散。

（6）灭火器箱、挂钩、托架应符合设置规定。

（7）灭火器的位置标识、推车式灭火器的设置、室外和特殊场所的灭火器保护措施，应符合规定。

（8）缺陷项目划分为：严重缺陷项（A）、重缺陷项（B）和轻缺陷项（C）。

（9）合格判定条件应为：$A=0$，且 $B\leqslant1$，且 $B+C\leqslant4$，否则为不合格。

笔记

## 考点 12　灭火器检查维护要求

（1）灭火器的检查与维护应由相关技术人员承担。

（2）每次送修的灭火器数量不得超过计算单元配置灭火器总数量的 1/4。超出时，应选择相同型号规格的灭火器替代。

（3）检查或维修后的灭火器均应按原设置点位置摆放。

（4）需维修、报废的灭火器应由灭火器生产企业或专业维修单位进行。

（5）灭火器在位和完整情况列入每日防火巡查内容。

（6）灭火器的配置和外观应每月一次检查。

（7）候车（机、船）室、歌舞娱乐放映游艺等人员密集的公共场所，堆场、罐区、石油化工装置区、加油站、锅炉房、地下室等场所的灭火器，每半月进行一次检查。

（8）巡查和检查发现问题，或灭火器配置场所的使用性质发生变化等情况，应及时处置。

（9）灭火器的检查记录应予保留。

## 考点 13　灭火器送修要求

（1）存在机械损伤、明显锈蚀、灭火剂泄漏、被开启使用过或符合其他维修条件的灭火器应及时进行维修。

（2）灭火器的维修期限应符合规定，见表 5-1-9。

**表 5-1-9　灭火器的维修期限**

| 灭火器类型 | 维修期限 |
|---|---|
| 水基型灭火器 | 出厂期满 3 年<br>首次维修以后每满 1 年 |
| 干粉灭火器 | 出厂期满 5 年<br>首次维修以后每满 2 年 |
| 洁净气体灭火器 | |
| 二氧化碳灭火器 | |

## 考点 14　应报废的灭火器类型和情形

（1）酸碱型、化学泡沫型、倒置使用型、氯溴甲烷、四氯化碳和国家政策明令淘汰的其他类型灭火器。

（2）筒体严重锈蚀，锈蚀面积大于或等于筒体总面积的 1/3，表面有凹坑。

（3）筒体明显变形，机械损伤严重。

（4）器头存在裂纹、无泄压机构。

笔 记

（5）筒体为平底等结构不合理。

（6）没有间歇喷射机构的手提式。

（7）没有生产厂名称和出厂年月，包括铭牌脱落，或虽有铭牌，但已看不清生产厂名称，或出厂年月钢印无法识别。

（8）筒体有锡焊、铜焊或补缀等修补痕迹。

（9）被火烧过。

（10）灭火器出厂时间达到或超过报废期限时应报废。灭火器的报废期限见表5-1-10。

**表5-1-10　灭火器报废期限**

| 灭火器类型 | 报废期限/年 |
| --- | --- |
| 水基型灭火器 | 6 |
| 干粉灭火器 | 10 |
| 洁净气体灭火器 | |
| 二氧化碳灭火器 | 12 |

## 考点15　灭火器维修程序要求

（1）检查灭火器外观，确认灭火器的规格型号以及是否属于报废范围。

（2）属于报废范围的灭火器进行报废处理。

（3）确认灭火器内部无压力时，方可拆卸。

（4）对灭火器筒体、储气瓶、器头和推车式灭火器的喷射软管等进行水压试验，合格后方可使用。

（5）对灭火器筒体进行清洗、干燥。

（6）检查灭火器配件，更换密封件和已损的部件。

（7）按标准和铭牌进行灭火剂及驱动气体再充装，逐具进行气密性试验。

（8）灭火器维修出厂检验，检验合格贴上维修合格证方能出厂。

（9）整理维修记录。

## 考点16　灭火器维修水压试验和清洗干燥要求

（1）灭火器维修和再充装时，维修单位必须逐个对灭火器筒体和储气瓶进行水压试验。

（2）灭火器筒体和储气瓶应按制造商规定的试验压力进行水压试验。

（3）水压试验时不得有泄漏、破裂以及反映结构强度缺陷的可见的变形。

（4）二氧化碳灭火器钢瓶的残余变形率不得大于3%。

（5）水压试验合格的灭火器筒体内部应清洗干净。

（6）灭火器的零部件不得用有机溶剂洗涤。

（7）对所有非水基型灭火器，再充装前应确保空灭火器筒体内干燥。

## 考点17　灭火器维修零部件更换要求

（1）灭火器筒体和器头主体不得更换，所有需更换的灭火器零部件应采用原灭火器生产企业提供或推荐的相同型号、规格的产品。

（2）筒体有部分漆皮脱落的，允许补漆，涂漆不应覆盖铭牌。

（3）变形、变色、老化或断裂的橡胶件、塑料件必须更换。

（4）压力指示器外表面不得有变形、损伤等缺陷，压力值的显示应正常，示值误差应符合要求，更换的压力指示器应与所维修灭火器的类型，20℃时工作压力，红、绿、黄区标示范围相一致。

（5）喷嘴和喷射软管有变形、开裂、损伤等缺陷的，必须更换。

（6）更换严重损伤、变形、锈蚀的压把、提把等金属件。

（7）密封片、密封垫等密封零件必须更换，并符合密封要求。

（8）更换有弯折、堵塞、损伤和裂纹等缺陷的虹吸管和储气瓶式灭火器的出气管。

（9）水压试验不合格或永久性标志不符合要求的储气瓶必须更换，并将不合格储气瓶作报废处理。

（10）更换不符合要求的二氧化碳灭火器或储气瓶的超压保护装置。

（11）水基型或泡沫型灭火器的滤网损坏的，必须更换。

（12）推车式灭火器的车轮、车架组件的固定单元、喷射软管的固定装置损坏的必须更换。

## 考点 18 灭火器维修再充装要求

（1）在进行再充装时，应按制造商的要求进行操作。

（2）二氧化碳灭火器进行再充装时不得采用加热法，也不得以压力水为驱动力将二氧化碳灭火剂从储存气瓶中充装到灭火器内。

（3）再充装的灭火剂应采用原生产企业提供或推荐的相同型号、规格的产品。

（4）不同干粉灭火剂不应混合或污染。ABC 干粉和 BC 干粉充装设备应单独设置，充装场地应分隔独立。

（5）灭火器不得从一种类型转换成另一种类型，任何一种灭火器均不得转换充装不同种类的灭火剂。

（6）送修灭火器中剩余的灭火剂不得回收再次使用（1211 灭火剂除外）。

（7）洁净气体灭火器只能按铭牌上规定的灭火剂和剂量充装。

（8）可充装储压式灭火器的充压须符合灭火器铭牌上所规定的充装压力的要求。充压时不得用灭火器压力指示器作计量器具，并应根据环境温度变化调整充装压力。

（9）露点低于 -55℃ 的工业用氮气、纯度 99.5% 以上的二氧化碳以及不含水分的压缩空气，方可用作储压式干粉灭火器和洁净气体灭火器的驱动气体，驱动气体的种类应与灭火器铭牌或储气瓶上标注的一致。

（10）再充装后的灭火器必须逐具进行气密性试验。

笔 记

笔 记

### 考点19 灭火器维修记录和维修标识

(1) 维修单位应对维修的灭火器逐具进行编号，并按编号记录维修和再充装信息，确保可追溯性。

(2) 维修记录包括使用单位、制造商名称、出厂时间、型号规格、维修编号、检验项目及检验数据、配件更换情况、维修后总质量、钢瓶序列号、维修人员、检验人员等。

(3) 检验合格的灭火器应贴有维修合格证。

(4) 维修合格证应采用不加热的方法固定在灭火器的筒体上，不得覆盖生产厂铭牌。当将其从灭火器的筒体拆除时，这些标识应自行破损。

(5) 储气瓶维修后应有独立的维修标识（不允许打钢字），标明储气瓶的总质量和驱动气体充装量，同时还应有维修单位名称和充气的年、月。

## 二、难点突破

**1. 灭火器配置影响因素之间关系**

(1) 配置场所危险性越大，单具灭火器最小配置灭火级别越大，单具灭火器的规格越大。

(2) 配置场所危险性越大，单位灭火级别最大保护面积越小，场所需配灭火级别越大，所需灭火器数量越多。

(3) 配置场所危险性越大，灭火器最大保护距离越小，灭火器设置点间距越小，设置点数量越多。

(4) 配置场所灭火设施性能越好、种类越多，单个灭火器设置点配置的灭火器数量越少。

**2. 灭火器维修和报废期限**

灭火器维修期限和报废期限见表5-1-9和表5-1-10。

## 三、真题解析

### (一) 单项选择题

1. (考点2) 下列灭火器配置方案中，错误的是（ ）。(2017技术实务真题)

A. 商场女装库房配置水型灭火器

B. 碱金属（钾、钠）库房配置水型灭火器

C. 食用油库房配置泡沫灭火器

D. 液化石油气灌瓶配置干粉灭火器

**【答案】** B。

**【解析】** A类火灾场所应选择水型灭火器、磷酸铵盐干粉灭火器、泡沫灭火器或卤代烷灭火器。

D类火灾场所应选择扑灭金属火灾的专用灭火器。

B类火灾场所应选择泡沫灭火器、碳酸氢钠干粉灭火器、磷酸铵盐干粉灭火

器、二氧化碳灭火器、灭 B 类火灾的水型灭火器或卤代烷灭火器。

C 类火灾场所应选择磷酸铵盐干粉灭火器、碳酸氢钠干粉灭火器、二氧化碳灭火器或卤代烷灭火器。

2.（考点 1、2、4、5）某学校宿舍楼长度 40m，宽度 13m，建筑层数 6 层，建筑高度 21m，设有室内消火栓系统，宿舍楼每层设置 15 间宿舍，每间宿舍学生人数为 4 人，每层中间沿长度方向设 2m 宽的走道，该楼每层灭火器布置的做法中，符合现行国家标准《建筑灭火器配置设计规范》GB 50140 要求的是（　　）。(2017 综合能力真题)

A. 从距走道端部 5m 处开始每隔 10m 布置一具 MF/ABC5 灭火器

B. 在走道尽端各 5m 处分别布置 2 具 MF/ABC4 灭火器

C. 在走道尽端各 5m 处分别布置 2 具 MF/ABC5 灭火器

D. 从距走道端部 5m 处开始每隔 10m 布置一具 MS/Q6 灭火器

**【答案】** A。

**【解析】** 场所为 A 类火灾，宿舍楼因床位数大于或等于 100 张，属严重危险级。MF/ABC4 灭火器的灭火级别为 2A，MS/Q6 灭火器的灭火级别为 1A。单具灭火器最小配置灭火级别应该用 3A，最大保护距离为 15m。选项 C 保护距离超出 15m。

**（二）多项选择题**

根据现行国家标准《建筑灭火器配置验收及检查规范》GB 50444，下列灭火器中，应报废的有（　　）。(2017 综合能力真题)

A. 筒体表面有凹坑的灭火器

B. 出厂期满 2 年首次维修后，4 年内有维修 2 次的干粉灭火器

C. 出厂满 10 年的二氧化碳灭火器

D. 无间隙喷射机构的手提式灭火器

E. 筒体为平底的灭火器

**【答案】** ADE。

**【解析】** 灭火器报废要求：

(1) 筒体严重锈蚀，锈蚀面积大于或等于筒体总面积的 1/3，表面有凹坑。

(2) 没有间歇喷射机构的手提式。

(3) 筒体为平底等结构不合理。

(4) 灭火器出厂时间达到或超过报废期限时应报废。干粉灭火器和二氧化碳灭火器报废期限分别为 10 年和 12 年。

# 第二章 水灭火设施

## 第一节 消防给水

本节思维导图如图 5-2-a 所示。

笔记

笔 记

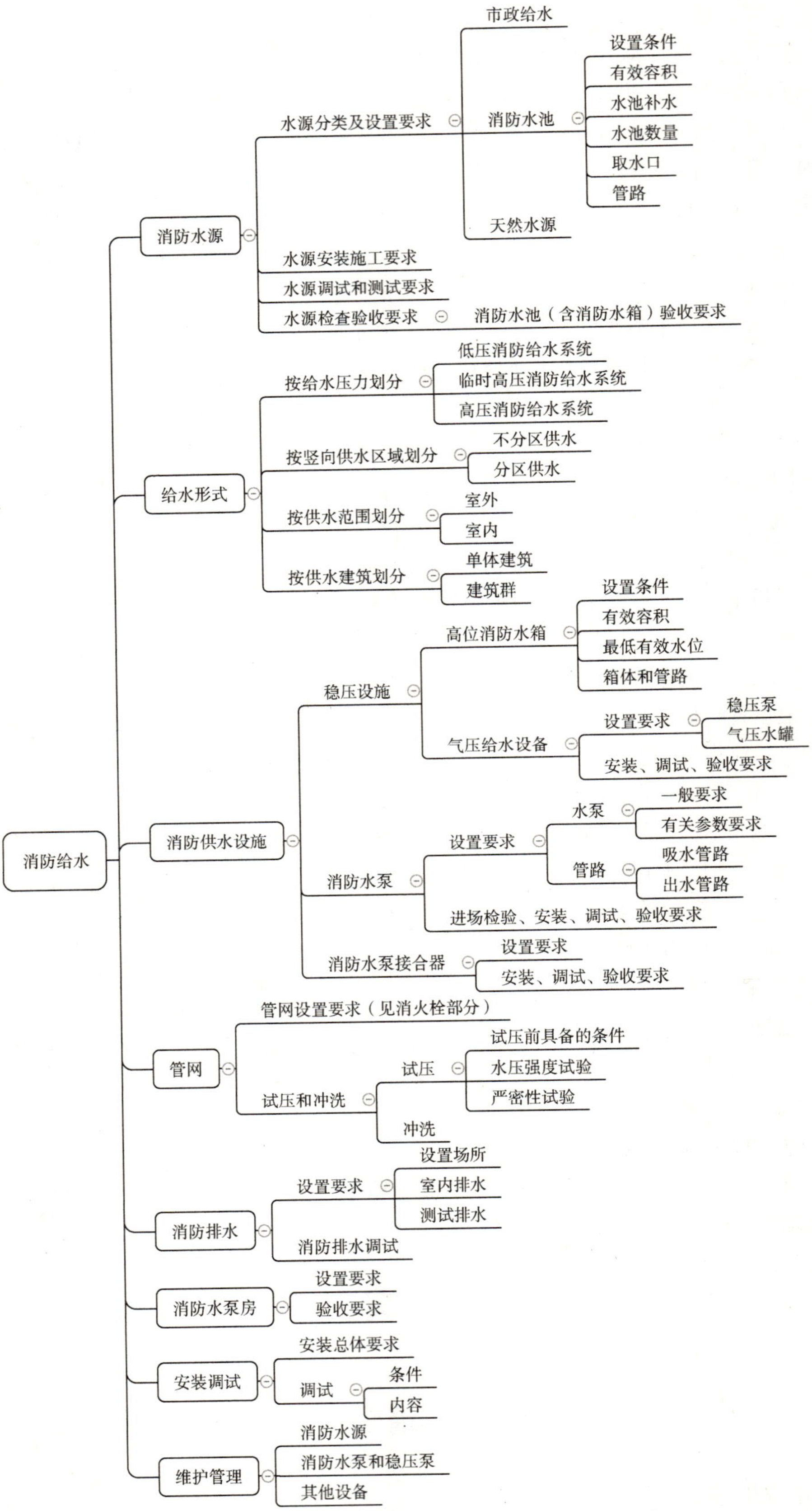


图 5-2-a 消防给水思维导图

笔 记

## 一、考点提炼

### 考点1 市政给水消防水源设置要求

消防水源是向水灭火设施、车载或手抬等移动消防水泵、固定消防水泵等提供消防用水的水源，包括市政给水、消防水池、高位消防水池和天然水源等。

（1）当市政给水管网连续供水时，消防给水系统可采用市政给水管网直接供水。

（2）市政两路消防供水条件：

1）市政给水厂应至少有两条输水干管向市政给水管网输水。

2）市政给水管网应为环状管网。

3）应有不同市政给水干管上不少于两条引入管向消防给水系统供水。

### 考点2 消防水池设置要求

消防水池是人工建造的供固定或移动消防水泵吸水的储水设施。

**1. 消防水池设置条件**

（1）当生产、生活用水量达到最大，市政给水管网或引入管不能满足室内、室外消防用水量时。

（2）当采用一路消防供水或只有一条引入管，且室外消火栓设计流量大于20L/s或建筑高度大于50m时。

（3）市政消防给水设计流量小于建筑的消防给水设计流量时。

（4）当市政给水为间歇供水或供水能力不足时，宜建设市政消防水池，且建筑消防水池宜有作为市政消防给水的技术措施。

（5）城市避难场所宜设置独立的城市消防水池，且每座容量不宜小于200$m^3$。

**2. 消防水池有效容积**

（1）当市政给水管网能保证室外消防给水设计流量时，消防水池的有效容积应满足在火灾延续时间内室内消防用水量的要求。

（2）当市政给水管网不能保证室外消防给水设计流量时，消防水池的有效容积应满足火灾延续时间内室内消防用水量和室外消防用水量不足部分之和的要求。

（3）消防用水与其他用水共用的水池，应采取确保消防用水量不作他用的技术措施。

（4）高位消防水池的最低有效水位应能满足其所服务的水灭火设施所需的压力和流量，且其有效容积应满足火灾延续时间内所需消防用水量。高位消防水池是设置在高处直接向水灭火设施重力供水的储水设施。

（5）高层民用建筑高位消防水池火灾且补水可靠时，其总有效容积不应小于室内消防给水一起火灾灭火用水量的50%。

**3. 消防水池补水**

（1）消防水池的补水时间不宜大于48h，但当消防水池有效总容积大于

笔 记

2000m³时不应大于96h。消防水池给水管管径不应小于DN100，给水管的平均流速不宜大于1.5m/s。

(2) 当消防水池采用两路供水且在火灾情况下连续补水能满足消防要求时，消防水池的有效容积不应小于100m³，当仅设有消火栓系统时不应小于50m³。

**4. 消防水池数量**

(1) 消防水池的总蓄水有效容积大于500m³时，宜设两个能独立使用的消防水池，当大于1000m³时，应设置能独立使用的两座消防水池。每座消防水池应设置独立的出水管，并应设置满足最低有效水位的连通管。

(2) 高层民用建筑高位消防水池总有效容积大于200m³时，宜设置蓄水有效容积相等且可独立使用的两格；但当建筑高度大于100m时应设置独立的两座，且每座应有一条独立的出水管向系统供水。

**5. 消防水池取水口**

储存室外消防用水的消防水池或供消防车取水的消防水池取水口要求：

(1) 消防水池吸水高度不应大于6.0m。

(2) 取水口（井）与建筑物（水泵房除外）的距离不宜小于15m。

(3) 取水口（井）与甲、乙、丙类液体储罐等构筑物的距离不宜小于40m。

(4) 取水口（井）与液化石油气储罐的距离不宜小于60m，当采取防止辐射热保护措施时，可为40m。

**6. 消防水池管路要求**

(1) 消防水池应设置就地水位显示装置，并应在消防控制中心或值班室等地点设置显示消防水池水位的装置，同时应有最高和最低报警水位。

(2) 消防水池应设置溢流水管和排水设施，并应采用间接排水。

(3) 消防水池通气管、呼吸管和溢流水管等应采取防止虫鼠等进入消防水池的技术措施。

(4) 除可一路消防供水的建筑物外，向高位消防水池供水的给水管应至少有两条独立的给水管道。

## 考点3 天然消防水源设置要求

(1) 当井水作为消防水源时，应设置探测水井水位的水位测试装置。

(2) 当地表水作为室外消防水源时，应采取确保消防车、固定和移动消防水泵在枯水位取水的技术措施；当消防车取水时，最大吸水高度不应超过6.0m。

(3) 天然水源消防车取水口的取水头部宜设置格栅，其栅条间距不宜小于50mm，也可采用过滤管。

(4) 天然水源应设置消防车到达取水口的消防车通道和消防车回车场或回车道。

## 考点4 室外消防给水形式

(1) 建筑物室外宜采用低压消防给水系统，当采用市政给水管网供水时，应采用两路消防供水，除建筑高度超过50m的住宅外，室外消火栓设计流量小于或等于20L/s时可采用一路消防供水。低压消防给水系统是能满足车载或手抬移动消防水泵等取水所需的工作压力和流量的供水系统。

（2）室外消火栓应由市政给水管网直接供水。

（3）工艺装置区、储罐区等场所应采用高压或临时高压消防给水系统，但当无泡沫灭火系统、固定冷却水系统和消防炮，室外消防给水设计流量不大于30L/s，且在城镇消防站保护范围内时，可采用低压消防给水系统。高压消防给水系统是能始终保持满足水灭火设施所需的工作压力和流量，火灾时无须消防水泵直接加压的供水系统。高位消防水池是高压消防给水系统的主要形式。临时高压消防给水系统是平时不能满足水灭火设施所需的工作压力和流量，火灾时能自动启动消防水泵以满足水灭火设施所需的工作压力和流量的供水系统。

（4）堆场等场所宜采用低压消防给水系统，但当可燃物堆垛高度高、扑救难度大、易起火，且远离城镇消防站时，应采用高压或临时高压消防给水系统。

（5）供消防车吸水的室外消防水池的每个取水口宜按一个室外消火栓计算，且其保护半径不应大于150m。

（6）建筑外缘5～150m的市政消火栓可计入建筑室外消火栓的数量，但当为消防水泵接合器供水时，建筑外缘5～40m的市政消火栓可计入建筑室外消火栓的数量。

（7）当市政给水管网为环状时，符合室外消火栓出流量宜计入建筑室外消火栓设计流量；但当市政给水管网为枝状时，计入建筑的室外消火栓设计流量不宜超过一个市政消火栓的出流量。

（8）室外高压或临时高压消防给水系统要求：

1）当室外采用高压或临时高压消防给水系统时，宜与室内消防给水合用。

2）独立的室外临时高压消防给水系统宜采用稳压泵维持系统的充水和压力。

## 考点5　室内消防给水形式

（1）室内应采用高压或临时高压消防给水系统，且不应与生产生活给水系统合用；但当自动喷水灭火系统局部应用系统和仅设有消防软管卷盘的室内消防给水系统时，可与生产生活给水系统合用。

（2）高层民用建筑、总建筑面积大于10000m²且层数超过2层的公共建筑和其他重要建筑，室内临时高压消防给水系统必须设置高位消防水箱。高位消防水箱是设置在高处直接向水灭火设施利用重力供应初期火灾消防用水量的储水设施。

（3）其他建筑临时高压消防给水系统应设置高位消防水箱，但当工业建筑设置高位消防水箱确有困难，且采用安全可靠的消防给水时，可采用稳压泵稳压。

（4）当建筑物的室内临时高压消防给水系统仅采用稳压泵稳压，且建筑物室外消火栓设计流量大于20L/s和建筑高度大于50m的住宅时，消防水泵的供电或备用动力应安全可靠，并符合以下条件之一：

1）消防水泵应按一级负荷要求供电，当不能满足一级负荷要求供电时应采用柴油发电机组作备用动力。

2）工业建筑备用泵宜采用柴油机消防水泵。

（5）建筑群共用临时高压消防给水系统设置要求：

笔记

笔 记

1）工矿企业消防供水的最大保护半径不宜超过 1200m，或占地面积不宜大于 200hm$^2$。

2）居住小区消防供水的最大保护建筑面积不宜超过 500000m$^2$。

3）公共建筑宜为同一物业管理单位。

（6）当市政给水管网能满足生产生活和消防给水设计流量，且市政允许消防水泵直接吸水时，临时高压消防给水系统的消防水泵宜直接从市政给水管网吸水。

（7）当建筑物高度超过 100m 时，室内消防给水系统应采用安全可靠的消防给水系统；当高位消防水池无法满足上部楼层所需压力和流量时，上部楼层应采用临时高压消防给水系统。

## 考点 6　高位消防水箱有效容积要求

临时高压消防给水系统的高位消防水箱的有效容积应满足初期火灾消防用水量的要求。

（1）一类高层公共建筑不应小于 36m$^3$，但当建筑高度大于 100m 时不应小于 50m$^3$，当建筑高度大于 150m 时不应小于 100m$^3$。

（2）多层公共建筑、二类高层公共建筑和一类高层住宅建筑不应小于 18m$^3$，当一类高层住宅建筑高度超过 100m 时不应小于 36m$^3$。

（3）二类高层住宅不应小于 12m$^3$。

（4）建筑高度大于 21m 的多层住宅建筑不应小于 6m$^3$。

（5）工业建筑室内消防给水设计流量当小于或等于 25L/s 时不应小于 12m$^3$，大于 25L/s 时不应小于 18m$^3$。

（6）总建筑面积大于 10000m$^2$ 且小于 30000m$^2$ 的商店建筑不应小于 36m$^3$，总建筑面积大于 30000m$^2$ 的商店不应小于 50m$^3$，与建筑高度要求不一致时应取其较大值。

## 考点 7　高位消防水箱水位设置要求

高位消防水箱最低有效水位应满足水灭火设施最不利点处的静水压力。静水压力是消防给水系统管网内水在静止时管道某一点的压力，简称静压。

（1）一类高层公共建筑，不应低于 0. 10MPa，但当建筑高度超过 100m 时，不应低于 0. 15MPa。

（2）高层住宅、二类高层公共建筑、多层公共建筑，不应低于 0. 07MPa，多层住宅不宜低于 0. 07MPa。

（3）工业建筑不应低于 0. 10MPa，当建筑体积小于 20000m$^3$ 时，不宜低于 0. 07MPa。

（4）自动喷水灭火系统等自动水灭火系统应根据喷头灭火需求压力确定，但最小不应小于 0. 10MPa。

## 考点 8　高位消防水箱箱体和管路设置要求

（1）高位消防水箱可采用热浸镀锌钢板、钢筋混凝土、不锈钢板等建造。

（2）当高位消防水箱在屋顶露天设置时，水箱的人孔以及进出水管的阀门等应采取锁具或阀门箱等保护措施。

（3）冬季冰冻地区的消防水箱应设置在消防水箱间内，环境温度或水温不应低于5℃。其他地区宜设置在室内，当必须在屋顶露天设置时，应采取防冻隔热等安全措施。

（4）高位消防水箱的最低有效水位，出水管喇叭口淹没深度不小于600mm；防止旋流器淹没深度不应小于150mm。

（5）进水管的管径应满足消防水箱8h充满水的要求，但管径不应小于*DN*32，进水管宜设置液位阀或浮球阀。

（6）溢流管的直径不应小于进水管直径的2倍，且不应小于*DN*100，溢流管的喇叭口直径不应小于溢流管直径的1.5～2.5倍。

（7）高位消防水箱出水管管径应满足消防给水设计流量的出水要求，且不应小于*DN*100。

（8）高位消防水箱出水管应位于高位消防水箱最低水位以下，并应设置防止消防用水进入高位消防水箱的止回阀。

（9）高位消防水箱的进、出水管应设置带有指示启闭装置的阀门。

## 考点9　消防水源和消防水箱安装施工要求

（1）天然水源取水口、地下水井、消防水池和消防水箱的水位、出水量、有效容积、安装位置，应符合设计要求和有关国家标准。

（2）池外壁与墙面等之间的净距，应满足施工、装配和检修的需要。

（3）钢筋混凝土消防水池和消防水箱的进出水等管道应加设防水套管，钢板和组合式消防水池和消防水箱的进、出水等管道宜采用法兰连接，其他连接时应做防锈处理。

（4）消防水池、消防水箱的溢流管、泄水管不应与生产或生活用水的排水系统直接相连，应采用间接排水方式。

## 考点10　水源调试和测试要求

（1）核实高位消防水箱、高位消防水池、消防水池的容积和高度。消防储水应有不作他用的技术措施。天然水源作为消防水源时应验证其枯水位、洪水位和常水位。地下水井的常水位、出水量等应符合设计要求。

（2）消防水泵直接从市政管网吸水时，应测试压力和流量能否满足设计要求。

（3）核实消防水泵接合器的数量和供水能力，用消防车车载移动泵供水进行试验验证。

## 考点11　水源检查验收要求

（1）应检查室外给水管网的进水管管径及供水能力，并应检查高位消防水箱、高位消防水池和消防水池等的有效容积和水位测量装置等应符合设计要求。

（2）当采用地表天然水源作为消防水源时，其水位、水量、水质等应符合

笔记

笔 记

设计要求。

(3) 应根据有效水文资料检查天然水源枯水期最低水位、常水位和洪水位时确保消防用水应符合设计要求。

(4) 应根据地下水井抽水试验资料确定常水位、最低水位、出水量和水位测量装置等技术参数和装备应符合设计要求。

## 考点12　消防水池、高位消防水池和高位消防水箱验收要求

(1) 设置位置应符合设计要求。

(2) 消防水池、高位消防水池和高位消防水箱的有效容积、水位、报警水位等，应符合设计要求。

(3) 进出水管、溢流管、排水管等应符合设计要求，且溢流管应采用间接排水。

(4) 管道、阀门和进水浮球阀等应便于检修，人孔和爬梯位置应合理。

(5) 消防水池吸水井、吸（出）水管喇叭口等设置位置应符合设计要求。

## 考点13　消防水泵设置要求

**1. 一般要求**

(1) 消防水泵驱动器宜采用电动机或柴油机直接传动，消防水泵不应采用双电动机或基于柴油机等组成的双动力驱动水泵。

(2) 消防水泵的性能应满足消防给水系统所需流量和压力的要求。

(3) 当采用电动机驱动的消防水泵时，应选择电动机干式安装的消防水泵。

(4) 消防水泵的水泵外壳宜为球墨铸铁，叶轮宜为青铜或不锈钢。

(5) 柴油机消防水泵的蓄电池应保证消防水泵随时自动启泵的要求。

(6) 当消防水池最低水位低于离心水泵出水管中心线或水源水位不能保证离心水泵吸水时，可采用轴流深井泵，并应采用湿式深坑的安装方式安装于消防水池等消防水源上。

**2. 有关参数要求**

(1) 单台消防水泵的最小额定流量不应小于10L/s，最大额定流量不宜大于320L/s。

(2) 当出流量为设计流量的150%时，其出口压力不应低于设计压力的65%。

(3) 流量-扬程性能曲线应是无驼峰、无拐点的光滑曲线，零流量时的压力不应大于设计工作压力的140%，且宜大于设计工作压力的120%。

(4) 消防给水同一泵组的消防水泵型号宜一致，且工作泵不宜超过3台。

(5) 柴油机消防水泵应具备连续工作的性能，试验运行时间不应小于24h。

(6) 柴油机消防水泵的供油箱应根据火灾延续时间确定，且油箱最小有效容积应按1.5L/kW配置，柴油机消防水泵油箱内储存的燃料不应小于50%的储量。

(7) 轴流深井泵安装于水井时，其淹没深度应满足其可靠运行的要求，在水泵出流量为150%额定流量时，其最低淹没深度应是第一个水泵叶轮底部水位

线以上不少于3.20m，且海拔高度每增加300m，深井泵的最低淹没深度应至少增加0.30m。

（8）消防水泵应设置备用泵，其性能应与工作泵性能一致，但下列情况可不设置备用泵：

①建筑高度小于54m的住宅和室外消防给水设计流量小于或等于25L/s的建筑；②室内消防给水设计流量小于或等于10L/s的建筑。

## 考点14 消防水泵管路设置要求

**1. 消防水泵吸水管设置要求**

（1）消防水泵应采取自灌式吸水。

（2）一组消防水泵，吸水管不应少于两条，每条吸水管均能供应全部消防给水设计流量。

（3）当吸水口处无吸水井时，吸水口处应设置旋流防止器。

（4）消防水泵吸水管布置应避免形成气囊。

（5）消防水泵吸水口的淹没深度应满足消防水泵在最低水位运行安全的要求，吸水管喇叭口不应小于600mm，当采用旋流防止器时，淹没深度不应小于200mm。

（6）消防水泵的吸水管上应设置明杆闸阀或带自锁装置的蝶阀，但当设置暗杆阀时应设有开启刻度和标志；当管径超过*DN*300时，宜设置电动阀。

（7）消防水泵吸水管的直径小于*DN*250时，其流速宜为1.0～1.2m/s；直径大于*DN*250时，宜为1.2～1.6m/s。

（8）消防水泵吸水管管道过滤器的过水面积应大于管道过水面积的4倍，且孔径不宜小于3mm。

（9）消防水泵吸水管宜设置真空表、压力表或真空压力表。压力表的最大量程应根据工程具体情况确定，但不应低于0.70MPa；真空表的最大量程宜为－0.10MPa。

**2. 消防水泵出水管设置要求**

（1）一组消防水泵应设不少于两条的输水干管与消防给水环状管网连接，每条输水管均应能供应全部消防给水设计流量。

（2）消防水泵的出水管上应设止回阀、明杆闸阀；当采用蝶阀时，应带有自锁装置；当管径大于*DN*300时，宜设置电动阀。

（3）消防水泵出水管的直径小于*DN*250时，其流速宜为1.5～2.0m/s；直径大于*DN*250时，宜为2.0～2.5m/s。

（4）消防水泵出水管压力表的最大量程不应低于水泵额定工作压力的2倍，且不应低于1.60MPa。

（5）压力表的直径不应小于100mm，应采用直径不小于6mm的管道与消防水泵进出口管相接，并应设置关断阀。

（6）每台消防水泵出水管上应设置*DN*65的试水管，并应采取排水措施。

（7）消防水泵从市政管网直接抽水时，应在消防水泵出水管上设置有空气隔断的倒流防止器。

笔 记

笔 记

(8) 一组消防水泵应在消防水泵房内设置流量和压力测试装置，单台消防水泵的流量不大于20L/s、设计工作压力不大于0.50MPa时，泵组应预留测量用流量计和压力计接口，其他泵组宜设置泵组流量和压力测试装置。

(9) 消防水泵流量检测装置的计量精度应为0.4级，最大量程的75%应大于最大一台消防给水泵额定流量的175%。

(10) 消防水泵压力检测装置的计量精度应为0.5级，最大量程的75%应大于最大一台消防给水泵额定压力的165%。

## 考点15 消防水泵的安装要求

(1) 消防水泵安装前应校核产品合格证，其规格、型号和性能与设计要求应一致，根据安装使用说明书安装。

(2) 消防水泵的安装应符合现行国家标准有关规定。

(3) 消防水泵安装前应复核消防水泵之间，以及与墙或其他设备之间的间距。

(4) 消防水泵吸水管上的控制阀直径不应小于消防水泵吸水口直径，应采用有可靠锁定装置的控制阀，应采用沟槽式或法兰式阀门。

(5) 消防水泵隔振装置、进出水管柔性接头的安装应符合设计要求。

(6) 吸水管水平管段上变径连接应采用偏心异径管件并应采用管顶平接。

(7) 消防水泵出水管上应安装消声止回阀、控制阀和压力表。系统的总出水管上还应安装压力表和压力开关。压力表和缓冲装置之间应安装旋塞。压力表量程为系统工作压力的2~2.5倍。

## 考点16 消防水泵调试要求

(1) 以自动直接启动或手动直接启动消防水泵时，消防水泵应在55s内投入正常运行，且应无不良噪声和振动。

(2) 以备用电源切换方式或备用泵切换启动消防水泵时，消防水泵应分别在1min或2min内投入正常运行。

(3) 消防水泵应进行现场性能测试，应满足消防给水设计流量和压力的要求。

(4) 消防水泵零流量时的压力不应超过设计额定压力的140%。当出流量为设计额定流量的150%时，其出口压力不应低于设计额定压力的65%。

## 考点17 消防水泵验收要求

(1) 消防水泵运转应平稳，应无不良噪声和振动。

(2) 工作泵、备用泵、吸水管、出水管及出水管上的泄压阀、水锤消除设施、止回阀、信号阀等的规格、型号、数量，应符合设计要求。吸水管、出水管上的控制阀应锁定在常开位置，并应有明显标记。

(3) 消防水泵应采用自灌式引水方式，并应保证全部有效储水被有效利用。

(4) 分别开启系统中的每一个末端试水装置、试水阀和试验消火栓，水流指示器、压力开关、压力开关（管网）、高位消防水箱流量开关等信号的功能，均应符合设计要求。

（5）打开消防水泵出水管上的试水阀，当采用主电源启动消防水泵时，消防水泵应启动正常。关掉主电源，主、备用电源应能正常切换。备用泵启动和相互切换正常。消防水泵就地和远程启停功能应正常。

（6）消防水泵停泵时，水锤消除设施后的压力不应超过水泵出口设计额定压力的 1.4 倍。

（7）消防水泵启动控制应置于自动启动档。

（8）采用固定和移动式流量计和压力表测试消防水泵的性能，消防水泵性能应满足设计要求。

（9）消防给水系统流量压力验收时，应通过系统流量、压力检测装置和试水装置进行放水试验，系统流量、压力和消火栓充实水柱等应符合设计要求。

## 考点 18　稳压泵设置要求

（1）高位消防水箱不能满足系统最不利点静水压力时，应设稳压泵。

（2）稳压泵宜采用离心泵，宜采用单吸单级或单吸多级离心泵，泵外壳和叶轮等主要部件的材质宜采用不锈钢。

（3）设置稳压泵的临时高压消防给水系统采用气压水罐时，其调节容积应根据稳压泵启泵次数不大于 15 次/h 计算确定，但有效储水容积不宜小于 150L。

（4）稳压泵吸水管应设置明杆闸阀，稳压泵出水管应设置消声止回阀和明杆闸阀。

（5）稳压泵应设置备用泵。

（6）稳压泵的设计流量不应小于消防给水系统管网的正常泄漏量和系统自动启动流量。

（7）消防给水系统管网的正常泄漏量宜按消防给水设计流量的 1% ~3% 计算，且不宜小于 1L/s。

（8）稳压泵的设计压力应保持系统自动启泵压力设置点处的压力在准工作状态时大于系统设置自动启泵压力值，且增加值宜为 0.07 ~0.10MPa。

（9）稳压泵的设计压力应保持系统最不利点处水灭火设施在准工作状态时的静水压力大于 0.15MPa。

## 考点 19　消防水泵和稳压泵的进场检验要求

（1）消防水泵和稳压泵的流量、压力和电动机功率应满足设计要求。

（2）消防水泵和稳压泵产品质量应符合现行国家标准的有关规定。

（3）消防水泵和稳压泵的电动机功率应满足水泵全性能曲线运行的要求。

（4）消防水泵、稳压泵及电动机的外观表面不应有碰损，轴心不应有偏心。

（5）消防水泵和稳压泵应全数检查，检查方法为直观检查和查验认证文件。

## 考点 20　气压水罐和稳压泵安装要求

（1）气压水罐有效容积、气压、水位及设计压力应符合设计要求。

（2）气压水罐出水管上应设止回阀。

笔　记

笔 记

(3) 气压水罐宜有有效水容积指示器。

(4) 稳压泵规格、型号、流量和扬程应符合设计要求。

(5) 稳压泵的安装应符合现行有关国家标准规定。

## 考点 21 稳压泵调试要求

(1) 当达到设计启动压力时，稳压泵应立即启动。当达到系统停泵压力时，稳压泵应自动停止运行。

(2) 能满足系统自动启动要求，且当消防主泵启动时，稳压泵应停止运行。

(3) 稳压泵在正常工作时每小时的启停次数不应大于 15 次/h。

(4) 稳压泵启停时系统压力应平稳，且稳压泵不应频繁启停。

## 考点 22 稳压泵验收要求

(1) 稳压泵的型号、性能等应符合设计要求。

(2) 稳压泵的控制应符合设计要求，并应有防止稳压泵频繁启动的技术措施。

(3) 稳压泵在 1h 内的启停次数不宜大于 15 次/h。

(4) 稳压泵供电应正常，自动手动启停应正常；关掉主电源，主、备用电源应能正常切换。

(5) 气压水罐的有效容积以及调节容积应符合设计要求，并应满足稳压泵的启停要求。

## 考点 23 气压水罐验收要求

(1) 气压水罐的有效容积、调节容积和稳压泵启泵次数应符合设计要求。

(2) 气压水罐气侧压力应符合设计要求。

## 考点 24 消防水泵房要求

(1) 独立建造的消防水泵房耐火等级不应低于二级。

(2) 附设在建筑物内的消防水泵房，不应设置在地下三层及以下，或室内地面与室外出入口地坪高差大于 10m 的地下楼层。

(3) 附设在建筑物内的消防水泵房，应采用耐火极限不低于 2.00h 的隔墙和 1.50h 的楼板与其他部位隔开，其疏散门应直通安全出口，且开向疏散走道的门应采用甲级防火门。

(4) 消防水泵房应采取防水淹没的技术措施。

(5) 消防水泵房内的架空水管道，不应阻碍通道和跨越电气设备，当必须跨越时，应采取保证通道畅通和保护电气设备的措施。

(6) 消防水泵房应设计相应的采暖、通风和排水设施，采暖温度不应低于 10℃，但当无人值守时不应低于 5℃。

## 考点 25 消防水泵房验收主要内容

(1) 建筑防火要求应符合设计要求和国家标准有关规定。

（2）应急照明和安全出口应符合设计要求。

（3）采暖通风、排水和防洪应符合设计要求。

（4）设备进出和维修安装空间应满足设备要求。

（5）消防水泵控制柜的安装位置和防护等级应符合设计要求。

笔 记

## 考点 26　消防水泵接合器设置要求

（1）下列场所的室内消火栓给水系统应设置消防水泵接合器：

1）高层民用建筑。

2）设有消防给水的住宅、超过五层的其他多层民用建筑。

3）超过 2 层或建筑面积大于 10000$m^2$的地下或半地下建筑（室）、室内消火栓设计流量大于 10L/s 平战结合的人防工程。

4）高层工业建筑和超过四层的多层工业建筑。

5）城市交通隧道。

（2）自动喷水灭火系统、水喷雾灭火系统、泡沫灭火系统和固定消防炮灭火系统等水灭火系统，均应设置消防水泵接合器。

（3）消防水泵接合器的给水流量宜按每个 10～15L/s 计算。

（4）临时高压消防给水系统向多栋建筑供水时，消防水泵接合器应在每座建筑附近就近设置。

（5）消防给水为竖向分区供水时，在消防车供水压力范围内的分区，应分别设置水泵接合器；当建筑高度超过消防车供水高度时，消防给水应在设备层等方便操作的地点设置手抬泵或移动泵接力供水的吸水和加压接口。

（6）水泵接合器应设在室外便于消防车使用的地点，且距室外消火栓或消防水池的距离不宜小于 15m，并不宜大于 40m。

（7）墙壁消防水泵接合器的安装高度距地面宜为 0.7m；与墙面上的门、窗、孔、洞的净距离不应小于 2.0m，且不应安装在玻璃幕墙下方；地下消防水泵接合器的安装，应使进水口与井盖底面的距离不大于 0.4m，且不应小于井盖的半径。

（8）水泵接合器处应设置永久性标志铭牌，并应标明供水系统、供水范围和额定压力。

## 考点 27　消防水泵接合器的安装要求

（1）应按接口、本体、连接管、止回阀、安全阀、放空管、控制阀的顺序进行。

（2）设置位置应符合设计要求。

（3）永久性固定标志和分区标识应能识别其所对应的消防给水系统或水灭火系统。

（4）地下消防水泵接合器应采用铸有“消防水泵接合器”标志的铸铁井盖，并应在其附近设置指示其位置的永久性固定标志。

（5）地下消防水泵接合器应使进水口与井盖底面的距离不大于 0.4m，且不应小于井盖的半径。

笔 记

（6）墙壁消防水泵接合器安装高度距地面宜为 0.7m。与墙面上的门、窗、孔、洞的净距离不应小于 2.0m，且不应安装在玻璃幕墙下方。

## 考点 28　消防水泵接合器验收要求

数量及进水管位置应符合设计要求，应采用消防车车载消防水泵进行充水试验，且供水最不利点的压力、流量应符合设计要求。当有分区供水时应确定消防车的最大供水高度和接力泵的设置位置的合理性。

## 考点 29　消防排水设置要求

（1）应采取消防排水措施的建筑物和场所：

1）消防水泵房。

2）设有消防给水系统的地下室。

3）消防电梯的井底。

4）仓库。

（2）室内消防排水设置要求：

1）当存有少量可燃液体时，排水管道应设置水封，并宜间接排入室外污水管道；其他室内消防排水宜排入室外雨水管道。

2）地下室的消防排水设施宜与地下室其他地面废水排水设施共用。

3）消防电梯的井底排水泵集水井的有效容量不应小于 $2.00m^3$，排水泵的排水量不应小于 10L/s。

4）室内消防排水设施应采取防止倒灌的技术措施。

（3）消防给水系统试验装置处应设置测试专用排水设施，排水管径设置要求：

1）自动水灭火系统末端试水装置处的排水立管管径不宜小于 *DN*75。

2）报警阀处的排水立管宜为 *DN*100。

3）减压阀处的压力试验排水管道直径不应小于 *DN*100。

## 考点 30　消防排水调试

（1）调试过程中，系统排出的水应通过排水设施全部排走。

（2）消防电梯排水设施的自动控制和排水能力应进行测试。

（3）报警阀排水试验管处和末端试水装置处排水设施的排水能力应进行测试，地面不应有积水。

（4）试验消火栓处的排水能力应满足试验要求。

（5）消防水泵房排水设施的排水能力应进行测试，并应符合设计要求。

## 考点 31　系统试压前应具备的条件

（1）试压用的压力表不应少于 2 只，精度不应低于 1.5 级，量程应为试验压力值的 1.5～2 倍。

（2）试压冲洗方案已经过批准。

（3）对不能参与试压的部件应加以隔离或拆除。加设的临时盲板应具有突出于法兰的边耳，且应做明显标志，并记录临时盲板的数量。

## 考点 32 消防给水设施试压和冲洗要求

（1）管网安装完毕后，应对其进行强度试验、冲洗和严密性试验。

（2）强度试验和严密性试验宜用水进行，宜采用生活用水。

（3）系统试压完成后，应及时拆除所有临时盲板及试验用的管道并填写记录。

（4）管网冲洗应在试压合格后分段进行。冲洗顺序应先室外，后室内。先地下，后地上。室内部分的冲洗应按供水干管、水平管和立管的顺序进行。

（5）系统试压过程中，当出现泄漏时，应停止试压，并应放空管网中的试验介质，消除缺陷后，应重新再试压。

（6）对冲洗后可能存留脏物、杂物的管段，应进行清理。

（7）当被冲洗的管道直径大于 *DN*100 时，应对其死角和底部进行振动，但不应损伤管道。

## 考点 33 强度试验和严密性试验要求

（1）管道水压强度试验的试验压力应符合表 5-2-1 的规定。

**表 5-2-1 管道水压强度试验压力**

| 管材类型 | 系统工作压力 $P$/MPa | 试验压力/MPa |
|---|---|---|
| 钢管 | ≤1.0 | 1.5$P$，且不小于 1.4 |
| | >1.0 | $P$+0.4 |
| 球墨铸铁管 | ≤0.5 | 2$P$ |
| | >0.5 | $P$+0.5 |
| 钢丝网架塑料管 | $P$ | 1.5$P$，且不小于 0.8 |

（2）水压强度试验的测试点应设在系统管网的最低点。对管网注水时，应将管网内的空气排净，达到试验压力后，稳压 30min 后，管网应无泄漏、无变形，且压力降不应大于 0.05MPa。

（3）水压严密性试验应在水压强度试验和管网冲洗合格后进行。试验压力应为系统工作压力，稳压 24h，应无泄漏。

（4）消防给水系统的水源干管、进户管和室内埋地管道应在回填前单独或与系统同时进行水压强度试验和水压严密性试验。

（5）气压严密性试验的介质宜采用空气或氮气，试验压力应为 0.28MPa，且稳压 24h，压力降不应大于 0.01MPa。

## 考点 34 管网冲洗要求

（1）管网冲洗的水流流速、流量不应小于系统设计的水流流速、流量。管网冲洗宜分区、分段进行。

（2）管网冲洗的水流方向应与灭火时管网的水流方向一致。

（3）管网冲洗应连续进行，当出口处水的颜色、透明度与入口处水基本一

笔 记

笔 记

致时，冲洗可结束。

（4）管网的地上管道与地下管道连接前，应在管道连接处加设堵头后，对地下管道进行冲洗。

（5）管网冲洗结束后，应将管网内的水排除干净。

（6）管网冲洗宜设临时专用排水管道，排水管位置应低于冲洗管网，排水管道的截面面积不应小于被冲洗管道截面面积的 60%。

## 考点 35 消防给水设施安装总体要求

（1）消防水泵、消防水箱、消防水池、消防气压给水设备、消防水泵接合器等供水设施及其附属管道安装前，应清除其内部污垢和杂物。

（2）消防供水设施应采取安全可靠的防护措施，其安装位置应便于日常操作和维护管理。

（3）管道的安装应采用符合管材的施工工艺，管道安装中断时，其敞口处应封闭。

## 考点 36 消防给水设施调试条件

（1）天然水源取水口、地下水井、消防水池、高位消防水池、高位消防水箱等蓄水和供水设施的水位、出水量、已储水量等符合设计要求。

（2）消防水泵、稳压泵和稳压设施等处于准工作状态。

（3）系统供电正常，若柴油机泵油箱应充满油并能正常工作。

（4）消防给水系统管网内已经充满水。

（5）水灭火系统管网内已充满水，干式系统管网内的气压符合设计要求。

（6）系统自动控制处于准工作状态。

（7）减压阀和阀门等处于正常工作位置。

## 考点 37 消防给水设施调试的内容

（1）水源调试和测试。

（2）消防水泵调试。

（3）稳压泵或稳压设施调试。

（4）排水设施调试。

（5）联动试验。

## 考点 38 水源的维护管理要求

（1）每月应对消防水池、高位消防水池、高位消防水箱等消防水源设施的水位等进行一次检测。消防水池（箱）玻璃水位计两端的角阀在不进行水位观察时应关闭。

（2）每季度应监测市政给水管网的压力和供水能力。

（3）每年应对天然河湖等地表水消防水源的常水位、枯水位、洪水位，以及枯水位流量或蓄水量等进行一次检测。

（4）每年应对水井等地下水消防水源的常水位、最低水位、最高水位和出水量等进行一次测定。

（5）在冬季每天应对消防储水设施进行室内温度和水温检测，应采取确保不结冰和室温不低于 5℃的措施。

笔 记

## 考点 39　消防水泵和稳压泵等供水设施的维护管理要求

（1）每日应对稳压泵的停泵启泵压力和启泵次数等进行检查和记录运行情况。

（2）每日应对柴油机消防水泵的启动电池的电量进行检测，每周应检查储油箱的储油量，每月应手动启动柴油机消防水泵运行一次。

（3）每周应模拟消防水泵自动控制的条件自动启动消防水泵运转一次，且应自动记录自动巡检情况，每月应检测记录。

（4）每月应手动启动消防水泵运转一次，并应检查供电电源的情况。

（5）每月应对气压水罐的压力和有效容积等进行一次检测。

（6）每季度应对消防水泵的出流量和压力进行一次试验。

## 考点 40　其他消防给水设施维护管理要求

（1）每季度应对消防水泵接合器的接口及附件进行一次检查，并应保证接口完好、无渗漏、闷盖齐全。

（2）每年应检查消防水池、消防水箱等蓄水设施的结构材料是否完好，发现问题时应及时处理。

（3）建筑的使用性质功能或障碍物的改变，影响到消防给水设施功能而需要进行修改时，应重新进行设计。

（4）消防水泵接合器、消防水泵房、消防水泵等，应有明确的标识。

（5）消防给水设施应由产权单位负责管理，并应使系统处于随时满足消防的需求和系统处于安全状态。

（6）永久性地表水天然水源消防取水口应有防止水生生物繁殖的管理技术措施。

（7）消防给水设施发生故障，需停水进行修理前，应向主管值班人员报告，并应取得维护负责人的同意，同时应临场监督，应在采取防范措施后再动工。

## 二、难点突破

**（一）影响消防水箱有效容积的因素包括建筑危险性、使用类别、高度、规模，其主要规律是：**

**1. 高层公共建筑**

（1）建筑高度大于 150m 的一类高层公共建筑，不应小于 100m³。

（2）建筑高度大于 100m 的一类高层公共建筑，不应小于 50m³。

（3）一类高层公共建筑（50m 以上，或 24m 以上单层大于 1000m²），不应小于 36m³。

（4）二类高层公共建筑（24m 以上），不应小于 18m³。

笔 记

**2. 多层公共建筑**

（1）总建筑面积大于30000$m^2$的商店，不应小于50$m^3$。

（2）总建筑面积大于10000$m^2$且小于30000$m^2$的商店建筑，不应小于36$m^3$。

（3）多层公共建筑，不应小于18$m^3$。

**3. 居住建筑**

（1）建筑高度超过100m的一类高层住宅，不应小于36$m^3$。

（2）一类高层住宅建筑（大于54m），不应小于18$m^3$。

（3）二类高层住宅建筑（大于27m），不应小于12$m^3$。

（4）建筑高度大于21m的多层住宅建筑，不应小于6$m^3$。

**4. 工业建筑**

（1）室内消防给水设计流量大于25L/s的工业建筑（建筑高度大于50m的厂房、不大于50m的丙类高层厂房、高层仓库），不应小于18$m^3$。

（2）室内消防给水设计流量小于或等于25L/s的工业建筑，不应小于12$m^3$。

**（二）分区供水设置要求**

（1）消防给水系统分区供水设置条件。

1）消火栓栓口处最大工作压力大于1.20MPa时。

2）自动水灭火系统报警阀处的工作压力大于1.60MPa或喷头处的工作压力大于1.20MPa时。

3）系统最高压力大于2.40MPa时。

（2）分区供水可采用消防水泵并行或串联、减压水箱和减压阀减压的形式，但当系统的工作压力大于2.40MPa时，应采用消防水泵串联或减压水箱分区供水形式。

消防水泵并行分区供水的特点是消防水池作为共同的水源，低区和高区分设消防水泵。

（3）消防水泵直接串联分区供水要求。

1）应采取确保供水可靠性的措施，且消防水泵从低区到高区应能依次顺序启动。

2）应校核系统供水压力，并应在串联消防水泵出水管上设置减压型倒流防止器。

消防转输水泵与高区消防水泵串联，利用建筑底部的消防水池作为消防水源，低区与高区分设消防水泵，高区消防水泵的进水管与消防转输水泵的出水管串联连接。消防水泵直接串联分区供水系统的组成如图5-2-1所示。

（4）消防水泵转输水箱串联分区供水要求。

1）转输水箱的有效储水容积不应小于60$m^3$，转输水箱可作为高位消防水箱。

2）串联转输水箱的溢流管宜连接到消防水池。

采用此种供水方式时低区与高区分设消防水泵，共用底部消防水池。高区设转输水箱，转输水箱兼作低区的高位消防水箱和高区的供水水箱，高区设置高区消防水泵，高区单设高位消防水箱作为高区的稳压供水设施。转输水箱由设置在底部消防水池的消防转输水泵供水。消防水泵转输水箱串联分区供水系统的组成如图5-2-2所示。

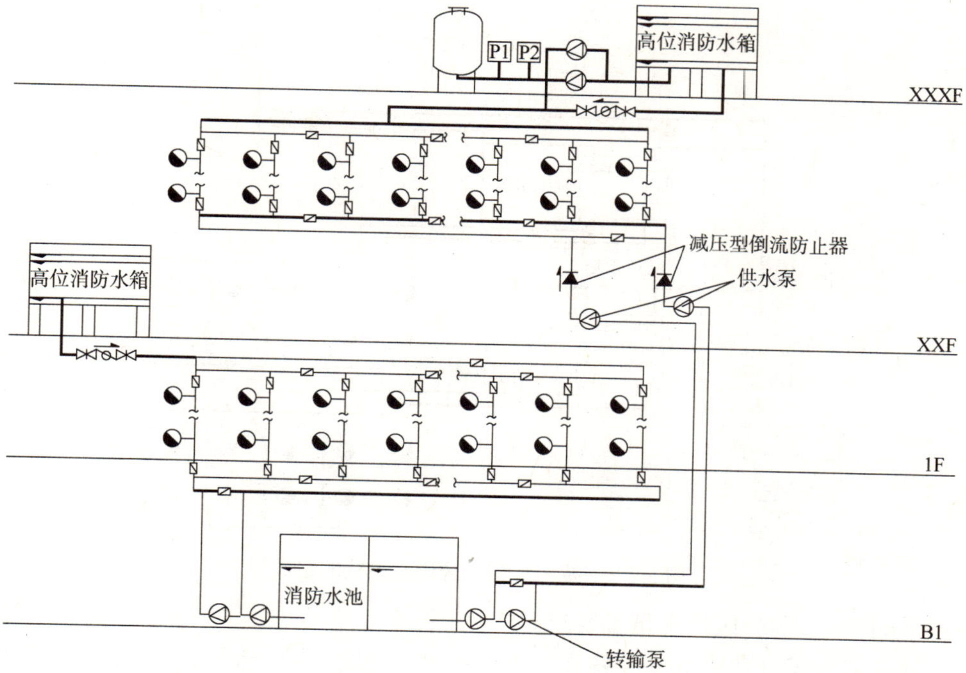


图 5-2-1　消防水泵直接串联分区供水系统的组成

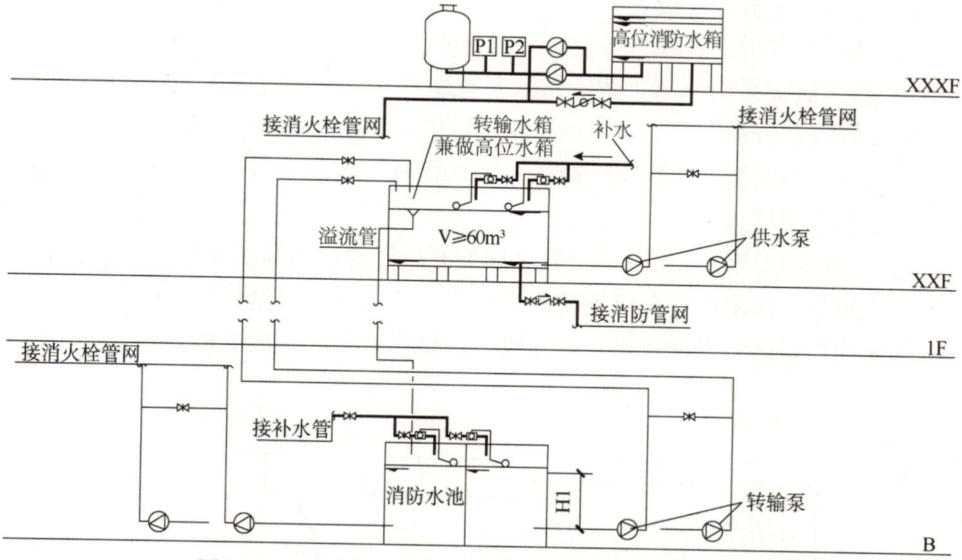


图 5-2-2　消防水泵转输水箱串联分区供水系统的组成

（5）减压水箱分区供水设置要求。

1）减压水箱应有两条进、出水管，且每条进、出水管应满足用水量的要求。

2）减压水箱的有效容积不应小于 $18m^3$，且宜分为两格。

3）减压水箱进水管的水位控制应可靠，宜采用水位控制阀。

4）减压水箱宜在进水管上设置紧急关闭阀，溢流水宜回流到消防水池。

减压水箱分区供水设有高位消防水池，高位消防水池为高区和低区减压水箱供水，高区和低区由各自减压水箱作为消防水源。底部消防水池是高位消防水池补水的水源。减压水箱分区供水系统的组成如图 5-2-3 所示。

笔记

笔 记

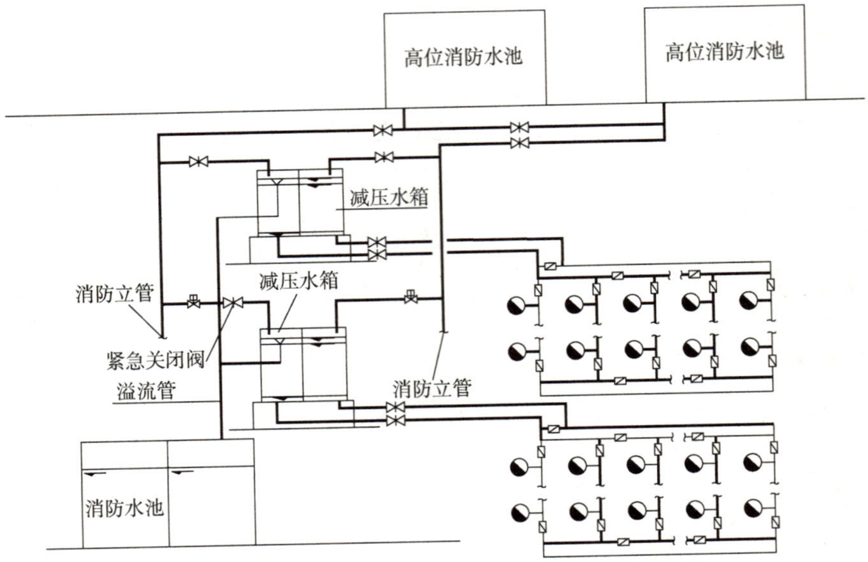


图 5-2-3　减压水箱分区供水系统的组成

（6）减压阀分区供水设置要求。

1）减压阀设计流量应校核在 150% 设计流量时，减压阀的出口动压不应小于设计值的 65%。

2）每一供水分区应设置不少于两个减压阀组。

3）减压阀仅应设置在单向流动的供水管上。

4）减压阀宜采用比例式减压阀，当超过 1.20MPa 时宜采用先导式减压阀。

5）减压阀的阀前阀后压力比值不宜大于 3:1，当一级减压阀减压不能满足要求时，仅可采用两级减压阀串联减压，第二级减压阀宜采用先导式减压阀，阀前后压力差不宜超过 0.40MPa。

6）减压阀后应设置安全阀，安全阀的开启压力应能满足系统安全。

减压阀分区供水设有高位消防水池，高位消防水池通过高区和低区分别设置的减压阀组为高区和低区供水。减压阀分区供水系统的组成如图 5-2-4 所示。

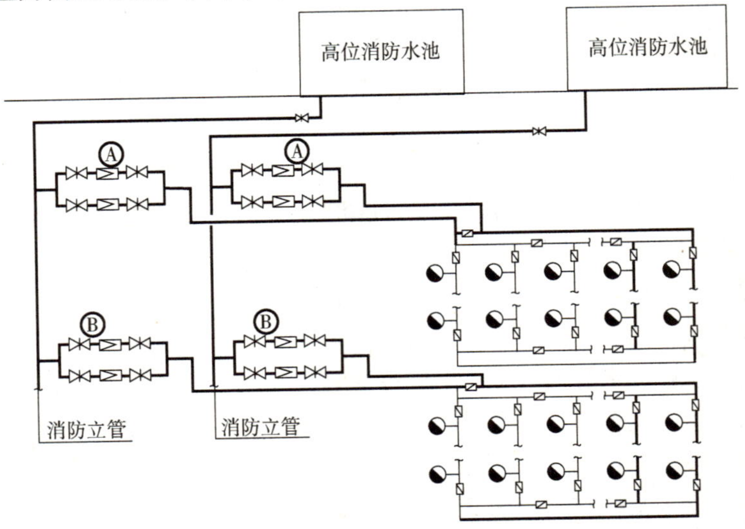


图 5-2-4　减压阀分区供水系统的组成

笔 记

## 三、真题解析

### （一）单项选择题

1.（考点4）下列设施和设备中，属于临时高压消防给水系统构成必要设备设施的是（  ）。（2017年综合能力真题）

A. 消防稳压泵　　B. 消防水泵

C. 消防水池　　D. 市政管网

**【答案】** B。

**【解析】** 临时高压消防给水系统，平时不能满足水灭火设施所需的工作压力和流量，火灾时能自动启动消防水泵以满足水灭火设施所需的工作压力和流量的供水系统。平时稳压水分为两种形式，一是高位消防水箱，二是由气压水罐和消防稳压泵组成的气压稳压装置。

2.（考点14）单台消防水泵的设计压力和流量分别不大于（  ）时，消防泵组应在泵房内预留流量计和压力计接口。（2017年技术实务真题）

A. 0.50MPa、25L/s　　B. 1.00MPa、25L/s

C. 1.00MPa、20L/s　　D. 0.50MPa、20L/s

**【答案】** D。

**【解析】** 一组消防水泵应在消防水泵房内设置流量和压力测试装置，单台消防给水泵的流量不大于20L/s、压力不大于0.50MPa时，泵组应预留流量计和压力计接口，其他泵组宜设置泵组流量和压力测试装置。

### （二）多项选择题

（考点18）某服装加工厂，室内消防采用临时高压消防给水系统联合供水，稳压泵稳压，系统设计流量为57L/s，室外供水干管采用*DN*200球墨铸铁管，埋地敷设，长度为2000m。消防检测机构现场检测结果为：室外管网漏水率为2.40L/(min·km)，室内管网部分漏水量为0.2L/s，该系统管网总泄漏量计算和稳压泵设计流量正确的有（  ）。（2017年综合能力真题）

A. 管网泄漏量0.28L/s，稳压泵设计流量1.0L/s

B. 管网泄漏量0.20L/s，稳压泵设计流量0.28L/s

C. 管网泄漏量0.28L/s，稳压泵设计流量1.28L/s

D. 管网泄漏量0.20L/s，稳压泵设计流量1.0L/s

E. 管网泄漏量0.20L/s，稳压泵设计流量0.57L/s

**【答案】** AC。

**【解析】** 室外管网泄漏量：$2.4\times2/60=0.08$（L/s）；管网总泄漏量：$0.2+0.08=0.28$（L/s）。

稳压泵的设计流量不应小于消防给水系统管网的正常泄漏量和系统自动启动流量。

当没有管网泄漏量数据时，稳压泵的设计流量宜按消防给水设计流量的1%～3%计算，且不宜小于1L/s。

笔 记

# 第二节　消火栓系统

消火栓系统由供水设施、消火栓、配水管网和阀门等组成，本节思维导图如图 5-2-b 所示。

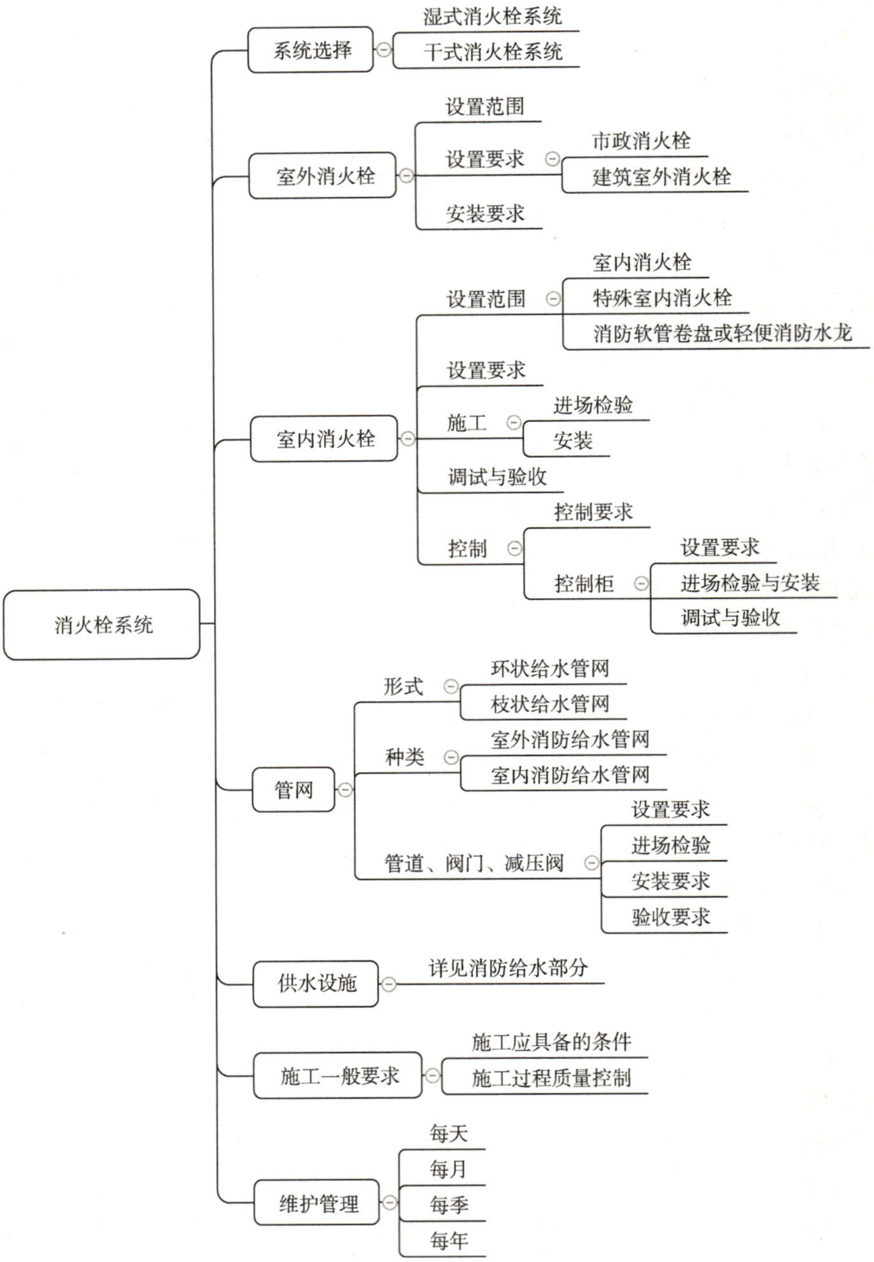


图 5-2-b　消火栓系统思维导图

## 一、考点提炼

### 考点1　消火栓系统选择

（1）市政消火栓和建筑室外消火栓应采用湿式消火栓系统。湿式消火栓系统是指平时配水管网内充满水的消火栓系统。

（2）室内环境温度不低于4℃，且不高于70℃的场所，应采用湿式室内消火栓系统。

（3）室内环境温度低于4℃或高于70℃的场所，宜采用干式消火栓系统。干式消火栓系统是指平时配水管网内不充水，火灾时向配水管网充水的消火栓系统。

（4）建筑高度不大于27m的多层住宅建筑设置室内湿式消火栓系统确有困难时，可设置干式消防竖管。

（5）严寒、寒冷等冬季结冰地区城市隧道及其他构筑物的消火栓系统，应采取防冻措施，并宜采用干式消火栓系统和干式室外消火栓。

（6）干式消火栓在供水干管上宜设干式报警阀、雨淋阀或电磁阀、电动阀等快速启闭装置。

（7）采用雨淋阀、电磁阀和电动阀时，在消火栓箱处应设置直接开启快速启闭装置的消火栓按钮。

（8）干式消火栓系统的充水时间不应大于5min，电动阀开启时间不应超过30s，在系统管道的最高处应设置快速排气阀。

### 考点2　室外消火栓设置范围

（1）城镇应沿可通行消防车的街道设置市政消火栓系统。

（2）民用建筑、厂房、仓库、储罐（区）和堆场周围应设置室外消火栓系统。

（3）用于消防救援和消防车停靠的屋面上，应设置室外消火栓系统。

（4）耐火等级不低于二级且建筑体积不大于3000$m^3$的戊类厂房，居住区人数不超过500人且建筑层数不超过两层的居住区，可不设置室外消火栓系统。

### 考点3　市政消火栓设置要求

（1）市政消火栓宜采用地上式室外消火栓；在冬季结冰地区宜采用干式地上式室外消火栓，严寒地区宜增设消防水鹤。地下消火栓井的直径不宜小于1.5m。

（2）市政消火栓宜采用直径*DN*150的室外消火栓，室外地上式消火栓应有一个直径为150mm或100mm和两个直径为65mm的栓口；室外地下式消火栓应有直径为100mm和65mm的栓口各一个。

（3）市政消火栓宜靠近十字路口，当市政道路宽度超过60m时，应在道路的两侧交叉错落设置市政消火栓。

（4）市政桥桥头和城市交通隧道出入口等处，应设置市政消火栓。

笔记

笔 记

（5）市政消火栓的保护半径不应超过150m，间距不应大于120m。

（6）市政消火栓距路边不宜小于0.5m，并不应大于2.0m，距建筑外墙或外墙边缘不宜小于5.0m。

（7）市政给水管网工作压力不应小于0.14MPa，火灾时出流量不应小于15L/s，且供水压力从地面算起不应小于0.10MPa。

（8）严寒地区消防水鹤的布置间距宜为1000m，市政给水管的管径不宜小于*DN*200。

（9）火灾时消防水鹤的出流量不宜低于30L/s，且供水压力从地面算起不应小于0.10MPa。

## 考点4　室外消火栓设置要求

（1）室外消火栓的布置应符合市政消火栓的有关规定。

（2）室外消火栓保护半径不应大于150.0m，每个室外消火栓的出流量宜按10～15L/s计算。

（3）室外消火栓宜沿建筑周围均匀布置，建筑消防扑救面一侧的室外消火栓数量不宜少于2个。

（4）人防工程、地下工程等建筑应在出入口附近设置室外消火栓，距出入口的距离不宜小于5m，并不宜大于40m。

（5）停车场的室外消火栓宜沿停车场周边设置，与最近一排汽车的距离不宜小于7m，距加油站或油库不宜小于15m。

（6）甲、乙、丙类液体储罐区和液化烃罐区的室外消火栓，应设在防火堤或防护墙外，距罐壁15m范围内的消火栓，不应计算在该罐可使用的数量内。

（7）工艺装置区周围应设置室外消火栓，间距不应大于60.0m。当工艺装置区宽度大于120.0m时，宜在该装置区内的路边设置室外消火栓。

（8）高压或临时高压室外消火栓处宜配置消防水带和消防水枪。

（9）室外消防给水引入管的倒流防止器前应设置一个室外消火栓。

## 考点5　市政和室外消火栓安装要求

（1）选型、规格应符合设计要求。

（2）地下式消火栓顶部出水口应正对井口，与消防井盖底面的距离不应大于0.4m，应做好防水措施。

（3）地下式室外消火栓应设置永久性固定标志。

（4）市政和室外消火栓安装位置应符合设计要求，且不应妨碍交通，在易碰撞的地点应设置防撞设施。

## 考点6　室内消火栓系统设置范围

（1）建筑占地面积大于300m²的厂房和仓库。

（2）高层公共建筑和建筑高度大于21m的住宅建筑。

（3）体积大于5000m³的车站、码头、机场的候车（船、机）建筑、展览建筑、商店建筑、旅馆建筑、医疗建筑和图书馆建筑等单、多层建筑。

（4）特等、甲等剧场，超过 800 个座位的其他等级的剧场和电影院等以及超过 1200 个座位的礼堂、体育馆等单、多层建筑。

（5）建筑高度大于 15m 或体积大于 $10000m^3$ 的办公建筑、教学建筑和其他单、多层民用建筑。

（6）国家级文物保护单位的重点砖木或木结构的古建筑。

## 考点 7 特殊室内消火栓设置范围

（1）建筑高度不大于 27m 的住宅建筑，可只设置干式消防竖管和不带消火栓箱的 *DN*65 的室内消火栓。

（2）人员密集的公共建筑、建筑高度大于 100m 的建筑和建筑面积大于 $200m^2$ 的商业服务网点内应设置消防软管卷盘或轻便消防水龙。高层住宅建筑的户内宜配置轻便消防水龙。

（3）下列建筑或场所，可不设置室内消火栓系统，宜设置消防软管卷盘或轻便消防水龙：

1）耐火等级为一、二级且可燃物较少的单、多层丁、戊类厂房（仓库）。

2）耐火等级为三、四级且建筑体积不大于 $3000m^3$ 的丁类厂房；耐火等级为三、四级且建筑体积不大于 $5000m^3$ 的戊类厂房（仓库）。

3）粮食仓库、金库、远离城镇且无人值班的独立建筑。

4）存有与水接触能引起燃烧爆炸的物品的建筑。

5）室内无生产、生活给水管道，室外消防用水取自储水池且建筑体积不大于 $5000m^3$ 的其他建筑。

## 考点 8 室内消火栓设置要求

**1. 室内消火栓规格要求**

（1）室内消火栓应采用 *DN*65 室内消火栓，可与消防软管卷盘或轻便消防水龙设置在同一箱体内。

（2）应配置 *DN*65 有内衬里的消防水带，长度不宜超过 25.0m；消防软管卷盘应配置内径不小于 $\phi19$ 的消防软管，其长度宜为 30.0m；轻便消防水龙应配置 *DN*25 有内衬里的消防水带，长度宜为 30.0m；消防软管卷盘和轻便消防水龙的用水量可不计入消防用水总量。

（3）宜配置当量喷嘴直径 16mm 或 19mm 的消防水枪，消火栓设计流量为 2.5L/s 时宜配置当量喷嘴直径 11mm 或 13mm 的消防水枪；消防软管卷盘和轻便消防水龙应配置当量喷嘴直径 6mm 的消防水枪。

**2. 室内消火栓设置位置要求**

（1）设置室内消火栓的建筑，包括设备层在内的各层均应设置消火栓。

（2）消防电梯前室应设置室内消火栓。

（3）室内消火栓应设置在楼梯间及其休息平台和前室、走道等处，冷库的室内消火栓应设置在常温穿堂或楼梯间内。

（4）多层和高层建筑应在其屋顶设置带有压力表的试验消火栓，冬季结冰地区可设置在顶层出口处或水箱间内，单层建筑宜设置在水力最不利处，且应靠

笔记

笔 记

近出入口。

（5）室内消火栓的布置应保证同一平面有 2 支消防水枪的 2 股充实水柱同时达到任何部位。

（6）体积小于或等于 5000m$^3$ 的多层仓库、建筑高度小于或等于 54m 且每单元设置一部疏散楼梯的住宅，以及可采用 1 支消防水枪的其他场所，可采用 1 支消防水枪的 1 股充实水柱到达室内任何部位。

（7）按 2 支消防水枪的 2 股充实水柱布置的建筑物，消火栓的布置直线距离不应大于 30.0m；按 1 支消防水枪的 1 股充实水柱布置的建筑物，消火栓的布置间距不应大于 50.0m。

（8）室内消火栓栓口距地面高度宜为 1.1m；其出水方向与设置消火栓的墙面呈 90°角或向下。

（9）屋顶设有直升机停机坪的建筑，应在停机坪出入口处或非电气设备机房处设置消火栓，且距停机坪机位边缘的距离不应小于 5.0m。

**3. 室内消火栓水压要求**

（1）高层建筑、厂房、库房和室内净空高度超过 8m 的民用建筑等场所，消火栓栓口动压不应小于 0.35MPa，且消防水枪充实水柱应按 13m 计算；其他场所，消火栓栓口动压不应小于 0.25MPa，且消防水枪充实水柱应按 10m 计算。

（2）室内消火栓栓口动压力不应大于 0.50MPa；当大于 0.70MPa 时必须设置减压装置。

（3）城市交通隧道室内消火栓系统用水量达到最大时，最低压力不应小于 0.30MPa，消火栓的间距不应大于 50m，允许危险化学品机动车通行且隧道长度超过 3000m，应配置水雾或泡沫消防水枪。

## 考点 9　消防给水及消火栓系统施工前设备材料进场检查一般要求

（1）主要设备、系统组件、管材管件及其他设备、材料，应符合国家标准的规定，并应具有出厂合格证或质量认证书。

（2）消防水泵、消火栓、消防水带、消防水枪、消防软管卷盘或轻便消防水龙、报警阀组、电动（磁）阀、压力开关、流量开关、消防水泵接合器、沟槽连接件等系统主要设备和组件，应经国家消防产品质量监督检验中心检测合格。

（3）稳压泵、气压水罐、消防水箱、自动排气阀、信号阀、止回阀、安全阀、减压阀、倒流防止器、蝶阀、闸阀、流量计、压力表、水位计等，应经相应国家产品质量监督检验中心检测合格。

（4）气压水罐、组合式消防水池、屋顶消防水箱、地下水取水和地表水取水设施，以及其附件等，应符合国家标准的规定。

## 考点 10　消火栓进场检验要求

（1）消火栓、消防水带、消防水枪的商标、制造厂等标志应齐全，技术参数应符合设计要求。

（2）消火栓外观应无加工缺陷和机械损伤，阀体外部应涂红色油漆，内表面应涂防锈漆，手轮应涂黑色油漆，外部漆膜应无明显碰、划等现象。

（3）消火栓的螺纹出水口和快速连接卡扣应无缺陷和机械损伤。

（4）消火栓阀杆升降或开启应平稳、灵活，不应有卡涩和松动现象。

（5）旋转型消火栓转动部件应为铜或不锈钢，减压稳压消火栓无堵塞现象。

（6）消火栓固定接口应进行密封性能试验，应以无渗漏、无损伤为合格。试验数量宜从每批中抽查1%，但不应少于5个，应缓慢而均匀地升压1.6MPa，应保压2min。当两个及两个以上不合格时，不应使用该批消火栓。当仅有1个不合格时，应再抽查2%，但不应少于10个，并应重新进行密封性能试验。当仍有不合格时，亦不应使用该批消火栓。

（7）消防水带的织物层应编织得均匀，表面应整洁，应无跳双经、断双经、跳纬及划伤。衬里均匀光滑无缺陷。

## 考点11 室内消火栓及消防软管卷盘或轻便消防水龙安装要求

（1）选型、规格应符合设计要求。

（2）同一建筑物内应采用统一规格的栓口、消防水枪和消防水带及配件。

（3）试验用消火栓栓口处应设置压力表。

（4）应设置明显的永久性固定标志，隐蔽安装时，应有明显的标志，并应便于开启使用。

（5）消火栓栓口出水方向宜向下或与设置消火栓的墙面呈90°角，栓口不应安装在门轴侧。

（6）消火栓栓口中心距地面一般应为1.1m，允许偏差为±20mm。

## 考点12 消火栓箱安装要求

（1）阀门中心距箱侧面应为140mm，距箱后内表面应为100mm，允许偏差为±5mm。

（2）应平正、牢固，暗装的消火栓箱不应破坏隔墙的耐火性能。

（3）箱体安装的垂直度允许偏差为±3mm。

（4）消火栓箱门的开启不应小于120°。

（5）消防水带与接头应绑扎好，依箱内构造放置好。

（6）双向开门消火栓箱应至少满足1h耐火极限的要求。

（7）消火栓箱门上应用红色字体注明“消火栓”字样。

## 考点13 室内消火栓调试要求

（1）试验消火栓动作时，应检测消防水泵是否在规定的2min内自动启动。

（2）试验消火栓动作时，应测试其流量、压力和充实水柱的长度，核实消防水泵供水能力。

（3）应检查旋转型消火栓的性能能否满足其性能要求。

（4）应采用专用检测工具，测试减压稳压型消火栓的阀后动静压是否满足设计要求。

笔记

笔 记

## 考点 14　干式消火栓系统快速启闭装置调试要求

（1）开启系统试验阀或按下消火栓按钮，干式消火栓系统快速启闭装置的启动时间，当采用电动阀时不应超过 30s，系统启动压力符合设计要求。

（2）快速启闭装置后的管道充水时间不应大于 5min。

（3）干式报警阀在充气压力下降到设定值时应能及时启动。

（4）干式报警阀充气系统在设定低压点时应启动，在设定高压点时应停止充气，当压力低于设定低压点时应报警。

（5）干式报警阀当设有加速排气器时，应验证其可靠工作。

## 考点 15　消防给水及室内消火栓联锁试验

（1）干式消火栓系统联锁试验，当打开 1 个消火栓或模拟 1 个消火栓的排气量排气时，干式报警阀、（电动阀/电磁阀）应及时启动，压力开关应发出信号或联锁启动消防水泵，水力警铃动作应发出机械报警信号。

（2）消防给水系统的试验管放水时，（采用气压罐稳压的）管网压力应持续降低，消防水泵出水干管上压力开关应能自动启动消防水泵。

（3）消防给水系统的试验管放水或高位消防水箱排水管放水时，高位消防水箱出水管上的流量开关应动作，且应能自动启动消防水泵。

（4）自动启动时间应符合设计要求和规范规定。

## 考点 16　消火栓验收要求

（1）消火栓的设置场所、规格、型号应符合设计要求和规范规定。

（2）室内消火栓的安装高度应符合设计要求。

（3）消火栓的设置位置应符合设计要求和规范规定，并应符合消防救援和火灾扑救工艺的要求。

（4）消火栓的减压装置和活动部件应灵活可靠，栓后压力应符合设计要求。

（5）抽查消火栓数量 10%，且总数每个供水分区不应少于 10 个，合格率应为 100%。

## 考点 17　干式消火栓系统报警阀组验收要求

（1）报警阀组的各组件应符合产品标准要求。

（2）打开系统流量压力检测装置放水阀，测试的流量、压力应符合设计要求。

（3）水力警铃的设置位置应正确。测试时，水力警铃喷嘴处压力不应小于 0.05MPa，且距水力警铃 3m 远处警铃声声强不应小于 70dB。

（4）打开手动试水阀动作应可靠。

（5）控制阀均应锁定在常开位置。

（6）与空气压缩机或火灾自动报警系统的联锁控制，应符合设计要求。

## 考点 18　消火栓系统模拟灭火功能试验要求

（1）干式消火栓报警阀动作，水力警铃应鸣响，压力开关动作。

（2）流量开关、低压压力开关和报警阀压力开关等动作，应能自动启动消防水泵及与其联锁的相关设备，并应有反馈信号显示。

（3）消防水泵启动后，应有反馈信号显示。

（4）干式消火栓系统的干式报警阀的加速排气器动作后，应有反馈信号显示。

（5）其他消防联动控制设备启动后，应有反馈信号显示。

笔记

## 考点 19　室内消火栓系统控制要求

室内消火栓系统消防水泵应能自动启动和手动控制。消火栓泵自动启动分为直接启动和联动启动两种方式，自动部件包括消火栓泵出水干管低压压力开关、高位消防水箱出水管流量开关或报警阀压力开关。手动控制分为消火栓箱内消火栓按钮、消防控制室远程控制和消防水泵房现场应急操作三类。消火栓按钮控制分为联动控制和直接控制两种方式。远程控制分为总线手动启动和多线直接启停两种方式。现场应急操作分为现场手动启停、机械应急启动和就地强制启停三种方式。室内消火栓系统控制方式如图 5-2-5 和表 5-2-2 所示。

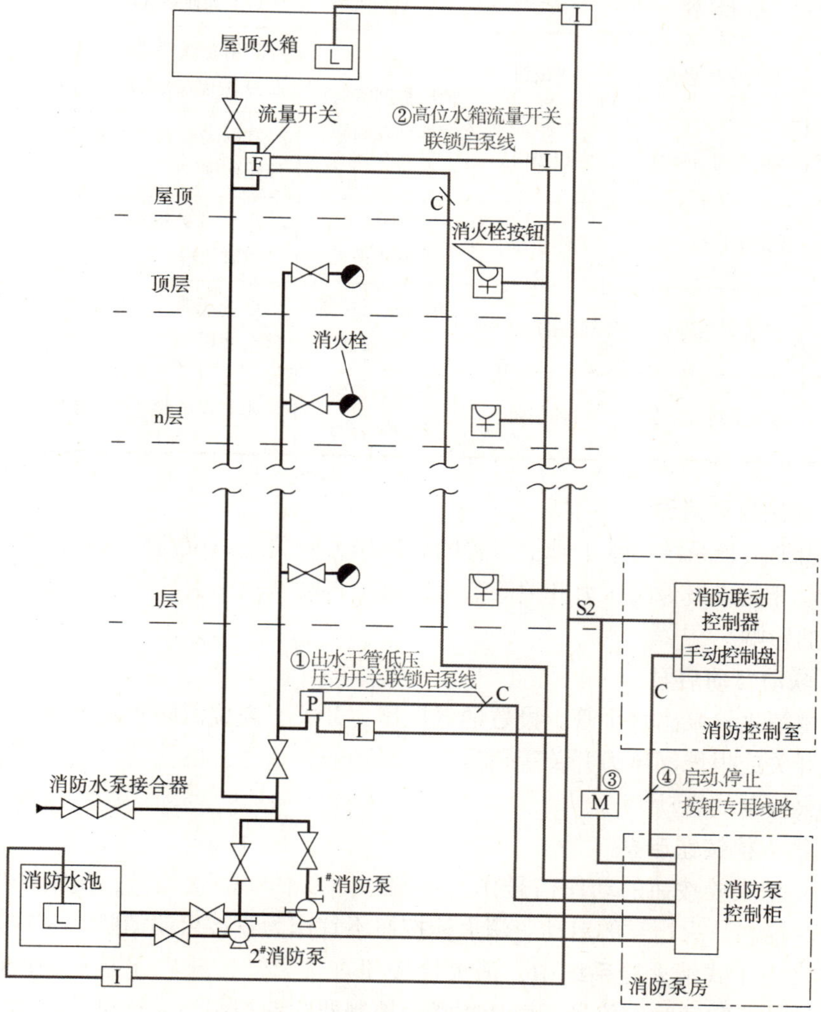


图 5-2-5　室内消火栓系统控制方式

笔 记

表 5-2-2 室内消火栓系统控制

| 类别 | 控制方式 | 控制部件 | 控制部件位置 | 适用范围或特点 |
| --- | --- | --- | --- | --- |
| 自动启动 | 直接自动启泵 | 低压压力开关 | 消火栓泵出水干管 | 气压罐稳压装置作为消火栓系统稳压设施 |
| | | 流量开关 | 高位消防水箱出水管 | 高位消防水箱作为消火栓系统稳压设施 |
| | | 压力开关 | 干式报警阀组 | 设置干式报警阀组的干式消火栓系统 |
| | 联动自动启泵 | 与直接自动启泵相同 | 与直接自动启泵相同 | 与直接自动启泵同时设置，由火灾报警系统的消防联动控制器控制 |
| 消火栓按钮启动 | 直接自动启泵 | 消火栓按钮 | 室内消火栓箱 | 场所未设火灾自动报警系统的湿式消火栓系统 |
| | 联动自动启泵 | | | 场所设有火灾自动报警系统的湿式消火栓系统 |
| | 直接启动快速启闭装置 | | | 设置雨淋阀、电磁阀或电动阀的干式消火栓系统 |
| 远程控制 | 总线手动启泵 | 总线按钮 | 消防控制室消防联动控制器 | 利用总线手动盘按钮和报警总线及控制电源线实现 |
| | 多线手动启停泵 | 多线按钮 | | 利用多线直接控制盘按钮和专用线路实现 |
| 现场操作 | 现场手动启停泵 | 启停按钮 | 消火栓泵控制柜面板 | 用于维护检修，自动及远程控制失效时使用 |
| | 机械应急启泵 | 机械机构 | 消火栓泵控制柜接触器 | 电源正常、泵控制柜控制回路故障时使用 |
| | 就地强制启停泵 | 启停按钮 | 消防水泵房消火栓泵附近 | 水泵现场就地快速控制 |

**1. 直接自动启泵**

应由消火栓系统出水干管上设置的低压压力开关、高位消防水箱出水管上设置的流量开关或报警阀压力开关等信号，直接自动启动消火栓泵，不受消防联动控制器的影响。

**2. 联动自动启泵**

应由消火栓泵出水干管上设置的低压压力开关、高位消防水箱出水管上设置的流量开关或报警阀压力开关等信号作为联动触发信号，由消防联动控制器联动控制消火栓泵的启动。

**3. 消火栓按钮启泵**

（1）消火栓按钮的动作信号作为报警信号及联动触发信号，由消防联动控制器联动控制消火栓泵的启动。消火栓按钮不宜作为直接启动消防水泵的开关。

（2）在干式消火栓系统中，消火栓按钮直接启动快速启闭装置的同时，作为报警信号及联动触发信号，由消防联动控制器联动控制消火栓泵的启动。

(3)未设置火灾自动报警系统时，消火栓按钮直接自动启动消火栓泵。

**4. 消防控制室总线手动启泵**

消火栓泵可由消防控制室内的火灾报警控制器或总线手动盘实现总线手动启动。

**5. 消防控制室多线手动启停泵**

消防控制室内的消防联动控制器的多线手动控制盘，应设置专用线路连接的手动直接控制消火栓泵的启动、停止按钮。

**6. 现场手动启停泵**

消火栓泵控制箱（柜）应设置手动启动和停止按钮，现场手动启动和停止消火栓泵。

**7. 机械应急启泵**

消防水泵控制柜应设置机械应急启泵功能，并应保证在控制柜内的控制线路发生故障时由有管理权限的人员在紧急时启动消防水泵。

**8. 就地强制启停泵**

消火栓泵应设置就地强制启停泵按钮，并应有保护装置。

**9. 信号反馈要求**

消火栓泵和稳压泵的启动停止状态信号，消防水池、高位消防水箱等水源的高水位、低水位报警信号应反馈至消防联动控制器。

## 考点20 消防水泵控制柜设置要求

**1. 消防水泵控制柜设置一般要求**

(1)应设置在消防水泵房或专用消防水泵控制室内，在平时应使消防水泵处于自动启泵状态。

(2)消防水泵控制柜设置在专用消防水泵控制室时，其防护等级不应低于IP30；与消防水泵设置在同一空间时，其防护等级不应低于IP55。

(3)消防水泵控制柜应采取防止被水淹没的措施。在高温潮湿环境下，消防水泵控制柜内应设置自动防潮除湿的装置。

**2. 消防水泵控制柜控制功能要求**

(1)消防水泵应能手动启停和自动启动。

(2)消防水泵不应设置自动停泵的控制功能，停泵应由具有管理权限的工作人员根据火灾扑救情况确定。

(3)消防水泵应确保从接到启泵信号到水泵正常运转的自动启动时间不应大于2min。

(4)消防水泵、稳压泵应设置就地强制启停泵按钮，并应有保护装置。

(5)消防水泵控制柜应设置机械应急启泵功能，应确保在报警后5.0min内正常工作。

(6)稳压泵应由消防给水管网或气压水罐上设置的稳压泵自动启停泵压力开关或压力变送器控制。

(7)消防给水分区供水转输消防水泵，宜在消防水泵启动后再启动；分区供水串联消防水泵时，上区消防水泵宜在下区消防水泵启动后再启动。

笔 记

笔记

(8) 消防水泵应工频直接启泵运行；当功率较大时，宜采用星三角和自耦降压变压器启动，不宜采用有源器件启动。

(9) 工频启动消防水泵时，从接通电路到水泵达到额定转速的时间，电动机功率小于或等于 132kW 时小于 30s，大于 132kW 时小于 55s。

(10) 消防水泵的双路电源自动切换时间不应大于 2s；一路电源与内燃机动力的切换时间不应大于 15s。

**3. 消防水泵巡检要求**

(1) 消防水泵准工作状态的自动巡检应采用变频运行，定期人工巡检应采用工频满负荷运行并出流。电动驱动消防水泵控制柜应具有自动巡检可调、显示巡检状态和信号等功能，且对话界面应有汉语语言，图标应便于识别和操作。

(2) 巡检周期不宜大于 7d，低频交流逐台驱动消防水泵，每台消防水泵低速转动的时间不应少于 2min。

(3) 当有启泵信号时，应立即退出巡检，进入工作状态。

(4) 发现故障时，应有声光报警，并应有记录和储存功能。

(5) 对消防水泵控制柜一次回路中的主要低压器件宜有巡检功能，并应检查器件的动作状态。

(6) 自动巡检时，应设置电源自动切换功能的检查。

## 考点 21　消防水泵控制柜进场检验要求

(1) 消防水泵控制柜的控制功能应检测合格。

(2) 控制柜面板应设有电源电压、电流、水泵启停状况、巡检状况、火警及故障的声光报警等显示。

(3) 控制柜导线的颜色，面板上的按钮、开关、指示灯应符合现行国家标准的规定。

(4) 控制柜内的电气元件及材料应符合现行国家标准规定。

(5) 控制柜应进行低温、高温、湿热、振动等试验检测。

(6) 金属柜体上应有接地点，控制柜中带电端子与机壳之间的绝缘电阻应大于 20MΩ，电源接线端子与地之间的绝缘电阻应大于 50MΩ。

(7) 在控制柜的明显部位应设置标志牌和控制原理图。

## 考点 22　消防水泵控制柜的安装要求

(1) 控制柜的基座其水平度误差不大于 ±2mm，并应做防腐处理及防水措施。

(2) 控制柜与基座应采用不小于 $\phi$12mm 的螺栓固定，每只柜不应少于 4 只螺栓。

(3) 做控制柜的上下进出线口时，不应破坏控制柜的防护等级。

## 考点 23　消防水泵控制柜调试要求

(1) 应空载调试控制柜的控制功能，对各个控制程序进行试验验证。

(2) 空载调试合格，应加负载调试控制柜的控制功能，并应对各个负载电流的状况进行试验检测和验证。

（3）检查显示功能，应对电压、电流、故障、声光报警等功能进行试验检测和验证。

（4）调试自动巡检功能，并应对各泵的巡检动作、时间、周期、频率和转速等进行试验检测和验证。

（5）试验消防水泵的各种强制启泵功能。

笔记

## 考点24　消防水泵控制柜验收要求

（1）控制柜的规格、型号、数量应符合设计要求。

（2）控制柜的图纸塑封后应牢固粘贴于柜门内侧。

（3）控制柜的动作应符合设计要求和规范中控制操作的有关规定。

（4）控制柜的质量应符合产品标准和规范中进场检验要求。

（5）主、备用电源自动切换装置的设置应符合设计要求。

## 考点25　消防给水管网形式设置要求

（1）市政消火栓给水管网宜为环状管网，管径不应小于 *DN*150；枝状管网的管径不宜小于 *DN*200。当城镇人口小于 2.5 万人时，可为枝状管网；环状管网的管径不应小于 *DN*100，枝状管网的管径不宜小于 *DN*150。

（2）向两栋或两座及以上建筑、向两种及以上水灭火系统、设有高位消防水箱的临时高压消防给水系统、向两个及以上报警阀控制的自动水灭火系统供水的，应采用环状给水管网。

（3）向室外、室内环状消防给水管网供水的输水干管不应少于两条，每条输水干管应能满足消防给水设计流量。

（4）室外消防给水管网采用两路消防供水时应采用环状管网，当采用一路消防供水时可采用枝状管网，管径不应小于 *DN*100；管道用阀门分段，每段室外消火栓的数量不宜超过 5 个。

（5）室内消防给水管网应布置成环状；室外消火栓设计流量不大于 20L/s，且室内消火栓不超过 10 个时，可布置成枝状；竖管管径不应小于 *DN*100。

（6）环状给水的室内消火栓每根竖管与供水横干管相接处应设置阀门，停用的竖管不超过 1 根，当竖管超过 4 根时，可关闭不相邻的 2 根。

（7）室内消火栓给水管网宜与自动喷水等其他水灭火系统的管网分开设置；当合用消防泵时，供水管路沿水流方向应在报警阀前分开设置。

## 考点26　消防给水管道要求

（1）消防给水管道的设计流速不宜大于 2.5m/s，任何消防管道的给水流速不应大于 7m/s。

（2）低压消防给水系统的管道工作压力不应小于 0.60MPa。高位消防水池、水塔供水的高压消防给水系统的系统工作压力，应为高位消防水池、水塔最大静压。

（3）采用高位消防水箱稳压的临时高压消防给水系统的系统工作压力，应

笔 记

为消防水泵零流量时的压力与水泵吸水口最大静水压力之和。

(4) 采用稳压泵稳压的临时高压消防给水系统的系统工作压力，应取消防水泵零流量时的压力、消防水泵吸水口最大静压二者之和与稳压泵维持系统压力时两者其中的较大值。

(5) 埋地管道当系统工作压力不大于 1.20MPa 时，宜采用球墨铸铁管或钢丝网骨架塑料复合管给水管道；当系统工作压力大于 1.20MPa 且小于 1.60MPa 时，宜采用钢丝网骨架塑料复合管、加厚钢管和无缝钢管；当系统工作压力大于 1.60MPa 时，宜采用无缝钢管。

(6) 埋地钢管连接宜采用沟槽连接件（卡箍）和法兰，沟槽式管接头工作压力不应大于 2.50MPa（$DN \leqslant 250$）或 1.60MPa（$DN \geqslant 300$）。

(7) 埋地钢管和铸铁管，应采取外壁防腐措施；有腐蚀性介质的场所架空管道的外壁，应采取防腐措施。

(8) 架空管道当系统工作压力小于或等于 1.20MPa 时，可采用热浸镀锌钢管；当系统工作压力大于 1.20MPa 时，应采用热浸镀锌加厚钢管或热浸镀锌无缝钢管；当系统工作压力大于 1.60MPa 时，应采用热浸镀锌无缝钢管。

(9) 架空管道当管径小于或等于 $DN50$ 时，应采用螺纹和卡压连接；当管径大于 $DN50$ 时，应采用沟槽连接件连接、法兰连接。架空管道不宜采用焊接连接。

(10) 架空充水管道应设置在环境温度不低于 5℃的区域，低于 5℃时应采取防冻措施。

## 考点 27　架空管道的支吊架要求

(1) 设计的吊架在管道的每一支撑点处应能承受 5 倍于充满水的管重。

(2) 管道悬吊点应能承受充满水管道重量另加至少 114kg 的阀门、法兰和接头等附加荷载。

(3) 当管道穿梁处宜作为一个吊架。

(4) 架空管道每段管道设置的防晃支架不应少于 1 个。

(5) 配水管宜在中点设置一个防晃支架，但当管径小于 $DN50$ 时可不设。

(6) 配水管每 15m 长度内应至少设置一个防晃支架，但当管径不大于 $DN40$ 可不设。

(7) 当管道改变方向时，应增设防晃支架。管径大于 $DN50$ 的管道拐弯、三通及四通位置处应设一个防晃支架。

(8) 立管应在其始端和终端设防晃支架或采用管卡固定。

## 考点 28　管材管件进场检验要求

(1) 镀锌钢管应为内外壁热镀锌钢管，球墨铸铁管内涂水泥层和外涂防腐涂层不应脱落，不应有锈蚀等现象。

(2) 表面应无裂纹、缩孔、夹渣、折叠和重皮。

(3) 管材管件不应有妨碍使用的凹凸不平的缺陷，其尺寸公差应符合规定。

(4) 螺纹密封面应完整、无损伤、无毛刺。

（5）非金属密封垫片应质地柔韧、无老化变质或分层现象，表面应无折损、皱纹等缺陷。

（6）法兰密封面应完整光洁，不应有毛刺及径向沟槽。

（7）球墨铸铁管承口的内工作面和插口的外工作面应光滑、轮廓清晰，不应有影响接口密封性的缺陷。

笔 记

## 考点29 管道连接一般要求

（1）宜采用密封胶带作为螺纹接口的密封，密封胶带应在阳螺纹上施加。

（2）法兰连接时宜采用平焊法兰、对焊法兰和螺纹法兰。

（3）热浸镀锌钢管法兰连接时应选用螺纹法兰，焊接连接时应符合相关规定。

（4）管径大于 *DN*50 的管道不应使用螺纹活接头，在管道变径处应采用单体异径接头。

## 考点30 沟槽（卡箍）连接要求

（1）有振动的场所和埋地管道应采用柔性接头，其他场所宜采用刚性接头，埋地连接时螺栓和螺母应采用不锈钢件或做防腐处理。

（2）管道沟槽和开孔应用专用滚槽机和开孔机加工，并应做防腐处理，沟槽、孔洞处不应有毛刺、破损性裂纹和脏物。

（3）配水管应采用沟槽式管件，不应采用机械三通。

（4）管道变径和转弯时，宜采用沟槽式异径管件和弯头。当需要采用补芯时，三通上可用一个，四通上不应超过两个。*DN* 大于 50mm 的管道不宜采用活接头。

（5）沟槽连接件应采用三元乙丙橡胶 EDPM（C）型密封胶圈，弹性和外形应良好，安装压紧后 C 型密封胶圈中间应有空隙。

## 考点31 埋地管道安装要求

（1）地震烈度在 7 度及 7 度以上时宜采用柔性连接的金属管道或钢丝网骨架塑料复合管。

（2）球墨铸铁管宜采用承插连接。

（3）焊接钢管宜采用法兰和沟槽连接件连接。

（4）钢丝网骨架塑料复合管应采用电熔连接。

（5）应在管道三通或转弯处设置混凝土支墩。

（6）埋地钢管应做防腐处理，球墨铸铁给水管外壁应刷沥青漆防腐。螺栓、螺母以及垫片等附件应采用防腐蚀材料，或涂覆沥青等防腐涂层。埋地钢丝网骨架塑料复合管不应做防腐处理。

## 考点32 架空管道安装要求

（1）架空管道应采用热浸镀锌钢管，宜采用沟槽连接件、螺纹、法兰和卡压等方式连接。架空管道不应安装使用钢丝网骨架塑料复合管等非金属管道。

（2）穿过建筑物承重墙或基础时，预留洞口高度应保证管顶上部净空不小

笔记

于建筑物的沉降量，不宜小于 0.1m，应填充不透水的弹性材料。

（3）穿过墙体或楼板时加设套管长度不应小于墙体厚度，或应高出楼面或地面 50mm。套管与管道的间隙应采用不燃材料填塞，管道的接口不应位于套管内。

（4）必须穿过伸缩缝及沉降缝时，应采用波纹管和补偿器等技术措施。

（5）管道可能发生冰冻时，应采取防冻技术措施。

（6）有腐蚀性气体房间内的管道外壁应刷防腐漆或缠绕防腐材料。

（7）架空管道外应注明管道名称和水流方向标识，应刷红色油漆或涂红色环圈标志，环圈宽度不应小于 20mm，间隔不宜大于 4m，在一个独立的单元内环圈不宜少于两处。

## 考点 33　管网验收要求

（1）管道的材质、管径、接头、连接方式及采取的防腐、防冻措施，应符合设计要求，管道标识应符合设计要求。

（2）管网排水坡度及辅助排水设施，应符合设计要求。

（3）系统中的试验消火栓、自动排气阀应符合设计要求。

（4）管网不同部位安装的报警阀组、闸阀、止回阀、电磁阀、信号阀、水流指示器、减压孔板、节流管、减压阀、柔性接头、排水管、排气阀、泄压阀等，均应符合设计要求。

（5）干式消火栓系统允许的最大充水时间不应大于 5min。

（6）干式消火栓系统报警阀后的管道仅应设置消火栓和有信号显示的阀门。

（7）架空管道的立管、配水支管、配水管、配水干管设置的支架，应符合规范规定。

（8）室外埋地管道应符合规范有关规定。

（9）架空管道支架抽查 20%，且不应少于 5 处，其余全数抽查。

## 考点 34　消防给水阀门设置要求

（1）埋地管道的阀门宜采用带启闭刻度的暗杆闸阀，阀门井内可采用耐腐蚀的明杆闸阀，应采用球墨铸铁阀门。

（2）室外架空管道宜采用带启闭刻度的暗杆闸阀或耐腐蚀的明杆闸阀，室内架空管道的阀门宜采用蝶阀、明杆闸阀或带启闭刻度的暗杆闸阀，室外和室内架空管道的阀门应采用球墨铸铁阀门或不锈钢阀门。

（3）消防给水系统管道的最高点处宜设置自动排气阀。

（4）消防水泵出水管上的止回阀宜采用水锤消除止回阀，当消防水泵供水高度超过 24m 时，应采用水锤消除器。当消防水泵出水管上设有囊式气压水罐时，可不设水锤消除装置。

（5）室内消防给水系统由生活、生产给水系统管网直接供水时，应在引入管处设置倒流防止器。

## 考点 35　阀门及附件进场检验要求

（1）阀门的商标、型号、规格等标志应齐全，型号、规格应符合设计要求。

（2）阀门及其附件应配备齐全，不应有加工缺陷和机械损伤。

(3) 闸阀、截止阀、球阀、蝶阀和信号阀等通用阀门，应符合现行国家标准有关规定。

(4) 消防水泵接合器、自动排气阀、减压阀、泄压阀、止回阀等阀门性能，应符合现行国家标准规定。

(5) 阀门应有清晰的铭牌、安全操作指示标志、产品说明书和表明水流方向的永久性标志。

笔 记

### 考点36　阀门安装要求

(1) 各类阀门型号、规格及公称压力应符合设计要求。

(2) 阀门的设置应便于安装维修和操作，应能满足阀门完全启闭的要求。

(3) 阀门应有明显的启闭标志。

(4) 消防给水干管与水灭火系统连接处应设置独立阀门，并应保证各系统独立使用。

### 考点37　消火栓系统维护管理要求

(1) 每天应对水源控制阀进行外观检查，并应保证系统处于无故障状态。

(2) 系统上所有的控制阀均应采用铅封或锁链固定在开启或规定的状态，每月应对铅封、锁链进行一次检查，损坏时应及时修理更换。

(3) 在市政供水阀门处于完全开启状态时，每月应对倒流防止器的压差进行检测。

(4) 每季度应对消火栓进行一次外观和漏水检查，发现有不正常的消火栓应及时更换。

(5) 每季度应对室外阀门井进水管上的控制阀进行一次检查，应核实其处于全开启状态。

(6) 每年应对系统过滤器进行至少一次排渣，检查过滤器是否处于完好状态，堵塞或损坏时及时检修。

## 二、难点突破

室内消火栓栓口动压力不应大于0.50MPa，当大于0.70MPa时必须设置减压装置；控制管道动压可以在相应区段设减压孔板或节流管，也可选用带减压孔板的减压型消火栓。

减压阀用于分区供水和控制消防管道静压，用于分区供水时，要求应设不少于两组减压阀组，每组减压阀组宜设置备用减压阀、减压阀后设置安全阀，减压阀类型选择也有相应要求。减压阀在设置、安装、调试、验收和维护等方面要符合相关一般要求。

### (一) 减压阀设置要求

(1) 减压阀应设置在报警阀组入口前，当连接两个及以上报警阀组时，应设置备用减压阀。

(2) 入口前应设过滤器且便于排污，过滤器的孔网直径不宜小于4~5目/$cm^2$，过流面积不应小于管道截面面积的4倍。

(3) 过滤器和减压阀前后应设置控制阀和压力表，压力表的表盘直径不应

笔 记

小于 100mm，最大量程宜为设计压力的 2 倍。当减压阀主阀体自身带有压力表时，可不设置压力表。

（4）减压阀和前后的阀门宜有保护或锁定调节配件的装置。

（5）接减压阀的管段不应有气堵、气阻。

（6）应设流量检测测试接口或流量计，减压阀后应设置压力试验排水阀。

（7）比例式减压阀宜垂直安装，水流方向宜向下；可调式减压阀宜水平安装。

**（二）减压阀安装要求**

（1）减压阀型号、规格、压力、流量应符合设计要求。

（2）安装前应进行检查，其规格、型号应与设计相符，阀外控制管路及导向阀各连接件不应有松动，外观应无机械损伤，并应清除阀内异物。

（3）减压阀安装应在供水管网试压、冲洗合格后进行。

（4）减压阀水流方向应与供水管网水流方向一致。

（5）减压阀前应有过滤器。

（6）减压阀前后应安装压力表。

（7）减压阀处应有压力试验用排水设施。

（8）可调式减压阀宜水平安装，阀盖应向上。

（9）比例式减压阀宜垂直安装，水流方向宜向下；当水平安装时，单呼吸孔减压阀其孔口应向下，双呼吸孔减压阀其孔口应呈水平位置。

**（三）减压阀调试要求**

（1）减压阀的阀前阀后动静压力应满足设计要求。

（2）减压阀出流量为设计流量的 150% 时，阀后动压不应小于额定设计工作压力的 65%。

（3）减压阀在小流量、设计流量和设计流量的 150% 时不应出现噪声明显增加。

（4）测试减压阀的阀后动静压差应符合设计要求。

**（四）减压阀验收要求**

（1）减压阀的型号、规格、设计压力和设计流量应符合设计要求。

（2）减压阀阀前应有过滤器，过滤器的过滤面积和孔径应符合设计要求和规范有关规定。

（3）减压阀阀前阀后动静压力应符合设计要求。

（4）减压阀处应有试验用压力排水管道。

（5）减压阀在小流量、设计流量和设计流量的 150% 时不应出现噪声明显增加现象或管道喘振现象。

（6）减压阀的水头损失应小于设计阀后静压和动压差。

**（五）减压阀维护管理**

（1）每月应对减压阀组进行一次放水试验，并应检测和记录减压阀前后的压力，当不符合设计值时应采取满足系统要求的调试和维修等措施。

（2）每年应对减压阀的流量和压力进行一次试验。

## 三、真题解析

**（一）单项选择题**

1.（考点 2）下列建筑或场所中，可不设置室外消火栓的是（　　）。（2017

笔 记

年技术实务真题）

A. 用于消防救援和消防车停靠的屋面上

B. 高层民用建筑

C. 3 层住宅区，居住人数小于或等于 500 人

D. 耐火等级不低于二级，且建筑物体积小于或等于 3000m$^3$ 的戊类厂房

【答案】D。

【解析】用于消防救援和消防车停靠的屋面上，应设置室外消火栓系统。

民用建筑、厂房、仓库、储罐（区）和堆场周围应设置室外消火栓系统。

耐火等级不低于二级且建筑体积不大于 3000m$^3$ 的戊类厂房，住宅区人数不超过 500 人且建筑层数不超过两层的住宅区，可不设置室外消火栓系统。

2. （考点 37）根据现行国家标准《消防给水及消火栓系统技术规范》GB 50974，对室内消火栓应（　　）进行一次外观和漏水检查，发现存在问题的消火栓应及时修复或更换。（2017 年综合能力真题）

A. 每月　　B. 每半年　　C. 每季度　　D. 每年

【答案】C。

【解析】每季度应对消火栓进行一次外观和漏水检查，发现有不正常的消火栓应及时更换，结合每季度对消防水泵的出流量和压力进行试验时进行。

**（二）多项选择题**

（考点 19）下列关于消防水泵控制的说法，正确的有（　　）。（2017 年综合能力真题）

A. 消防水泵出水干管上设置的压力开关应能控制消防水泵的启动

B. 消防水泵出水干管上设置的压力开关应能控制消防水泵的停止

C. 消防控制室应能控制消防水泵启动

D. 消防水泵控制柜应能控制消防水泵启动、停止

E. 手动火灾报警按钮信号应能直接启动消防水泵

【答案】ACD。

【解析】消防水泵应能手动启停和自动启动。

应由消火栓系统出水干管上设置的低压压力开关、高位消防水箱出水管上设置的流量开关或报警阀压力开关等信号作为触发信号，直接控制启动消火栓泵。

消防水泵不应设置自动停泵的控制功能，停泵应由具有管理权限的工作人员根据火灾扑救情况确定。

消防水泵的控制设备，除应采用联动控制方式外，还应在消防控制室设置手动直接控制装置。

消火栓按钮不宜作为直接启动消防水泵的开关，未设置火灾自动报警系统时，消火栓按钮直接自动启动消火栓泵。

## 第三节　自动喷水灭火系统

本节思维导图如图 5-2-c 所示。

笔 记

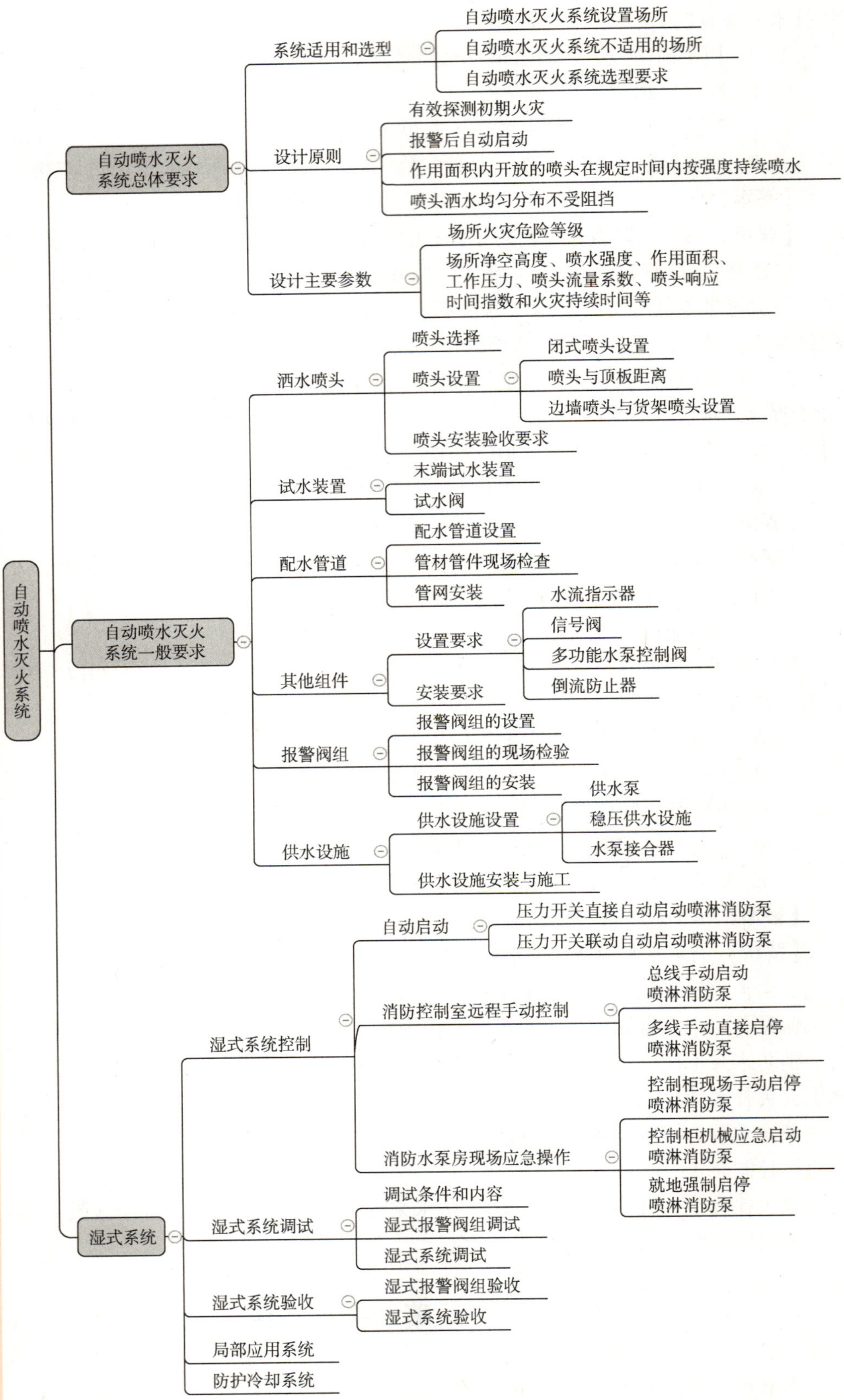


图 5-2-c　自动喷水灭火系统思维导图

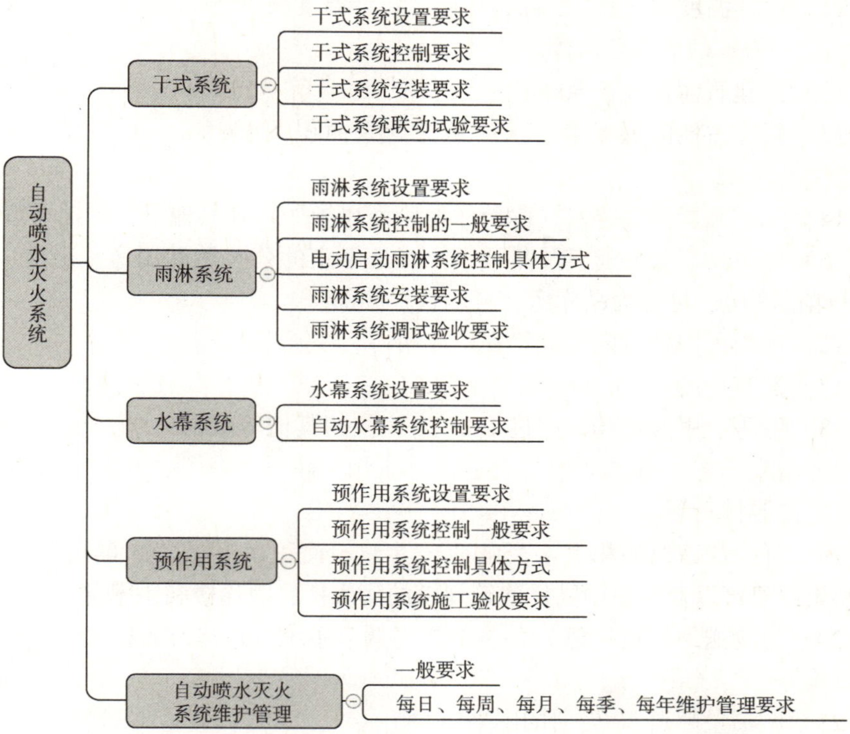


图 5-2-c 自动喷水灭火系统思维导图（续）

## 一、考点提炼

### 考点 1 自动喷水灭火系统设置场所

除不宜用水保护或灭火的场所外，下列场所应设置自动灭火系统，并宜采用自动喷水灭火系统：

（1）不小于 50000 锭的棉纺厂的开包、清花车间，不小于 5000 锭的麻纺厂的分级、梳麻车间，火柴厂的烘梗、筛选部位。

（2）占地面积大于 1500m² 或总建筑面积大于 3000m² 的单、多层制鞋、制衣、玩具及电子等类似生产的厂房。

（3）占地面积大于 1500m² 的木器厂房。

（4）泡沫塑料厂的预发、成型、切片、压花部位。

（5）高层乙、丙类厂房。

（6）建筑面积大于 500m² 的地下或半地下丙类厂房。

（7）每座占地面积大于 1000m² 的棉、毛、丝、麻、化纤、毛皮及其制品的仓库（单层占地面积不大于 2000m² 的棉花库房，可不设置自动喷水灭火系统）。

（8）每座占地面积大于 600m² 的火柴仓库。

（9）邮政建筑内建筑面积大于 500m² 的空邮袋库。

（10）可燃、难燃物品的高架仓库（货架高度大于 7m 且采用机械化操作或自动化控制的货架仓库）和高层仓库。

笔 记

笔 记

(11) 设计温度高于0℃的高架冷库，设计温度高于0℃且每个防火分区建筑面积大于1500m²的非高架冷库。

(12) 总建筑面积大于500m²的可燃物品地下仓库。

(13) 每座占地面积大于1500m²或总建筑面积大于3000m²的其他单层或多层丙类物品仓库。

(14) 一类高层公共建筑（除游泳池、溜冰场外）及其地下、半地下室。

(15) 二类高层公共建筑及其地下、半地下室的公共活动用房、走道、办公室和旅馆的客房、可燃物品库房、自动扶梯底部。

(16) 高层民用建筑内的歌舞娱乐放映游艺场所。

(17) 建筑高度大于100m的住宅建筑。

(18) 特等、甲等剧场，超过1500个座位的其他等级的剧场，超过2000个座位的会堂或礼堂，超过3000个座位的体育馆，超过5000人的体育场的室内人员休息室与器材间等。

(19) 任一层建筑面积大于1500m²或总建筑面积大于3000m²的展览、商店、餐饮和旅馆建筑以及医院中同样建筑规模的病房楼、门诊楼和手术部。

(20) 设置送回风道（管）的集中空气调节系统且总建筑面积大于3000m²的办公建筑等。

(21) 藏书量超过50万册的图书馆。

(22) 大、中型幼儿园，总建筑面积大于500m²的老年人建筑。

(23) 总建筑面积大于500m²的地下或半地下商店。

(24) 设置在地下或半地下或地上四层及以上楼层的歌舞娱乐放映游艺场所（除游泳场所外），设置在首层、二层和三层且任一层建筑面积大于300m²的地上歌舞娱乐放映游艺场所（除游泳场所外）。

## 考点2　自动喷水灭火系统不适用的场所和选型要求

**1. 自动喷水灭火系统不适用的场所**

(1) 遇水发生爆炸或加速燃烧的物品。

(2) 遇水发生剧烈化学反应或产生有毒有害物质的物品。

(3) 洒水将导致喷溅或沸溢的液体。

**2. 自动喷水灭火系统选型要求**

(1) 露天场所不宜采用闭式系统。

(2) 建筑物中保护局部场所的干式系统、预作用系统、雨淋系统、自动喷水-泡沫联用系统，可串联接入同一建筑物内湿式系统，并应与其配水干管连接。

## 考点3　自动喷水灭火系统的设计原则和基本参数

**1. 自动喷水灭火系统的设计原则**

(1) 闭式喷头或启动系统的火灾探测器，应能有效探测初期火灾。

(2) 湿式系统、干式系统应在开放一只洒水喷头后自动启动，预作用系统、雨淋系统和水幕系统应根据其类型由火灾探测器、闭式洒水喷头作为探测元件，报警后自动启动。

笔 记

（3）作用面积内开放的喷头，应在规定时间内按设计选定的强度持续喷水。

（4）喷头洒水时，应均匀分布，且不应受阻挡。

**2. 自动喷水灭火系统设置场所火灾危险等级划分为四个等级**

（1）轻危险级，如多层办公楼。

（2）中危险级（Ⅰ级、Ⅱ级），Ⅰ级如高层民用建筑、食品车间，Ⅱ级如5000$m^2$以上商场，木器车间。

（3）严重危险级（Ⅰ级、Ⅱ级），Ⅰ级如可燃液体制品车间，Ⅱ级如易燃液体喷雾区域。

（4）仓库危险级（Ⅰ级、Ⅱ级、Ⅲ级），Ⅰ级如烟酒，Ⅱ级如家用电器，Ⅲ级如塑料橡胶制品。

**3. 设计基本参数**

主要包括场所净空高度、喷水强度、作用面积、工作压力、喷头流量系数、喷头响应时间指数和火灾持续时间等。

**4. 闭式系统设置场所净空高度**

（1）民用建筑和厂房湿式系统最大净空高度为小于或等于8m。

（2）民用建筑和厂房高大空间场所湿式系统最大净空高度为8m、12m和18m。

（3）仓库净空高度为小于或等于9m。

（4）采用早期抑制快速响应喷头的湿式系统的仓库最大净空高度为12m和13.5m。

（5）采用仓库型特殊喷头的湿式系统的仓库最大净空高度为7.5m和12m。

**5. 喷水强度**

（1）民用建筑和厂房湿式系统喷水强度为4L/min·$m^2$、6L/min·$m^2$、8L/min·$m^2$、12L/min·$m^2$和16L/min·$m^2$，见表5-2-3，装设网格、栅板类通透性吊顶的场所，系统的喷水强度应按规定值的1.3倍确定。

（2）民用建筑和厂房高大空间场所喷水强度为12L/min·$m^2$、15L/min·$m^2$和20L/min·$m^2$。

（3）Ⅰ级、Ⅱ级仓库喷水强度为8～22L/min·$m^2$。

（4）Ⅲ级货架储存仓库喷水强度为12～32.5L/min·$m^2$。

（5）Ⅲ级堆垛储存仓库喷水强度为12～36.5L/min·$m^2$。

（6）混杂储物仓库喷水强度为8～16L/min·$m^2$。

**表5-2-3　民用建筑和厂房采用湿式系统设计基本参数**

| 火灾危险等级 | | 净空高度 $h$/m | 喷水强度/(L/min·$m^2$) | 作用面积/$m^2$ |
|---|---|---|---|---|
| 轻危险级 | | $h\leq8$ | 4 | 160 |
| 中危险级 | Ⅰ级 | | 6 | |
| | Ⅱ级 | | 8 | |
| 严重危险级 | Ⅰ级 | | 12 | 260 |
| | Ⅱ级 | | 16 | |

笔 记

**6. 作用面积和作用面积内开放的喷头数**

（1）民用建筑和工业厂房作用面积，轻、中危险级为 160m²，严重危险级为 260m²。

（2）民用建筑和厂房高大空间场所作用面积为 160m²。

（3）Ⅰ级、Ⅱ级仓库作用面积为 160m²、200m² 和 280m²。

（4）Ⅲ级货架储存仓库作用面积为不小于 200m²。

（5）Ⅲ级堆垛储存仓库作用面积为不小于 240m²。

（6）混杂储物仓库作用面积为 160m² 和 240m²。

（7）仓库及类似场所采用早期抑制快速响应喷头的作用面积内开放的喷头数为 12 个、20 个。

（8）仓库及类似场所采用仓库型特殊应用喷头的作用面积内开放的喷头数分别为 12 个、15 个、20 个和 24 个。

**7. 喷头工作压力**

（1）民用建筑和工业厂房湿式系统最不利点处喷头的工作压力不应低于 0.05MPa。

（2）仓库货架内置洒水喷头，当喷头流量系数 $K=80$ 时，工作压力不应小于 0.20MPa；当 $K=115$ 时，工作压力不应小于 0.10MPa。

（3）采用早期抑制快速响应喷头的仓库湿式系统喷头最低工作压力分别为 0.15MPa、0.20MPa、0.25MPa、0.30MPa、0.35MPa、0.40MPa、0.50MPa、0.70MPa。

（4）采用仓库型特殊应用喷头的仓库湿式系统喷头最低工作压力分别为 0.07MPa、0.10MPa、0.15MPa、0.20MPa、0.25MPa、0.35MPa。

**8. 喷头流量系数**

（1）民用建筑和工业厂房喷头流量系数 $K$ 分别为 80 和 115。

（2）采用早期抑制快速响应喷头的仓库湿式系统的喷头流量系数 $K$ 为 202、242、320、363。

（3）采用仓库型特殊应用喷头的仓库湿式系统的喷头流量系数 $K$ 为 161、200、242、363。

**9. 喷头响应时间指数（*RTI*）**

*RTI* 值越小，响应时间越短，反应越快。*RTI* 分别为 75、50 和 34，对应标准响应喷头、快速响应喷头和早期快速响应喷头。

**10. 持续喷水时间**

（1）自动喷水灭火系统的持续喷水时间，一般应按火灾延续时间不小于 1h 确定。

（2）仓库设置的湿式系统持续喷水时间一般不应低于 2h。

## 考点 4　洒水喷头设置要求

**1. 湿式系统洒水喷头的选择**

（1）闭式系统的喷头，其公称动作温度宜高于环境最高温度 30℃。

（2）不做吊顶的场所，应采用直立型喷头。

（3）吊顶下布置的喷头，应采用下垂型喷头或吊顶型喷头。

（4）顶板为水平面的轻危险级、中危险级Ⅰ级住宅建筑、宿舍、旅馆建筑客房、医疗建筑病房和办公室，可采用边墙型喷头。

（5）易受碰撞的部位，应采用带保护罩的喷头或吊顶型喷头。

（6）顶板为水平面，且无梁、通风管道等障碍物影响喷头洒水的场所，可采用扩大覆盖面积洒水喷头。

（7）住宅建筑和宿舍、公寓等非住宅类居住建筑宜采用家用喷头。

（8）不宜选用隐蔽式洒水喷头；确需采用时，应仅适用于轻危险级和中危险级Ⅰ级场所。

（9）下列场所宜采用快速响应喷头。当采用快速响应喷头时，系统应为湿式系统：

1）公共娱乐场所、中庭环廊；

2）医院、疗养院的病房及治疗区域，老年、少儿、残疾人的集体活动场所；

3）超出水泵接合器供水高度的楼层；

4）地下的商业场所。

（10）同一隔间内应采用相同热敏性能的喷头。

（11）自动喷水灭火系统应有备用喷头，其数量不应少于总数的1%，且每种型号均不得少于10只。

**2. 闭式喷头设置一般要求**

（1）直立型、下垂型标准覆盖面积洒水喷头可采用正方形、矩形或平行四边形布置，同一根配水支管上喷头的间距及相邻配水支管的间距，不应大于规定的3.0～4.5m，且不应小于1.8m。喷头与端墙最大距离相应减半，最小距离为0.1m。一只喷头的最大保护面积为9.0～20.0$m^2$。

（2）直立型、下垂型扩大覆盖面积洒水喷头应采用正方形布置，其布置间距不应大于规定的3.6～5.4m，且不应小于2.4m。喷头与端墙最大距离相应减半，最小距离为0.1m。一只喷头的最大保护面积为13.0～29.0$m^2$。

（3）用于保护室内钢屋架等建筑构件和设置货架内置喷头的闭式系统设置高度不限。

（4）净空高度大于800mm的闷顶和技术夹层内有可燃物时，应设置喷头。当闷顶内敷设的配电线路采用不燃材料套管或封闭式金属线槽保护，且闷顶内风管保温材料等采用不燃材料制作，且闷顶内无其他可燃物时，闷顶内可不设置洒水喷头。

（5）装设网格、栅板类通透性吊顶的场所，当通透面积占吊顶总面积的比例大于70%时，喷头应设置在吊顶上方，相关要求是：

1）通透性吊顶开口部位的净宽度不应小于10mm，且开口部位的厚度不应大于开口的最小宽度；

2）喷头间距越大，溅水盘与吊顶上表面的距离越大。

（6）场所通道上方喷头与被保护对象的水平距离，不应小于0.3m；喷头溅水盘与保护对象的最小垂直距离，标准喷头不应小于0.45m，其他喷头不应小于0.9m。

笔 记

笔记

**3. 喷头与顶板距离要求**

（1）除吊顶型洒水喷头及吊顶下设置的洒水喷头外，直立型、下垂型标准覆盖面积洒水喷头和扩大覆盖面积洒水喷头溅水盘与顶板的距离应为75～150mm。

（2）除吊顶型洒水喷头及吊顶下设置的洒水喷头外，直立型、下垂型早期抑制快速响应喷头、特殊应用喷头和家用喷头溅水盘与顶板的距离，直立型早期抑制快速响应喷头为100～150mm，下垂型早期抑制快速响应喷头为150～360mm，特殊应用喷头为150～200mm，家用喷头为25～100mm。

（3）障碍物底面下方的喷头，溅水盘与障碍物底面的垂直距离应为25～100mm，溅水盘与顶板的距离不应大于300mm。

（4）密肋梁板下方的喷头，溅水盘与密肋梁板底面的垂直距离，应为小于25～100mm。

（5）梁间布置的喷头溅水盘与顶板的距离不应大于550mm。

（6）顶板或吊顶为斜面时，喷头应垂直于斜面，按斜面距离确定喷头间距。尖屋顶的屋脊处应设一排喷头。喷头溅水盘至屋脊的垂直距离，当屋顶坡度小于1/3时，不应大于600mm；当屋顶坡度大于或等于1/3时，不应大于800mm。

（7）当梁、通风管道、成排布置的管道、桥架等障碍物的宽度大于1.2m时，其下方应增设喷头。采用早期抑制快速响应喷头和特殊应用喷头的场所，当障碍物宽度大于0.6m时，其下方应增设喷头。

**4. 边墙型喷头设置要求**

（1）配水支管上边墙型标准喷头间距和单排喷头最大保护跨度为3.0～3.6m。

（2）直立式边墙型喷头溅水盘与顶板距离为100～150mm，与背墙距离，标准覆盖面积喷头为50～100mm，扩大开放覆盖面积喷头为100～150mm。

（3）水平式边墙型喷头溅水盘与顶板的距离为150～300mm。

（4）边墙型家用喷头溅水盘与顶板距离为100～150mm。

**5. 货架喷头设置要求**

（1）货架内喷头溅水盘与上方层板的距离与建筑顶板要求一致，与其下方货品顶面的垂直距离不应小于150mm。

（2）货架内置洒水喷头上方有孔洞、缝隙时，可在洒水喷头的上方设置挡水板。挡水板应为正方形或圆形金属板，其平面面积不宜小于0.12$m^2$，周围弯边的下沿宜与洒水喷头的溅水盘平齐。其他场所或部位不应采用挡水板。

## 考点5　喷头现场检验要求

（1）喷头的商标、型号、公称动作温度、响应时间指数（*RTI*）、制造厂及生产日期等标志应齐全。

（2）喷头的型号、规格等应符合设计要求。

（3）喷头外观应无加工缺陷和机械损伤。

（4）喷头螺纹密封面应无伤痕、毛刺、缺丝或断丝现象。

（5）闭式喷头应使用试压泵、压力表、秒表等试验装置进行密封性能试验，以无渗漏、无损伤为合格。试验数量宜从每批中抽查1%，但不得少于5只，试验压力应为3.0MPa。保压时间不得少于3min。当两只及两只以上不合格时，不得使用该批喷头。当仅有一只不合格时，应再抽查2%，但不得少于10只，并重新进行密封性能试验。当仍有不合格时，亦不得使用该批喷头。

笔 记

## 考点6 喷头安装要求

（1）喷头安装应在系统试压、冲洗合格后进行。

（2）安装前检查喷头的型号、规格、使用场所应符合设计要求。

（3）喷头安装时，不得对喷头进行拆装、改动，并严禁给喷头、隐蔽式喷头的装饰盖板附加任何装饰性涂层。

（4）喷头安装应使用专用扳手，严禁利用喷头的框架施拧。喷头的框架、溅水盘产生变形或释放原件损伤时，应采用规格、型号相同的喷头更换。

（5）安装在易受机械损伤处的喷头，应加设喷头防护罩。

（6）喷头安装时，溅水盘与吊顶、门、窗、洞口或障碍物的距离应符合设计要求。

（7）当梁、通风管道、排管、桥架宽度大于1.2m时，增设的喷头应安装在其腹面以下部位。

（8）系统采用隐蔽式喷头时，配水支管的标高和吊顶的开口尺寸应准确控制。

## 考点7 喷头验收一般要求

（1）喷头设置场所、规格、型号、公称动作温度、响应时间指数（*RTI*）应符合设计要求。

（2）喷头安装间距，喷头与楼板、墙、梁等障碍物的距离应符合设计要求。

（3）有腐蚀性气体的环境和有冰冻危险场所安装的喷头，应采取防护措施。

（4）有碰撞危险场所安装的喷头应加设防护罩。

（5）各种不同规格的喷头均应有一定数量的备用品，其数量不应小于安装总数的1%，且每种备用喷头不应少于10个。

## 考点8 试水装置设置要求

闭式系统管网试水装置包括末端试水装置和试水阀，末端试水装置和试水阀应有标识，距地面的高度宜为1.5m，并应采取防止被他用的措施。

（1）末端试水装置

每个报警阀组控制的最不利点喷头处，应设末端试水装置。

末端试水装置应由试水阀、压力表以及试水接头组成。试水接头出水口的流量系数，应等同于同楼层或防火分区内的最小流量系数喷头。

末端试水装置的出水，应采取孔口出流的方式排入排水管道，排水立管宜设伸顶通气管，且管径不应小于75mm。

（2）试水阀

其他防火分区、楼层均应设直径为25mm的试水阀。

笔 记

## 考点 9　配水管道设置要求

（1）配水管道的工作压力不应大于 1.20MPa，不应设置其他用水设施。

（2）配水管道应采用内外壁热镀锌钢管、涂覆钢管、铜管、不锈钢管和氯化聚氯乙烯（PVC-C）管。

（3）镀锌钢管、涂覆钢管可采用沟槽式连接件（卡箍）、螺纹或法兰连接。当报警阀前采用内壁不防腐钢管时，可焊接连接。

（4）铜管可采用钎焊、沟槽式连接件（卡箍）、法兰和卡压等连接方式。

（5）不锈钢管可采用沟槽式连接件（卡箍）、法兰、卡压等连接方式，不宜采用焊接。

（6）氯化聚氯乙烯（PVC-C）管材、管件可采用粘接连接，与其他材质管材、管件之间可采用螺纹、法兰或沟槽式连接件（卡箍）连接。

（7）直径大于或等于 100mm 的管道，应分段采用法兰或沟槽式连接件（卡箍）连接。

（8）轻危险级、中危险级场所中各配水管入口的压力均不宜大于 0.40MPa。

（9）配水管两侧每根配水支管控制的标准喷头数，轻危险级、中危险级场所不应超过 8 只，同时在吊顶上下安装喷头的配水支管，上下侧均不应超过 8 只。严重危险级及仓库危险级场所均不应超过 6 只。

（10）轻危险级、中危险级场所中配水支管、配水管控制的标准喷头数，不超过表 5-2-4 的规定。

**表 5-2-4　轻危险级、中危险级场所中配水支管、配水管控制的标准流量洒水喷头数量**

| 公称管径/mm | 控制的标准喷头数/只 | |
|---|---|---|
| | 轻危险级 | 中危险级 |
| 25 | 1 | 1 |
| 32 | 3 | 3 |
| 40 | 5 | 4 |
| 50 | 10 | 8 |
| 65 | 18 | 12 |
| 80 | 48 | 32 |
| 100 | — | 64 |

（11）短立管及末端试水装置的连接管管径不应小于 25mm。

（12）水平安装的管道应坡向泄水阀，充水管道的坡度不宜小于 2‰。

## 考点 10　管材管件现场检查要求

（1）钢管、不锈钢管、铜管、涂覆钢管、氯化聚氯乙烯（PVC-C）管等管材、管件应全数通过观察和尺量进行现场外观检查，应符合相关国家标准规定。

（2）不锈钢管、铜管、涂覆钢管等管材、管件表面应无裂纹、无损伤。

（3）氯化聚氯乙烯（PVC-C）管材的内外表面应光滑、平整、无凹陷、无分解变色线，不应有颜色不均和其他影响性能的表面缺陷，不应含有可见杂质。

（4）氯化聚氯乙烯（PVC-C）管端应切割平整，并与轴线垂直。

（5）氯化聚氯乙烯（PVC-C）管件内外表面不得有裂纹、气泡、脱皮、严重的冷斑和明显的杂质。

（6）氯化聚氯乙烯（PVC-C）管材、管件应不透光。

笔记

### 考点11　管网安装要求

（1）管网采用不锈钢管、铜管、涂覆钢管、氯化聚氯乙烯（PVC-C）管等管道时，其材质应符合相关国家标准要求。

（2）铜管安装应采用钎焊、卡套、卡压、沟槽式等连接。

（3）氯化聚氯乙烯（PVC-C）管材与氯化聚氯乙烯（PVC-C）管件的连接应采用承插式粘接连接；氯化聚氯乙烯（PVC-C）管材与法兰式管道、阀门及管件的连接，应采用氯化聚氯乙烯（PVC-C）法兰与其他材质法兰对接连接；氯化聚氯乙烯（PVC-C）管材与螺纹式管道、阀门及管件的连接应采用内丝接头的注塑管件螺纹连接；氯化聚氯乙烯（PVC-C）管材与沟槽式（卡箍）管道、阀门及管件的连接，应采用沟槽（卡箍）注塑管件连接。

（4）氯化聚氯乙烯（PVC-C）管粘接连接应选用与管材、管件相兼容的粘接剂，粘接连接宜在 4～38℃ 的环境温度下操作，接头粘接不得在雨中或水中施工，施工时并应远离火源，避免阳光直射。

（5）涂覆钢管安装时严禁剧烈撞击或与尖锐物品碰触，不得抛、摔、滚、拖；不得在现场进行焊接操作；涂覆钢管与铜管、氯化聚氯乙烯（PVC-C）管连接时应采用专用过渡接头。

（6）不锈钢管安装要求

1）薄壁不锈钢管与其他材料的管材、管件和附件相连接时，应有防止电化学腐蚀的措施。

2）薄壁不锈钢管道与其他材料的管道连接时，公称直径为 *DN*25～*DN*50 的应采用专用螺纹转换连接件（如环压或卡压式不锈钢管的螺纹转换接头）连接；公称直径为 *DN*65～*DN*100 的宜采用专用法兰转换连接件连接；公称直径 *DN*≥125 的宜采用沟槽式管件连接或法兰连接。

（7）铜管安装要求

1）硬钎焊可用于各种规格铜管与管件的连接；对管径不大于 *DN*50、需拆卸的铜管可采用卡套连接；管径不大于 *DN*50 的铜管可采用卡压连接；管径不小于 *DN*50 的铜管可采用沟槽连接。

2）管道支承件宜采用铜合金制品。当采用钢件支架时，管道与支架之间应设软性隔垫，隔垫不得对管道产生腐蚀。

3）当沟槽连接件为非铜材质时，其接触面应采取必要的防腐措施。

（8）消防洒水软管的安装要求

1）消防洒水软管出水口的螺纹应和喷头的螺纹标准一致。

2）消防洒水软管安装弯曲时应大于软管标记的最小弯曲半径，波纹段与接

笔 记

头处 60mm 之内不得弯曲。

3）消防洒水软管应安装相应的支架系统进行固定，确保连接喷头处锁紧。

4）应用在洁净室区域和风烟管道处的消防洒水软管应采用全不锈钢材料制作的编织网形式焊接软管。洁净室区域不得采用橡胶圈密封的组装形式的软管，风烟管道处应安装配套防火底座和与喷头响应温度对应的自熔密封塑料袋。

## 考点 12　水流指示器设置要求

（1）每个防火分区、每个楼层均应设水流指示器。

（2）仓库内顶板下喷头与货架内喷头应分别设置水流指示器。

（3）当水流指示器入口前设置控制阀时，应采用信号阀。

## 考点 13　供水设施设置要求

**1. 供水泵**

（1）采用临时高压给水系统的自动喷水灭火系统，宜设置独立的消防水泵，并应按一用一备或二用一备，及最大一台消防水泵的工作性能设置备用泵。当与消火栓系统合用消防水泵时，系统管道应在报警阀前分开。

（2）按二级负荷供电的建筑，宜采用柴油机泵作备用泵。

（3）每组消防水泵的吸水管不应少于 2 根。消防水泵的吸水管应设控制阀和压力表。报警阀入口前设置环状管道的系统，每组消防水泵的出水管不应少于 2 根。出水管应设控制阀、止回阀和压力表，出水管上还应设置流量和压力检测装置或预留可供连接流量和压力检测装置的接口。

**2. 稳压供水设施**

（1）采用临时高压给水系统的自动喷水灭火系统，应设置高位消防水箱。自动喷水灭火系统可与消火栓系统合用高位消防水箱。高位消防水箱的设置高度不能满足系统最不利点处喷头的工作压力时，系统应设置增压稳压设施。

（2）按规定可不设高位消防水箱的建筑，自动喷水灭火系统应设气压供水设备。气压供水设备的有效水容积，应按系统最不利处 4 只喷头在最低工作压力下的 5min 用水量确定。

（3）消防水箱的出水管应设止回阀，并应与报警阀入口前管道连接，出水管管径应经计算确定，且不应小于 100mm。

**3. 水泵接合器**

自动喷水灭火系统应设水泵接合器。

## 考点 14　供水设施安装与施工

（1）喷淋消防水泵吸水管上宜设过滤器，并应安装在控制阀后。

（2）喷淋消防水泵的出水管上应安装止回阀、控制阀和压力表，或安装控制阀、多功能水泵控制阀和压力表；系统的总出水管上还应安装压力表；安装压力表时应加设缓冲装置。缓冲装置的前面应安装旋塞；压力表量程应为工作压力的 2.0～2.5 倍。止回阀或多功能水泵控制阀的安装方向应与水流方向一致。

（3）在喷淋消防水泵出水管上，应安装由控制阀、检测供水压力、流量用的仪表及排水管道组成的系统流量压力检测装置或预留可供连接流量压力检测装置的接口，其通水能力应与系统供水能力一致。

（4）高位消防水箱、消防水池的入孔宜密闭。通气管、溢流管应有防止昆虫及小动物爬入水池（箱）的措施。

（5）当高位消防水箱、消防水池与其他用途的水箱、水池合用时，应复核有效的消防用水量，满足设计要求，并应设有防止消防用水被他用的措施。

（6）高位消防水箱、消防水池的进水管、出水管上应设置带有指示启闭装置的阀门。

（7）高位消防水箱的出水管上应设置防止消防用水倒流进入高位消防水箱的止回阀。

（8）消防气压给水设备的气压罐，其容积（总容积、最大有效水容积）、气压、水位及工作压力应符合设计要求。

## 考点 15　报警阀组及湿式系统设置主要要求

（1）自动喷水灭火系统应设报警阀组，保护室内钢屋架等建筑构件系统应设独立的报警阀组。

（2）每个报警阀组供水的最高与最低位置洒水喷头，其高程差不宜大于 50m。

（3）自动喷水灭火系统报警阀组宜设在安全及易于操作的地点，报警阀距地面的高度宜为 1.2m。安装报警阀的部位应设有排水设施。

（4）连接报警阀进出口的控制阀应采用信号阀。当不采用信号阀时，控制阀应设锁定阀位的锁具。

（5）报警阀组水力警铃的工作压力不应小于 0.05MPa，应设在有人值班的地点附近或公共通道的外墙上，与报警阀连接的管道，其管径应为 20mm，总长不宜大于 20m。

（6）当配水支管同时安装保护吊顶下方和上方空间的喷头时，应只将数量较多一侧的喷头计入湿式报警阀组控制的洒水喷头总数。

（7）一个湿式报警阀组控制的喷头数不宜超过 800 只。

（8）环境温度不低于 4℃且不高于 70℃的场所应采用湿式系统。

（9）串联接入湿式系统配水干管的其他自动喷水灭火系统，应分别设置独立的报警阀组，其控制的喷头数计入湿式报警阀组控制的洒水喷头总数。

## 考点 16　报警阀组等组件现场检验要求

（1）报警阀的商标、型号、规格等标志应齐全，型号、规格应符合设计要求。

（2）报警阀附件应配备齐全，应有水流方向的永久性标志，不得有加工缺陷和机械损伤。

（3）报警阀阀瓣应动作灵活、无卡涩现象，阀体内应清洁、无异物堵塞。

笔记

笔 记

（4）水力警铃的铃锤应转动灵活、无阻滞现象。传动轴密封性能好，不得有渗漏水现象。

（5）报警阀应进行渗漏试验。试验压力应为额定工作压力的2倍，保压时间不应小于5min。

（6）压力开关、水流指示器、自动排气阀、多功能水泵控制阀、信号阀等装置应有清晰的铭牌、安全操作指示标志和产品说明书。

（7）水流指示器、过滤器、多功能水泵控制阀应有水流方向的永久性标志。

## 考点17 湿式报警阀组安装要求

（1）应在供水管网试压、冲洗合格后进行。

（2）安装时应先安装水源控制阀、报警阀，然后进行报警阀辅助管道的连接。

（3）水源控制阀、报警阀与配水干管的连接，应使水流方向一致。

（4）报警阀组安装的位置应符合设计要求。当设计无要求时，报警阀组应安装在便于操作的明显位置，距室内地面高度宜为1.2m。两侧与墙的距离不应小于0.5m。正面与墙的距离不应小于1.2m。报警阀组突出部位之间的距离不应小于0.5m。

（5）报警水流通路上的过滤器应安装在延迟器前，且便于排渣操作的位置。

（6）压力波动时，水力警铃不应发生误报警。

（7）安装报警阀组的室内地面应有排水设施，排水能力应满足报警阀调试、验收和利用试水阀门泄空系统管道的要求。

## 考点18 湿式报警阀组附件安装要求

（1）压力表应安装在报警阀上便于观测的位置。

（2）排水管和试验阀应安装在便于操作的位置。

（3）水源控制阀安装应便于操作，且应有明显开闭标志和可靠的锁定设施。

（4）在报警阀与管网之间的供水干管上，应安装由控制阀、检测供水压力、流量用的仪表及排水管道组成的系统流量压力检测装置，其过水能力应与系统过水能力一致。

## 考点19 其他自动喷水灭火系统组件安装要求

（1）水流指示器的安装应在管道试压和冲洗合格后进行。

（2）水流指示器应使电气元件部位竖直安装在水平管道上侧，其动作方向应和水流方向一致。

（3）安装后的水流指示器浆片、膜片应动作灵活，不应与管壁发生碰擦。

（4）主要控制阀应加设启闭标志，隐蔽处的控制阀应在明显处设有指示其位置的标志。

（5）压力开关应竖直安装在通往水力警铃的管道上，且不应在安装中拆装改动。

（6）水力警铃应安装在公共通道或值班室附近的外墙上，且应安装检修、测试用的阀门。水力警铃和报警阀的连接应采用热镀锌钢管；镀锌钢管的公称直径为 20mm 时，其长度不宜大于 20m。水力警铃启动时警铃声强度应不小于 70dB。

（7）末端试水装置和试水阀安装位置应便于检查、试验，并应有相应排水能力的排水设施。

（8）信号阀应安装在水流指示器前的管道上，与水流指示器之间的距离不宜小于 300mm。

（9）压力开关、信号阀、水流指示器的引出线应用防水套管锁定。

笔　记

## 考点 20　多功能水泵控制阀安装要求

（1）应在供水管网试压、冲洗合格后进行安装。

（2）在安装前应进行检查，其规格、型号应与设计相符。各部件应完好、无机械损伤，应清除阀内异物。

（3）水流方向应与供水管网水流方向一致。

（4）出口安装其他控制阀时应保持一定间距，以便于维修和管理。

（5）宜水平安装，且阀盖向上。

（6）安装自身不带压力表的多功能水泵控制阀时，应在其前后相邻部位安装压力表。

（7）进口端不宜安装柔性接头。

## 考点 21　倒流防止器安装要求

（1）应在管道冲洗合格以后进行。

（2）不应在倒流防止器的进口前安装过滤器或者使用带过滤器的倒流防止器。

（3）宜安装在水平位置，当竖直安装时，排水口应配备专用弯头。倒流防止器宜安装在便于调试和维护的位置。

（4）倒流防止器两端应分别安装闸阀，而且至少有一端应安装挠性接头。

（5）倒流防止器上的泄水阀不宜反向安装，泄水阀应采取间接排水方式，其排水管不应直接与排水管连接。

（6）安装完毕后，首次启动使用时，应关闭出水闸阀，缓慢打开进水闸阀，待阀腔充满水后，缓慢打开出水闸阀。

## 考点 22　局部应用系统

（1）适用于室内最大净空高度不超过 8m 的民用建筑中，为局部设置且保护区域总建筑面积不超过 $1000m^2$ 的湿式系统。设置局部应用系统的场所应为轻危险级或中危险级 I 级场所。

（2）应采用快速响应喷头，喷水强度为 $4L/min \cdot m^2$ 或 $6L/min \cdot m^2$，持续喷水时间不应低于 0.5h。

（3）当室内消火栓用水量能满足局部应用系统用水量时，局部应用系统可与室内消火栓合用。

笔记

（4）采用 $K=80$ 喷头且喷头总数不超过 20 只或采用 $K=115$ 喷头且喷头总数不超过 12 只的局部应用系统，可不设报警阀组，配水管可与室内消防竖管连接，其配水管的入口处应设过滤器和带有锁定装置的控制阀。

（5）无室内消火栓的建筑或室内消火栓系统设计供水量不能满足局部应用系统要求时，如市政供水满足流量与压力要求时，城市供水管可直接向系统供水；如市政供水不能满足流量与压力要求时，可设直接从城市供水管吸水的消防水泵；或设储水池（罐）和消防水泵。

（6）局部应用系统可按三级负荷供电，可不设备用泵，应设置倒流防止器等防止污染生活用水的措施。

## 考点 23　防护冷却系统主要要求

防护冷却系统由闭式洒水喷头、湿式报警阀组等组成，发生火灾时用于冷却防火卷帘、防火玻璃墙等防火分隔设施的闭式系统。

（1）当采用防护冷却系统保护防火卷帘、防火玻璃墙等防火分隔设施时，系统应独立设置，且应符合下列要求：

1）喷头设置高度不应超过 8m；当设置高度为 4～8m 时，应采用快速响应洒水喷头。

2）喷头设置高度不超过 4m 时，喷水强度不应小于 0.5L/s·m；当超过 4m 时，每增加 1m，喷水强度应增加 0.1L/s·m。

3）喷头的设置应确保喷洒到被保护对象后布水均匀，喷头间距应为 1.8～2.4m；喷头溅水盘与防火分隔设施的水平距离不应大于 0.3m，与顶板的距离应符合边墙型喷头有关规定。

4）持续喷水时间不应小于系统设置部位的耐火极限要求。

（2）当防火卷帘、防火玻璃墙等防火分隔设施需采用防护冷却系统保护时，喷头应根据可燃物的情况一侧或两侧布置；外墙可只在需要保护的一侧布置。

（3）保护防火卷帘、防火玻璃墙等防火分隔设施的防护冷却系统，系统的设计流量应按计算长度内喷头同时喷水的总流量确定。计算长度应符合下列要求：

1）当设置场所设有自动喷水灭火系统时，计算长度不应小于喷头最不利点作用面积的长边长度。

2）当设置场所未设置自动喷水灭火系统时，计算长度不应小于被保护防火分隔设施最长一处的实际长度。

## 考点 24　湿式系统控制要求

湿式系统是准工作状态时，管道内充满用于启动系统的有压水的闭式系统，由闭式洒水喷头、湿式报警阀组、水流指示器、控制阀、试水装置、管道、供水设施等组成，如图 5-2-6 所示。湿式系统应在开放一只喷头后自动启动。控制方式分为自动启动、消防控制室远程手动控制和消防水泵房现场应急操作三类 7 种。

笔 记

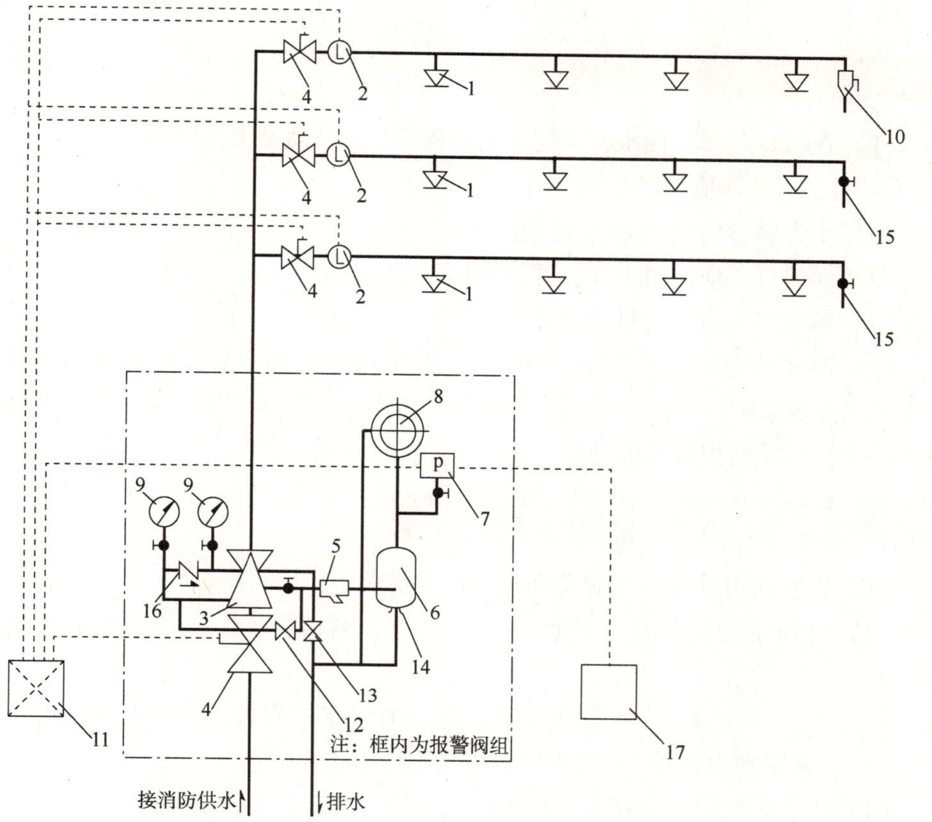


图 5-2-6　湿式系统组成

1—闭式洒水喷头　2—水流指示器　3—湿式报警阀　4—信号阀　5—报警信号管路过滤器　6—延迟器　7—压力开关　8—水力警铃　9—压力表　10—末端试水装置　11—火灾报警控制器　12—试铃管路控制阀　13—测试排水阀　14—延迟器节流器　15—试水阀　16—报警阀外补偿器（止回阀）　17—喷淋泵电气控制柜

## 考点 25　湿式系统调试条件和内容

（1）湿式系统调试条件。

1）系统调试应在系统施工完成后进行。

2）消防水池、消防水箱已储存设计要求的水量。

3）系统供电正常。

4）湿式喷水灭火系统管网内已充满水。

5）与系统配套的火灾自动报警系统处于工作状态。

（2）湿式系统调试的内容。

1）水源测试。

2）消防水泵调试。

3）稳压泵调试。

4）报警阀调试。

5）排水设施调试。

笔 记

6）联动试验。

## 考点 26　湿式报警阀和系统调试要求

（1）在试水装置处放水，当湿式报警阀进口水压大于 0.14MPa、放水流量大于 1L/s 时，报警阀应及时启动。

（2）水力警铃应在 5～90s 内发出报警铃声。

（3）压力开关应及时动作，并反馈信号。

（4）调试排水应通过排水设施全部排走。

（5）湿式系统联动试验时，启动 1 只喷头或以 0.94～1.5L/s 的流量从末端试水装置处放水时，水流指示器、报警阀、压力开关、水力警铃和消防水泵等应及时动作，并发出相应的信号。

## 考点 27　湿式报警阀组和系统主要验收要求

（1）报警阀组的各组件应符合产品标准要求。

（2）打开系统流量压力检测装置放水阀，测试的流量、压力应符合设计要求。

（3）水力警铃的设置位置应正确，测试时，水力警铃喷嘴处压力不应小于 0.05MPa，且距水力警铃 3m 远处警铃声强不应小于 70dB。

（4）控制阀均应锁定在常开位置。

（5）报警阀后的管道上不应安装其他用途的支管或水龙头。

（6）湿式系统的最不利点做末端放水试验时，自放水开始至水泵启动时间不应超过 5min。

（7）湿式系统验收时模拟灭火功能试验的要求：

1）报警阀动作，水力警铃应鸣响。

2）水流指示器动作，应有反馈信号显示。

3）压力开关动作，应启动消防水泵及与其联动的相关设备，并应有反馈信号显示。

4）消防水泵启动后，应有反馈信号显示。

## 考点 28　干式系统设置主要要求

干式系统是准工作状态时，管道内充满用于启动系统的有压气体的闭式系统。干式系统应在开放一只洒水喷头后自动启动。

（1）适用范围：环境温度低于 4℃或高于 70℃的场所应采用干式系统。

（2）干式系统的作用面积应为湿式系统的 1.3 倍，轻危险级和中危险级为 $160 \times 1.3m^2$，严重危险级为 $260 \times 1.3m^2$。

（3）建筑物中保护局部场所的干式系统可串联接入同一建筑物内的湿式系统，并应与其配水干管连接。

（4）干式系统应采用直立型或干式下垂型洒水喷头。

（5）一个干式报警阀组控制的喷头数不宜超过 500 只。

（6）干式系统的配水管道应设快速排气阀，快速排气阀入口前应设电动（磁）阀。

（7）干式系统配水管道的坡度不宜小于 4‰。

（8）干式系统配水管道充水时间，不宜大于 1min。

（9）干式系统配水管道内的气压值，应根据报警阀的技术性能确定。

（10）干式系统的供气管道，采用钢管时，管径不宜小于 15mm；采用铜管时，管径不宜小于 10mm。

（11）不设高位消防水箱的干式系统的气压供水设备，应同时满足配水管道的充水要求。

## 考点 29 干式系统控制要求

**1. 直接自动启泵**

干式系统应在开放一只喷头后自动启动，应由消防水泵出水干管上设置的压力开关、高位消防水箱出水管上的流量开关或干式报警阀组压力开关直接自动启动消防水泵，不应受消防联动控制器处于自动或手动状态影响。

**2. 联动自动启泵**

应由干式报警阀组压力开关的动作信号作为触发信号，由消防联动控制器自动联动控制启动喷淋消防泵。

**3. 排气电磁（动）阀联动控制**

应由干式报警阀组压力开关的动作信号作为触发信号，由消防联动控制器自动联动控制快速排气阀入口前的电（磁）动阀，且应在启动消防水泵的同时开启。

**4. 总线手动控制排气电磁阀和消防水泵**

干式系统快速排气阀前电磁阀，可由消防控制室内的火灾报警控制器或总线手动盘实现总线手动启动和停止。消防水泵可由消防控制室内的火灾报警控制器或总线手动盘实现总线手动启动。

**5. 多线手动直接控制排气电磁阀和消防水泵**

消防控制室内的消防联动控制器的多线手动控制盘，应设置专用线路连接的手动直接控制按钮，远程控制消防水泵和排气电磁阀的启动、停止。

**6. 消防水泵房现场应急操作**

分为现场手动启停、机械应急启动和就地强制启停三种方式。

**7. 状态显示和反馈**

消防控制室（盘）应能显示干式系统水流指示器、压力开关、信号阀、水泵、消防水池及水箱水位、有压气体管道气压，以及电源和备用动力等是否处于正常状态的反馈信号。

## 考点 30 干式系统安装主要要求

（1）干式喷水灭火系统应做水压试验和气压试验。

笔 记

笔 记

（2）干式喷水灭火系统管网内的气压符合设计要求。

（3）干式报警阀组应安装在不发生冰冻的场所。

（4）干式报警阀组安装完成后，应向报警阀气室注入高度为 50～100mm 的清水。

（5）充气连接管接口应在报警阀气室充注水位以上部位，且充气连接管的直径不应小于 15mm。

（6）充气连接管上应安装止回阀、截止阀。

## 考点 31　干式系统联动试验要求

（1）启动 1 只喷头或模拟 1 只喷头的排气量排气，报警阀应及时启动。

（2）水力警铃应在 15s 内发出报警铃声。

（3）压力开关应及时动作，并反馈信号。

（4）干式系统配水管道充水时间，不宜大于 1min。

## 考点 32　雨淋系统设置主要要求

雨淋系统由开式洒水喷头、雨淋报警阀组等组成，发生火灾时由火灾自动报警系统或传动管控制，自动开启雨淋报警阀组和启动消防水泵，用于灭火的开式系统。

（1）具有下列条件之一的场所，应采用雨淋系统：

1）火灾的水平蔓延速度快、闭式喷头的开放不能及时使喷水有效覆盖着火区域。

2）室内净空高度超过规范规定值，且必须迅速扑救初期火灾。

3）严重危险级Ⅱ级。

（2）下列建筑或部位应设置雨淋自动喷水灭火系统：

1）火柴厂的氯酸钾压碾厂房，建筑面积大于 100$m^2$ 且生产或使用硝化棉、喷漆棉、火胶棉、赛璐珞胶片、硝化纤维的厂房。

2）乒乓球厂的轧坯、切片、磨球、分球检验部位。

3）建筑面积大于 60$m^2$ 或储存量大于 2t 的硝化棉、喷漆棉、火胶棉、赛璐珞胶片、硝化纤维的仓库。

4）日装瓶数量大于 3000 瓶的液化石油气储配站的灌瓶间、实瓶库。

5）特等、甲等剧场，超过 1500 个座位的其他等级剧场和超过 2000 个座位的会堂或礼堂的舞台葡萄架下部。

6）建筑面积不小于 400$m^2$ 的演播室，建筑面积不小于 500$m^2$ 的电影摄影棚。

（3）建筑物中保护局部场所的雨淋系统可串联接入同一建筑物内湿式系统，并应与其配水干管连接。

（4）雨淋系统中每个雨淋阀控制的喷水面积不宜大于湿式系统作用面积。

（5）雨淋系统的防护区内应采用相同的喷头。

（6）雨淋阀组的电磁阀，其入口应设过滤器。并联设置雨淋阀组的雨淋系统，其雨淋阀控制腔的入口应设止回阀。

（7）雨淋系统水流报警装置应采用压力开关。

（8）雨淋系统的配水管道充水时间，不宜大于 2min。

## 考点 33　雨淋系统控制的一般要求

（1）雨淋系统应根据其类型由火灾探测器、闭式洒水喷头作为探测元件，报警后自动启动。

（2）雨淋报警阀组开启方式。

雨淋系统应同时具备下列三种开启报警阀组的控制方式：

1）自动控制，雨淋报警阀的自动控制方式可采用电动、液（水）动或气动。当雨淋报警阀采用充液（水）传动管自动控制时，闭式喷头与雨淋报警阀之间的高程差，应根据雨淋报警阀的性能确定。

2）消防控制室（盘）远程控制。

3）雨淋报警阀处现场手动应急操作。

推杆式雨淋报警阀组构造如图 5-2-7 所示。

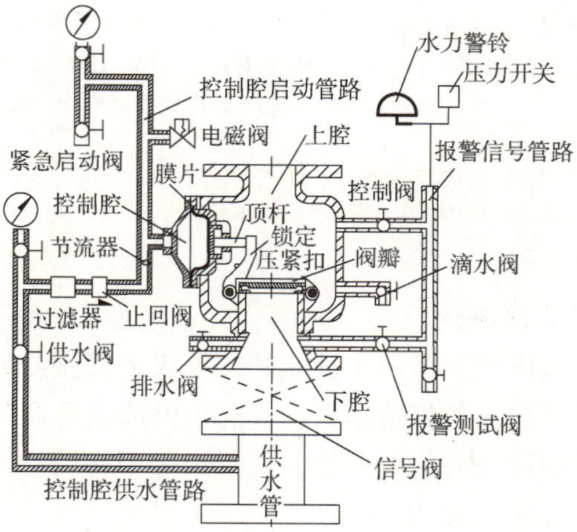


图 5-2-7　推杆式雨淋报警阀组构造

（3）雨淋系统消防水泵自动启动。

1）当采用火灾自动报警系统控制雨淋报警阀时，雨淋系统消防水泵应由火灾自动报警系统、消防水泵出水干管上设置的压力开关、高位消防水箱出水管上的流量开关或报警阀组压力开关直接自动启动。

2）当采用充液（水）传动管控制雨淋报警阀时，雨淋系统消防水泵应由消防水泵出水干管上设置的压力开关、高位消防水箱出水管上的流量开关或报警阀组压力开关直接启动。

（4）雨淋系统消防水泵手动控制。

雨淋系统消防水泵除具有自动控制启动方式外，应具备的消防控制室（盘）远程控制和消防水泵房现场应急操作与湿式系统相同。

传动管启动雨淋系统如图 5-2-8 所示。

笔记

笔 记

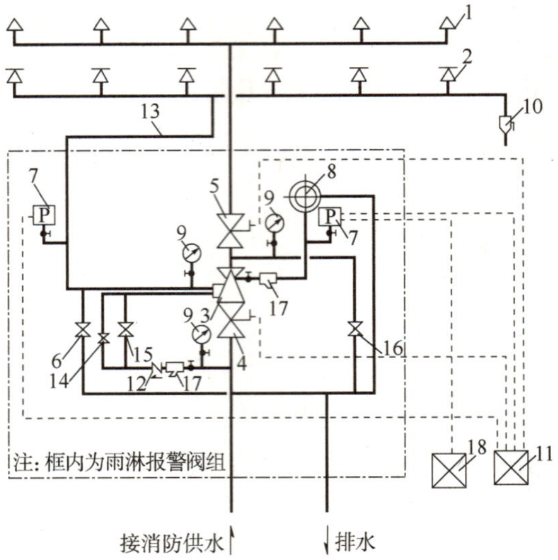


图 5-2-8　传动管启动雨淋系统

1—直立型开式喷头　2—直立型闭式喷头　3—雨淋阀　4—供水管信号阀　5—配水干管信号阀　6—雨淋阀控制腔启动管路手动紧急启动阀　7—压力开关　8—水力警铃　9—压力表　10—传动管试水装置　11—火灾报警控制器　12—控制腔供水管路止回阀　13—传动管　14—控制腔供水管路节流器　15—控制腔供水管路复位阀　16—测试排水管路控制阀　17—过滤器　18—消防水泵电气控制柜

## 考点 34　电动启动雨淋系统控制的具体方式

**1. 开启雨淋阀**

（1）联动自动开启雨淋阀。

应由同一报警区域内两只及以上独立的感温火灾探测器或一只感温火灾探测器与一只手动火灾报警按钮的报警信号，作为雨淋阀组开启的联动触发信号。应由消防联动控制器控制雨淋阀组的开启。

（2）远程总线手动开启雨淋阀。

由消防控制室内的总线手动盘总线手动开启和关闭雨淋阀组控制腔启动管路电磁阀，远程总线手动开启雨淋阀。

（3）远程多线手动直接控制开启雨淋阀。

应由消防控制室内的消防联动控制器的多线手动控制盘的手动直接控制按钮，利用设置的专用线路，远程直接控制雨淋阀组控制腔启动管路电磁阀的开启和关闭，远程多线手动开启雨淋阀。

（4）雨淋阀组现场手动应急操作。

通过开启雨淋报警阀组控制腔启动管路上手动紧急启动阀实现现场手动应急启动雨淋报警阀。

**2. 控制雨淋系统消防水泵**

（1）直接自动启动雨淋系统消防水泵。

应由消防水泵出水干管上设置的压力开关、高位消防水箱出水管上的流量开关或报警阀组压力开关直接自动启动雨淋系统消防水泵，不应受消防联动控制器处于自动或手动状态影响。

（2）联动自动启动雨淋系统消防水泵。

应由规定的火灾报警信号或雨淋报警阀组压力开关的动作信号作为触发信号，由消防联动控制器自动联动控制启动雨淋系统消防水泵。

（3）远程控制雨淋系统消防水泵。

分为消防控制室总线手动启动消防水泵和多线直接启停消防水泵。

（4）现场应急操作雨淋系统消防水泵。

分为现场手动启停、机械应急启动和就地强制启停雨淋系统消防水泵三种方式。

**3. 状态显示的反馈**

雨淋系统配水管道上的压力开关，雨淋报警阀组压力开关，雨淋阀组、雨淋消防水泵的启动和停止的动作信号应反馈至消防联动控制器。

电动启动雨淋系统如图 5-2-9 所示。

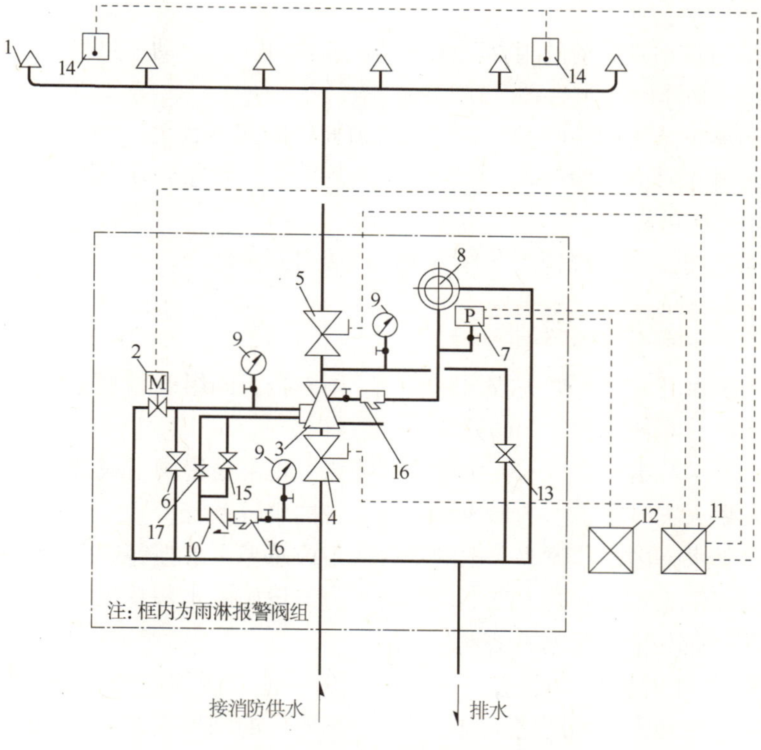


图 5-2-9　电动启动雨淋系统

1—直立型开式喷头　2—雨淋阀控制腔启动管路启动电磁阀　3—雨淋阀　4—供水管信号阀　5—配水干管信号阀　6—雨淋阀控制腔启动管路手动紧急启动阀　7—压力开关　8—水力警铃　9—压力表　10—控制腔供水管路止回阀　11—火灾报警控制器　12—消防水泵电气控制柜　13—测试排水管路控制阀　14—感温火灾探测器　15—控制腔供水管复位阀　16—过滤器　17—控制腔供水管节流器

## 考点 35　雨淋系统安装主要要求

（1）雨淋阀组可采用电动开启、传动管开启或手动开启，开启控制装置的

笔记

笔记

安装应安全可靠。水传动管的安装应符合湿式系统有关要求。

（2）雨淋阀组的观测仪表和操作阀门的安装位置应便于观测和操作。

（3）雨淋阀组手动开启装置的安装位置在发生火灾时应能安全开启和便于操作。

（4）压力表应安装在雨淋阀的水源一侧。

## 考点36　雨淋系统调试验收主要要求

（1）雨淋阀调试宜利用检测、试验管道进行。

（2）自动和手动方式启动的雨淋阀，应在15s之内启动。公称直径大于200mm的雨淋阀调试时，应在60s之内启动。

（3）雨淋阀调试时，当报警水压为0.05MPa，水力警铃应发出报警铃声。

（4）雨淋系统联动试验调试时，对火灾自动报警系统的感温探测器输入模拟火灾信号，火灾报警控制器应发出声光报警信号并启动雨淋系统（雨淋阀和供水泵）。

（5）采用传动管启动的雨淋系统联动试验调试时，启动1只喷头，雨淋阀打开，压力开关动作，水泵启动。

（6）雨淋系统管网验收时，其配水管道充水时间不宜大于2min。

（7）雨淋报警阀组验收时，打开手动试水阀（紧急启动阀）或电磁阀时，雨淋阀组动作应可靠。

（8）验收时，雨淋报警阀动作后15s内压力开关动作。

## 考点37　水幕系统设置主要要求

水幕系统由开式洒水喷头或水幕喷头、雨淋报警阀组或感温雨淋报警阀等组成，用于防火分隔或防护冷却的开式系统。

防火分隔水幕由开式洒水喷头或水幕喷头、雨淋报警阀组或感温雨淋报警阀等组成，发生火灾时密集喷洒形成水墙或水帘的水幕系统。

防护冷却水幕由水幕喷头、雨淋报警阀组或感温雨淋报警阀等组成，发生火灾时用于冷却防火卷帘、防火玻璃墙等防火分隔设施的水幕系统。

（1）下列部位宜设置水幕系统：

1）特等、甲等剧场，超过1500个座位的其他等级的剧场、超过2000个座位的会堂或礼堂和高层民用建筑内超过800个座位的剧场或礼堂的舞台口及上述场所内与舞台相连的侧台、后台的洞口。

2）应设置防火墙等防火分隔物而无法设置的局部开口部位。

3）需要防护冷却的防火卷帘或防火幕的上部。

（2）防护冷却水幕应直接将水喷向被保护对象；防火分隔水幕不宜用于尺寸超过15m（宽）×8m（高）的开口（舞台口除外）。

（3）水幕系统的设计基本参数应符合表5-2-5规定。

（4）防护冷却水幕的喷水点高度每增加1m，喷水强度应增加0.1L/s·m，但超过9m时喷水强度仍采用1.0L/s·m。

（5）水幕系统持续喷水时间不应小于系统设置部位的耐火极限要求。

表 5-2-5 水幕系统设计基本参数

| 水幕类型 | 喷水点高度 $h$/m | 喷水强度/(L/s·m) | 喷头工作压力/MPa |
|---|---|---|---|
| 防火分隔水幕 | $h \leq 12$ | 2.0 | 0.1 |
| 防护冷却水幕 | $h \leq 4$ | 0.5 | |

笔 记

(6) 防火分隔水幕应采用开式洒水喷头或水幕喷头，防护冷却水幕应采用水幕喷头。

(7) 水幕系统应设独立的报警阀组或感温雨淋报警阀。

(8) 防火分隔水幕，其水流报警装置应采用压力开关。

(9) 防火分隔水幕的喷头布置，应保证水幕的宽度不小于 6m。采用水幕喷头时，喷头不应少于 3 排；采用开式洒水喷头时，喷头不应少于 2 排。防护冷却水幕的喷头宜布置成单排。

## 考点 38 自动水幕系统控制要求

(1) 水幕系统应根据其类型由火灾探测器、闭式洒水喷头作为探测元件，报警后自动启动。

(2) 自动控制的水幕系统的雨淋报警阀组的三种开启方式、消防水泵的自动启动方式和手动控制方式与雨淋系统相同。

(3) 防火分隔水幕雨淋报警阀组的联动自动控制。

应由该报警区域内两只独立的感温火灾探测器的火灾报警信号作为防火分隔水幕雨淋报警阀组启动的联动触发信号，并应由消防联动控制器联动控制水幕系统相关控制阀组的启动。

(4) 防护冷却水幕雨淋报警阀组的联动自动控制。

应由防火卷帘下落到楼板面的动作信号与本报警区域内任一（只）火灾探测器或手动火灾报警按钮的报警信号作为水幕阀组启动的联动触发信号，并应由消防联动控制器联动控制水幕系统相关控制阀组的启动。

(5) 状态显示的反馈。

自动水幕系统配水管道上的压力开关，信号阀、雨淋报警阀组压力开关，水幕系统相关控制阀组和消防泵的启动、停止的动作信号应反馈至消防联动控制器。

## 考点 39 预作用系统设置主要要求

预作用系统准工作状态时配水管道内不充水，发生火灾时由火灾自动报警系统、充气管道上的压力开关联锁控制预作用装置和启动消防水泵，向配水管道供水的闭式系统。预作用系统组成如图 5-2-10 所示。

**1. 预作用系统设置范围**

(1) 系统处于准工作状态时严禁误喷的场所。

(2) 系统处于准工作状态时严禁管道充水的场所。

(3) 用于替代干式系统的场所。

(4) A、B 级电子信息系统机房内的主机房和基本工作间的已记录磁（纸）

笔 记

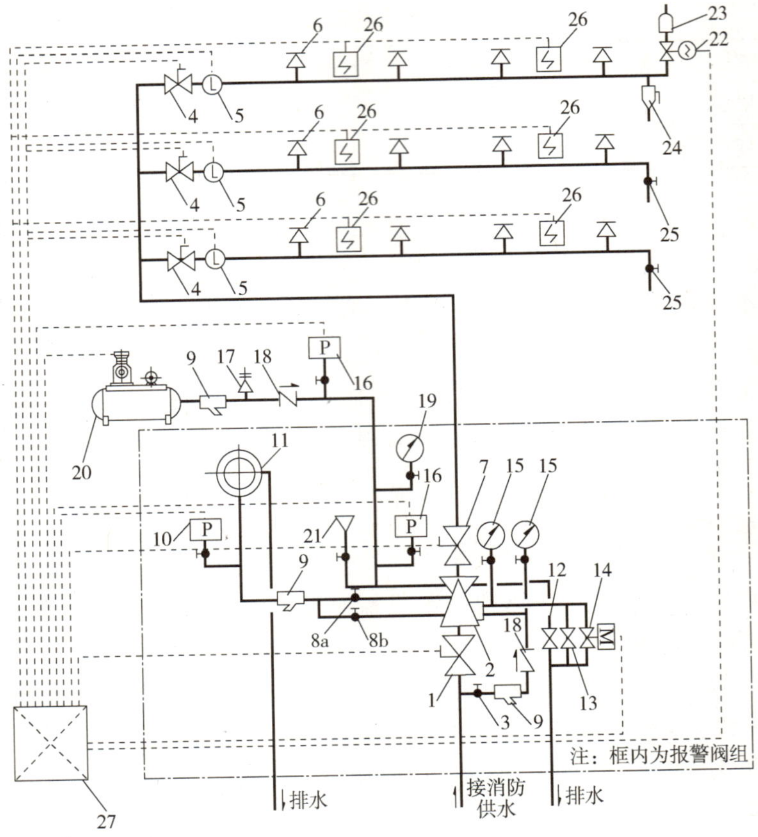


图 5-2-10　预作用系统组成

1—供水管信号阀　2—预作用报警阀　3—预作用阀控制腔供水管控制阀　4—配水管信号阀　5—水流指示器　6—直立型喷头　7—配水干管信号阀　8a—报警信号管路控制阀　8b—试铃管路控制阀　9—过滤器　10—报警信号管路压力开关　11—水力警铃　12—报警阀测试排水管路控制阀　13—报警阀控制腔启动管路手动紧急启动阀　14—控制腔启动管路电磁阀　15—压力表　16—充气管路气压报警压力开关　17—充气装置安全阀　18—止回阀　19—充气管路压力表　20—空气压缩机　21—注水口　22—排气电磁阀　23—快速排气阀　24—末端试水装置　25—试水阀　26—感烟火灾探测器　27—火灾报警控制器

介质库，当有备用主机和备用已记录磁（纸）介质，且设置在不同建筑内或同一建筑内的不同防火分区内时，可采用预作用自动喷水灭火系统。

**2. 预作用系统组件要求**

（1）建筑物中保护局部场所的预作用系统，应设置独立的预作用阀组，可串联接入同一建筑物内湿式系统，并应与其配水干管连接。

（2）预作用系统的配水管道应设快速排气阀，有压充气管道的快速排气阀入口前应设电动（磁）阀。

（3）预作用系统应采用直立型喷头或干式下垂型喷头。

（4）不设高位消防水箱的预作用系统的气压供水设备，应同时满足配水管道的充水要求。

**3. 预作用系统参数要求**

（1）一个预作用阀组控制的喷头数不宜超过 800 只。

（2）利用有压气体作为系统启动介质的预作用系统，其配水管道内的气压值应根据报警阀的技术性能确定；利用有压气体检测管道是否严密的预作用系统，配水管道内的气压值不宜小于0.03MPa，且不宜大于0.05MPa。

（3）预作用系统的配水管道充水时间，由火灾自动报警系统和充气管道上设置的压力开关开启预作用装置的预作用系统不宜大于1min，仅由火灾自动报警系统联动开启预作用装置的预作用系统不宜大于2min。

（4）预作用系统的喷水强度应按湿式系统的规定值确定。

（5）当采用仅由火灾自动报警系统直接控制预作用装置时，预作用系统的作用面积应按湿式系统的规定值确定。

（6）当采用由火灾自动报警系统和充气管道上设置的压力开关控制预作用装置时，预作用系统的作用面积应按湿式系统规定值的1.3倍确定。

（7）预作用系统水平安装的管道应坡向泄水阀，坡度不宜小于4‰。

（8）预作用系统的供气管道，采用钢管时，管径不宜小于15mm；采用铜管时，管径不宜小于10mm。

## 考点40　预作用系统控制一般要求

（1）预作用系统应根据其类型由火灾探测器、闭式洒水喷头作为探测元件，报警后自动启动。

（2）准工作状态时严禁误喷的场所，宜采用仅有火灾自动报警系统直接控制的预作用系统。

（3）准工作状态时严禁管道充水的场所和用于替代干式系统的场所，宜由火灾自动报警系统和充气管道上设置的压力开关控制的预作用系统。

（4）预作用系统的控制分为预作用装置、消防水泵和快速排气阀前电磁阀三种设备的控制。

## 考点41　预作用系统控制具体方式

**1. 预作用系统报警阀组应同时具备以下三种开启方式：**

（1）自动控制。

应由同一报警区域内两只及以上独立的感烟火灾探测器或一只感烟火灾探测器与一只手动火灾报警按钮的报警信号，作为预作用阀组开启的联动触发信号。由消防联动控制器控制预作用阀组的开启，使系统转变为湿式系统，并符合湿式系统的联动控制要求。

（2）消防控制室（盘）远程控制。

消防控制室（盘）远程控制分为总线手动控制和多线手动直接控制。

1）总线手动控制。

可由消防控制室内的总线手动盘实现总线手动开启和关闭预作用阀组启动电磁阀。

2）多线手动直接控制。

应由消防控制室内的消防联动控制器的多线手动控制盘的手动直接控制按钮，利用设置的专用线路，远程直接控制预作用阀组启动电磁阀的开启和关闭。

笔 记

(3) 预作用装置处现场手动应急操作。

通过开启预作用报警阀组控制腔启动管路上手动紧急启动阀实现现场手动应急启动预作用报警阀。

**2. 消防水泵的控制**

预作用系统消防水泵的控制方式与湿式系统基本相同，分为直接自动启动、联动自动启动、消防控制室远程总线手动启动、消防控制室远程多线直接启停、消防水泵房现场手动启停、消防水泵房机械应急启动和消防水泵房就地强制启停七种方式。其中自动启动消防水泵的要求是：

(1) 直接自动启动消防水泵。

预作用系统应由火灾自动报警系统、消防水泵出水干管上设置的压力开关、高位消防水箱出水管上的流量开关或报警阀组压力开关直接自动启动消防水泵。

(2) 联动自动启动消防水泵。

预作用报警阀组压力开关作为触发信号，由火灾自动报警系统的消防联动控制器联动自动启动消防水泵。

**3. 快速排气阀入口前电磁阀的控制**

(1) 排气电磁阀的联动控制。

当预作用系统快速排气阀入口前设置电动（磁）阀时，应在启动消防水泵的同时联动控制开启。

(2) 排气电磁阀的总线手动控制。

可由消防控制室内的总线手动盘实现总线手动开启和关闭预作用系统快速排气阀入口前的电磁阀。

(3) 排气电磁阀的多线手动直接控制。

快速排气阀入口前的电动（磁）阀的启动和停止按钮，用专用线路直接连接至设置在消防控制室内的消防联动控制器的手动控制盘，直接手动控制电动（磁）阀。

**4. 状态显示反馈**

预作用系统的水流指示器、信号阀、压力开关、喷淋消防泵的启动和停止的动作信号，有压气体管道气压状态信号和快速排气阀入口前电动（磁）阀的动作信号应反馈至消防联动控制器。

## 考点42　预作用系统施工验收主要要求

(1) 预作用系统雨淋阀组后的管道若需充气，其安装应按干式报警阀组有关要求进行。

(2) 预作用系统应做水压试验和气压严密性试验。严密性试验压力为0.28MPa，稳压24h，压降不大于0.01MPa。

(3) 预作用系统联动试验，对火灾自动报警系统的火灾探测器输入模拟火灾信号，火灾报警控制器应发出声光报警信号并启动预作用系统。

(4) 验收时，由火灾自动报警系统和充气管道上设置的压力开关开启预作用装置的预作用系统，其配水管道充水时间不宜大于1min；仅由水灾自动报警系统联动开启预作用装置的预作用系统，其配水管道充水时间不宜大于2min。

笔记

## 考点43 自动喷水灭火系统维护管理要求

**1. 自动喷水灭火系统维护管理的一般要求**

（1）自动喷水灭火系统应具有管理、检测、维护规程，并应保证系统处于准工作状态。

（2）维护管理人员应经过消防专业培训，应熟悉自动喷水灭火系统的原理、性能和操作维护规程。

（3）消防水池、消防水箱、消防气压给水设备内的水，应根据当地环境、气候条件不定期更换。

（4）钢板消防水箱和消防气压给水设备的玻璃水位计两端的角阀，在不进行水位观察时应关闭。

（5）自动喷水灭火系统发生故障需停水进行修理前，应向主管值班人员报告，取得维护负责人的同意，并临场监督，加强防范措施后方能动工。

（6）建筑物、构筑物的使用性质或储存物安放位置、堆存高度的改变，影响到系统功能而需要进行修改时，应重新进行设计。

**2. 自动喷水灭火系统每日维护管理要求**

（1）每天应对水源控制阀、报警阀组进行外观检查，并应保证系统处于无故障状态。

（2）每天应对电源进行检查，进户两路电源正常，高低压配电柜元器件、仪表、开关正常，泵房内双电源互投柜和控制柜元器件、仪表、开关正常，控制柜和电动机的电源线压接牢固，控制柜内熔丝完好，电动机接地装置可靠，电动机绝缘性良好（大于0.5MΩ），电源切换时间不大于2s，主泵故障备用泵切换时间不大于60s，电源、电压值符合设计要求并稳定。

（3）寒冷季节，消防储水设备的任何部位均不得结冰。每天应检查设置储水设备的房间，保持室温不低于5℃。

**3. 自动喷水灭火系统每周维护管理要求**

不带锁定的明杆闸阀、方位蝶阀等阀类每周检查一次，阀门处于全开启状态，阀类开关后不得有泄漏现象。

**4. 自动喷水灭火系统每月维护管理要求**

（1）消防水池、消防水箱及消防气压给水设备应每月检查一次，并应检查其消防储备水位及消防气压给水设备的气体压力。同时，应采取措施保证消防用水不作他用，并应每月对该措施进行检查，发现故障应及时进行处理。

（2）消防水泵或内燃机驱动的消防水泵应每月启动运转一次。当消防水泵为自动控制启动时，应每月模拟自动控制的条件启动运转一次。

（3）电动消防泵每月检查一次，泵启动前用手盘动电动机转轴灵活无卡阻现象，泵腔内无汽蚀，轴封处无渗漏（小于3滴/min或5mL/h），水泵达到正常时水泵转速、出水流量、压力符合设计要求，轴泵温升正常（<70℃），水泵振动不超限，电动机功率、电压、电流均正常。

（4）内燃机驱动消防泵每月检查一次，曲轴箱内机油油位不少于最高油位的1/2，燃油箱内燃油油位不少于最高油位的3/4，蓄电池的电解液位不少于最

笔记

高液位的1/2，蓄电池充电器充电正常，传送带的外观及松紧度正常，冷却系统温升正常，冷却系统滤网清洁度符合要求，水泵转速、出水流量、压力符合设计要求。

（5）湿式报警阀每月检查一次，主阀锈蚀状况，各个部件连接处无渗漏现象，主阀前后压力表读数准确及两表压差符合要求（< 0.01MPa），延时装置排水畅通，压力开关动作灵活并迅速反馈信号，主阀复位到位，警铃动作灵活、铃声洪亮，排水系统排水畅通。

（6）预作用报警阀和干式报警阀每月检查一次，除符合湿式报警阀内容外，另应检查充气装置启停准确，充气压力值符合设计要求，加速排气装置排气速度正常，电磁阀动作灵敏，主阀瓣复位严密，主阀侧腔（控制腔）锁定到位，阀前稳压值符合设计要求（不得小于0.25MPa）。

（7）雨淋报警阀每月检查一次，除符合湿式报警阀内容外，另应检查电磁阀动作灵敏，主阀瓣复位严密，主阀侧腔（控制腔）锁定到位，阀前稳压值符合设计要求（不得小于0.25MPa）。

（8）系统上所有的控制阀均应采用铅封或锁链固定在开启或规定的状态。每月应对铅封、锁链进行一次检查，当有破坏或损坏时应及时修理更换。

（9）带锁定的闸阀、蝶阀等阀类每月检查，锁定装置位置正确、开启灵活，阀门处于全开启状态，阀类开关后不得有泄漏现象。

（10）每月应对喷头进行一次外观及备用数量检查，发现有不正常的喷头应及时更换。当喷头上有异物时应及时清除。更换或安装喷头均应使用专用扳手。喷头的型号正确，布置正确，安装方式正确，溅水盘、框架、感温元件、隐蔽式喷头的装饰盖板等无变形、无喷涂层，喷头不得有渗漏现象。

（11）每月应利用试水装置对水流指示器进行试验。

**5. 自动喷水灭火系统每季维护管理要求**

（1）每个季度应对系统所有的末端试水装置、试水阀和报警阀旁的放水试验阀进行一次放水试验，检查系统启动、报警功能以及出水情况是否正常。

（2）室外阀门井中，进水管上的控制阀应每个季度检查一次，核实其处于全开启状态。

**6. 自动喷水灭火系统每年维护管理要求**

（1）每年应对水源的供水能力进行一次测定，进户管路锈蚀状况，控制阀全开启，过滤网保证过水能力，水池（或水箱）的控制阀（液位控制阀或浮球控制阀）关、开正常，水池（或水箱）水位显示或报警装置完好，水质符合设计要求，水池（或水箱）无变形、无裂纹、无渗漏等现象。

（2）每年应对消防储水设备进行检查，修补缺损和重新涂装。

## 二、难点突破

湿式系统喷淋消防泵应能自动启动和手动启停。喷淋消防泵自动启动分为直接和联动两种方式。手动启停分为消防控制室远程控制和消防水泵房现场应急操作两类，远程控制分为总线手动启动和多线直接启停两种方式，现场应急操作分为现场手动启停、机械应急启动和就地强制启停三种方式。湿式系统状态应反馈至消防联动控制器，系统控制如图 5-2-11 所示。湿式系统控制的具体方式如下：

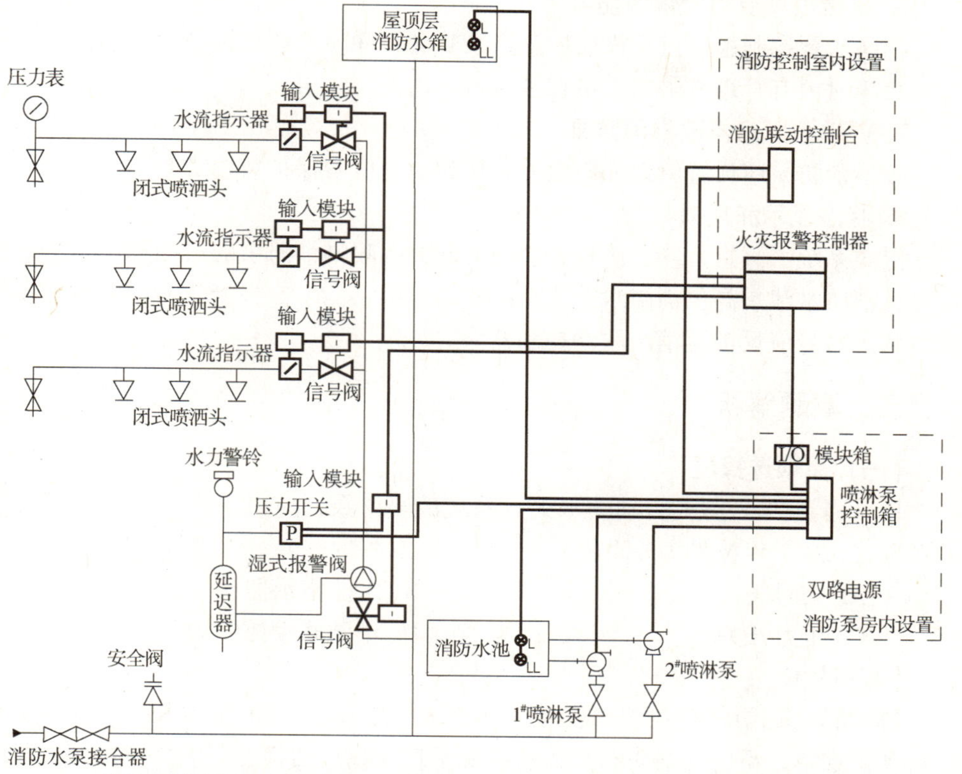


图 5-2-11　湿式系统控制

**1. 直接自动启动喷淋消防泵**

湿式系统应由消防水泵出水干管上设置的压力开关、高位消防水箱出水管上的流量开关或报警阀组压力开关直接自动启动消防水泵，不应受消防联动控制器处于自动或手动状态影响。

**2. 联动自动启动喷淋消防泵**

应由湿式报警阀组压力开关的动作信号作为触发信号，由消防联动控制器自动联动控制启动喷淋消防泵。

**3. 总线手动启动喷淋消防泵**

消防水泵可由消防控制室内的火灾报警控制器或总线手动盘实现总线手动启动。

**4. 多线手动直接启停喷淋消防泵**

消防水泵的控制设备，除应采用联动控制方式外，还应在消防控制室设置手动直接控制装置。

（消防控制室多线远程）手动（直接）控制方式，应将喷淋消防泵控制箱（柜）用专用线路直接连接至设置在消防控制室内的消防联动控制器的（多线）手动控制盘的启动、停止按钮，直接手动控制喷淋消防泵的启动、停止。

**5. 现场手动启停喷淋消防泵**

喷淋消防泵控制箱（柜）应设置手动启动和停止按钮，现场手动启动和停

笔 记

笔 记

止喷淋消防泵。

**6. 机械应急启动喷淋消防泵**

消防水泵控制柜应设置机械应急启泵功能，并应保证在控制柜内的控制线路发生故障时由有管理权限的人员在紧急时启动消防水泵。

**7. 就地强制启停喷淋消防泵**

喷淋消防泵应设置就地强制启停泵按钮，并应有保护装置。

**8. 状态显示和反馈**

湿式系统水流指示器、信号阀、压力开关、喷淋消防泵的启动和停止的动作信号，消防水池、高位消防水箱等水源的高水位、低水位报警信号，电源和备用动力状态信号应反馈至消防联动控制器。

## 三、真题解析

### （一）单项选择题

1. （考点24）湿式自动喷水灭火系统的喷淋泵，应由（　　）信号直接控制启动。（2017年技术实务真题）

A. 信号阀　　B. 水流指示器

C. 压力开关　　D. 消防联动控制器

【答案】C。

【解析】湿式系统应在开放一只喷头后自动启动，应由压力开关直接联锁自动启动供水泵，不应受消防联动控制器处于自动或手动状态影响。应由湿式报警阀压力开关的动作信号作为触发信号，由消防联动控制器自动联动控制启动喷淋消防泵。

2. （考点32）下列自动喷水灭火系统中，属于开式系统的是（　　）。（2017年技术实务真题）

A. 湿式系统　　B. 干式系统　　C. 雨淋系统　　D. 预作用系统

【答案】C。

【解析】雨淋系统使用开式喷头，其余属于闭式系统。

3. （考点28和考点39）干式自动喷水灭火系统和预作用自动喷水灭火系统的配水管道上应设（　　）。（2017年综合能力真题）

A. 压力开关　　B. 报警阀组　　C. 快速排气阀　　D. 过滤器

【答案】C。

【解析】干式系统的配水管道应设快速排气阀，快速排气阀入口前应设电磁（动）阀。干式系统配水管道充水时间，不宜大于1min。预作用系统的配水管道应设快速排气阀。有压充气管道的快速排气阀入口前应设电动（磁）阀。预作用系统的配水管道充水时间，由火灾自动报警系统和充气管道上设置的压力开关开启预作用装置的预作用系统不宜大于1min，仅由火灾自动报警系统联动开启预作用装置的预作用系统不宜大于2min。

### （二）多项选择题

（考点26）末端试水装置开启后，（　　）等组件和喷淋泵应动作。（2017年综合能力真题）

A. 闭式喷头　　　　B. 水流指示器
C. 水力警铃　　　　D. 压力开关
E. 湿式报警阀

**【答案】**BCDE。

**【解析】**湿式系统联动试验时，启动1只喷头或以0.94～1.5L/s的流量从末端试水装置处放水时，水流指示器、报警阀、压力开关、水力警铃和消防水泵等应及时动作，并发出相应的信号。

笔 记

## 第四节　水喷雾灭火系统

本节思维导图如图5-2-d所示。

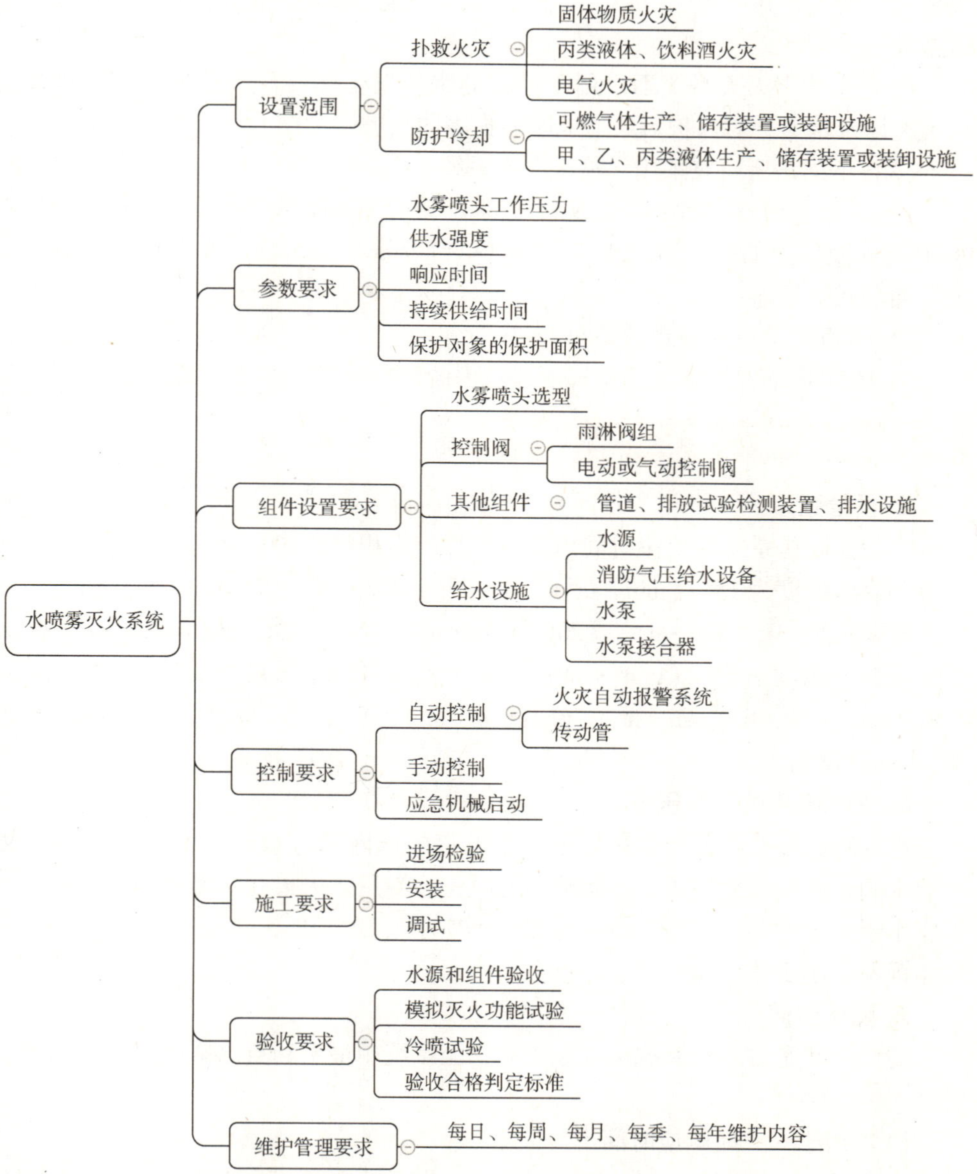


图5-2-d　水喷雾灭火系统思维导图

笔 记

## 一、考点提炼

### 考点1 水喷雾灭火系统定义和灭火机理

水喷雾灭火系统由水源、供水设备、管道、雨淋报警阀（或电动控制阀、气动控制阀）、过滤器和水雾喷头等组成，向保护对象喷射水雾进行灭火或防护冷却的开式灭火系统。水雾直径1mm以下，通过表面冷却、窒息、冲击乳化、稀释等作用实施灭火。

### 考点2 水喷雾灭火系统设置范围

（1）水喷雾灭火系统可用于扑救固体物质火灾、丙类液体火灾、饮料酒火灾和电气火灾，并可用于可燃气体和甲、乙、丙类液体的生产、储存装置或装卸设施的防护冷却。

（2）水喷雾灭火系统不得用于扑救遇水能发生化学反应造成燃烧、爆炸的火灾，以及水雾会对保护对象造成明显损害的火灾。

（3）下列场所应宜采用水喷雾灭火系统

1）单台容量在40MV·A及以上的厂矿企业油浸式变压器，单台容量在90MV·A及以上的电厂油浸式变压器，单台容量在125MV·A及以上的独立变电站油浸式变压器。

2）飞机发动机试验台的试车部位。

3）充可燃油并设置在高层民用建筑内的高压电容器和多油断路器室。

### 考点3 水喷雾灭火系统基本参数要求

**1. 供给强度**

供给强度是系统在单位时间内向单位保护面积喷洒的水量。固体物质火灾灭火最小供水强度为15L/(min·$m^2$)，输送机皮带火灾灭火为10L/(min·$m^2$)，液体火灾灭火为13L/(min·$m^2$)或20L/(min·$m^2$)，电气火灾灭火为6L/(min·$m^2$)、13L/(min·$m^2$)、20L/(min·$m^2$)。防护冷却供给强度为2L/(min·$m^2$)、2.5L/(min·$m^2$)、4L/(min·$m^2$)、6L/(min·$m^2$)、9L/(min·$m^2$)、10L/(min·$m^2$)、20L/(min·$m^2$)。

**2. 水雾喷头的工作压力**

水雾喷头是在一定压力作用下，在设定区域内能将水流分解为直径1mm以下的水滴，并按设计的洒水形状喷出的喷头。当用于灭火时水雾喷头的工作压力不应小于0.35MPa；当用于防护冷却时不应小于0.2MPa，对于$甲_B$、乙、丙类液体储罐不应小于0.15MPa。

**3. 响应时间**

响应时间是自启动系统供水设施起，至系统中最不利点水雾喷头喷出水雾的时间。

（1）用于灭火时响应时间不应大于60s。

（2）用于防护冷却时的响应时间，液化石油气灌瓶间和瓶库为60s，液化烃、液氨和易燃可燃液体生产装卸设施为120s，易燃可燃液体储罐为300s。

**4. 系统持续供给时间**

（1）固体物质和输送机皮带火灾的灭火时间为1h。

（2）液体火灾的灭火时间为0.5h。

（3）电气火灾的灭火时间为0.4h。

（4）防护冷却时间为4h（或6h）。

**5. 保护对象的保护面积**

（1）保护对象外形不规则时，按包容保护对象的最小规则形体的外表面面积确定。

（2）变压器的保护面积应包括散热器的外表面面积和储油柜及集油坑的投影面积。

（3）分层敷设的电缆的保护面积应按整体包容电缆的最小规则形体的外表面面积确定。

（4）液化石油气灌瓶间的保护面积应按其使用面积确定，液化石油气瓶库、陶坛或桶装酒库的保护面积应按防火分区的建筑面积确定。

（5）输送机皮带的保护面积应按上行皮带的上表面面积确定；长距离的皮带宜实施分段保护，但每段长度不宜小于100m。

（6）开口容器的保护面积应按其液面面积确定。

## 考点4　水喷雾灭火系统水雾喷头设置要求

（1）扑救电气火灾，应选用离心雾化型水雾喷头，应带柱状过滤网。

（2）室内粉尘场所设置的水雾喷头应带防尘帽，室外设置的水雾喷头宜带防尘帽。

（3）水雾喷头与保护对象之间的距离不得大于水雾喷头的有效射程。有效射程是喷头水平喷洒时，水雾达到的最高点与喷口所在垂直于喷头轴心线的平面的水平距离。

（4）水雾喷头布置要求

1）易燃可燃液体和可燃气体储罐，水雾喷头与保护储罐外壁之间的距离不应大于0.7m。

2）变压器的水雾锥应相交，球罐的水雾锥应相交相接。水雾锥是在水雾喷头有效射程内水雾形成的圆锥体。

3）卧式储罐的水雾完全覆盖裸露表面，罐体液位计、阀门等处也应设水雾喷头。

4）保护电缆时，水雾完全包围电缆。

5）保护输送机皮带时，水雾完全包络着火输送机的机头、机尾和上行皮带上表面。

6）室内设备的水雾喷头宜布置在保护对象的顶部周围。

## 考点5　水喷雾灭火系统控制阀设置要求

（1）响应时间不大于120s的系统，应设置雨淋报警阀组。

笔 记

笔 记

（2）采用电动控制阀或气动控制阀设置要求：

1）开启时间不宜大于45s。

2）应能显示阀门的开、闭和故障状态。

3）应具备现场应急机械启动功能。

4）气动阀气罐的容积宜满足所有气动阀启闭3次所需气量。

（3）雨淋报警阀等供水控制阀前的管道应设置可冲洗的过滤器，过滤器滤网应采用耐腐蚀金属材料，其网孔基本尺寸应为0.600～0.710mm。

（4）雨淋报警阀组宜设置在温度不低于4℃并有排水设施的室内。

（5）雨淋报警阀、电动控制阀、气动控制阀宜布置在靠近保护对象并便于人员安全操作的位置。

## 考点6　水喷雾灭火系统管道和供水设施设置要求

（1）管道工作压力不应大于1.6MPa。

（2）过滤器与雨淋报警阀之间及雨淋报警阀后的管道，应采用内外热浸镀锌钢管、不锈钢管或铜管；需要进行弯管加工的管道应采用无缝钢管。

（3）不能进行喷水试验的场所，雨淋报警阀之后的供水干管上应设置排放试验检测装置，且其过水能力应与系统过水能力一致。

（4）设置水喷雾灭火系统的场所应设有排水设施。

（5）消防气压给水设备设置要求：

1）出水管上应设置止回阀。

2）四周应设置检修通道，宽度不宜小于0.7m。

3）顶部至楼板或梁底的距离不宜小于0.6m。

（6）消防水泵应设置试泵回流管道和超压回流管道，条件许可时，两者可共用一条回流管道。

（7）水喷雾灭火系统供水泵的动力源应具备下列条件之一：

1）一级电力负荷的电源。

2）二级电力负荷的电源，同时设置作备用动力的柴油机。

3）主、备动力源全部采用柴油机。

（8）室内设置的水喷雾系统宜设置水泵接合器。

## 考点7　水喷雾灭火系统控制要求

（1）系统应具有自动控制、手动控制和应急机械启动三种控制方式；当响应时间大于120s时，可采用手动控制和应急机械启动两种控制方式。

（2）传动管宜采用钢管，长度不宜大于300m，公称直径宜为15～25mm，传动管上闭式喷头之间的距离不宜大于2.5m。

（3）电气火灾不应采用液动传动管。

（4）冰冻地区不应采用液动传动管；采用压缩空气传动管时，应采取防止冷凝水积存的措施。

（5）应采用两个独立火灾探测器的报警信号进行联锁控制；保护油浸电力变压器的水喷雾灭火系统采用两路相同的火灾探测器时，宜与变压器的断路器信号进行联锁控制。

（6）用于保护液化烃储罐的系统，在启动着火罐雨淋报警阀的同时，应能启动需要冷却的相邻储罐的雨淋报警阀。

（7）用于保护甲$_B$、乙、丙类液体储罐的系统，在启动着火罐雨淋报警阀（或电动控制阀、气动控制阀）的同时，应能启动需要冷却的相邻储罐的雨淋报警阀（或电动控制阀、气动控制阀）。

（8）分段保护输送机皮带的系，在启动起火区段的雨淋报警阀的同时，应能启动起火区段下游相邻区段的雨淋报警阀，并应能同时切断输送机的电源。

（9）水喷雾灭火系统控制设备应具有的功能：

1）监控消防水泵的启、停状态。

2）监控雨淋报警阀的开启状态，监视雨淋报警阀的关闭状态。

3）监控电动或气动控制阀的开、闭状态。

4）监控主、备用电源的自动切换。

## 考点8　水喷雾灭火系统安装调试主要要求

（1）喷头的规格、型号应符合设计要求，并应在系统试压、冲洗、吹扫合格后进行安装。

（2）雨淋报警阀调试宜利用检测、试验管道进行。自动和手动方式启动1～2次，雨淋报警阀应在15s之内启动；公称直径大于200mm的雨淋报警阀调试时，应在60s之内启动；当报警水压为0.05MPa时，水力警铃应发出报警铃声。

（3）电动控制阀和气动控制阀自动开启时，开启时间不宜大于45s；手动开启或关闭应灵活、无卡涩。

（4）联动试验时采用模拟火灾信号启动系统，相应的分区雨淋报警阀（或电动控制阀、气动控制阀）、压力开关和消防水泵及其他联动设备均应能及时动作并发出相应的信号。

（5）联动试验时采用传动管启动的系统，启动1只喷头，相应的分区雨淋报警阀、压力开关和消防水泵及其他联动设备均应能及时动作并发出相应的信号。

（6）联动试验时用压力表、流量计、秒表进行计量检查，系统的响应时间、工作压力和流量应符合设计要求。当为手动控制时，以手动方式进行1～2次试验；当为自动控制时，以自动和手动方式各进行1～2次试验。

## 考点9　水喷雾灭火系统验收主要要求

（1）喷头的数量、规格、型号应符合设计要求。

（2）喷头的安装位置、安装高度、间距及与梁等障碍物的距离偏差均应符合设计要求和规范相关规定。抽查设计喷头数量的5%，总数不少于20个，合格率不小于95%时为合格。

（3）不同型号、规格的喷头的备用量不应小于其实际安装总数的1%，且每种备用喷头数不应少于5只。

（4）模拟灭火功能试验要求

1）压力信号反馈装置应能正常动作，并应能在动作后启动消防水泵及与其

笔记

笔 记

联动的相关设备，可正确发出反馈信号。

2）系统的分区控制阀应能正常开启，并可正确发出反馈信号。

3）系统的流量、压力均应符合设计要求。

4）消防水泵及其他消防联动控制设备应能正常启动，并应有反馈信号显示。

5）主、备电源应能在规定时间内正常切换。

（5）系统验收时应进行冷喷试验，其响应时间应符合设计要求，并应检查水雾覆盖保护对象的情况。冷喷试验时自动启动系统，试验至少 1 个系统、1 个防火区或 1 个保护对象。

## 考点 10　水喷雾灭火系统验收合格判定

（1）系统工程质量缺陷划分为严重缺陷项、重要缺陷项和轻微缺陷项。

（2）属于严重缺陷项的内容有：系统水源，消防水泵在主备电源下启动，稳压泵自动启动，管道的材质与规格、管径、连接方式、安装位置及采取的防冻措施，喷头的数量、规格、型号，模拟灭火功能试验，冷喷试验。

（3）属于轻微缺陷项的内容有：控制阀均应锁定在常开位置，管网放空坡度及辅助排水设施，管墩、管道支、吊架的固定方式、间距，喷头的备用量。

（4）当无严重缺陷项、重要缺陷项不多于两项，且重要缺陷项与轻微缺陷项之和不多于 6 项时，可判定系统验收为合格；其他情况，应判定为不合格。

## 考点 11　水喷雾灭火系统维护主要要求

（1）系统应按规范要求进行日检、周检、月检、季检和年检，检查中发现的问题应及时按规定要求处理。

（2）每日应对水源控制阀、雨淋报警阀进行外观检查，阀门外观应完好，启闭状态应符合设计要求。

（3）寒冷季节，每日应检查消防储水设施是否有结冰现象，储水设施的任何部位均不得结冰。

（4）每周应对消防水泵和备用动力进行一次启动试验。当消防水泵为自动控制启动时，应每周模拟自动控制的条件启动运转一次。

（5）每月应检查电磁阀并进行启动试验。

（6）每月检查控制阀的铅封锁链、消防水池、消防水箱、消防气压给水设备、水泵接合器和喷头。

（7）每季度应对系统进行一次放水试验，检查系统启动、报警功能以及出水情况是否正常。

（8）每年应对系统的供水能力进行一次测定。

### 二、难点突破

（1）用于保护甲$_B$、乙、丙类液体储罐的水喷雾灭火系统设置要求。

1）固定顶储罐和按固定顶储罐对待的内浮顶储罐的冷却水环管宜沿罐壁顶部单环布置，当采用多环布置时，着火罐顶层环管保护范围内的冷却水供给强度应按规范规定的 2 倍计算。此要求的目的是有利于顶部罐壁冷却。

2）储罐抗风圈或加强圈无导流设施时，其下面应设置冷却水环管。

3）当储罐上的冷却水环管分割成两个或两个以上弧形管段时，各弧形管段间不应连通，并应分别从防火堤外连接水管，且应分别在防火堤外的进水管道上设置能识别启闭状态的控制阀。

4）冷却水立管应用管卡固定在罐壁上，其间距不宜大于3m。

5）立管下端应设置锈渣清扫口，锈渣清扫口距罐基础顶面应大于300mm，且集锈渣的管段长度不宜小于300mm。

（2）用于保护液化烃或类似液体储罐和甲$_B$、乙、丙类液体储罐的系统，其立管与罐组内的水平管道之间的连接应能消除储罐沉降引起的应力。

（3）液化烃储罐上环管支架之间的距离宜为3～3.5m。

笔　记

## 三、真题解析

### （一）单项选择题

1.（考点1）水喷雾的主要灭火机理不包括（　　）。(2017年技术实务真题)

A. 窒息　　　　B. 乳化

C. 稀释　　　　D. 阻断链式反应

【答案】D。

【解析】水喷雾灭火系统通过表面冷却、窒息、冲击乳化、稀释等作用实施灭火。

2.（考点2）某机组容量为350MW的燃煤发电厂的下列灭火系统设置中，不符合规范要求的是（　　）。(2017年技术实务真题)

A. 汽机房电缆夹层采用自动喷水灭火系统

B. 封闭式运煤栈桥采用自动喷水灭火系统

C. 电子设备间采用气体灭火系统

D. 点火油罐区采用低倍数泡沫灭火系统

【答案】A。

【解析】水喷雾灭火系统可用于扑救固体物质火灾、丙类液体火灾、饮料酒火灾和电气火灾，并可用于可燃气体和甲、乙、丙类液体的生产、储存装置或装卸设施的防护冷却。当保护对象为电缆时，水雾喷头的布置应使水雾完全包围电缆。

气体灭火系统适用于扑救电气火灾。外浮顶和内浮顶储罐应选用液上喷射低倍数泡沫灭火系统。

3.（考点8）某消防工程施工单位分别以自动、手动方式对采用自动控制方式的水喷雾灭火系统进行联动试验。下列试验次数最少且符合现行国家标准要求的是（　　）。(2017年综合能力真题)

A. 自动3次、手动2次　　　　B. 自动2次、手动2次

C. 自动2次、手动3次　　　　D. 自动3次、手动3次

【答案】B。

【解析】联动试验时系统的响应时间、工作压力和流量应符合设计要求。当为手动控制时，以手动方式进行1～2次试验；当为自动控制时，以自动和手动

笔 记

方式各进行 1 ~2 次试验，并用压力表、流量计、秒表计量。

## 第五节　细水雾灭火系统

本节思维导图如图 5-2-e 所示。

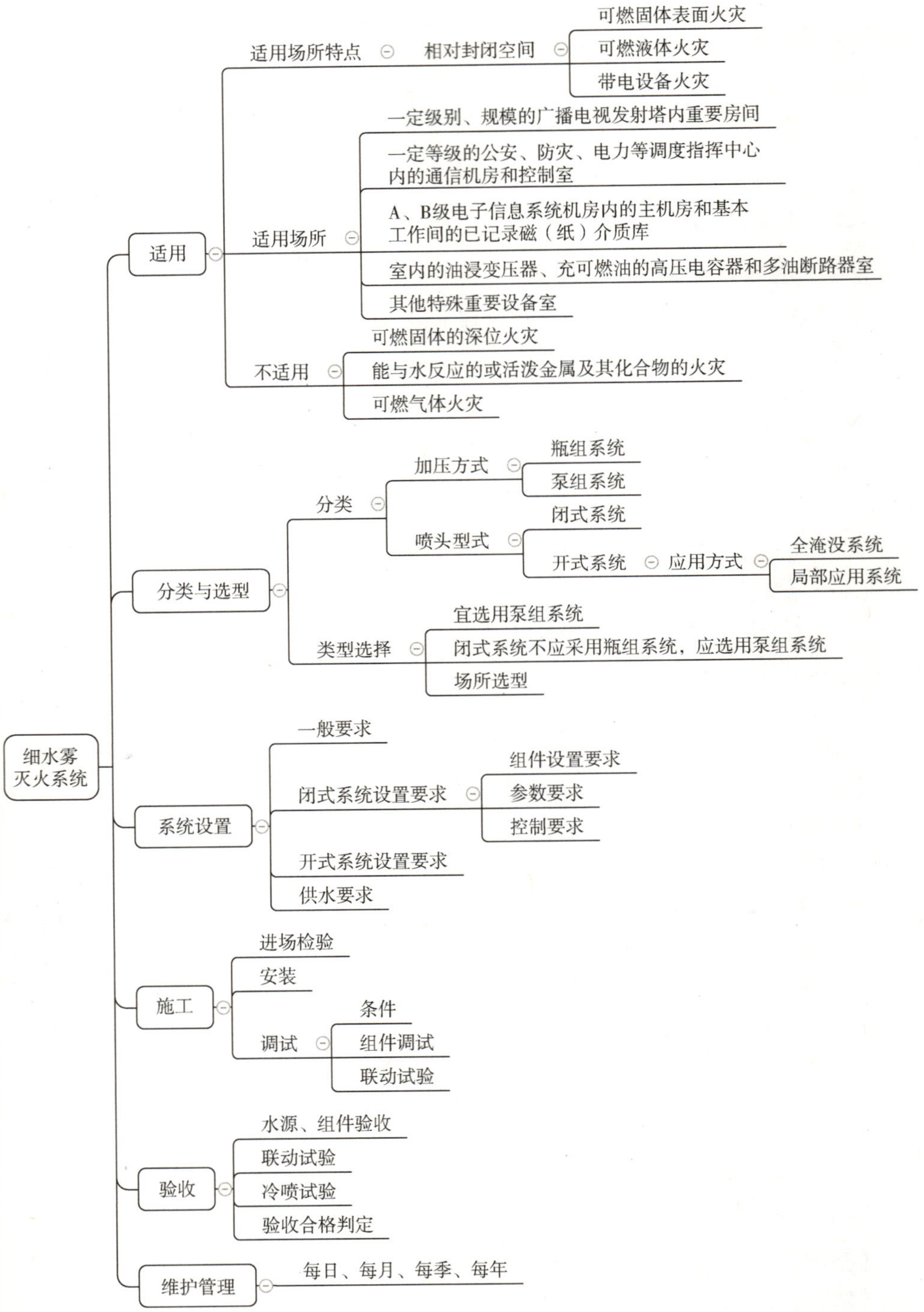


图 5-2-e　细水雾灭火系统思维导图

笔 记

## 一、考点提炼

### 考点1　细水雾灭火系统定义和灭火机理

细水雾灭火系统由供水装置、过滤装置、控制阀、细水雾喷头等组件和供水管道组成，能自动和人工启动并喷放细水雾进行灭火或控制火的固定灭火系统。细水雾是指喷头轴线下方1m平面上喷雾液体的总体积中50%雾滴直径小于200μm，99%雾滴直径小于400μm。通过冷却、窒息、阻隔辐射热、浸湿等方式进行灭火。

### 考点2　细水雾系统适用范围

（1）细水雾灭火系统适用于扑救相对封闭空间内的可燃固体表面火灾、可燃液体火灾和带电设备的火灾。

（2）宜设置细水雾灭火系统的场所。

1）国家、省级或人口超过100万人的城市广播电视发射塔内的微波机房、分米波机房、米波机房、变配电室和不间断电源（UPS）室。

2）中央及省级公安、防灾和网局级及以上的电力等调度指挥中心内的通信机房和控制室。

3）A、B级电子信息系统机房内的主机房和基本工作间的已记录磁（纸）介质库。

4）设置在室内的油浸式变压器、充可燃油的高压电容器和多油断路器室。

5）其他特殊重要设备室。

（3）细水雾灭火系统不适用于扑救下列火灾：

1）可燃固体的深位火灾。

2）能与水发生剧烈反应或产生大量有害物质的活泼金属及其化合物的火灾。

3）可燃气体火灾。

### 考点3　细水雾灭火系统分类和选型

**1. 细水雾灭火系统分类**

（1）泵组系统和瓶组系统。

泵组系统是采用泵组对系统进行加压供水的系统。

瓶组系统是采用储水容器储水、储气容器进行加压供水的系统。

（2）开式系统和闭式系统。

开式系统是采用开式细水雾喷头的系统，包括全淹没应用方式和局部应用方式的系统。

闭式系统是采用闭式细水雾喷头的系统。

（3）开式系统分为全淹没应用和局部应用。

全淹没应用方式是指向整个防护区内喷放细水雾，保护其内部所有保护对象的系统应用方式。

局部应用方式是指向保护对象直接喷放细水雾，保护空间内某具体保护对象

笔 记

的系统应用方式。

**2. 细水雾灭火系统选型**

（1）系统宜选用泵组系统。

（2）闭式系统不应采用瓶组系统。

（3）液压站，配电室、电缆隧道、电缆夹层，电子信息系统机房，文物库，以及密集柜存储的图书库、资料库和档案库，宜选择全淹没应用方式的开式系统。

（4）油浸式变压器室、涡轮机房、柴油发电机房、润滑油站和燃油锅炉房、厨房内烹饪设备及其排烟罩和排烟管道部位，宜采用局部应用方式的开式系统。

（5）采用非密集柜储存的图书库、资料库和档案库，可选择闭式系统。

## 考点4　细水雾灭火系统设置一般要求

（1）细水雾灭火系统喷头的最低设计工作压力不应小于1.20MPa。

（2）每套泵组所带喷头数量不应超过100只。

（3）系统的设计持续喷雾时间要求：

1）固体可燃物场所，持续喷雾时间不应小于30min。

2）可燃液体场所，持续喷雾时间不应小于20min。

3）用于扑救厨房内烹饪设备及其排烟罩和排烟管道部位的火灾，持续喷雾时间不应小于15s，设计冷却时间不应小于15min。

4）瓶组系统持续喷雾时间按模拟试验灭火时间的2倍确定，且不宜小于10min。

（4）系统管道和连接件应采用冷拔法制造的奥氏体不锈钢钢管，或其他耐腐蚀和耐压性能相当的金属管道。管道宜采用专用接头或法兰连接，也可采用氩弧焊焊接。

（5）系统组件、管道和管道附件的公称压力不应小于系统的最大设计工作压力。对于泵组系统，水泵吸水口至储水箱之间的管道、管道附件、阀门的公称压力，不应小于1.0MPa。

（6）系统管道应采用防晃金属支、吊架固定在建筑构件上。支、吊架应能承受管道充满水时的重量及冲击，其间距不应大于规范规定的1.5～3.8m。

（7）支、吊架应进行防腐蚀处理，并应采取防止与管道发生电化学腐蚀的措施。

（8）设置在有爆炸危险环境中的系统，其管网和组件应采取静电导除措施。

（9）系统管网的最低点处应设置泄水阀。

## 考点5　闭式细水雾灭火系统设置要求

（1）闭式系统应选择响应时间指数（RTI）不大于50 $(m \cdot s)^{0.5}$ 的喷头，其公称动作温度宜高于环境最高温度30℃。

（2）闭式系统的喷头布置应能保证细水雾喷放均匀、完全覆盖保护区域，要求是：

1）喷头与墙壁的距离不应大于喷头最大布置间距的1/2。

2）喷头与其他遮挡物的距离应保证遮挡物不影响喷头正常喷放细水雾；当无法避免时，应采取补偿措施。

3）喷头的感温组件与吊顶或梁底的距离不宜小于75mm，并不宜大于150mm。当场所内设置吊顶时，喷头可贴临吊顶布置。

（3）闭式系统的喷雾强度、喷头的布置间距和安装高度，宜经实体火灾模拟试验确定。

（4）当喷头的设计工作压力不小于10MPa时，闭式系统安装高度为小于或等于5m，喷头的布置间距为大于2m和不大于3m，喷头高度不大于3m和大于3m时最小喷雾强度分别为2.0L/(min·m$^2$)和3.0L/(min·m$^2$)。当喷头的设计工作压力小于10MPa时，应经试验确定。

（5）闭式系统的作用面积不宜小于140m$^2$。

（6）闭式系统应按楼层或防火分区设置分区控制阀。

（7）分区控制阀上无系统动作信号反馈装置时，应在分区控制阀后的配水干管上设置系统动作信号反馈装置。

（8）闭式系统的泵组系统应设置稳压泵，稳压泵的流量不应大于系统中水力最不利点一只喷头的流量，其工作压力应满足工作泵的启动要求。

（9）闭式系统的最高点处宜设置手动排气阀。

（10）每个分区控制阀后的管网应设置试水阀，试水阀前应设置压力表，试水阀出口的流量系数应与一只喷头的流量系数等效，试水阀的接口大小应与管网末端的管道一致，测试水的排放不应对人员和设备等造成危害。

## 考点6 开式细水雾灭火系统设置一般要求

（1）开式系统的喷头布置应能保证细水雾喷放均匀并完全覆盖保护区域。

（2）喷头与墙壁的距离不应大于喷头最大布置间距的1/2。

（3）喷头与其他遮挡物的距离应保证遮挡物不影响喷头正常喷放细水雾；当无法避免时，应采取补偿措施。

（4）对于电缆隧道或夹层，喷头宜布置在电缆隧道或夹层的上部，并应能使细水雾完全覆盖整个电缆或电缆桥架。

（5）开式系统应按防护区设置分区控制阀，阀上或阀后宜设置泄放试验阀。

（6）开式系统的设计响应时间不应大于30s。响应时间是指系统从火灾自动报警系统发出灭火指令起至系统中最不利点喷头喷出细水雾的时间。

## 考点7 局部应用方式的开式系统设置要求

（1）采用局部应用方式的开式系统，其喷头布置应能保证细水雾完全包络或覆盖保护对象或部位，喷头与保护对象的距离不宜小于0.5m。

（2）开式局部应用系统，保护对象周围的气流速度不宜大于3m/s。必要时，应采取挡风措施。

（3）用于保护室内油浸式变压器的局部应用方式的开式系统，喷头的布置要求：

1）当变压器高度超过4m时，喷头宜分层布置。

笔 记

笔 记

2）当冷却器距变压器本体超过0.7m时，应在其间隙内增设喷头。

3）喷头不应直接对准高压进线套管。

4）当变压器下方设置集油坑时，喷头布置应能使细水雾完全覆盖集油坑。

（4）采用局部应用方式的开式系统的保护面积确定方法如下：

1）对于外形规则的保护对象，应为该保护对象的外表面面积。

2）对于外形不规则的保护对象，应为包容该保护对象的最小规则形体的外表面面积。

3）对于可能发生可燃液体流淌火或喷射火的保护对象，还应包括可燃液体流淌火或喷射火可能影响到的区域的水平投影面积。

## 考点8　全淹没应用方式的开式系统设置要求

（1）全淹没应用方式的开式系统，其喷雾强度、喷头的布置间距、安装高度和工作压力，宜经实体火灾模拟试验确定，也可根据喷头的安装高度按规范确定系统的最小喷雾强度和喷头的布置间距。

（2）开式全淹没系统，防护区内的开口不能在系统启动时自动关闭时，宜在该开口部位的上方增设喷头。

（3）采用全淹没应用方式的开式系统，其防护区数量不应大于3个。

（4）全淹没应用方式的开式系统单个防护区的容积，对于泵组系统不宜超过$3000m^3$，对于瓶组系统不宜超过$260m^3$。

（5）采用全淹没应用方式的开式系统，其管网宜均衡布置。

（6）全淹没瓶组开式系统在同一防护区内使用多组瓶组时，各瓶组应能同时启动，动作响应时差不应大于2s。

## 考点9　细水雾灭火系统供水要求

（1）泵组系统的水质不应低于生活饮用水标准，瓶组系统的水质不应低于瓶（桶）装饮用纯净水标准。

（2）瓶组系统的储水容器、储气容器应设置安全阀，动作压力应为系统最大工作压力的1.15倍。

（3）瓶组系统的储水量和驱动气体储量，应根据保护对象的重要性、维护恢复时间等设置备用量。对于恢复时间超过48h的瓶组系统，应按主用量的100%设置备用量。

（4）泵组系统的供水装置宜由储水箱、水泵、水泵控制柜（盘）、安全阀等部件组成。泵组系统安全阀的动作压力应为系统最大工作压力的1.15倍。

（5）当水源的水量不能满足设计要求时，泵组系统应设置专用的储水箱，其有效容积应符合规范规定。

（6）泵组系统储水箱设置要求：

1）应采用密闭结构，并应采用不锈钢或其他能保证水质的材料制作。

2）应具有防尘、避光的技术措施。

3）应具有保证自动补水的装置，并应设置液位显示、高低液位报警装置和溢流、透气及放空装置。

4）在储水箱进水口处应设置过滤器，出水口或控制阀前应设置过滤器，过滤器的设置位置应便于维护、更换和清洗等。

5）过滤器的材质应为不锈钢、铜合金，或其他耐腐蚀性能不低于不锈钢、铜合金的材料；过滤器的网孔孔径不应大于喷头最小喷孔孔径的80%。

（7）泵组系统水泵设置要求：

1）泵组系统应设置独立的水泵。

2）水泵应设置备用泵。备用泵的工作性能应与最大一台工作泵相同，主、备用泵应具有自动切换功能，并应能手动操作停泵。主、备用泵的自动切换时间不应小于30s。

3）泵组系统应至少有一路可靠的自动补水水源，补水水源的水量、水压应满足系统的设计要求。

4）闭式系统的泵组系统应设置稳压泵。

5）水泵应采用自灌式引水或其他可靠的引水方式。

6）水泵出水总管上应设置压力显示装置、安全阀和泄放试验阀。

7）每台泵的出水口均应设置止回阀。

（8）泵组系统水泵控制要求：

1）应具有自动和手动启动功能以及巡检功能。当巡检中接到启动指令时，应能立即退出巡检，进入正常运行状态。

2）水泵或其他供水设备应满足系统对流量和工作压力的要求，其工作状态及其供电状况应能在消防值班室进行监视。

3）水泵的控制装置应布置在干燥、通风的部位，并应便于操作和检修。

4）水泵控制柜（盘）的防护等级不应低于IP54。

5）水泵采用柴油机泵时，应保证其能持续运行60min。

## 考点10 细水雾灭火系统控制要求

（1）瓶组系统应具有自动、手动和机械应急操作控制方式，其机械应急操作应能在瓶组间内直接手动启动系统。泵组系统应具有自动、手动控制方式。

（2）防护区或保护场所的入口处应设置声光报警装置和系统动作指示灯。

（3）开式系统的自动控制应能在接收到两个独立的火灾报警信号后自动启动。闭式系统的自动控制应能在喷头动作后，由动作信号反馈装置直接联锁自动启动。

（4）火灾报警联动控制系统应能远程启动水泵或瓶组、开式系统分区控制阀，并应能接收以上组件启动及细水雾喷放的反馈信号。

（5）在消防控制室内和防护区入口处，应设置系统手动启动装置。

（6）系统启动时，应联动切断带电保护对象的电源，并应同时切断或关闭防护区内或保护对象的可燃气体、液体或可燃粉体供给设备。

## 考点11 细水雾灭火系统施工主要要求

（1）储水瓶组、储气瓶组的安装、固定和支撑应稳固，且固定支框架应进行防腐处理。

笔 记

笔 记

(2) 泵组系统采用柱塞泵时，泵组安装后应充装润滑油并检查油位。

(3) 分区控制阀的安装高度宜为 1.2～1.6m，操作面与墙或其他设备的距离不应小于 0.8m，并应满足安全操作要求。

(4) 分区控制阀应有明显启闭标志和可靠的锁定设施，并应具有启闭状态的信号反馈功能。

(5) 闭式系统试水阀的安装位置应便于安全的检查、试验。

(6) 管道安装固定后，应进行冲洗，管道冲洗合格后，管道应进行压力试验，试验压力应为系统工作压力的 1.5 倍；当压力升至试验压力后，稳压 5min，管道无损坏、变形，再将试验压力降至设计压力，稳压 120min，以压力不降、无渗漏、目测管道无变形为合格。

(7) 压力试验合格后，系统管道宜采用压缩空气或氮气进行吹扫。

(8) 喷头的安装应在管道试压、吹扫合格后进行。

(9) 带有外置式过滤网的喷头，其过滤网不应伸入支干管内。

(10) 喷头与管道的连接宜采用端面密封或 O 形圈密封，不应采用聚四氟乙烯、麻丝、粘结剂等作密封材料。

## 考点 12　细水雾灭火系统验收模拟联动功能试验主要要求

(1) 动作信号反馈装置应能正常动作，并应能在动作后启动泵组或开启瓶组及与其联动的相关设备，可正确发出反馈信号。

(2) 开式系统的分区控制阀应能正常开启，并可正确发出反馈信号。

(3) 系统的流量、压力均应符合设计要求。

(4) 泵组或瓶组及其他消防联动控制设备应能正常启动，并应有反馈信号显示。

(5) 主、备电源应能在规定时间内正常切换。

(6) 验收时开式系统应进行冷喷试验。

## 考点 13　细水雾灭火系统验收合格判定

(1) 系统工程质量缺陷划分为严重缺陷项、一般缺陷项和轻度缺陷项。

(2) 属于严重缺陷项的内容有：系统验收提供资料，泵组系统水源，泵组水泵在主、备电源下启动，泵组水泵手动和自动启动，闭式系统分区控制阀组手动方式可靠动作，管道的材质与规格、管径、连接方式、安装位置及采取的防冻措施，喷头的数量、规格、型号以及闭式喷头的公称动作温度，模拟联动功能试验，开式系统冷喷试验。

(3) 属于轻度缺陷项的内容有：瓶组的数量、型号、规格、安装位置、固定方式和标志，瓶组的机械应急操作处的标志，分区控制阀前后的阀门均应处于常开位置，管道固定支、吊架的固定方式、间距及其与管道间的防电化学腐蚀措施，不同型号规格喷头的备用量不应小于其实际安装总数的 1%，且每种备用喷头数不应少于 5 只。

(4) 当无严重缺陷项、或一般缺陷项不多于两项，或一般缺陷项与轻度缺陷项之和不多于 6 项时，可判定系统验收为合格；其他情况，应判定为不合格。

### 考点 14　细水雾灭火系统维护主要要求

（1）系统应按规范要求进行日检、月检、季检和年检，检查中发现的问题应及时按规定要求处理。

（2）每日应检查控制阀等各种阀门的外观及启闭状态，检查系统的主、备电源接通情况，检查报警控制器、水泵控制柜的控制面板及显示信号状态。

（3）每月应检查分区控制阀动作是否正常，检查阀门上的铅封或锁链是否完好、阀门是否处于正确位置，检查储水箱和储水容器的水位，闭式系统应利用试水阀对动作信号反馈情况进行试验。

（4）每季度应通过泄放试验阀对泵组系统进行一次放水试验，并应检查泵组启动、主备泵切换及报警联动功能是否正常，检查瓶组系统的控制阀动作是否正常。

（5）储水箱应每半年换水一次，储水容器内的水应按产品制造商的要求定期更换。

（6）每年应进行系统模拟联动功能试验，并应符合规范规定。

## 二、难点突破

细水雾灭火系统调试的项目包括泵组、稳压泵、分区控制阀和联动试验。

（1）泵组调试要求：

1）以自动或手动方式启动泵组时，泵组应立即投入运行。

2）以备用电源切换方式或备用泵切换启动泵组时，泵组应立即投入运行。

3）采用柴油泵作为备用泵时，柴油泵的启动时间不应大于 5s。

4）控制柜应进行空载和加载控制调试，控制柜应能按其设计功能正常动作和显示。

（2）稳压泵调试时，在模拟设计启动条件下，稳压泵应能立即启动；当达到系统设计压力时，应能自动停止运行。

（3）调试开式系统分区控制阀时，采用自动和手动方式启动分区控制阀，水通过泄放试验阀排出，分区控制阀应能在接到动作指令后立即启动，并应发出相应的阀门动作信号。

（4）闭式系统分区控制阀采用信号阀时，应能反馈阀门的启闭状态和故障信号。

（5）当系统需与火灾自动报警系统联动时，可利用模拟火灾信号进行试验。在模拟火灾信号下，火灾报警装置应能自动发出报警信号，系统应动作，相关联动控制装置应能发出自动关断指令，火灾时需要关闭的相关可燃气体或液体供给源关闭等设施应能联动关断。

（6）系统调试时应进行联动试验，对于允许喷雾的防护区或保护对象，应至少在 1 个区进行实际细水雾喷放试验；对于不允许喷雾的防护区或保护对象，应进行模拟细水雾喷放试验。

（7）开式系统联动调试进行实际细水雾喷放试验时，可采用模拟火灾信号启动系统，分区控制阀、泵组或瓶组应能及时动作并发出相应的动作信号，系统

笔 记

笔 记

的动作信号反馈装置应能及时发出系统启动的反馈信号，相应防护区或保护对象保护面积内的喷头应喷出细水雾。

(8) 开式系统进行模拟细水雾喷放试验时，应手动开启泄放试验阀，采用模拟火灾信号启动系统时，泵组或瓶组应能及时动作并发出相应的动作信号，系统的动作信号反馈装置应能及时发出系统启动的反馈信号。

(9) 开式系统调试时相应场所入口处的警示灯应动作。

(10) 闭式系统的联动试验可利用试水阀放水进行模拟。打开试水阀后，泵组应能及时启动并发出相应的动作信号；系统的动作信号反馈装置应能及时发出系统启动的反馈信号。

## 三、真题解析

**单项选择题**

1. (难点突破) 某消防工程施工单位的人员在对细水雾灭火系统调试过程中，对系统的泵组进行调试。根据现行国家标准《细水雾灭火系统技术规范》(GB 50898)，下列泵组调试结果中，不符合要求的是（　　）。(2017 年综合能力真题)

A. 以自动方式启动泵组时，泵组立即投入运行

B. 以备用电源切换方式切换启动泵组时，泵组 10s 投入运行

C. 采用柴油泵作为备用泵时，柴油泵的启动时间为 5s

D. 控制柜进行空载和加载调试时，控制柜正常动作和显示

**【答案】** B。

**【解析】** 以自动或手动方式启动泵组时，泵组应立即投入运行。

以备用电源切换方式或备用泵切换启动泵组时，泵组应立即投入运行。此要求与消防水泵要求有较大区别，消防水泵双路电源自动切换时间不应大于 2s。以备用电源切换方式或备用泵切换启动消防水泵时，消防水泵应分别在 1min 或 2min 内投入正常运行。

采用柴油泵作为泵组备用泵时，柴油泵的启动时间不应大于 5s。此要求与消防水泵也有区别，当一路电源与内燃机动力的消防水泵切换时间不应大于 15s。

控制柜应进行空载和加载控制调试，控制柜应能按其设计功能正常动作和显示。

2. (考点 11) 细水雾灭火系统喷头的安装，应在管道安装完毕，试压、吹扫合格后进行，喷头与管道连接处的密封材料宜采用（　　）。(2016 年综合能力真题)

A. 聚四氯乙烯　　　　B. 麻丝

C. O 形密封圈　　　　D. 粘结剂

**【答案】** C。

**【解析】** 细水雾灭火系统喷头的安装，应在管道试压、吹扫合格后进行，喷头与管道连接宜采用端面密封或 O 形圈密封，不应采用聚四氟乙烯、麻丝、粘结剂等作密封材料。

笔 记

# 第三章　其他灭火设施

## 第一节　气体灭火系统

气体灭火系统是灭火介质为气体灭火剂的灭火系统，气体灭火剂主要包括七氟丙烷、IG541 和二氧化碳等。本节思维导图如图 5-3-a 所示。

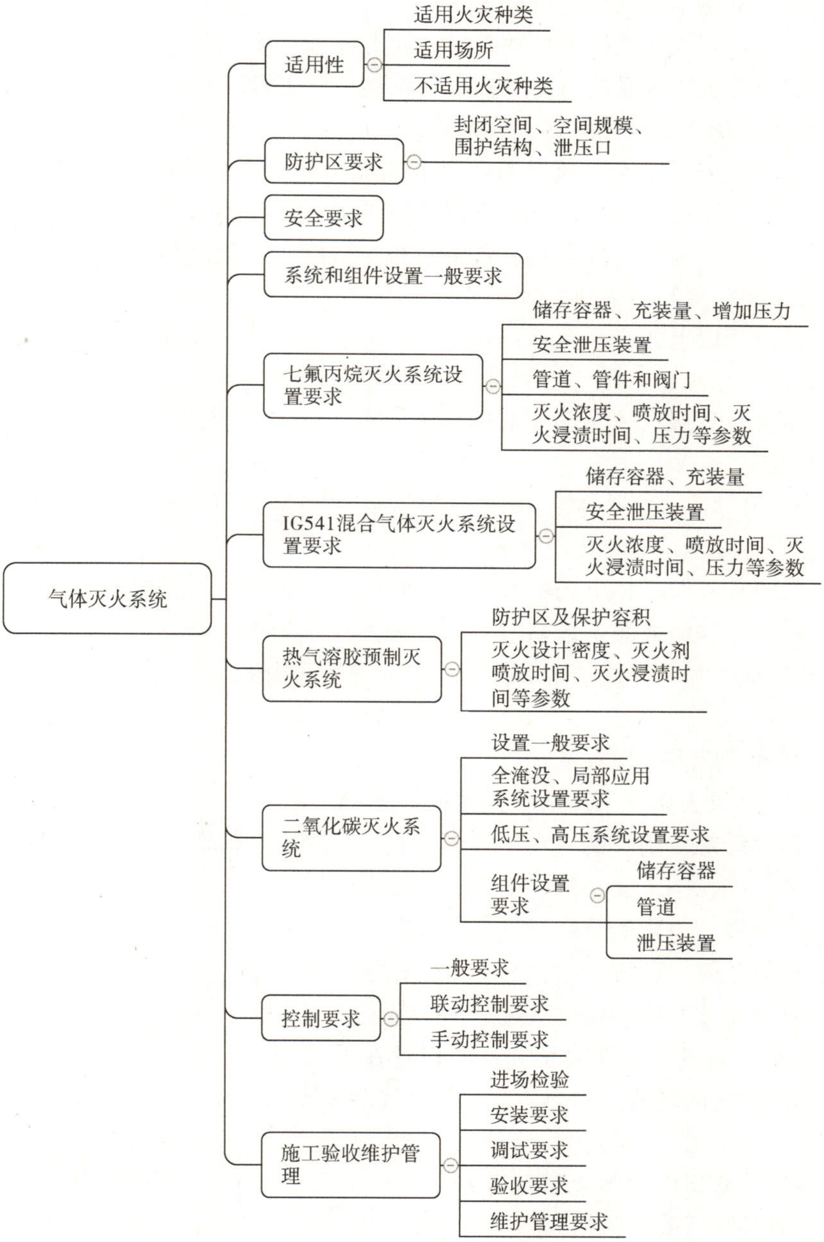


图 5-3-a　气体灭火系统思维导图

笔 记

## 一、考点提炼

### 考点1　气体灭火系统适用范围

（1）气体灭火系统适用于扑救下列火灾。

1）电气火灾。

2）固体表面火灾。

3）液体火灾。

4）灭火前能切断气源的气体火灾。

5）二氧化碳灭火系统可扑救石蜡、沥青等可熔化的固体火灾。

6）二氧化碳灭火系统可扑救棉毛、织物、纸张等部分固体深位火灾。

（2）下列场所宜采用气体灭火系统。

1）国家、省级或人口超过100万人的城市广播电视发射塔内的微波机房、分米波机房、米波机房、变配电室和不间断电源（UPS）室。

2）国际电信局、大区中心、省中心和一万路以上的地区中心内的长途程控交换机房、控制室和信令转接点室。

3）两万线以上的市话汇接局和六万门以上的市话端局内的程控交换机房、控制室和信令转接点室。

4）中央及省级公安、防灾和网局级及以上的电力等调度指挥中心内的通信机房和控制室。

5）A、B级电子信息系统机房内的主机房和基本工作间的已记录磁（纸）介质库。

6）中央和省级广播电视中心内建筑面积不小于120$m^2$的音像制品库房。

7）国家、省级或藏书量超过100万册的图书馆内的特藏库；中央和省级档案馆内的珍藏库和非纸质档案库；大、中型博物馆内的珍品库房；一级纸绢质文物的陈列室。

8）其他特殊重要设备室。

（3）气体灭火系统不适用于扑救下列火灾。

1）硝化纤维、硝酸钠等氧化剂或含氧化剂的化学制品火灾。

2）钾、镁、钠、钛、锆、铀等活泼金属火灾。

3）氢化钾、氢化钠等金属氢化物火灾。

4）过氧化氢、联胺等能自行分解的化学物质火灾。

5）可燃固体物质的深位火灾。

（4）热气溶胶预制灭火系统不应设置在人员密集场所、有爆炸危险性的场所及有超净要求的场所。K型及其他型热气溶胶预制灭火系统不得用于除电缆隧道（夹层、井）及自备发电机房外其他电气火灾。

热气溶胶是指由固体化学混合物（热气溶胶发生剂）经化学反应生成的具有灭火性质的气溶胶，包括S型热气溶胶、K型热气溶胶和其他型热气溶胶。热气溶胶灭火装置是指使气溶胶发生剂通过燃烧反应产生气溶胶灭火剂的装置。通常由引发器、气溶胶发生剂和发生器、冷却装置（剂）、反馈元件、外壳及与之配套的火灾探测装置和控制装置组成。

预制灭火系统是按一定的应用条件，将灭火剂储存装置和喷放组件等预先设计、组装成套且具有联动控制功能的灭火系统。

笔 记

## 考点2 气体灭火系统防护区要求

防护区是指满足全淹没灭火系统要求的有限封闭空间。全淹没灭火系统是指在规定的时间内，向防护区喷放设计规定用量的灭火剂，并使其均匀地充满整个防护区的灭火系统。

(1) 防护区宜以单个封闭空间划分；同一区间的吊顶层和地板下需同时保护时，可合为一个防护区。

(2) 管网灭火系统一个防护区的面积不宜大于 $800m^2$，且容积不宜大于 $3600m^3$；采用预制灭火系统时，一个防护区的面积不宜大于 $500m^2$，且容积不宜大于 $1600m^3$。

管网灭火系统是指按一定的应用条件进行设计计算，将灭火剂从储存装置经由干管支管输送至喷放组件实施喷放的灭火系统。

(3) 防护区围护结构及门窗的耐火极限均不宜低于 0.50h；吊顶的耐火极限不宜低于 0.25h。

(4) 防护区围护结构承受内压的允许压强，不宜低于 1200Pa。

(5) 防护区应设置泄压口，宜设在外墙上，七氟丙烷灭火系统的泄压口应位于防护区净高的 2/3 以上。泄压口是指灭火剂喷放时，防止防护区内压超过允许压强，泄放压力的开口。

(6) 喷放灭火剂前，防护区内除泄压口外的开口应能自行关闭。

## 考点3 气体灭火系统安全要求

(1) 防护区应有保证人员在 30s 内疏散完毕的通道和出口，防护区的门应向疏散方向开启，并能自行关闭，用于疏散的门必须能从防护区内打开。防护区内的疏散通道及出口，应设应急照明与疏散指示标志。

(2) 防护区内应设火灾声报警器，防护区的入口处应设火灾声光报警器和灭火剂喷放指示灯，以及永久性标志牌。灭火剂喷放指示灯信号，应保持到防护区通风换气后，以手动方式解除。

(3) 灭火后的防护区应通风换气，地下防护区和无窗或设固定窗扇的地上防护区，应设置机械排风装置，排风口宜设在防护区的下部并应直通室外。

(4) 储瓶间的门应向外开启，储瓶间内应设应急照明；储瓶间应有良好的通风条件，地下储瓶间应设通向室外的机械排风装置，排风口应设在下部。

(5) 经过有爆炸危险及变电室、配电室等场所的管网、壳体等金属件应设防静电接地。

(6) 有人工作防护区的灭火设计浓度或实际使用浓度，不应大于有毒性反应浓度（LOAEL 浓度）。灭火浓度是指在 101kPa 大气压和规定的温度条件下，扑灭某种火灾所需气体灭火剂在空气中的最小体积百分比。有毒性反应浓度是指能观察到由灭火剂毒性影响产生生理反应的灭火剂最小浓度。

笔 记

(7) 防护区内设置的预制灭火系统的充压压力不应大于 2.5MPa。

(8) 设有气体灭火系统的场所，宜配置空气呼吸器。设置二氧化碳灭火系统的防护区的入口处明显位置应配备专用的空气呼吸器或氧气呼吸器。

## 考点4 气体灭火系统设置一般要求

(1) 有爆炸危险的气体、液体类火灾的防护区，应采用惰化设计浓度；无爆炸危险的气体、液体类火灾和固体类火灾的防护区，应采用灭火设计浓度。惰化浓度是指有火源引入时，在 101kPa 大气压和规定的温度条件下，能抑制空气中任意浓度的易燃可燃气体或易燃可燃液体蒸汽的燃烧发生所需的气体灭火剂在空气中的最小体积百分比。

(2) 两个或两个以上的防护区采用组合分配系统时，一个组合分配系统所保护的防护区不应超过 8 个。组合分配系统是指用一套气体灭火剂储存装置通过管网的选择分配，保护两个或两个以上防护区的灭火系统。

(3) 组合分配系统的灭火剂储存量，应按储存量最大的防护区确定。

(4) 灭火系统的灭火剂储存量，应为防护区设计用量与储存容器的剩余量和管网内的剩余量之和。

(5) 灭火系统的储存装置 72h 内不能重新充装恢复工作的，应按系统原储存量的 100% 设置备用量。

(6) 灭火系统的设计温度，应采用 20℃。

(7) 同一集流管上的储存容器，其规格、充压压力和充装量应相同。

(8) 管网上不应采用四通管件进行分流。

(9) 一个防护区设置的预制灭火系统，其装置数量不宜超过 10 台。

(10) 同一防护区内的预制灭火系统装置多于 1 台时，必须能同时启动，其动作响应时差不得大于 2s。

## 考点5 气体灭火系统组件设置要求

(1) 容器阀和集流管之间应采用挠性连接。储存容器和集流管应采用支架固定。

(2) 管网灭火系统的储存装置宜设在专用储瓶间内。储瓶间宜靠近防护区，耐火等级不低于二级，应有直接通向室外或疏散走道的出口。储瓶间和设置预制灭火系统的防护区的环境温度应为 -10～50℃。

(3) 储存装置应便于操作、维修及避免阳光照射。操作面距离不宜小于 1.0m，且不应小于储存容器外径的 1.5 倍。

(4) 在储存容器或容器阀上，应设安全泄压装置和压力表。组合分配系统的集流管，应设安全泄压装置。

(5) 在通向每个防护区的灭火系统主管道上，应设压力信号器或流量信号器。

(6) 组合分配系统中的每个防护区应设置控制灭火剂流向的选择阀，其公称直径应与该防护区灭火系统的主管道公称直径相等。选择阀的位置应靠近储存容器且便于操作。

(7) 输送气体灭火剂的管道应采用无缝钢管。输送启动气体的管道，宜采用铜管。

（8）钢制管道及附件应内外防腐处理或采用不锈钢的管道附件。

（9）防护区的泄压口面积，与灭火剂释放速率成正比，与围护结构承受内压的允许压强平方根成反比。

笔 记

## 考点6　七氟丙烷灭火系统设置要求

（1）采用氮气增压，氮气的含水量不应大于0.006%。储存容器的增压压力宜分为三级。

1）一级2.5MPa±0.1MPa（表压）。

2）二级4.2MPa±0.1MPa（表压）。

3）三级5.6MPa±0.1MPa（表压）。

（2）增压压力为2.5MPa的储存容器宜采用焊接容器；增压压力为4.2MPa的储存容器，可采用焊接容器或无缝容器；增压压力为5.6MPa的储存容器，应采用无缝容器。

（3）七氟丙烷单位容积的充装量要求。

1）一级增压储存容器，不应大于1120kg/$m^3$。

2）二级增压焊接结构储存容器，不应大于950kg/$m^3$。

3）二级增压无缝结构储存容器，不应大于1120kg/$m^3$。

4）三级增压储存容器，不应大于1080kg/$m^3$。

（4）安全泄压装置的动作压力要求。

1）储存容器增压压力为2.5MPa时，应为5.0MPa±0.25MPa（表压）。

2）储存容器增压压力为4.2MPa，最大充装量为950kg/$m^3$时，应为7.0MPa±0.35MPa（表压）；最大充装量为1120kg/$m^3$时，应为8.4MPa±0.42MPa（表压）。

3）储存容器增压压力为5.6MPa时，应为10.0MPa±0.5MPa（表压）。

（5）在容器阀和集流管之间的管道上应设单向阀。

（6）七氟丙烷灭火系统的灭火设计浓度不应小于灭火浓度的1.3倍，惰化设计浓度不应小于惰化浓度的1.1倍。

（7）固体表面火灾的灭火浓度为5.8%；通信机房和电子计算机房等防护区，灭火设计浓度宜采用8%；油浸式变压器室、带油断路器的配电室和自备发电机房等防护区，灭火设计浓度宜采用9%；图书、档案、票据和文物资料库等防护区，灭火设计浓度宜采用10%。

（8）防护区实际应用的浓度不应大于灭火设计浓度的1.1倍。

（9）七氟丙烷灭火系统在通信机房和电子计算机房等防护区，设计喷放时间不应大于8s；在其他防护区，设计喷放时间不应大于10s。

（10）七氟丙烷灭火系统灭火浸渍时间要求：

浸渍时间是指在防护区内维持设计规定的灭火剂浓度，使火灾完全熄灭所需的时间。

1）木材、纸张、织物等固体表面火灾，宜采用20min。

2）其他固体表面火灾，宜采用10min。

3）通信机房、电子计算机房内的电气设备火灾，应采用5min。

4）气体和液体火灾，不应小于1min。

笔 记

（11）管网的管道内容积，不应大于流经该管网的七氟丙烷储存量体积的 80%。

（12）管网的第 1 分流点至各喷头的管道阻力损失，其相互间的最大差值不应大于 20%。

（13）七氟丙烷气体灭火系统的喷头工作绝对压力要求：

1）一级增压储存容器的系统≥0.6MPa。

2）二级增压储存容器的系统≥0.7MPa。

3）三级增压储存容器的系统≥0.8MPa。

## 考点 7 IG541 混合气体灭火系统设置要求

（1）储存容器应采用无缝容器。

（2）IG541 系统储存容器充装量要求。

1）一级充压，20℃，充装压力为 15.0MPa（表压）时，其充装量应为 211.15kg/m$^3$。

2）二级充压，20℃，充装压力为 20.0MPa（表压）时，其充装量应为 281.06kg/m$^3$。

（3）安全泄压装置的动作压力要求。

1）一级充压（15.0MPa）系统，应为 20.7MPa ± 1.0MPa（表压）。

2）二级充压（20.0MPa）系统，应为 27.6MPa ± 1.4MPa（表压）。

（4）灭火设计浓度不应小于灭火浓度的 1.3 倍，惰化设计浓度不应小于灭火浓度的 1.1 倍。

（5）固体表面火灾的灭火浓度为 28.1%。

（6）IG541 混合气体灭火剂喷放至设计用量的 95% 时，喷放时间不应大于 60s 且不应小于 48s。

（7）IG541 系统灭火浸渍时间要求。

1）木材、纸张、织物等固体表面火灾，宜采用 20min。

2）其他固体表面火灾，宜采用 10min。

3）通信机房、电子计算机房内的电气设备火灾，宜采用 10min。

（8）IG541 混合气体灭火系统的喷头工作绝对压力要求。

1）一级充压（15MPa）系统，Pc≥2.0MPa。

2）二级充压（20MPa）系统，Pc≥2.1MPa。

## 考点 8 热气溶胶预制灭火系统设置要求

（1）单台热气溶胶预制灭火系统装置的保护容积不应大于 160m$^3$；设置多台装置时，其相互间的距离不得大于 10m。

（2）采用热气溶胶预制灭火系统的防护区，其高度不宜大于 6.0m。灭火装置的喷口宜高于防护区地面 2.0m。

（3）一台以上灭火装置之间的电启动线路应采用串联连接。

（4）热气溶胶预制灭火系统的灭火设计密度要求：

灭火密度是指在 101kPa 大气压和规定的温度条件下，扑灭单位容积内某种火灾所需固体热气溶胶发生剂的质量。

1）热气溶胶预制灭火系统的灭火设计密度不应小于灭火密度的1.3倍。

2）S型和K型热气溶胶灭固体表面火灾的灭火密度为100g/m³。

3）通信机房和电子计算机房等场所的电气设备火灾，S型热气溶胶的灭火设计密度不应小于130g/m³。

4）电缆隧道（夹层、井）及自备发电机房火灾，S型和K型热气溶胶的灭火设计密度不应小于140g/m³。

（5）在通信机房、电子计算机房等防护区，灭火剂喷放时间不应大于90s，喷口温度不应大于150℃；在其他防护区，喷放时间不应大于120s，喷口温度不应大于180℃。

（6）木材、纸张、织物等固体表面火灾，灭火浸渍时间应采用20min；通信机房、电子计算机房等防护区火灾及其他固体表面火灾，应采用10min。

## 考点9　二氧化碳灭火系统设置要求

（1）全淹没灭火系统的防护区不能自动关闭的开口，其面积不应大于防护区总内表面积的3%，且开口不应设在底面。

（2）局部应用灭火系统保护对象周围的空气流动速度不宜大于3m/s。必要时，应采取挡风措施。局部应用灭火系统是指向保护对象以设计喷射率直接喷射灭火剂，并持续一定时间的灭火系统。保护对象是指被局部应用灭火系统保护的目的物。

（3）当组合分配系统保护5个及以上的防护区或保护对象时，或者在48h内不能恢复时，二氧化碳应有备用量，备用量不应小于系统设计的储存量。备用量的储存容器应与系统管网相连，应能与主储存容器切换使用。

（4）全淹没二氧化碳灭火系统设置要求：

1）二氧化碳设计浓度不应小于灭火浓度的1.7倍，并不得低于34%。

2）当防护区的环境温度超过100℃时，二氧化碳的设计用量应在计算值的基础上每超过5℃增加2%。

3）当防护区的环境温度低于-20℃时，二氧化碳的设计用量应在计算值的基础上每降低1℃增加2%。

4）全淹没灭火系统二氧化碳的喷放时间不应大于1min。当扑救固体深位火灾时，喷放时间不应大于7min，并应在前2min内使二氧化碳的浓度达到30%。

（5）局部应用灭火系统的二氧化碳喷射时间不应小于0.5min。对于燃点温度低于沸点温度的液体和可熔化固体的火灾，二氧化碳的喷射时间不应小于1.5min。

（6）二氧化碳灭火系统管网起点计算绝对压力，高压系统应取5.17MPa，低压系统应取2.07MPa。

高压二氧化碳灭火系统是指灭火剂在常温下储存的二氧化碳灭火系统。低压二氧化碳灭火系统是指灭火剂在-18～-20℃低温下储存的二氧化碳灭火系统。

（7）喷头入口绝对压力计算值，高压系统不应小于1.4MPa；低压系统不应小于1.0MPa。

（8）高压系统储存容器的工作压力不应小于15MPa，环境温度应为0～

笔记

笔 记

49℃。储存容器或容器阀上应设泄压装置，其泄压动作压力应为 19MPa ± 0.95MPa。

(9) 低压系统储存容器设置要求：

1) 低压系统储存容器的设计压力不应小于 2.5MPa，并应采取良好的绝热措施。储存容器上至少应设置两套安全泄压装置，其泄压动作压力应为 2.38MPa ± 0.12MPa。

2) 储存装置的高压报警压力设定值应为 2.2MPa，低压报警压力设定值应为 1.8MPa。

3) 容器阀应能在喷出要求的二氧化碳量后自动关闭。

4) 储存装置应远离热源，其位置应便于再充装，其环境温度宜为 -23 ~ 49℃。

(10) 储存装置应具有灭火剂泄漏检测功能，当储存容器中充装的二氧化碳损失量达到其初始充装量的 10% 时，应能发出声光报警信号并及时补充。

(11) 储存装置宜设在专用的储存容器间内。局部应用灭火系统的储存装置可设置在固定的安全围栏内。

(12) 不具备自然通风条件的储存容器间，应设置机械排风装置，排风口距储存容器间地面高度不宜大于 0.5m，排出口应直接通向室外，正常排风量宜按换气次数不小于 4 次/h 确定，事故排风量应按换气次数不小于 8 次/h 确定。

(13) 二氧化碳灭火系统采用灭火剂自身作为启动气源打开的选择阀，开启顺序不限。

(14) 二氧化碳灭火系统管道设置要求：

1) 高压系统管道及其附件应能承受最高环境温度下二氧化碳的储存压力；低压系统管道及其附件应能承受 4.0MPa 的压力。

2) 低压系统的管网中应采取防膨胀收缩措施。

3) 管网中阀门之间的封闭管段应设置泄压装置，其泄压动作压力，高压系统应为 15MPa ± 0.75MPa，低压系统应为 2.38MPa ± 0.12MPa。

## 考点 10　灭火剂储存容器进场检验要求

(1) 同一规格的灭火剂储存容器，其高度差不宜超过 20mm。

(2) 同一规格的驱动气体储存容器，其高度差不宜超过 10mm。

(3) 灭火剂储存容器的充装量、充装压力应符合设计要求，充装系数或装量系数应符合设计规范规定。

## 考点 11　灭火剂储存装置安装要求

(1) 灭火剂储存装置泄压装置的泄压方向不应朝向操作面。低压二氧化碳灭火系统的安全阀应通过专用的泄压管接到室外。

(2) 储存装置上压力计、液位计、称重显示装置的安装位置应便于人员观察和操作。

(3) 储存容器的支、框架应固定牢靠，并应做防腐处理。

(4) 储存容器宜涂红色油漆，正面应标明设计规定的灭火剂名称和储存容器的编号。

笔 记

## 考点12 阀驱动装置进场检验要求

（1）电磁驱动器的电源电压应符合系统设计要求。通电检查电磁铁芯，其行程应能满足系统启动要求，且动作灵活，无卡阻现象。

（2）气动驱动装置储存容器内气体压力不应低于设计压力，且不得超过设计压力的5%，气体驱动管道上的单向阀应启闭灵活，无卡阻现象。

（3）机械驱动装置应传动灵活，无卡阻现象。

## 考点13 阀驱动装置的安装

（1）电磁驱动装置驱动器的电气连接线应沿固定灭火剂储存容器的支、框架或墙面固定。

（2）驱动气瓶的支、框架或箱体应固定牢靠，并做防腐处理。

（3）驱动气瓶上应有标明驱动介质名称、对应防护区或保护对象名称或编号的永久性标志，并应便于观察。

（4）气动驱动装置竖直管道应在其始端和终端设防晃支架或采用管卡固定。水平管道管卡的间距不宜大于0.6m。转弯处应增设1个管卡。

（5）气动驱动装置的管道安装后应做气压严密性试验，并合格。

## 考点14 集流管安装要求

（1）安装集流管前应检查内腔，确保清洁。

（2）集流管上的泄压装置的泄压方向不应朝向操作面。

（3）连接储存容器与集流管间的单向阀的流向指示箭头应指向介质流动方向。

（4）集流管应固定在支、框架上。支、框架应固定牢靠，并做防腐处理。

（5）集流管外表面宜涂红色油漆。

## 考点15 选择阀及信号反馈装置安装要求

（1）选择阀操作手柄应安装在操作面一侧，当安装高度超过1.7m时应采取便于操作的措施。

（2）采用螺纹连接的选择阀，其与管网连接处宜采用活接。

（3）选择阀的流向指示箭头应指向介质流动方向。

（4）选择阀上应设置标明防护区或保护对象名称或编号的永久性标志牌，并应便于观察。

## 考点16 灭火剂输送管道安装要求

（1）拧紧螺纹时，不得将填料挤入管道内。连接后，应将连接处外部清理干净并做防腐处理。

（2）法兰连接衬垫不得凸入管内，不得放双垫或偏垫。

（3）已防腐处理的无缝钢管不宜采用焊接连接，与选择阀等个别连接部位需采用法兰焊接连接时，应对被焊接损坏的防腐层进行二次防腐处理。

（4）管道末端应采用防晃支架固定，支架与末端喷嘴间的距离不应大

笔 记

于500mm。

(5) 公称直径大于或等于50mm的主干管道，垂直方向和水平方向至少应各安装1个防晃支架，当穿过建筑物楼层时，每层应设1个防晃支架。当水平管道改变方向时，应增设防晃支架。

(6) 灭火剂输送管道安装完毕后，应进行强度试验和气压严密性试验，并合格。

## 考点17 控制组件安装要求

(1) 设置在防护区处的手动、自动转换开关和手动启动、停止按钮应安装在防护区入口便于操作的部位，安装高度为中心点距地（楼）面1.5m。

(2) 气体喷放指示灯宜安装在防护区入口的正上方。

## 考点18 气体灭火控制器调试要求

(1) 切断气体灭火控制器的所有外部控制连线，接通电源。

(2) 给气体灭火控制器输入设定的启动控制信号，控制器应有启动输出，并发出声、光启动信号。

(3) 输入启动设备启动的模拟反馈信号，控制器应在10s内接收并显示。

(4) 检查控制器的延时功能，延时时间应在0～30s内可调。

(5) 使控制器处于自动控制状态，再手动插入操作，手动插入操作应优先。

(6) 按设计控制逻辑操作控制器，检查是否满足设计的逻辑功能。

(7) 检查控制器向消防联动控制器发送的反馈信号正误。

## 考点19 气体灭火系统调试要求

(1) 进行调试试验时，应采取可靠措施，确保人员和财产安全。

(2) 调试项目应包括模拟启动试验、模拟喷气试验和模拟切换操作试验。

(3) 调试完成后应将系统各部件及联动设备恢复正常状态。

(4) 调试时，应对所有防护区或保护对象按规范规定进行系统手动、自动模拟启动试验，并应合格。

(5) 调试时，应对所有防护区或保护对象按规范规定进行模拟喷气试验，并应合格。柜式气体灭火装置、热气溶胶灭火装置等预制灭火系统的模拟喷气试验宜各取1套分别按产品标准中有关“联动试验”的规定进行试验。

(6) 设有灭火剂备用量且储存容器连接在同一集流管上的系统应按规范规定进行模拟切换操作试验，并应合格。

## 考点20 防护区与储存装置间验收要求

(1) 防护区或保护对象的位置、用途、划分、几何尺寸、开口、通风、环境温度、可燃物的种类、防护区围护结构的耐压、耐火极限及门、窗可自行关闭装置应符合设计要求。

(2) 防护区的疏散通道、疏散指示标志和应急照明装置应符合设计要求。

(3) 防护区内和入口处的声光报警装置、气体喷放指示灯、入口处的安全标志应符合设计要求。

（4）无窗或固定窗扇的地上防护区和地下防护区的排气装置应符合设计要求。

（5）门窗设有密封条的防护区的泄压装置应符合设计要求。

（6）专用的空气呼吸器或氧气呼吸器应符合设计要求。

（7）储存装置间的位置、通道、耐火等级、应急照明装置、火灾报警控制装置及地下储存装置间机械排风装置应符合设计要求。

## 考点21 设备和灭火剂输送管道验收要求

（1）灭火剂储存容器的数量、型号和规格，位置与固定方式，油漆和标志，以及灭火剂储存容器的安装质量应符合设计要求。

（2）储存容器内的灭火剂充装量和储存压力应符合设计要求。

（3）集流管的材料、规格、连接方式、布置及其泄压装置的泄压方向应符合设计要求和规范规定。

（4）选择阀及信号反馈装置的数量、型号、规格、位置、标志及其安装质量应符合设计要求和规范规定。

（5）阀驱动装置的数量、型号、规格和标志，安装位置，气动驱动装置中驱动气瓶的介质名称和充装压力，以及气动驱动装置管道的规格、布置和连接方式应符合设计要求和规范规定。

（6）驱动气瓶和选择阀的机械应急手动操作处，均应有标明对应防护区或保护对象名称的永久标志。驱动气瓶的机械应急操作装置应设安全销并加铅封，现场手动启动按钮应有防护罩。

（7）灭火剂输送管道的布置与连接方式、支架和吊架的位置及间距、穿过建筑构件及其变形缝的处理、各管段和附件的型号、规格以及防腐处理和涂刷油漆颜色，应符合设计要求和规范规定。

（8）喷嘴的数量、型号、规格、安装位置和方向，应符合设计要求和规范规定。

## 考点22 气体灭火系统功能验收要求

（1）系统功能验收时，应进行模拟启动试验，并合格。按防护区或保护对象总数（不足5个按5个计）的20%检查。

（2）系统功能验收时，应进行模拟喷气试验，并合格。组合分配系统应不少于1个防护区或保护对象，柜式气体灭火装置、热气溶胶灭火装置等预制灭火系统应各取1套。

（3）系统功能验收时，应对设有灭火剂备用量的系统进行模拟切换操作试验，并合格。

（4）系统功能验收时，应对主、备用电源进行切换试验，并合格。

## 考点23 气体灭火系统维护管理日检和月检要求

（1）每日应对低压二氧化碳储存装置的运行情况、储存装置间的设备状态进行检查并记录。

（2）每月检查低压二氧化碳灭火系统储存装置的液位计，灭火剂损失10%时应及时补充。

笔 记

笔 记

(3) 每月检查高压二氧化碳灭火系统、七氟丙烷管网灭火系统及 IG541 灭火系统等系统的全部系统组件，应无碰撞变形及其他机械性损伤，表面应无锈蚀，保护涂层应完好，铭牌和保护对象标志牌应清晰，手动操作装置的防护罩、铅封和安全标志应完整。

(4) 每月检查灭火剂和驱动气体储存容器内的压力，不得小于设计储存压力的 90%。

(5) 每月检查预制灭火系统的设备状态和运行状况应正常。

### 考点 24　气体灭火系统维护管理季检和年检要求

(1) 每季度应对气体灭火系统进行 1 次全面检查。

(2) 每季检查可燃物的种类、分布情况，防护区的开口情况，应符合设计规定。

(3) 每季检查储存装置间的设备、灭火剂输送管道和支、吊架的固定，应无松动。

(4) 每季检查连接管应无变形、裂纹及老化。必要时，送法定质量检验机构进行检测或更换。

(5) 每季检查各喷嘴孔口应无堵塞。

(6) 每季应对高压二氧化碳储存容器逐个进行称重检查，灭火剂净重不得小于设计储存量的 90%。

(7) 每季检查灭火剂输送管道，有损伤与堵塞现象时，应按规范规定进行严密性试验和吹扫。

(8) 每年应按规范规定，对每个防护区进行 1 次模拟启动试验，并应按规范规定进行 1 次模拟喷气试验。

## 二、难点突破

### (一) 气体灭火系统控制一般要求

(1) 采用气体灭火系统的防护区，应设置火灾自动报警系统，应由专用的气体灭火控制器控制，应选用灵敏度级别高的火灾探测器。

(2) 管网灭火系统应设自动控制、手动控制和机械应急操作三种启动方式。预制灭火系统应设自动控制和手动控制两种启动方式。二氧化碳局部应用灭火系统用于经常有人的保护场所时可不设自动控制。

(3) 采用自动控制启动方式时，根据人员安全撤离防护区的需要，应有不大于 30s 的可控延迟喷射；对于平时无人工作的防护区，可设置为无延迟的喷射。

(4) 灭火设计浓度或实际使用浓度大于无毒性反应浓度（NOAEL 浓度）的防护区和采用热气溶胶预制灭火系统的防护区，应设手动与自动控制的转换装置。当人员进入防护区时，应能将灭火系统转换为手动控制方式；当人员离开时，应能恢复为自动控制方式。防护区内外应设手动、自动控制状态的显示装置。

(5) 自动控制装置应在接到两个独立的火灾信号后才能启动。手动控制装置和手动与自动转换装置应设在防护区疏散出口的门外便于操作的地方，安装高度为中心点距地面 1.5m。机械应急操作装置应设在储瓶间内或防护区疏散出口门外便于操作的地方。

(6) 气体灭火系统的操作与控制，应包括对开口封闭装置、通风机械和防火阀等设备的联动操作与控制。

(7) 设有消防控制室的场所，各防护区灭火控制系统的有关信息，应传送给消防控制室。

(8) 组合分配系统启动时，选择阀应在容器阀开启前或同时打开。

**(二) 气体灭火系统联动控制要求**

(1) 应由同一防护区域内两只独立的火灾探测器的报警信号、一只火灾探测器与一只手动火灾报警按钮的报警信号或防护区外的紧急启动信号，作为系统的联动触发信号，探测器的组合宜采用感烟火灾探测器和感温火灾探测器。

(2) 气体灭火控制器在接收到满足联动逻辑关系的首个联动触发信号后，应启动设置在该防护区内的火灾声光警报器，且联动触发信号应为任一防护区域内设置的感烟火灾探测器、其他类型火灾探测器或手动火灾报警按钮的首次报警信号；在接收到第二个联动触发信号后，应发出联动控制信号，且联动触发信号应为同一防护区域内与首次报警的火灾探测器或手动火灾报警按钮相邻的感温火灾探测器、火焰探测器或手动火灾报警按钮的报警信号。

(3) 联动控制信号应包括下列内容：

1) 关闭防护区域的送（排）风机及送（排）风阀门。

2) 停止通风和空气调节系统及关闭设置在该防护区域的电动防火阀。

3) 联动控制防护区域开口封闭装置的启动，包括关闭防护区域的门、窗。

4) 启动气体灭火装置，气体灭火控制器，可设定不大于30s的延迟喷射时间。

(4) 平时无人工作的防护区，可设置为无延迟的喷射，应在接收到满足联动逻辑关系的首个联动触发信号后按规定执行除启动气体灭火装置的联动控制；在接收到第二个联动触发信号后，应启动气体灭火装置。

(5) 气体灭火防护区出口外上方应设置表示气体喷洒的火灾声光警报器，指示气体释放的声信号应与该保护对象中设置的火灾声警报器的声信号有明显区别。启动气体灭火装置的同时，应启动设置在防护区入口处表示气体喷洒的火灾声光警报器；组合分配系统应首先开启相应防护区域的选择阀，然后启动气体灭火装置。

(6) 气体灭火控制器不直接连接火灾探测器的联动控制要求：

1) 气体灭火系统的联动触发信号应由火灾报警控制器或消防联动控制器发出。

2) 气体灭火系统的联动触发信号和联动控制均应符合气体灭火控制器直接连接火灾探测器的气体灭火系统的规定。

配合分配式七氟丙烷灭火系统联动如图 5-3-1 所示。

**(三) 气体灭火系统的手动控制要求**

(1) 在防护区疏散出口的门外应设置气体灭火装置的手动启动和停止按钮，手动启动按钮按下时，气体灭火控制器应执行联动操作；手动停止按钮按下时，气体灭火控制器应停止正在执行的联动操作。

(2) 气体灭火控制器上应设置对应于不同防护区的手动启动和停止按钮，手动启动按钮按下时，气体灭火控制器应执行联动操作；手动停止按钮按下时，气体灭火控制器应停止正在执行的联动操作。

笔记

笔 记

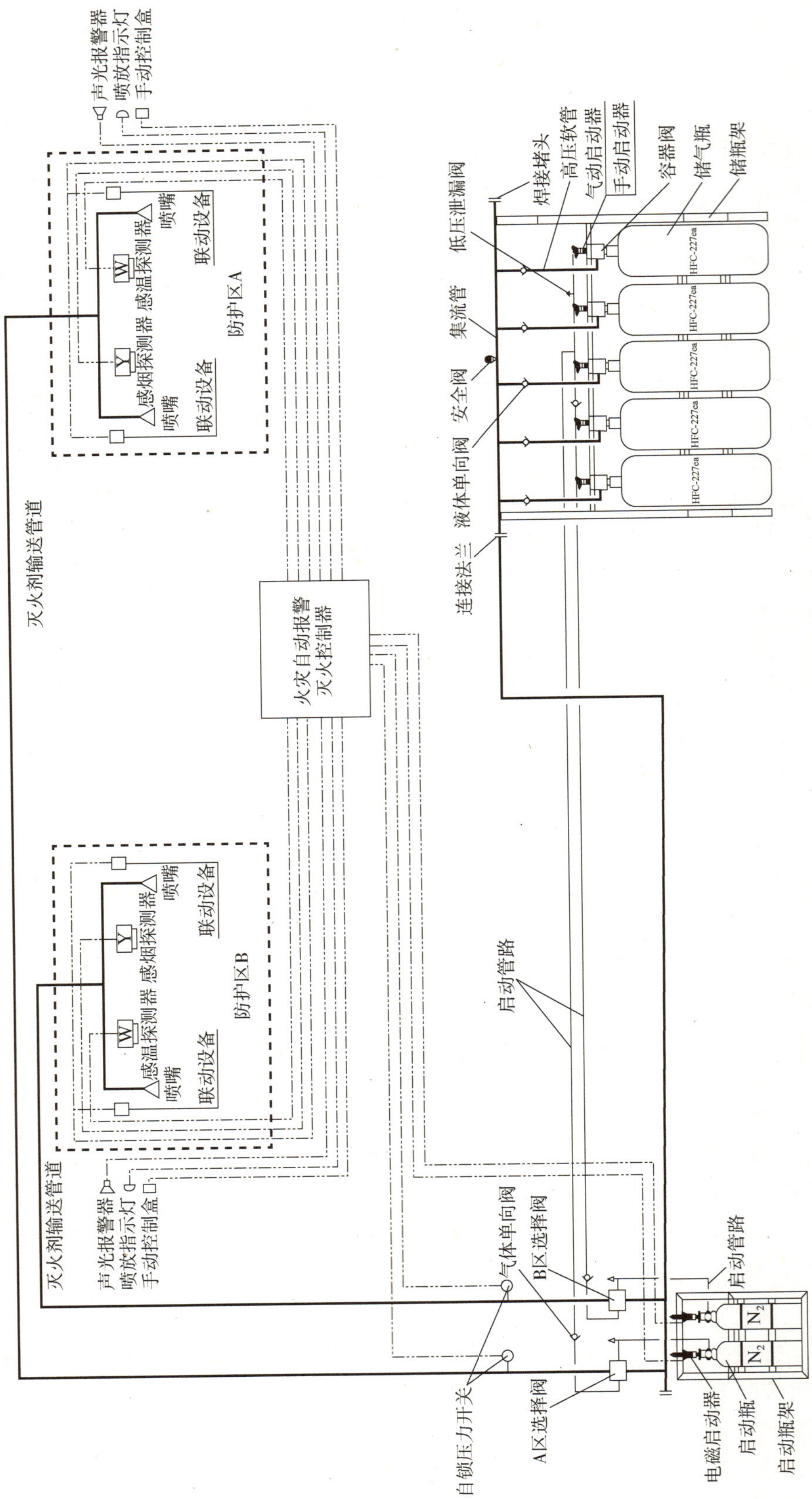


图5-3-1　配合分配式七氟丙烷灭火系统联动示意图

笔 记

### （四）联动控制及系统的反馈信号

（1）气体灭火装置启动及喷放各阶段的联动控制及系统的反馈信号，应反馈至消防联动控制器。系统的联动反馈信号应包括下列内容：

1）气体灭火控制器直接连接的火灾探测器的报警信号。

2）选择阀的动作信号。

3）压力开关的动作信号。

（2）在防护区域内设有手动与自动控制转换装置的系统，其手动或自动控制方式的工作状态应在防护区内、外的手动和自动控制状态显示装置上显示，该状态信号应反馈至消防联动控制器。

## 三、真题解析

### （一）单项选择题

1. （考点4）一个防护区内设置5台预制七氟丙烷灭火装置，启动时其动作响应时差不得大于（　　）s。（2017年技术实务真题）

A. 1　　B. 3　　C. 5　　D. 2

**【答案】**D。

**【解析】**同一防护区内的预制气体灭火系统装置多于1台时，必须能同时启动，其动作响应时差不得大于2s。一台以上热气溶胶预制灭火装置之间的电启动线路应采用串联连接。

2. （考点24）下列关于气体灭火系统维护管理周期检查项目的说法，错误的是（　　）。（2017年综合能力真题）

A. 每日应检查低压二氧化碳储存装置的运行情况和储存装置间的设备状态

B. 每月应检查预置灭火系统的设备状态和运行情况

C. 每月应对选定的防护区进行1次模拟启动试验

D. 每月应检查低压二氧化碳灭火系统储存装置的液位

**【答案】**C。

**【解析】**每年应按规范规定，对每个防护区进行1次模拟启动试验，并应按规范规定进行1次模拟喷气试验。

### （二）多项选择题

（难点突破）某单位的图书馆书库采用无管网七氟丙烷气体灭火装置进行防护，委托消防检测机构对该气体灭火系统进行检测。下列检测结果中，符合现行国家消防技术标准要求的有（　　）。

A. 系统仅设置自动控制、手动控制两种启动方式

B. 防护区内设置10台预制灭火装置

C. 防护区门口未设手动与自动控制的转换装置

D. 储存容器的充装压力为4.2MPa

E. 气体灭火系统采用自动控制方式

**【答案】**ABE。

**【解析】**预制灭火系统应设自动控制和手动控制两种启动方式。

一个防护区设置的预制灭火系统，其装置数量不宜超过10台。

笔 记

灭火设计浓度或实际使用浓度大于无毒性反应浓度（NOAEL 浓度）的防护区和采用热气溶胶预制灭火系统的防护区，应设手动与自动控制的转换装置。

七氟丙烷无毒性反应浓度为 9%，书库灭火设计浓度宜为 10%，防护区门口应设手动与自动控制的转换装置。

防护区内设置的预制灭火系统的充压压力不应大于 2.5MPa。

## 第二节　泡沫灭火系统

泡沫灭火系统是将泡沫灭火剂与水按一定比例混合，经发泡设备产生灭火泡沫的灭火系统。本节思维导图如图 5-3-b 所示。

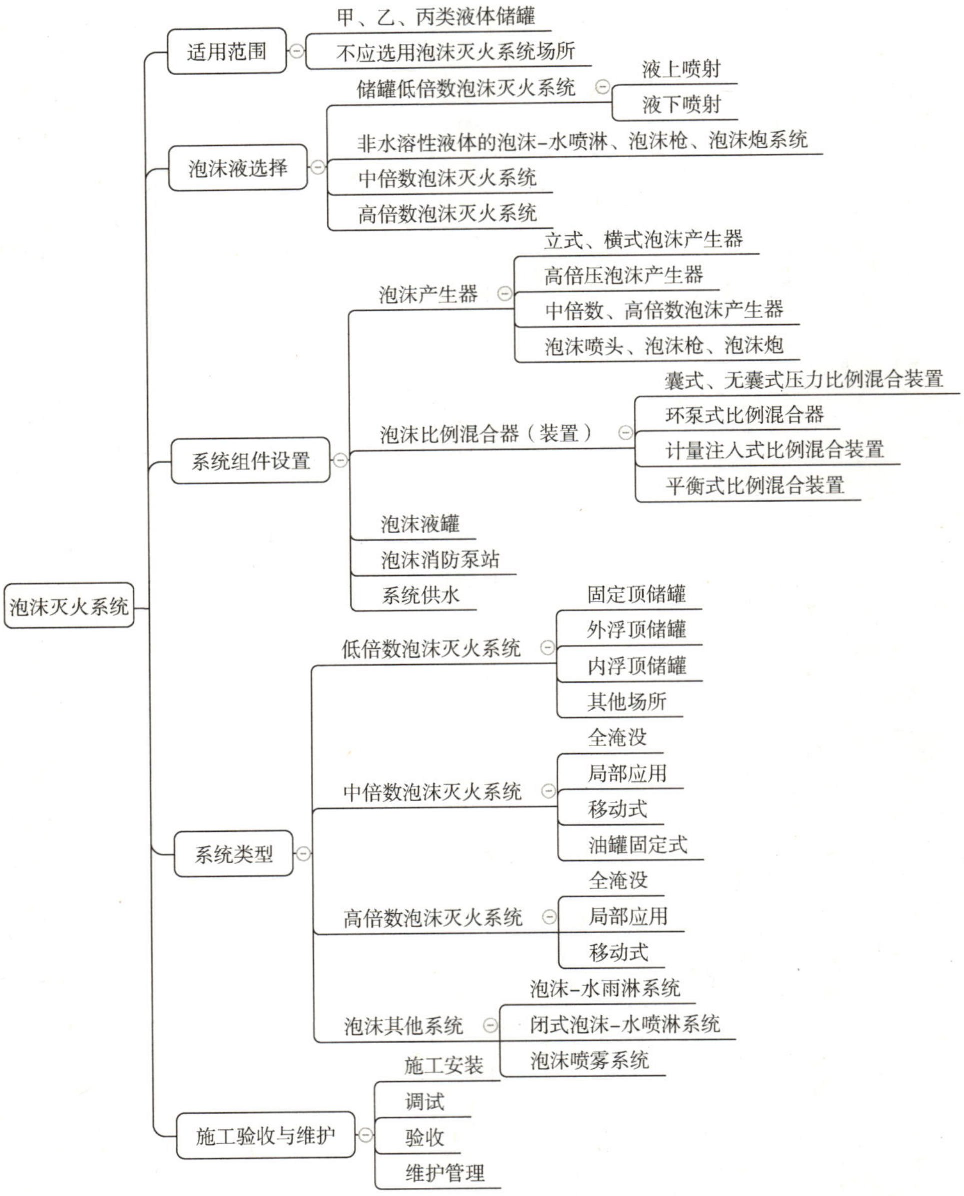


图 5-3-b　泡沫灭火系统思维导图

## 一、考点提炼

### 考点1　泡沫灭火系统适用范围

（1）甲、乙、丙类液体储罐应设置泡沫灭火系统。

1）单罐容量大于 $1000m^3$ 的固定顶罐应设置固定式泡沫灭火系统。

固定式系统是指由固定的泡沫消防水泵或泡沫混合液泵、泡沫比例混合器（装置）、泡沫产生器（或喷头）和管道等组成的灭火系统。

泡沫比例混合器（装置）是指使水与泡沫液按比例形成泡沫混合液的设备（相关设备和附件）。

泡沫混合液泵是指为采用环泵式比例混合器的泡沫灭火系统供给泡沫混合液的水泵。

2）罐壁高度小于 7m 或容量不大于 $200m^3$ 的储罐可采用移动式泡沫灭火系统。移动式系统是指由消防车，机动消防泵或有压水源，泡沫比例混合器，泡沫枪、泡沫炮或移动式泡沫产生器，用消防水带等连接组成的灭火系统。

3）其他储罐宜采用半固定式泡沫灭火系统。半固定式系统是指由固定的泡沫产生器与部分连接管道，泡沫消防车或机动消防泵，用消防水带连接组成的灭火系统。

（2）含有下列物质的场所，不应选用泡沫灭火系统。

1）硝化纤维、炸药等在无空气的环境中仍能迅速氧化的化学物质和强氧化剂。

2）钾、钠、烷基铝、五氧化二磷等遇水发生危险化学反应的活泼金属和化学物质。

### 考点2　泡沫产生器设置要求

（1）固定顶储罐、内浮顶储罐，宜选用立式泡沫产生器；立式泡沫产生器是指在甲、乙、丙类液体立式储罐罐壁上铅垂安装的泡沫产生器。泡沫产生装置（器）是指使泡沫混合液产生泡沫的设备的统称。

（2）泡沫产生器的空气吸入口及露天的泡沫喷射口，应设置防止异物进入的金属网。

（3）横式泡沫产生器的出口，应设置长度不小于 1m 的泡沫管。横式泡沫产生器是指在甲、乙、丙类液体立式储罐上水平安装的泡沫产生器。

（4）外浮顶储罐上的泡沫产生器，不应设置密封玻璃。

（5）高倍压泡沫产生器出口工作压力应大于泡沫管道的阻力和罐内液体静压力之和；发泡倍数不应小于 2，且不应大于 4。发泡倍数是指泡沫体积与形成该泡沫的泡沫混合液体积的比值。高倍压泡沫产生器是指有压泡沫混合液通过时能吸入空气，产生低倍数泡沫，且出口具有一定压力（表压）的装置。

（6）高倍数泡沫产生器在防护区内设置应选用水力驱动型泡沫产生器。高倍数泡沫是指发泡倍数高于 200 的灭火泡沫。

（7）泡沫-水喷头、泡沫-水雾喷头的工作压力不应小于其额定压力的 0.8 倍。

### 考点3　泡沫液选择和泡沫液罐

（1）泡沫液是指可按适宜的混合比与水混合形成泡沫溶液的浓缩液体。混

笔　记

笔记

合比是指泡沫液在泡沫混合液中所占的体积百分数。泡沫液储罐是指能为泡沫灭火系统提供泡沫液的容器设备。

（2）非水溶性甲、乙、丙类液体储罐低倍数系统，液上喷射时，应选用蛋白、氟蛋白、成膜氟蛋白或水成膜泡沫液；液下喷射时，应选用氟蛋白、成膜氟蛋白或水成膜泡沫液。

低倍数泡沫是指发泡倍数低于20的灭火泡沫。液上喷射系统是指泡沫从液面上喷入被保护储罐内的灭火系统。液下喷射系统是指泡沫从液面下喷入被保护储罐内的灭火系统。

（3）非水溶性液体的泡沫-水喷淋、泡沫枪、泡沫炮系统，用吸气型泡沫产生装置时，可选用蛋白、氟蛋白、水成膜或成膜氟蛋白泡沫液；用非吸气型喷射装置时，应选用水成膜或成膜氟蛋白泡沫液。

吸气型泡沫产生装置是指利用文丘里管原理，将空气吸入泡沫混合液中并混合产生泡沫，然后将泡沫以特定模式喷出的装置，例如泡沫产生器、泡沫枪、泡沫炮、泡沫喷头等。

非吸气型喷射装置是指无空气吸入口，使用水成膜等泡沫混合液，其喷射模式类似于喷水的装置，如消防水枪、消防水炮、洒水喷头等。

泡沫-水喷淋系统是指由喷头、报警阀组、水流报警装置（水流指示器或压力开关）等组件，以及管道、泡沫液与水供给设施组成，并能在发生火灾时按预定时间与供给强度向防护区依次喷洒泡沫与水的自动灭火系统。

（4）水溶性和其他对普通泡沫有破坏作用的甲、乙、丙类液体泡沫系统，必须选用抗溶泡沫液。

（5）中倍数泡沫灭火系统应采用专用8%型氟蛋白泡沫液。中倍数泡沫是指发泡倍数为20～200的灭火泡沫。

（6）高倍数泡沫灭火系统利用热烟气发泡时，应采用耐温耐烟型高倍数泡沫液。

（7）泡沫液储罐宜采用耐腐蚀材料制作，储罐内应留有泡沫液热膨胀空间和泡沫液沉降损失部分所占空间；储罐出液口的设置应保障泡沫液泵进口为正压，且应设置在沉降层之上；泡沫液泵是指为泡沫灭火系统供给泡沫液的泵。

（8）不同种类、不同牌号的泡沫液不得混存。

## 考点4　泡沫消防泵、泵站及泡沫站设置要求

（1）泡沫消防水泵、泡沫混合液泵应选择特性曲线平缓的离心泵。泡沫混合液是指泡沫液与水按特定混合比配制成的泡沫溶液。

泡沫消防水泵是指为采用平衡式、计量注入式、压力式等比例混合装置的泡沫灭火系统供水的水泵。

（2）水力驱动的泡沫液泵，应将其消耗的水流量计入泡沫消防水泵的额定流量。

（3）用环泵式比例混合器时，泡沫混合液泵的额定流量宜为系统设计流量的1.1倍。环泵式比例混合器是指安装在系统水泵出口与进口间旁路管道上，利用泵出口与进口间压差吸入泡沫液并与水按比例混合的文丘里管装置。

（4）泡沫液泵应设置备用泵，材料应耐泡沫液腐蚀，供给压力大于最大水压力，应能耐受不低于10min的空载运转。

（5）泡沫消防泵站可与消防水泵房合建。泡沫消防泵站是指设置泡沫消防水泵或泡沫混合液泵等的场所。

（6）采用环泵式比例混合器的泡沫消防泵站不应与生活水泵合用供水、储水设施。

（7）泡沫消防泵站与被保护甲、乙、丙类液体储罐或装置的距离不宜小于30m。

（8）泡沫消防泵站的动力源可为一级电力负荷的电源；或二级电力负荷的电源，同时设置备用动力的柴油机；或全部采用柴油机。

（9）不设置备用泵的泡沫消防泵站，可不设置备用动力。

（10）泡沫混合液或泡沫输送到保护对象时间不能满足5min时，应设置泡沫站。泡沫站与甲、乙、丙类液体储罐罐壁的间距应大于20m，且应具备远程控制功能。泡沫站是指不含泡沫消防水泵或泡沫混合液泵，仅设置泡沫比例混合装置、泡沫液储罐等的场所。

（11）当泡沫消防水泵或泡沫混合液泵出口管道口径大于300mm时，不宜采用手动阀门。

（12）泡沫液管道应采用不锈钢管。

（13）防火堤或防护区内的管道法兰垫片应采用不燃材料或难燃材料。

## 考点5 低倍数泡沫灭火系统设置要求

（1）非水溶性甲、乙、丙类液体固定顶储罐，应选用液上喷射、液下喷射或半液下喷射系统；半液下喷射系统是指泡沫从储罐底部注入，并通过软管浮升到燃烧液体表面进行喷放的灭火系统。

（2）水溶性和其他对普通泡沫有破坏作用的甲、乙、丙类液体固定顶储罐，应选用液上喷射系统或半液下喷射系统。

（3）外浮顶和内浮顶储罐应选用液上喷射系统。

（4）储罐区泡沫混合液设计用量，应按罐内用量、该罐辅助泡沫枪用量、管道剩余量三者之和最大的储罐确定。

（5）固定式泡沫灭火系统配置的辅助泡沫枪，每支泡沫混合液流量不应小于240L/min。

（6）储罐区的泡沫混合液流量大于或等于100L/s时，系统的泵、比例混合装置及其管道上的控制阀宜具备远程控制功能。

（7）固定式泡沫灭火系统在泡沫消防水泵或泡沫混合液泵启动后，将泡沫混合液或泡沫输送到保护对象的时间应不大于5min。

（8）非水溶性液体储罐液上喷射固定式系统，混合液供给强度为5.0～6.0L/(min·$m^2$)、连续供给时间不应小于30～45min。供给强度是指单位时间单位面积上泡沫混合液或水的供给量，用L/(min·$m^2$)表示。

（9）储罐上液上喷射系统每个泡沫产生器应用独立的混合液管道引至防火堤外。

（10）钢制内浮顶储罐泡沫堰板与罐壁的距离不应小于0.55m，其高度不应小于0.5m；单个泡沫产生器保护周长不应大于24m；泡沫混合液连续供给时间不应小于30min。

笔记

笔 记

## 考点6 中倍数泡沫灭火系统设置要求

（1）全淹没中倍数系统可用于小型封闭空间场所与设有阻止泡沫流失的固定围墙或其他围挡设施的小场所。

（2）局部应用中倍数系统可用于四周不完全封闭的 A 类火灾场所，限定位置的流散 B 类火灾场所，固定位置面积不大于 $100m^2$ 的流淌 B 类火灾场所。

（3）移动式中倍数系统可用于发生火灾的部位难以确定或人员难以接近的较小火灾场所，流散的 B 类火灾场所，不大于 $100m^2$ 的流淌 B 类火灾场所。

## 考点7 高倍数泡沫灭火系统设置要求

（1）全淹没或固定式局部应用高倍数系统应设置火灾自动报警系统。

（2）全淹没高倍数系统和自动控制的固定式局部应用高倍数系统，应同时具备自动、手动和应急机械手动启动功能。

（3）消防控制室和防护区应设置声光报警装置。

（4）消防自动控制设备宜与防护区内门窗的关闭装置、排气口的开启装置，以及生产、照明电源的切断装置等联动。

（5）A 类火灾全淹没高倍数系统，泡沫淹没深度不应小于最高保护对象高度的 1.1 倍，且应高于最高保护对象最高点 0.6m。

（6）汽油、煤油、柴油或苯火灾全淹没高倍数系统的泡沫淹没深度应高于起火部位 2m。

（7）全淹没高倍数泡沫液和水的连续供给时间，扑救 A 类火灾时，不应小于 25min；扑救 B 类火灾时，不应小于 15min。

（8）局部应用高倍数系统覆盖 A 类火灾保护对象最高点的厚度不应小于 0.6m；汽油、煤油、柴油或苯火灾，覆盖起火部位的厚度不应小于 2m；达到规定覆盖厚度的时间不应大于 2min。

（9）局部应用高倍数系统泡沫液和水的连续供给时间不应小于 12min。

## 考点8 泡沫-水喷淋与泡沫喷雾系统

（1）泡沫-水喷淋系统可用于具有非水溶性液体泄漏火灾危险的室内场所，存放量不超过 $25L/m^2$ 或超过 $25L/m^2$ 但有缓冲物的水溶性液体室内场所。

（2）泡沫-水喷淋系统泡沫混合液连续供给时间不应小于 10min，泡沫混合液与水的连续供给时间之和不应小于 60min。

（3）闭式泡沫-水喷淋系统的供给强度不应小于 $6.5L/(min \cdot m^2)$。闭式泡沫-水喷淋系统是指采用闭式洒水喷头的泡沫-水喷淋系统。包括泡沫-水预作用系统、泡沫-水干式系统和泡沫-水湿式系统。

（4）湿式系统喷水至喷泡沫的转换时间，按 4L/s 流量计算，不应大于 3min。泡沫-水湿式系统是指由系统管道中充装的有压泡沫预混液或水控制开启的闭式泡沫-水喷淋系统。

（5）泡沫喷雾系统可用于保护独立变电站的油浸电力变压器、面积不大于 $200m^2$ 的非水溶性液体室内场所。泡沫喷雾系统是指采用泡沫喷雾喷头，在发生火灾时按预定时间与供给强度向被保护设备或防护区喷洒泡沫的自动灭火系统。

### 考点9　泡沫灭火系统施工安装主要要求

（1）内燃机驱动的消防泵，其内燃机排气管当无设计要求时，应采用直径相同的钢管连接后通向室外。

（2）现场制作的常压钢质泡沫液储罐应该进行严密性试验，试验压力应为储罐装满水后的静压力，试验时间不应小于30min，目测应无渗漏。

（3）设在泡沫泵站外的泡沫液压力储罐应根据环境条件采取防晒、防冻和防腐等措施。

（4）泡沫比例混合器（装置）的标注方向应与液流方向一致。

（5）备用的环泵式比例混合器应并联安装在系统上，并应有明显的标志。

（6）管线式比例混合器应安装在压力水的水平管道上或串接在消防水带上，并应靠近储罐或防护区，其吸液口与泡沫液储罐或泡沫液桶最低液面的高度不得大于1.0m。管线式比例混合器是指安装在通向泡沫产生器供水管线上的文丘里管装置。

### 考点10　泡沫灭火系统调试主要要求

（1）手动灭火系统应以手动控制的方式进行一次喷水试验。自动灭火系统应以手动和自动控制的方式各进行一次喷水试验。

（2）低、中倍数泡沫灭火系统喷水试验完毕，将水放空后，进行喷泡沫试验；当为自动灭火系统时，应以自动控制的方式进行；喷射泡沫的时间不应小于1min；实测泡沫混合液的混合比及泡沫混合液的发泡倍数及到达最不利点防护区或储罐的时间和湿式联用系统自喷水至喷泡沫的转换时间应符合设计要求。

（3）泡沫混合液的混合比，蛋白、氟蛋白等折射指数高的泡沫液可用手持折射仪测量，水成膜、抗溶水成膜等折射指数低的泡沫液可用手持导电度测量仪测量。

（4）高倍数泡沫灭火系统喷水试验完毕，将水放空后，应以手动或自动控制的方式对防护区进行喷泡沫试验，喷射泡沫的时间不宜小于30s。

### 考点11　泡沫灭火系统维护要求

（1）每周应对消防泵和备用动力进行一次启动试验。

（2）每月应对系统外观、动力源和水源进行检查。

（3）每半年除储罐上泡沫混合液立管和液下喷射防火堤内泡沫管道及高倍数泡沫产生器进口端控制阀后的管道外，其余管道应全部冲洗，清除锈渣。

（4）每两年应对低倍数泡沫灭火系统中的液上、液下及半液下喷射、泡沫喷淋、固定式泡沫炮和中倍数泡沫灭火系统进行喷泡沫试验，并对系统所有的组件、设施、管道及管件进行全面检查。

（5）每两年应对高倍数泡沫灭火系统，可在防护区内进行喷泡沫试验，并对系统所有组件、设施、管道及附件进行全面检查。

## 二、难点突破

泡沫比例混合器（装置）设置要求：

笔　记

笔 记

（1）单罐容量不小于20000$m^3$的非水溶性液体、单罐容量不小于5000$m^3$的水溶性液体固定顶储罐、单罐容量不小于50000$m^3$的内浮顶和外浮顶储罐，宜选择计量注入式比例混合装置或平衡式比例混合装置。计量注入式比例混合装置是指由流量计与控制单元等联动控制泡沫液泵向系统水流中按设定比例注入泡沫液的比例混合装置。平衡式比例混合装置是指由单独的泡沫液泵按设定的压差向压力水流中注入泡沫液，并通过平衡阀、孔板或文丘里管（或孔板和文丘里管的结合），能在一定的水流压力或流量范围内自动控制混合比的比例混合装置。

（2）计量注入式比例混合装置和平衡式比例混合装置，泡沫液进口压力应大于水进口压力，泡沫液进口管道上应设置单向阀，泡沫液管道上应设置冲洗及放空设施。流量计直管段的长度不应小于管径的10倍。

（3）当选用的泡沫液密度低于1.12g/mL时，不应选择无囊式压力比例混合装置。

（4）全淹没高倍数泡沫灭火系统或局部应用高倍数、中倍数泡沫灭火系统，宜选用平衡式比例混合装置或囊式压力比例混合装置。

压力式比例混合装置泡沫液储罐的单罐容积不应大于10$m^3$。压力式比例混合装置是指压力水借助于文丘里管将泡沫液从密闭储罐内排出，并按比例与水混合的装置。依罐内设囊与否，分为囊式和无囊式压力比例混合装置。

（5）环泵式比例混合器出口背压宜为零或负压；当进口压力为0.7～0.9MPa时，其出口背压可为0.02～0.03MPa，应防止水流入泡沫液储罐；吸液口不应高于泡沫液储罐最低液面1m。

（6）半固定式或移动式系统的管线式比例混合器水进口压力应为0.6～1.2MPa。

## 三、真题解析

### （一）单项选择题

1.（考点3）采用泡沫灭火系统保护酒精储存罐，应选用（　　）。（2017年技术实务真题）

A. 抗溶泡沫液　　B. 水成膜泡沫液

C. 氟蛋白泡沫液　　D. 蛋白泡沫液

**【答案】**A。

**【解析】**水溶性甲、乙、丙类液体和其他对普通泡沫有破坏作用的甲、乙、丙类液体，以及用一套系统同时保护水溶性和非水溶性甲、乙、丙类液体的，必须选用抗溶泡沫液。

2.（考点5）某化工企业的立式甲醇储罐采用喷射低倍数泡沫灭火系统，某消防设施检测机构对该系统进行检测，下列检测结果中，不符合现行国家技术标准要求的是（　　）。（2017年综合能力真题）

A. 泡沫泵启动后3.1min泡沫产生器喷出泡沫

B. 自动喷泡沫试验，喷射泡沫时间为1min

C. 泡沫混合液的发泡倍数为10倍

D. 泡沫液选用水成膜泡沫液

**【答案】**D。

【解析】固定式泡沫灭火系统的设计应满足在泡沫消防水泵或泡沫混合液泵启动后，将泡沫混合液或泡沫输送到保护对象的时间不大于5min。

低、中倍数泡沫灭火系统喷水试验完毕，将水放空后，进行喷泡沫试验，喷射泡沫的时间不应小于1min。

低倍数泡沫为发泡倍数低于20的灭火泡沫。

水溶性甲、乙、丙类液体和其他对普通泡沫有破坏作用的甲、乙、丙类液体，必须选用抗溶泡沫液。

**（二）多项选择题**

（考点1、2）某高15m，直径15m的非水溶性丙类液体固定顶储罐，拟采用低倍数泡沫灭火系统保护，可选择的型式有（　　）。（2017年技术实务真题）

A. 液上喷射系统
B. 液下喷射系统
C. 半固定式泡沫系统
D. 移动式低倍数泡沫系统
E. 半液下喷射系统

【答案】ABE。

【解析】非水溶性甲、乙、丙类液体固定顶储罐，应选用液上喷射、液下喷射或半液下喷射系统。

单罐容量大于1000$m^3$的固定顶罐应设置固定式泡沫灭火系统。

该罐容积为$3.14\times7.5^2\times15=2649$（$m^3$），应设置固定式系统。

## 第三节　干粉灭火系统

干粉灭火系统是指由干粉供应源通过输送管道连接到固定的喷嘴上，通过喷嘴喷放干粉的灭火系统。本节思维导图如图5-3-c所示。

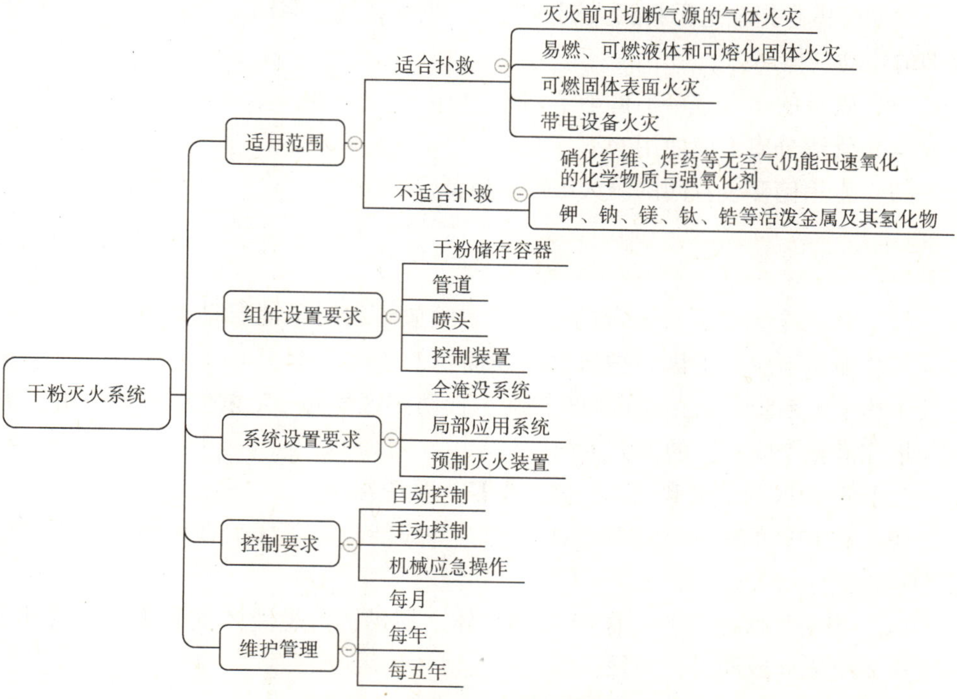


图5-3-c　干粉灭火系统思维导图

笔　记

笔 记

## 一、考点提炼

### 考点1　干粉灭火系统适用范围

(1) 干粉灭火系统可用于扑救下列火灾。

1) 灭火前可切断气源的气体火灾。

2) 易燃、可燃液体和可熔化固体火灾。

3) 可燃固体表面火灾。

4) 带电设备火灾。

(2) 干粉灭火系统不得用于扑救下列物质的火灾。

1) 硝化纤维、炸药等无空气仍能迅速氧化的化学物质与强氧化剂。

2) 钾、钠、镁、钛、锆等活泼金属及其氢化物。

### 考点2　干粉灭火系统组件主要设置要求

(1) 干粉储存容器设计压力可取1.6MPa或2.5MPa压力级，干粉灭火剂的装量系数不应大于0.85，增压时间不应大于30s。干粉储存容器是指储存干粉灭火剂的耐压不可燃容器，也称干粉储罐。装量系数是指干粉储存容器中干粉的体积（按松密度计算值）与该容器容积之比。增压时间是指干粉储存容器中，从干粉受驱动至干粉储存容器开始释放的时间。

(2) 干粉储存容器驱动气体应选用惰性气体，宜选用氮气；二氧化碳含水率不应大于0.015%，其他气体含水率不得大于0.006%；驱动压力不得大于干粉储存容器的最高工作压力。

驱动气体是指输送干粉灭火剂的气体，也称载气。驱动压力是指输送干粉灭火剂的驱动气体压力。

(3) 喷头的单孔直径不得小于6mm。

(4) 管道分支不应使用四通管件。

(5) 专用储存装置间的耐火等级不应低于二级。

### 考点3　全淹没系统设置主要要求

(1) 采用全淹没灭火系统的防护区，喷放干粉时不能自动关闭的防护区开口，其总面积不应大于该防护区总内表面积的15%，且开口不应设在底面。全淹没干粉灭火系统是指在规定的时间内，向防护区喷射一定浓度的干粉，并使其均匀地充满整个防护区的灭火系统。

(2) 防护区的走道和出口，必须保证人员能在30s内安全疏散。

(3) 防护区的门应向疏散方向开启，并应能自动关闭，在任何情况下均应能在防护区内打开。

(4) 当防护区或保护对象有可燃气体，易燃、可燃液体供应源时，启动干粉灭火系统之前或同时，必须切断气体、液体的供应源。

(5) 全淹没灭火系统的干粉喷射时间不应大于30s。

笔 记

## 考点4 局部应用系统设置主要要求

（1）保护对象周围的空气流动速度不应大于2m/s。必要时，应采取挡风措施。

（2）在喷头和保护对象之间，喷头喷射角范围内不应有遮挡物。

（3）当保护对象为可燃液体时，液面至容器缘口的距离不得小于150mm。

（4）室内局部应用灭火系统的干粉喷射时间不应小于30s；室外或有复燃危险的室内局部应用灭火系统的干粉喷射时间不应小于60s。

## 考点5 预制灭火装置设置主要要求

（1）灭火剂储存量不得大于150kg。

（2）管道长度不得大于20m。

（3）工作压力不得大于2.5MPa。

（4）一个防护区或保护对象宜用一套预制灭火装置保护。

（5）一个防护区或保护对象所用预制灭火装置最多不得超过4套，并应同时启动，其动作响应时间差不得大于2s。

## 考点6 干粉灭火系统月检要求

（1）检查储压式灭火装置喷头、储存灭火剂容器、压力指示器等相关组件外观，应无移位、损坏或腐蚀现象。

（2）检查储压式灭火装置的灭火剂储罐的充装压力情况。

（3）检查驱动气体储瓶充装压力情况。驱动气体储瓶是指储存驱动气体的高压钢瓶。

（4）检查充装灭火剂的有效使用期限。

## 考点7 干粉灭火系统年检要求

（1）检查防护区的开口情况、防护区的用途及可燃物的种类、数量、分布情况，应符合原设计要求。

（2）检查灭火装置充装量和支、吊架的安装固定情况，应无松动。

（3）检查储压灭火装置上的喷头孔口，应无堵塞。

（4）联动控制系统应处于正常状态。

（5）模拟功能试验。

## 考点8 干粉灭火系统五年检查

（1）对同一建筑物或构筑物内使用的同一批次的储压式灭火装置，应随机抽取2具，对充装的干粉灭火剂的外观质量进行检验；若发现干粉灭火剂结块，应更换该灭火装置的干粉灭火剂，并加倍随机抽样复验；若复验仍不合格，应更换该批次所有灭火装置内的干粉灭火剂。

（2）对非储压式干粉灭火装置应按使用说明书的要求，及时更换到期的灭火装置。

（3）非储压式干粉灭火装置的储存容器再充装前或每5年应进行水压试验，

笔 记

水压试验不合格不得继续使用。

## 二、难点突破

干粉灭火系统控制主要要求：

（1）干粉灭火系统应设有自动控制、手动控制和机械应急操作三种启动方式。当局部应用灭火系统用于经常有人的保护场所时可不设自动控制启动方式。

（2）设有火灾自动报警系统时，灭火系统的自动控制应在收到两个独立火灾探测信号后才能启动，并应延迟喷放，延迟时间不应大于 30s，且不得小于干粉储存容器的增压时间。

## 三、真题解析

### （一）单项选择题

1.（考点 4）某消防设施检测机构对一单位设置的局部应用干粉灭火系统进行检测，关于保护对象环境及系统功能检查的下列结果中，不符合现行国家消防技术标准要求的是（　　）。（2017 年综合能力真题）

A. 喷射的干粉覆盖保护对象垂直投影面积的 120%

B. 可燃液体液面至容器缘口的距离为 155mm

C. 保护对象周围的空气流动速度最大为 3m/s

D. 干粉喷射时间为 60s

**【答案】** C。

**【解析】** 保护对象计算面积应取被保护表面的垂直投影面积。

当保护对象为可燃液体时，液面至容器缘口的距离不得小于 150mm。

局部应用干粉灭火系统保护对象周围的空气流动速度不应大于 2m/s。

室内局部应用灭火系统的干粉喷射时间不应小于 30s。

2.（考点 6）对干粉灭火系统进行维护管理时，下列检查项目中，属于每月检查一次的项目是（　　）。（2016 年综合能力真题）

A. 驱动气瓶充装量　　B. 启动气体储瓶压力

C. 灭火控制器运行情况　　D. 管网、支架及喷放组件

**【答案】** A。

**【解析】** 储压式灭火装置的灭火剂储罐的充装压力情况，即驱动压力，为每月检查内容。

启动气体储瓶压力，即气体瓶组检漏装置外观及运行状况，为每日检查内容。

气体灭火控制器外观及运行情况为每日检查内容。

管网、支架及喷放组件为年度检查内容。

# 第四章　防烟排烟系统

防烟系统是指采用机械加压送风或自然通风的方式，防止烟气进入楼梯间、前室、避难层（间）等空间的系统，分为机械加压送风系统或自然通风系统，

由送风机、送风管道及送风口等机械加压送风设施或可开启外窗等自然通风设施组成。排烟系统是指采用机械排烟或自然排烟的方式，将房间、走道等空间的烟气排至建筑物外的系统，分为机械排烟系统或自然排烟系统，由排烟口、排烟管道及排烟风机等机械排烟设施或可开启外窗等自然排烟设施组成。本章思维导图如图 5-4 所示。

笔 记

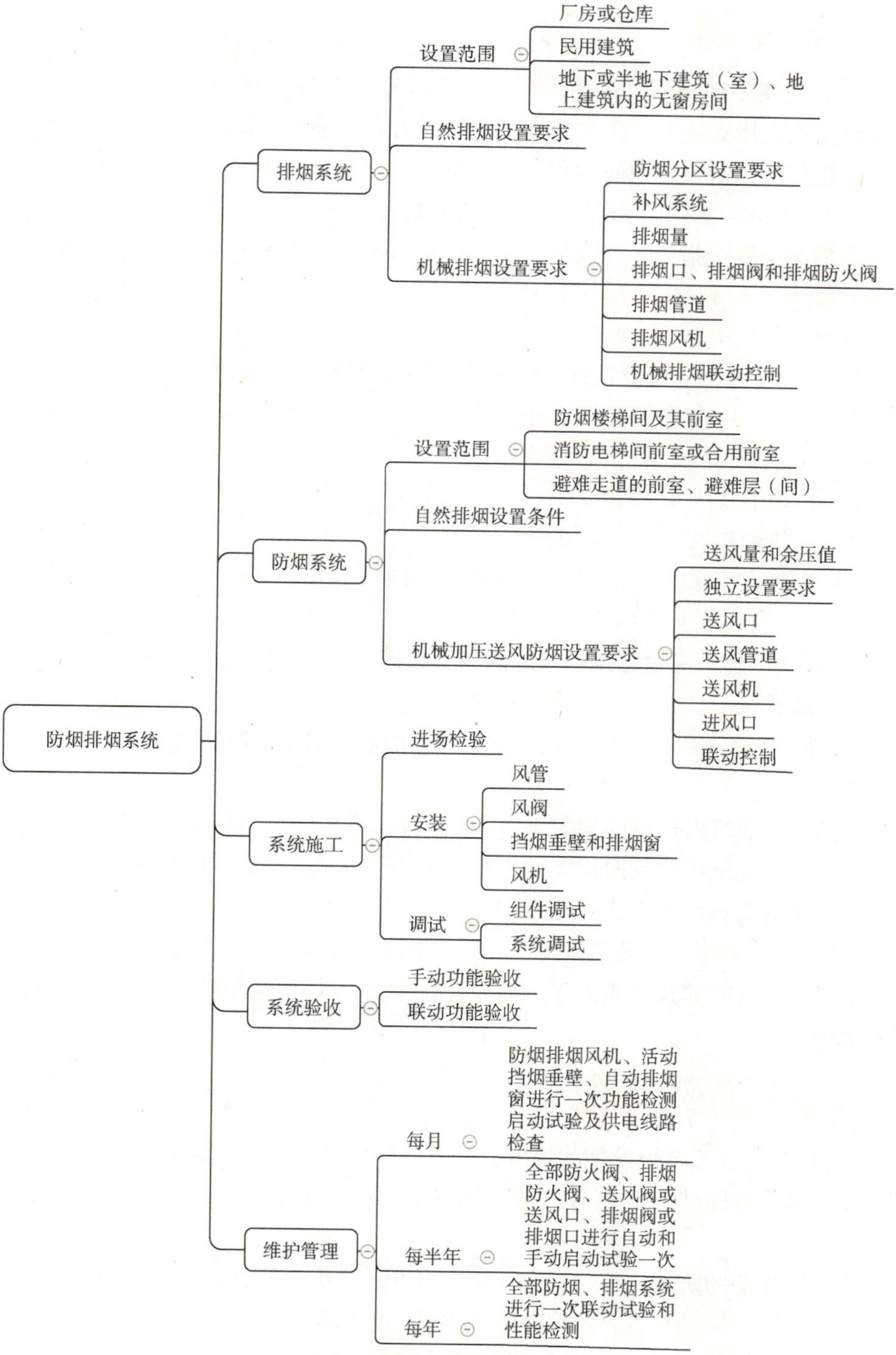


图 5-4 防烟排烟系统思维导图

笔 记

## 第一节 排烟系统设置

### 一、考点提炼

#### 考点1 排烟方式

(1) 建筑中的排烟可采用机械排烟方式或可开启外窗的自然排烟方式。自然排烟是指利用火灾时产生的热烟气流的浮力和外部风力作用，通过建筑物的对外开口把房间、走道等空间的烟气排至室外。

(2) 机械排烟系统与通风、空气调节系统宜分开设置。当合用时，必须采取可靠的防火安全措施，并应符合机械排烟系统的有关要求。

#### 考点2 排烟系统设置范围

(1) 厂房或仓库应设置排烟设施的场所或部位。

1) 丙类厂房内建筑面积大于 $300m^2$ 且经常有人停留或可燃物较多的地上房间。

2) 占地面积大于 $1000m^2$ 的丙类仓库。

3) 建筑面积大于 $5000m^2$ 的丁类生产车间。

4) 高度大于 32m 的高层厂房（仓库）内长度大于 20m 的疏散走道，其他厂房（仓库）内长度大于 40m 的疏散走道。

(2) 民用建筑应设置排烟设施的场所或部位。

1) 设置在一、二、三层且房间建筑面积大于 $100m^2$ 的歌舞娱乐放映游艺场所，设置在四层及以上楼层、地下或半地下的歌舞娱乐放映游艺场所。

2) 中庭。

3) 公共建筑内建筑面积大于 $100m^2$ 且经常有人停留的地上房间。

4) 公共建筑内建筑面积大于 $300m^2$ 且可燃物较多的地上房间。

5) 建筑内长度大于 20m 的疏散走道。

(3) 地下或半地下建筑（室）、地上建筑内的无窗房间，当总建筑面积大于 $200m^2$ 或一个房间建筑面积大于 $50m^2$，且经常有人停留或可燃物较多时，应设置排烟设施。

#### 考点3 自然排烟设置要求

(1) 设置自然排烟设施的场所，其自然排烟口的净面积要求。

1) 防烟楼梯间前室、消防电梯间前室，不应小于 $2.0m^2$；合用前室，不应小于 $3.0m^2$。

2) 靠外墙的防烟楼梯间，每5层内可开启排烟窗的总面积不应小于 $2.0m^2$。

3) 中庭、剧场舞台，不应小于该中庭、剧场舞台楼地面面积的5%。

4) 其他场所，宜取该场所建筑面积的2%～5%。

（2）作为自然排烟的窗口宜设置在房间的外墙上方或屋顶上，并应有方便开启的装置。自然排烟口距该防烟分区最远点的水平距离不应超过 30.0m。

（3）排烟窗是具有排烟作用的可开启外窗，可分为自动排烟窗和手动排烟窗。

笔 记

## 考点 4 机械排烟系统设置要求

（1）需设置机械排烟设施且室内净高小于或等于 6.0m 的场所应划分防烟分区；每个防烟分区的建筑面积不宜超过 $500m^2$，防烟分区不应跨越防火分区。

（2）防烟分区是指在建筑内部采用挡烟设施分隔而成，能在一定时间内防止火灾烟气向同一建筑的其余部分蔓延的局部空间。

（3）防烟分区宜采用隔墙、顶棚下突出不小于 500mm 的结构梁以及顶棚或吊顶下突出不小于 500mm 的不燃烧体等进行分隔。

（4）横向宜按防火分区设置；竖向穿越防火分区时，垂直排烟管道宜设置在管井内；穿越防火分区的排烟管道应在穿越处设置排烟防火阀。

（5）排烟量应计算确定，且不应小于表 5-4-1 中最小排烟量规定。

**表 5-4-1 机械排烟系统的最小排烟量**

| 条件和部位 | | 单位排烟量 /($m^3$/h·$m^2$) | 换气次数 /(次/h) | 备 注 |
|---|---|---|---|---|
| 担负 1 个防烟分区 | | 60 | — | 单台风机排烟量不应小于 $7200m^3$/h |
| 室内净高大于 6.0m 且不划分防烟分区的空间 | | | | |
| 担负 2 个及 2 个以上防烟分区 | | 120 | — | 应按最大的防烟分区面积确定 |
| 中庭 | 体积小于或等于 $17000m^3$ | — | 6 | 体积大于 $17000m^3$ 时，排烟量不应小于 $102000m^3$/h |
| | 体积大于 $17000m^3$ | — | 4 | |

（6）在地下建筑和地上密闭场所中设置机械排烟系统时，应同时设置补风系统，其补风量不宜小于排烟量的 50%。

## 考点 5 机械排烟系统组成和风阀设置要求

（1）机械排烟系统由排烟口、排烟阀、排烟管道、排烟防火阀、排烟风机、排烟出口等组成。

（2）排烟阀是指安装在机械排烟系统各支管端部（烟气吸入口）处，平时呈关闭状态并满足漏风量要求，火灾或需要排烟时手动和电动打开，起排烟作用的阀门。带有装饰口或进行过装饰处理的阀门称为排烟口。一般由阀体、叶片、执行机构等部件组成。

（3）排烟防火阀是指安装在机械排烟系统的管道上，平时呈开启状态，火灾时当排烟管道内烟气温度达到 280℃时关闭，并在一定时间内能满足漏烟量和耐火完整性要求，起隔烟阻火作用的阀门。一般由阀体、叶片、执行机构和温感

笔 记

器等部件组成。

防火阀是指安装在通风、空气调节系统的送、回风管道上，平时呈开启状态，火灾时当管道内烟气温度达到70℃时关闭，并在一定时间内满足漏烟量和耐火完整性要求，起隔烟阻火作用的阀门。一般由阀体、叶片、执行机构和温感器等部件组成。

（4）排烟口或排烟阀应按防烟分区设置。排烟口或排烟阀应与排烟风机联锁，当任一排烟口或排烟阀开启时，排烟风机应能自行启动。

（5）排烟口或排烟阀平时为关闭时，应设置手动和自动开启装置。

（6）排烟口应设置在顶棚或靠近顶棚的墙面上，且与附近安全出口沿走道方向相邻边缘之间的最小水平距离不应小于1.50m。设在顶棚上的排烟口，距可燃构件或可燃物的距离不应小于1.00m。

（7）设置机械排烟系统的地下、半地下场所，除歌舞娱乐放映游艺场所和建筑面积大于$50m^2$的房间外，排烟口可设置在疏散走道。

（8）防烟分区内的排烟口距最远点的水平距离不应超过30.0m；排烟支管上应设置当烟气温度超过280℃时能自行关闭的排烟防火阀。

（9）排烟口的风速不宜大于10.0m/s。

### 考点6　排烟管道设置要求

（1）排烟系统中的管道、风口及阀门等必须采用不燃材料制作。排烟管道应采取隔热防火措施或与可燃物保持不小于150mm的距离。

（2）排烟管道和补风管道内的风速，金属管道不宜大于20.0m/s，非金属管道不宜大于15.0m/s。

（3）走道的机械排烟系统宜竖向设置；房间的机械排烟系统宜按防烟分区设置。

### 考点7　排烟风机设置要求

（1）排烟风机的排烟量应考虑10%～20%的漏风量。

（2）排烟风机可采用离心风机或排烟专用的轴流风机。

（3）排烟风机应能在280℃的环境条件下连续工作不少于30min。

（4）在排烟风机入口处的总管上应设置当烟气温度超过280℃时能自行关闭的排烟防火阀，该阀应与排烟风机联锁，当该阀关闭时，排烟风机应能停止运转。

（5）排烟风机软接头应能在280℃的环境条件下连续工作不少于30min。

（6）排烟风机和用于排烟补风的送风风机宜设置在通风机房内。

## 二、难点突破

机械排烟联动控制要求：

（1）应由同一防烟分区内的两只独立的火灾探测器的报警信号，作为排烟口、排烟窗或排烟阀开启的联动触发信号，并应由消防联动控制器联动控制排烟

笔 记

口、排烟窗或排烟阀的开启，同时停止该防烟分区的空气调节系统。

（2）应由排烟口、排烟窗或排烟阀开启的动作信号，作为排烟风机启动的联动触发信号，并应由消防联动控制器联动控制排烟风机的启动。

（3）应由同一防烟分区内且位于电动挡烟垂壁附近的两只独立的感烟火灾探测器的报警信号，作为电动挡烟垂壁降落的联动触发信号，并应由消防联动控制器联动控制电动挡烟垂壁的降落。挡烟垂壁是用不燃材料制成，垂直安装在建筑顶棚、横梁或吊顶下，能在火灾时形成一定的蓄烟空间的挡烟分隔设施。

（4）排烟系统的手动控制方式，应能在消防控制室内的消防联动控制器上手动控制排烟口、排烟窗、排烟阀的开启或关闭及排烟风机的启动或停止、电动挡烟垂壁的开启或关闭，排烟风机的启动、停止按钮应采用专用线路直接连接至设置在消防控制室内的消防联动控制器的手动控制盘，并应直接手动控制排烟风机的启动、停止。

（5）排烟口、排烟窗或排烟阀开启和关闭的动作信号，排烟风机启动和停止的动作信号，电动防火阀关闭的动作信号，均应反馈至消防联动控制器。

（6）排烟风机入口处的总管上设置的280℃排烟防火阀在关闭后应直接联动控制风机停止，排烟防火阀及风机的动作信号应反馈至消防联动控制器。

## 三、真题解析

### （一）单项选择题

1.（考点2）下列民用建筑的场所或部位中，应设置排烟设施的是（　　）。（2017年技术实务真题）

A. 设置在二层、房间建筑面积为50$m^2$的歌舞娱乐放映游艺场所

B. 地下一层的防烟楼梯间前室

C. 建筑面积120$m^2$的中庭

D. 建筑内长度为18m的疏散走道

**【答案】** C。

**【解析】** 民用建筑的下列场所或部位应设置排烟设施：

（1）设置在一、二、三层且房间建筑面积大于100$m^2$的歌舞娱乐放映游艺场所，设置在四层及以上楼层、地下或半地下的歌舞娱乐放映游艺场所。

（2）中庭。

（3）公共建筑内建筑面积大于100$m^2$且经常有人停留的地上房间。

（4）公共建筑内建筑面积大于300$m^2$且可燃物较多的地上房间。

（5）建筑内长度大于20m的疏散走道。

2.（考点3）净空高度不大于6.0m的民用建筑采用自然排烟的防烟分区内任一点至最近排烟窗的水平距离不应大于（　　）m。（2017年技术实务真题）

A. 20　　B. 35　　C. 50　　D. 30

**【答案】** D。

**【解析】** 自然排烟口距该防烟分区最远点的水平距离不应超过30.0m。

笔 记

**（二）多项选择题**

（难点突破）关于防烟排烟系统联动控制的做法，符合要求的有（　　）。（2017 年技术实务真题）

A. 同一防烟分区内的一只感烟探测器和一只感温探测器报警，联动控制该防烟分区的排烟口开启

B. 排烟阀开启动作信号联动控制排烟风机启动

C. 通过消防联动控制器上的手动控制盘直接控制排烟风机启动、停止

D. 同一防烟分区内的两只感烟探测器报警，联动控制该防烟分区及相邻防烟分区的排烟口开启

E. 排烟口附近的一只手动报警按钮报警，控制该排烟口开启

**【答案】** ABC。

**【解析】**（1）应由同一防烟分区内的两只独立的火灾探测器的报警信号，作为排烟口开启的联动触发信号。

（2）应由排烟阀开启的动作信号，作为排烟风机启动的联动触发信号，并应由消防联动控制器联动控制排烟风机的启动。

（3）排烟风机的启动、停止按钮应采用专用线路直接连接至设置在消防控制室内的消防联动控制器的手动控制盘，并应直接手动控制排烟风机的启动、停止。

## 第二节　防烟系统设置

### 一、考点提炼

#### 考点 1　防烟方式和防烟系统设置范围

（1）建筑中的防烟可采用机械加压送风防烟方式或可开启外窗的自然排烟方式。

（2）应设置防烟设施的场所：

1）防烟楼梯间及其前室。

2）消防电梯间前室或合用前室。

3）避难走道的前室、避难层（间）。

（3）自然排烟防烟适用场所：

建筑高度不大于 50m 的公共建筑、厂房、仓库和建筑高度不大于 100m 的住宅建筑，当其防烟楼梯间的前室或合用前室符合下列条件之一时，楼梯间可不设置防烟系统：

1）前室或合用前室采用敞开的阳台、凹廊。

2）前室或合用前室具有不同朝向的可开启外窗，且可开启外窗的面积满足自然排烟口的面积要求。

## 考点2　机械防烟系统设置要求

（1）送风量要求：

1）机械加压送风防烟系统的加压送风量应经计算确定。当计算结果与最小送风量的规定不一致时，应采用较大值。最小机械加压送风量见表5-4-2。

**表5-4-2　最小机械加压送风量**

| 条件和部位 | | 加压送风量/($m^3$/h) |
| --- | --- | --- |
| 前室不送风的防烟楼梯间 | | 25000 |
| 防烟楼梯间采用自然排烟，前室或合用前室加压送风 | | 22000 |
| 防烟楼梯间及其合用前室分别加压送风 | 防烟楼梯间 | 16000 |
| | 合用前室 | 13000 |
| 消防电梯间前室 | | 15000 |

2）封闭避难层（间）的机械加压送风量应按避难层净面积每平方米不小于30$m^3$/h计算。

（2）开启门时，通过门的风速不应小于0.70m/s。

（3）防烟楼梯间内机械加压送风防烟系统的余压值应为40～50Pa；前室、合用前室应为25～30Pa。

（4）防烟楼梯间和合用前室的机械加压送风防烟系统宜分别独立设置，当共用一个系统时，应在通向合用前室的支风管上设置压差自动调节装置。

（5）剪刀楼梯间可合用一个风道，其风量应按两个楼梯间风量计算，送风口应分别设置。

（6）层数超过32层的高层建筑，其送风系统及送风量应分段设计。

（7）带裙房的高层建筑防烟楼梯间及其前室，消防电梯间前室或合用前室，当裙房以上部分利用可开启外窗进行自然排烟，裙房部分不具备自然排烟条件时，其前室或合用前室应设置局部正压送风系统。

（8）送风口设置要求：

1）防烟楼梯间的前室或合用前室的加压送风口应每层设置1个。防烟楼梯间的加压送风口宜每隔2～3层设置1个。

2）机械加压送风防烟系统中送风口的风速不宜大于7.0m/s。

（9）送风管道要求：

1）防烟排烟系统中的管道、风口及阀门等必须采用不燃材料制作。

2）机械加压送风管道内的风速，金属管道不宜大于20.0m/s，非金属管道不宜大于15.0m/s。

（10）机械加压送风机可采用轴流风机或中、低压离心风机，风机位置应根据供电条件、风量分配均衡、新风入口不受火和烟威胁等因素确定。

（11）机械加压送风防烟系统（排烟补风系统）室外进风口宜布置在室外排（出）烟口的下方，且高差不宜小于3.0m；当水平布置时，水平距离不宜小

笔记

笔记

于10.0m。

## 二、难点突破

机械加压送风防烟系统联动控制要求：

（1）应由加压送风口所在防火分区内的两只独立的火灾探测器或一只火灾探测器与一只手动火灾报警按钮的报警信号，作为送风口开启和加压送风机启动的联动触发信号，并应由消防联动控制器联动控制相关层前室等需要加压送风场所的加压送风口开启和加压送风机启动。

（2）防烟系统的手动控制方式，应能在消防控制室内的消防联动控制器上手动控制送风口的开启或关闭及防烟风机的启动或停止，防烟风机的启动、停止按钮应采用专用线路直接连接至设置在消防控制室内的消防联动控制器的手动控制盘，并应直接手动控制防烟风机的启动、停止。

（3）送风口开启和关闭的动作信号，防烟风机启动和停止的动作信号，均应反馈至消防联动控制器。

## 三、真题解析

1.（考点2）机械加压送风系统启动后，按照余压值从大到小排列，排序正确的是（　　）。（2017年技术实务真题）

A. 走道、前室、防烟楼梯间　　　　B. 前室、防烟楼梯间、走道

C. 防烟楼梯间、前室、走道　　　　D. 防烟楼梯间、走道、前室

**【答案】** C。

**【解析】** 加压送风时，防烟楼梯间压力＞前室压力＞走道压力。

机械加压送风系统关闭门时，防烟楼梯间的余压值应为40～50Pa，前室、合用前室应为25～30Pa。

2.（考点2）在防烟排烟系统中，系统组件在正常工作状态下的启闭状态是不同的，关于防烟排烟系统组件启闭状态的说法中，正确的是（　　）。（2017年综合能力真题）

A. 加压送风口既有常开式，也有常闭式

B. 排烟防火阀及排烟阀平时均呈开启状态

C. 排烟防火阀及排烟阀平时均呈关闭状态

D. 自垂百叶式加压送风口平时呈开启状态

**【答案】** A。

**【解析】** 防烟楼梯间的前室或合用前室的常闭加压送风口应每层设置1个，由火灾自动报警系统联动开启，或消防控制室总线手动开启，或现场开启。

防烟楼梯间的常开加压送风口宜每隔2～3层设置1个。

排烟防火阀是指安装在机械排烟系统的管道上，平时呈开启状态，火灾时当排烟管道内烟气温度达到280℃时关闭，并在一定时间内能满足漏烟量和耐火完整性的要求，起隔烟阻火作用的阀门。

排烟阀是指安装在机械排烟系统各支管端部（烟气吸入口）处，平时呈关

闭状态并满足漏风量要求，火灾或需要排烟时手动和电动打开，起排烟作用的阀门。

3.（难点突破）根据防烟排烟系统的联动控制设计要求，当（　　）时，送风口不会动作。(2017 年技术实务真题)

A. 同一防护区内一只火灾探测器和一只手动报警按钮报警

B. 联动控制器接收到送风机启动的反馈信号

C. 同一防护区内两只独立的感烟探测器报警

D. 在联动控制器上手动控制送风口开启

**【答案】** B。

**【解析】**（1）应由加压送风口所在防火分区内的两只独立的火灾探测器或一只火灾探测器与一只手动火灾报警按钮的报警信号，作为送风口开启和加压送风机启动的联动触发信号。

（2）防烟系统的手动控制方式，应能在消防控制室内的消防联动控制器上手动控制送风口的开启或关闭及防烟风机的启动或停止。

## 第三节　防烟排烟系统施工验收与维护

### 一、考点提炼

#### 考点 1　材料进场检验要求

（1）排烟防火阀、送风口、排烟阀或排烟口等必须符合有关消防产品标准的规定，其规格、型号应符合设计要求，手动开启灵活、关闭可靠严密。

（2）电动防火阀、送风口和排烟阀或排烟口的驱动装置，动作应可靠。

（3）防烟、排烟系统柔性短管的制作材料必须为不燃材料。

#### 考点 2　金属风管安装要求

（1）风管采用法兰连接时，螺栓孔的间距不得大于 150mm，矩形风管法兰四角处应设有螺孔。

（2）板材应采用咬口连接或铆接，板厚大于 1.5mm 的可采用焊接，镀锌钢板及含有复合保护层的钢板不应焊接。

（3）风管应以板材连接的密封为主，可辅以密封胶嵌缝或其他方法密封，密封面宜设在风管的正压侧。

（4）排烟风管的隔热层应采用厚度不小于 40mm 的不燃绝热材料（例如矿棉、岩棉、硅酸铝等）。

#### 考点 3　非金属风管安装要求

（1）法兰螺栓孔的间距不得大于 120mm；矩形风管法兰的四角处，应设有螺孔。

笔 记

笔记

（2）采用套管连接时，套管厚度不得小于风管板材的厚度。

（3）无机玻璃钢风管的玻璃布，必须无碱或中碱。

（4）砖、混凝土风道内表面水泥砂浆面层应平整、无裂缝，不应漏风、渗水。

### 考点4　风管安装一般要求

（1）风管应进行强度和严密性检验，允许漏风量由大至小顺序为砖混凝土风道、金属矩形风管、金属圆形风管和非金属风管。

（2）风管接口的连接应严密、牢固，垫片厚度不应小于3mm，排烟风管法兰垫片应为不燃材料。

（3）风管与风机的连接宜采用法兰连接，或采用不燃材料的柔性短管连接。如风机仅用于防烟、排烟时，不宜采用柔性连接。

（4）风管穿越隔墙或楼板时，风管与隔墙之间的空隙，应采用水泥砂浆等不燃材料严密填塞。

（5）吊顶内的排烟管道应采用不燃材料隔热，并应与可燃物保持不小于150mm的距离。

### 考点5　风阀安装要求

（1）防火阀、排烟防火阀安装的方向、位置应正确，阀门顺气流方向关闭，防火分区隔墙两侧的防火阀，距墙端面不应大于200mm。

（2）送风口、排烟阀或排烟口、排烟防火阀安装应固定牢靠，表面平整、不变形，调节灵活。

（3）排烟口距可燃物或可燃构件的距离不应小于1.5m。

（4）常闭送风口、排烟阀或排烟口的手动驱动装置应固定安装在明显可见、距楼地面1.3～1.5m之间便于操作的位置，手动驱动装置操作应灵活。

### 考点6　防火阀和排烟防火阀调试要求

（1）进行手动关闭、复位试验，阀门动作应灵敏、可靠，关闭应严密。

（2）模拟火灾，相应区域火灾报警后，同一防火区域内自动防火阀应联动关闭。

（3）阀门关闭后的状态信号应能反馈到消防控制室。

（4）排烟防火阀关闭后应能联动相应的风机停止。

### 考点7　常闭送风口、排烟阀或排烟口调试要求

（1）进行手动开启、复位试验，阀门动作应灵敏、可靠，远距离控制机构的脱扣钢丝连接应不松弛、不脱落。

（2）模拟火灾，相应区域火灾报警后，同一防火区域内阀门应联动开启。

（3）阀门开启后的状态信号应能反馈到消防控制室。

（4）阀门开启后应能联动相应的风机启动。

## 考点 8　挡烟垂壁和排烟窗安装要求

（1）活动挡烟垂壁与建筑结构（柱或墙）面的缝隙不应大于 60mm，由两块或两块以上的挡烟垂帘组成的连续性挡烟垂壁，各块之间不应有缝隙，搭接宽度不应小于 100mm。

（2）活动挡烟垂壁的手动操作按钮应固定安装在距楼地面 1.3～1.5m 之间便于操作、明显可见处。

（3）排烟窗安装应牢固、可靠，应开启、关闭灵活。

（4）排烟窗手动开启机构或按钮应固定安装在距楼地面 1.3～1.5m 之间，并应便于操作、明显可见。

## 考点 9　活动挡烟垂壁调试

（1）手动操作挡烟垂壁按钮进行开启、复位试验，挡烟垂壁应灵敏、可靠地启动与到位后停止，下降高度符合设计要求。

（2）模拟火灾，相应区域火灾报警后，同一防火区域内挡烟垂壁应联动下降到设计高度。

（3）挡烟垂壁下降到设计高度后应能将状态信号反馈到消防控制室。

## 考点 10　自动排烟窗调试

（1）手动操作排烟窗按钮进行开启、关闭试验，排烟窗动作应灵敏、可靠。

（2）模拟火灾，相应区域火灾报警后，同一防火区域内排烟窗应能联动开启。

（3）排烟窗完全开启后，状态信号应反馈到消防控制室。

## 考点 11　风机安装要求

（1）出口方向应正确，排烟风机的出口与加压送风机的进口之间的距离应符合规范要求。

（2）风机外壳至墙壁或其他设备的距离不应小于 600mm。

（3）排烟系统与通风空调系统共用且需要设置减振装置时，不应使用橡胶减振装置。

（4）风机驱动装置的外露部位应装设防护罩；直通大气的进风口与出风口应装设防护网或采取其他安全设施，并应设防雨措施。

## 考点 12　送风机、排烟风机调试

（1）手动开启风机，风机应正常运转 2.0h，叶轮旋转方向应正确、运转平稳。

（2）核对风机的铭牌值，并测定风机的风量、风压、电流和电压，其结果

笔 记

笔 记

应与设计相符。

（3）在消防控制室手动控制风机的启动、停止；风机的启动、停止状态信号应能反馈到消防控制室。

### 考点 13　防烟排烟系统手动功能验收要求

（1）送风机、排烟风机应能正常手动启动和停止，状态信号应在消防控制室显示。

（2）送风口、排烟阀或排烟口应能正常手动开启和复位，阀门关闭严密，动作信号应在消防控制室显示。

（3）活动挡烟垂壁、自动排烟窗应能正常手动开启和复位，动作信号应在消防控制室显示。

### 考点 14　防烟排烟系统维护要求

（1）每月应对防烟、排烟风机、活动挡烟垂壁、自动排烟窗进行一次功能检测启动试验及供电线路检查。

（2）每半年应对全部防火阀、排烟防火阀、送风阀或送风口、排烟阀或排烟口进行自动和手动启动试验一次。

（3）每年应对全部防烟、排烟系统进行一次联动试验和性能检测，其联动功能和性能参数应符合原设计要求。

（4）防火阀、排烟防火阀的易熔片应有 10%但不少于 10 只的备用件。

## 二、难点突破

### （一）机械加压送风系统调试

（1）开启送风机，分别在系统的不同位置打开送风口，测试送风口处的风速，不宜大于 7m/s。测试楼梯间、前室、合用前室、消防电梯前室、封闭避难层（间）的余压值，楼梯间应为 40～50Pa，前室、合用前室应为25～30Pa。

（2）开启送风机，打开防火门，测试各门洞处的风速不应小于 0.7m/s。送风系统负担层数小于 15 层时，同时打开模拟着火楼层及其上一层楼梯的防火门；送风系统负担层数大于或等于 15 层时，同时打开模拟着火楼层及其上、下一层楼梯的防火门；对于地下楼梯间，打开模拟着火楼层楼梯间的防火门。

（3）当火灾自动报警系统发出火警信号后，应启动有关部位的送风口、送风机，其状态信号应反馈到消防控制室。

### （二）机械排烟系统调试

（1）开启排烟风机和相应的排烟阀或排烟口，开启补风机和相应的补风口，测试风机排烟量和补风量应达到设计要求，排烟阀或排烟口处的风速不宜大于 10m/s。

（2）当任何一个常闭排烟阀或排烟口开启时，排烟风机均能联动启动。

（3）火灾自动报警系统报警后，应启动有关部位的排烟阀或排烟口、排烟风机，其状态信号应反馈到消防控制室。

（4）有补风要求的机械排烟场所，联动调试时补风系统应启动。

（5）排烟系统与通风、空调系统合用，联动调试时通风、空调系统应转换为排烟系统。

（6）自动排烟窗应联动开启，其状态信号应反馈到消防控制室。

（7）活动挡烟垂壁应联动下降到设计高度，其状态信号应反馈到消防控制室。

**（三）防烟排烟系统联动功能验收要求**

火灾报警后，相应系统及部位的送风机启动、送风口开启，排烟风机启动、排烟阀或排烟口开启，自动排烟窗开启，活动挡烟垂壁下降到设计高度，有补风要求的补风机、补风口开启；各部件、设备动作状态信号在消防控制室显示。

## 三、真题解析

1.（考点 17）下列建筑防烟排烟系统周期性检查维护项目中，不属于每月检查项目的是（　　）。(2017 年综合能力真题)

A. 风机流量压力性能测试　　B. 排烟风机手动启停

C. 挡烟垂壁启动复位　　D. 排烟风机自动启停

**【答案】** A。

**【解析】** 每年应对所安装全部防烟、排烟系统进行一次联动试验和性能检测，其联动功能和性能参数应符合原设计要求。每月应对防烟、排烟风机、活动挡烟垂壁、自动排烟窗进行一次功能检测启动试验及供电线路检查。

2.（难点突破）消防设施检测机构对某建筑的机械排烟系统进行检测时，打开排烟阀，消防控制室接到风机启动的反馈信号，现场测量，排烟口入口处排烟风速过低，排烟口风速过低的可能原因有（　　）。(2017 年综合能力真题)

A. 风机反转　　B. 风道阻力过大

C. 风口尺寸偏小　　D. 风机位置不当

E. 风道漏风量过大

**【答案】** BE。

**【解析】** 风机反转会造成风向相反。风口尺寸偏小时，在相同风量条件下，风速应较大。风机位置不当与排烟口风速无关。

# 第五章　火灾自动报警系统

火灾自动报警系统是探测火灾早期特征、发出火灾报警信号，为人员疏散、防止火灾蔓延和启动自动灭火设备提供控制与指示的消防系统。本章思维导图如图 5-5 所示。

笔 记

笔 记

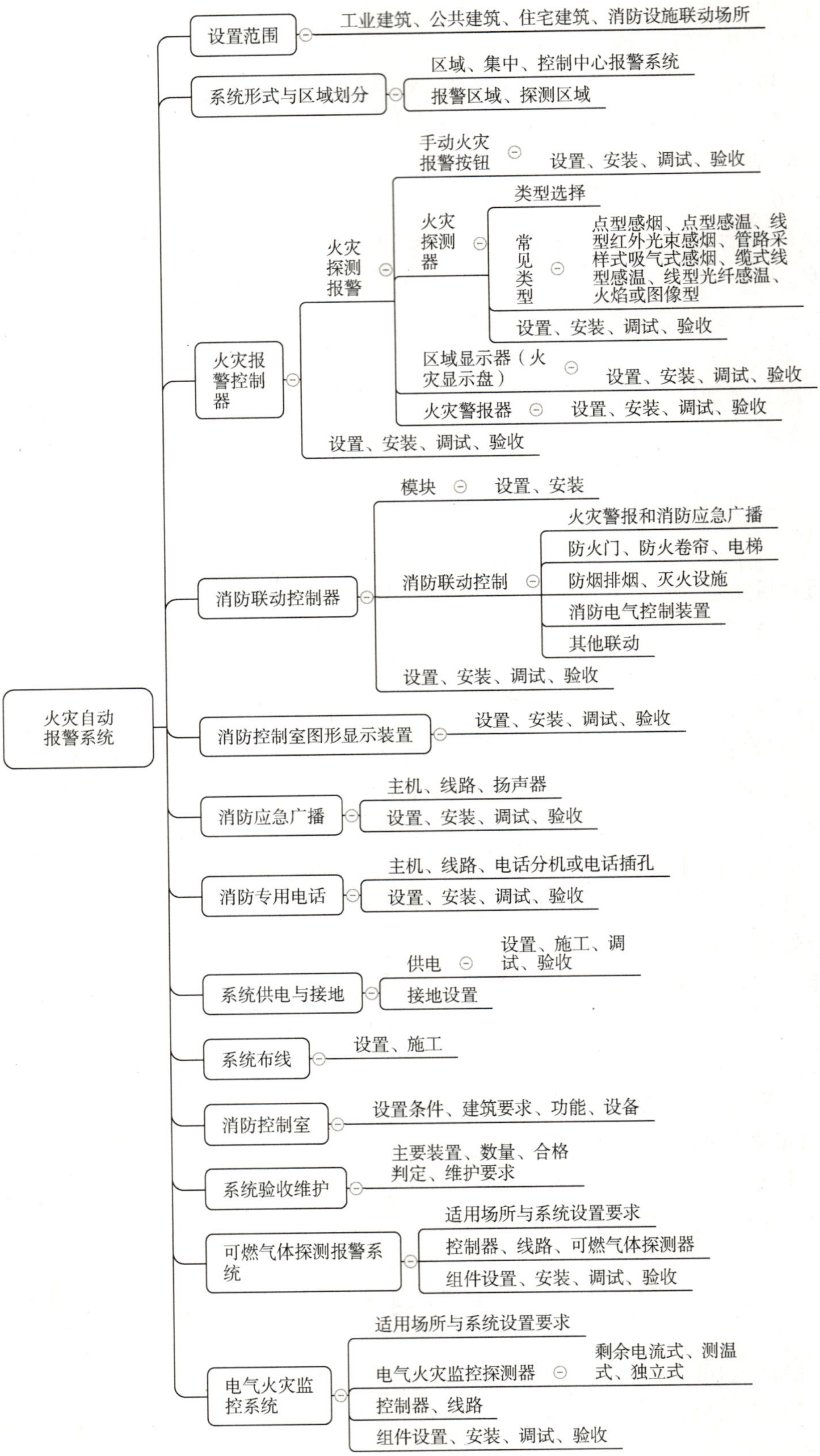


图 5-5　火灾自动报警系统思维导图

# 第一节 一般要求和触发器件

笔 记

## 一、考点提炼

### 考点1 应设置火灾自动报警系统建筑或场所

（1）任一层建筑面积大于1500m²或总建筑面积大于3000m²的制鞋、制衣、玩具、电子等类似用途的厂房。

（2）每座占地面积大于1000m²的棉、毛、丝、麻、化纤及其制品的仓库，占地面积大于500m²或总建筑面积大于1000m²的卷烟仓库。

（3）任一层建筑面积大于1500m²或总建筑面积大于3000m²的商店、展览、财贸金融、客运和货运等类似用途的建筑，总建筑面积大于500m²的地下或半地下商店。

（4）图书或文物的珍藏库，每座藏书超过50万册的图书馆，重要的档案馆。

（5）地市级及以上广播电视建筑、邮政建筑、电信建筑，城市或区域性电力、交通和防灾等指挥调度建筑。

（6）特等、甲等剧场，座位数超过1500个的其他等级的剧场或电影院，座位数超过2000个的会堂或礼堂，座位数超过3000个的体育馆。

（7）大、中型幼儿园的儿童用房等场所，老年人建筑，任一层建筑面积大于1500m²或总建筑面积大于3000m²的疗养院的病房楼、旅馆建筑和其他儿童活动场所，不少于200床位的医院门诊楼、病房楼和手术部等。

（8）歌舞娱乐放映游艺场所。

（9）净高大于2.6m且可燃物较多的技术夹层，净高大于0.8m且有可燃物的闷顶或吊顶内。

（10）电子信息系统的主机房及其控制室、记录介质库，特殊贵重或火灾危险性大的机器、仪表、仪器设备室、贵重物品库房。

（11）二类高层公共建筑内建筑面积大于50m²的可燃物品库房和建筑面积大于500m²的营业厅。

（12）其他一类高层公共建筑。

（13）设置机械排烟、防烟系统，雨淋或预作用自动喷水灭火系统，固定消防水炮灭火系统、气体灭火系统等需与火灾自动报警系统联锁动作的场所或部位。

### 考点2 应设置火灾自动报警系统的住宅建筑

（1）建筑高度大于100m的住宅建筑，应设置火灾自动报警系统。

（2）建筑高度大于54m但不大于100m的住宅建筑，其公共部位应设置火灾自动报警系统，套内宜设置火灾探测器。

（3）建筑高度不大于54m的高层住宅建筑，其公共部位宜设置火灾自动报警系统。当设置需联动控制的消防设施时，公共部位应设置火灾自动报警系统。

笔记

## 考点3　火灾自动报警系统形式选择

（1）仅需要报警，不需要联动自动消防设备的保护对象宜采用区域报警系统。

（2）不仅需要报警，同时需要联动自动消防设备，且只设置一台具有集中控制功能的火灾报警控制器和消防联动控制器的保护对象，应采用集中报警系统，并应设置一个消防控制室。

（3）设置两个及以上消防控制室的保护对象，或已设置两个及以上集中报警系统的保护对象，应采用控制中心报警系统。

## 考点4　区域报警系统设置要求

（1）系统应由火灾探测器、手动火灾报警按钮、火灾声光警报器及火灾报警控制器等组成，系统中可包括消防控制室图形显示装置和指示楼层的区域显示器。

（2）火灾报警控制器应设置在有人值班的场所。

（3）系统设置消防控制室图形显示装置时，该装置应具有传输有关信息的功能；系统未设置消防控制室图形显示装置时，应设置火警传输设备。

## 考点5　集中报警系统设置要求

（1）系统应由火灾探测器、手动火灾报警按钮、火灾声光警报器、火灾报警控制器、消防联动控制器、消防控制室图形显示装置、消防应急广播、消防专用电话等组成。

（2）系统中的火灾报警控制器、消防联动控制器和消防控制室图形显示装置、消防应急广播的控制装置、消防专用电话总机等起集中控制作用的消防设备，应设置在消防控制室内。

（3）系统设置的消防控制室图形显示装置应具有传输有关信息的功能。

## 考点6　控制中心报警系统设置要求

（1）有两个及以上消防控制室时，应确定一个主消防控制室。

（2）主消防控制室应能显示所有火灾报警信号和联动控制状态信号，并应能控制重要的消防设备；各分消防控制室内消防设备之间可互相传输、显示状态信息，但不应互相控制。

（3）系统设置的消防控制室图形显示装置应具有传输有关信息的功能。

## 考点7　报警区域划分要求

（1）报警区域是指将火灾自动报警系统的警戒范围按防火分区或楼层等划分的单元。

（2）报警区域应根据防火分区或楼层划分；可将一个防火分区或一个楼层划分为一个报警区域，也可将发生火灾时需要同时联动消防设备的相邻几个防火分区或楼层划分为一个报警区域。

（3）电缆隧道的一个报警区域宜由一个封闭长度区间组成，一个报警区域不应超过相连的 3 个封闭长度区间；道路隧道的报警区域应根据排烟系统或灭火系统的联动需要确定，且不宜超过 150m。

（4）甲、乙、丙类液体储罐区的报警区域应由一个储罐区组成，每个 $50000m^3$ 及以上的外浮顶储罐应单独划分为一个报警区域。

笔记

## 考点 8　探测区域划分要求

（1）探测区域是指将报警区域按探测火灾的部位划分的单元。

（2）探测区域应按独立房（套）间划分。一个探测区域的面积不宜超过 $500m^2$；从主要入口能看清其内部，且面积不超过 $1000m^2$ 的房间，也可划为一个探测区域。

（3）红外光束感烟火灾探测器和缆式线型感温火灾探测器的探测区域的长度，不宜超过 100m；空气管差温火灾探测器的探测区域长度宜为 20～100m。

（4）下列场所应单独划分探测区域：

1）敞开或封闭楼梯间、防烟楼梯间。

2）防烟楼梯间前室、消防电梯前室、消防电梯与防烟楼梯间合用的前室、走道、坡道。

3）电气管道井、通信管道井、电缆隧道。

4）建筑物闷顶、夹层。

## 考点 9　手动火灾报警按钮设置要求

（1）火灾自动报警系统应设有自动和手动两种触发装置。

（2）每个防火分区应至少设置一只手动火灾报警按钮。

（3）从一个防火分区内的任何位置到最邻近的手动火灾报警按钮的步行距离不应大于 30m。

（4）宜设置在疏散通道或出入口处。

（5）应设置在明显和便于操作的部位。壁挂安装时，其底边距地高度宜为 1.3～1.5m，且应有明显的标志。

## 考点 10　手动火灾报警按钮安装和调试要求

（1）应安装在明显和便于操作的部位，当安装在墙上时，其底边距地（楼）面高度宜为 1.3～1.5m。

（2）手动火灾报警按钮应安装牢固，不应倾斜。

（3）手动火灾报警按钮的连接导线应留有不小于 150mm 的余量。

（4）对可恢复的手动火灾报警按钮，施加适当的推力使报警按钮动作，报警按钮应发出火灾报警信号。

（5）对不可恢复的手动火灾报警按钮应采用模拟动作的方法使报警按钮发出火灾报警信号。

（6）火灾自动报警系统调试负责人必须由专业技术人员担任。

笔 记

## 考点 11　火灾探测器选择一般要求

（1）对火灾初期有阴燃阶段，产生大量的烟和少量的热，很少或没有火焰辐射的场所，应选择感烟火灾探测器。

（2）对火灾发展迅速，可产生大量热、烟和火焰辐射的场所，可选择感温火灾探测器、感烟火灾探测器、火焰探测器或其组合。

（3）对火灾发展迅速，有强烈的火焰辐射和少量烟、热的场所，应选择火焰探测器。

（4）对火灾初期有阴燃阶段，且需要早期探测的场所，宜增设一氧化碳火灾探测器。

（5）同一探测区域内设置多个火灾探测器时，可选择复合火灾探测器。

## 考点 12　点型火灾探测器选择要求

（1）宜选择点型感烟火灾探测器的场所：

1）饭店、旅馆、教学楼、办公楼的厅堂、卧室、办公室、商场、列车载客车厢等。

2）计算机房、通信机房、电影或电视放映室等。

3）楼梯、走道、电梯机房、车库等。

4）书库、档案库等。

（2）不宜选择点型离子感烟火灾探测器的场所：

1）相对湿度经常大于 95%。

2）气流速度大于 5m/s。

3）有大量粉尘、水雾滞留。

4）可能产生腐蚀性气体。

5）在正常情况下有烟滞留。

6）产生醇类、醚类、酮类等有机物质。

（3）不宜选择点型光电感烟火灾探测器的场所：

1）有大量粉尘、水雾滞留。

2）可能产生蒸气和油雾。

3）高海拔地区。

4）在正常情况下有烟滞留。

（4）宜选择点型感温火灾探测器的场所：

1）相对湿度经常大于 95%。

2）可能发生无烟火灾。

3）有大量粉尘。

4）吸烟室等在正常情况下有烟或蒸气滞留的场所。

5）厨房、锅炉房、发电机房、烘干车间等不宜安装感烟火灾探测器的场所。

6）需要联动熄灭“安全出口”标志灯的安全出口内侧。

7）其他无人滞留且不适合安装感烟火灾探测器，但发生火灾时需要及时报警的场所。

（5）在火灾初期产生一氧化碳的场所可选择点型一氧化碳火灾探测器：

1）烟不容易对流或顶棚下方有热屏障的场所。

2）在棚顶上无法安装其他点型火灾探测器的场所。

3）需要多信号复合报警的场所。

（6）可能产生阴燃火或发生火灾不及时报警将造成重大损失的场所，不宜选择点型感温火灾探测器；温度在0℃以下的场所，不宜选择定温探测器；温度变化较大的场所，不宜选择差温探测器。

（7）不同高度房间点型火灾探测器的选择要求见表5-5-1。

**表5-5-1　不同高度的房间点型火灾探测器的选择**

| 房间高度 h/m | 点型感烟火灾探测器 | 点型感温火灾探测器 | | | 火焰探测器 |
|---|---|---|---|---|---|
| | | A1、A2 | B | C、D、E、F、G | |
| $12<h\leq20$ | 不适合 | 不适合 | 不适合 | 不适合 | 适合 |
| $8<h\leq12$ | 适合 | 不适合 | 不适合 | 不适合 | 适合 |
| $6<h\leq8$ | 适合 | 适合 | 不适合 | 不适合 | 适合 |
| $4<h\leq6$ | 适合 | 适合 | 适合 | 不适合 | 适合 |
| $h\leq4$ | 适合 | 适合 | 适合 | 适合 | 适合 |

## 考点13　点型火灾探测器设置要求

（1）探测区域的每个房间应至少设置一只火灾探测器。

（2）感烟火灾探测器和A1、A2、B型感温火灾探测器的保护面积和保护半径，按表5-5-2确定；其他感温火灾探测器的保护面积和保护半径不应超过表5-5-2规定。保护面积是指一只火灾探测器能有效探测的面积。保护半径是指一只火灾探测器能有效探测的单向最大水平距离。

**表5-5-2　点型感烟火灾探测器、点型感温火灾探测器的保护面积和保护半径**

| 火灾探测器的种类 | 地面面积 $S/m^2$ | 房间高度 h/m | 一只探测器的保护面积A和保护半径R | | | | | |
|---|---|---|---|---|---|---|---|---|
| | | | 屋顶坡度θ | | | | | |
| | | | $\theta\leq15°$ | | $15°<\theta\leq30°$ | | $\theta>30°$ | |
| | | | $A/m^2$ | R/m | $A/m^2$ | R/m | $A/m^2$ | R/m |
| 感烟火灾探测器 | $S\leq80$ | $h\leq12$ | 80 | 6.7 | 80 | 7.2 | 80 | 8.0 |
| | $S>80$ | $6<h\leq12$ | 80 | 6.7 | 100 | 8.0 | 120 | 9.9 |
| | | $h\leq6$ | 60 | 5.8 | 80 | 7.2 | 100 | 9.0 |
| 感温火灾探测器 | $S\leq30$ | $h\leq8$ | 30 | 4.4 | 30 | 4.9 | 30 | 5.5 |
| | $S>30$ | $h\leq8$ | 20 | 3.6 | 30 | 4.9 | 40 | 6.3 |

（3）建筑高度不超过14m的封闭探测空间，且火灾初期会产生大量的烟时，可设置点型感烟火灾探测器。

（4）有梁的顶棚上设置点型感烟、感温火灾探测器的要求：

1）梁突出顶棚的高度小于200mm时，可不计梁对探测器保护面积的影响。

笔记

笔 记

2）梁突出顶棚的高度为 200～600mm 时，按规范确定梁对探测器保护面积的影响和一只探测器能够保护的梁间区域的数量。

3）梁突出顶棚的高度超过 600mm 时，被梁隔断的每个梁间区域应至少设置一只探测器。

（5）在宽度小于 3m 的内走道顶棚上设置点型探测器时，宜居中布置。感温火灾探测器的安装间距不应超过 10m；感烟火灾探测器的安装间距不应超过 15m；探测器至端墙的距离，不应大于探测器安装间距的 1/2。安装间距是指两只相邻火灾探测器中心之间的水平距离。

（6）点型探测器至墙壁、梁边的水平距离，不应小于 0.5m。点型探测器周围 0.5m 内，不应有遮挡物。

（7）房间被书架、设备或隔断等分隔，其顶部至顶棚或梁的距离小于房间净高的 5% 时，每个被隔开的部分应至少安装一只点型探测器。

（8）点型探测器至空调送风口边的水平距离不应小于 1.5m，并宜接近回风口安装。探测器至多孔送风顶棚孔口的水平距离不应小于 0.5m。

（9）当屋顶有热屏障时，点型感烟火灾探测器下表面至顶棚或屋顶的距离应符合规范规定。

（10）锯齿形屋顶和坡度大于 15°的人字形屋顶，应在每个屋脊处设置一排点型探测器。

（11）点型探测器宜水平安装。倾斜安装倾斜角不应大于 45°。

（12）在电梯井、升降机井设置点型探测器时，其位置宜在井道上方的机房顶棚上。

（13）一氧化碳火灾探测器可设置在气体能够扩散到的任何部位。

（14）感烟火灾探测器在格栅吊顶场所的设置要求：

1）镂空面积与总面积的比例不大于 15% 时，探测器应设置在吊顶下方。

2）镂空面积与总面积的比例大于 30% 时，探测器应设置在吊顶上方。

3）镂空面积与总面积的比例为 15%～30% 时，探测器的设置部位应根据实际试验结果确定。

4）探测器设置在吊顶上方且火警确认灯无法观察时，应在吊顶下方设置火警确认灯。

## 考点 14　点型火灾探测器安装调试要求

（1）点型火灾探测器的底座应安装牢固，与导线连接必须可靠压接或焊接。当采用焊接时，不应使用带腐蚀性的助焊剂。

（2）点型火灾探测器底座的连接导线应留有不小于 150mm 的余量，且在其端部应有明显标志。

（3）点型火灾探测器底座的穿线孔宜封堵。

（4）点型火灾探测器报警确认灯应朝向便于人员观察的主要入口方向。

（5）点型火灾探测器在即将调试时方可安装，在调试前应妥善保管并应采取防尘、防潮、防腐蚀措施。

（6）调试时采用专用的检测仪器或模拟火灾的方法，逐个检查每只点型火灾探测器的报警功能，探测器应能发出火灾报警信号。

## 考点15 线型红外光束感烟火灾探测器选型和设置

（1）无遮挡的大空间或有特殊要求的房间，宜选择线型红外光束感烟火灾探测器。

（2）不宜选择线型红外光束感烟火灾探测器场所。

1）有大量粉尘、水雾滞留。

2）可能产生蒸气和油雾。

3）在正常情况下有烟滞留。

4）固定探测器的建筑结构由于振动等原因会产生较大位移的场所。

（3）线型红外光束感烟火灾探测器的设置要求。

1）探测器的光束轴线至顶棚的垂直距离宜为0.3～1.0m，距地高度不宜超过20m。

2）相邻两组探测器的水平距离不应大于14m，探测器至侧墙水平距离不应大于7m，且不应小于0.5m，探测器的发射器和接收器之间的距离不宜超过100m。

3）探测器应设置在固定结构上。

4）探测器的设置应保证其接收端避开日光和人工光源直接照射。

5）选择反射式探测器时，应保证在反射板与探测器间任何部位进行模拟试验时，探测器均能正确响应。

（4）高度大于12m大空间的线型红外光束感烟火灾探测器的设置要求。

1）探测器应设置在建筑顶部。

2）探测器宜采用分层组网的探测方式。

3）建筑高度不超过16m时，宜在6～7m增设一层探测器。

4）建筑高度超过16m但不超过26m时，宜在6～7m和11～12m处各增设一层探测器。

5）由开窗或通风空调形成的对流层为7～13m时，可将增设的一层探测器设置在对流层下面1m处。

6）分层设置的宜与下层探测器交错布置。

## 考点16 线型红外光束感烟火灾探测器的安装要求

（1）当探测区域的高度不大于20m时，光束轴线至顶棚的垂直距离宜为0.3～1.0m；当探测区域的高度大于20m时，光束轴线距探测区域的地（楼）面高度不宜超过20m。

（2）发射器和接收器之间的探测区域长度不宜超过100m。

（3）相邻两组探测器光束轴线的水平距离不应大于14m。探测器光束轴线至侧墙水平距离不应大于7m，且不应小于0.5m。

（4）发射器和接收器之间的光路上应无遮挡物或干扰源。

（5）发射器和接收器应安装牢固，并不应产生位移。

笔记

笔 记

## 考点 17 红外光束感烟火灾探测器调试要求

（1）调整探测器的光路调节装置，使探测器处于正常监视状态。

（2）用减光率为 0.9dB 的减光片遮挡光路，探测器不应发出火灾报警信号。

（3）用产品生产企业设定减光率（1.0～10.0dB）的减光片遮挡光路，探测器应发出火灾报警信号。

（4）用减光率为 11.5dB 的减光片遮挡光路，探测器应发出故障信号或火灾报警信号。

## 考点 18 管路采样吸气式感烟火灾探测器选型和设置

（1）宜选择吸气式感烟火灾探测器的场所。

1）具有高速气流的场所。

2）点型感烟、感温火灾探测器不适宜的大空间、舞台上方、建筑高度超过 12m 或有特殊要求的场所。

3）低温场所。

4）需要进行隐蔽探测的场所。

5）需要进行火灾早期探测的重要场所。

6）人员不宜进入的场所。

（2）灰尘比较大的场所，不应选择没有过滤网和管路自清洗功能的管路采样吸气式感烟火灾探测器。

（3）污物较多且必须安装感烟火灾探测器的场所，应选择间断吸气的点型采样吸气式感烟火灾探测器或具有过滤网和管路自清洗功能的管路采样吸气式感烟火灾探测器。

（4）管路采样吸气式感烟火灾探测器的设置要求：

1）非高灵敏型探测器的采样管网安装高度不应超过 16m。高灵敏型探测器的采样管网安装高度可超过 16m，且应减小采样管长度和采样孔数量。

2）探测器的每个采样孔的保护面积、保护半径，应符合点型感烟火灾探测器的保护面积、保护半径的要求。

3）一个探测单元的采样管总长不宜超过 200m，单管长度不宜超过 100m，同一根采样管不应穿越防火分区。采样孔总数不宜超过 100 个，单管上的采样孔数量不宜超过 25 个。

4）当采样管道采用毛细管布置方式时，毛细管长度不宜超过 4m。

5）当采样管道布置形式为垂直采样时，每 2℃温差间隔或 3m 间隔（取最小者）应设置一个采样孔，采样孔不应背对气流方向。

6）探测器的采样管宜采用水平和垂直结合的布管方式，并应保证至少有两个采样孔在 16m 以下，并宜有两个采样孔设置在开窗或通风空调对流层下面 1m 处。

## 考点 19 管路采样吸气式感烟火灾探测器安装调试和维护要求

（1）采样管应固定牢固。

（2）高灵敏度吸气式感烟火灾探测器保证至少有两个采样孔低于16m。

（3）在采样管最末端（最不利处）采样孔加入试验烟，探测器或其控制装置应在120s内发出火灾报警信号。

（4）改变探测器的采样管路气流，使探测器处于故障状态，探测器或其控制装置应在100s内发出故障信号。

（5）管路采样吸气式感烟火灾探测器根据使用环境的不同，需要对采样管道进行定期吹洗，最长的时间间隔不应超过一年。

## 考点20　缆式线型感温火灾探测器选型和设置

（1）宜选择缆式线型感温火灾探测器的场所：

1）电缆隧道、电缆竖井、电缆夹层、电缆桥架。

2）不易安装点型探测器的夹层、闷顶。

3）各种带式输送装置。

4）其他环境恶劣不适合点型探测器安装的场所。

（2）在电缆桥架、变压器等设备上安装时，宜采用接触式布置；在各种带式输送机上敷设时，宜敷设在装置的过热点附近。

（3）敷设在电缆隧道时，应采用“S”形布置在每层电缆的上表面。

（4）相邻探测器之间水平距离不宜大于5m。

## 考点21　线型感温火灾探测器安装调试要求

（1）设置在顶棚下方的线型感温火灾探测器（缆式、空气管、光纤），至顶棚的距离宜为0.1m。探测器的保护半径应符合点型感温火灾探测器的保护半径要求；探测器至墙壁的距离宜为1～1.5m。

（2）缆式线型感温火灾探测器在电缆桥架、变压器等设备上安装时，宜采用接触式布置；在各种带式输送机上敷设时，宜敷设在装置的过热点附近。

（3）敷设在顶棚下方的线型差温火灾探测器，至顶棚距离宜为0.1m，相邻探测器之间水平距离不宜大于5m；探测器至墙壁距离宜为1～1.5m。

（4）对于不可恢复的线型感温火灾探测器应采取模拟报警方法逐个检查其报警功能，探测器应能发出火灾报警信号。当有备品时，可抽样检查其报警功能。

（5）可恢复的线型感温探测器可采用专用检测仪器或模拟火灾的办法使其发出火灾报警信号，并在终端盒上模拟故障，探测器应能分别发出火灾报警和故障信号。

## 考点22　火焰探测器或图像型火焰探测器选型和设置

（1）宜选择点型火焰探测器或图像型火焰探测器的场所：

1）火灾时有强烈的火焰辐射。

2）可能发生液体燃烧等无阴燃阶段的火灾。

3）需要对火焰做出快速反应。

（2）火灾初期产生少量烟并产生明显火焰的高度大于12m的空间场所，应

笔记

笔记

选择1级灵敏度的点型红外火焰探测器或图像型火焰探测器，并应降低探测器设置高度。

（3）不宜选择点型火焰探测器或图像型火焰探测器的场所：

1）在火焰出现前有浓烟扩散。

2）探测器的镜头易被污染。

3）探测器的“视线”易被油雾、烟雾、水雾和冰雪遮挡。

4）探测区域内的可燃物是金属和无机物。

5）探测器易受阳光、白炽灯等光源直接或间接照射。

（4）探测区域内正常情况下有高温物体的场所，不宜选择单波段红外火焰探测器。

（5）正常情况下有明火作业，探测器易受X射线、弧光和闪电等影响的场所，不宜选择紫外火焰探测器。

（6）除浮顶和卧式油罐外的其他油罐宜采用火焰探测器。

（7）油罐区可在高架杆等高位处设置点型红外火焰探测器或图像型火灾探测器做辅助探测。

（8）火焰探测器或图像型火灾探测器的设置要求：

1）探测器的探测视角内不应存在遮挡物。

2）应避免光源直接照射在探测器的探测窗口。

3）单波段的火焰探测器不应设置在平时有阳光、白炽灯等光源直接或间接照射的场所。

## 考点23　点型火焰探测器和图像型火灾探测器安装调试要求

（1）安装位置应保证其视场角覆盖探测区域。

（2）与保护目标之间不应有遮挡物。

（3）安装在室外时应有防尘、防雨措施。

（4）点型火焰探测器和图像型火灾探测器调试时，采用专用检测仪器或模拟火灾的方法在探测器监视区域内最不利处检查探测器的报警功能，探测器应能正确响应。

## 考点24　火灾探测器和手动火灾报警按钮验收和维护要求

（1）火灾探测器和手动火灾报警按钮验收时，应进行模拟火灾响应和故障信号检验。

（2）实际安装数量在100只以下者，抽验20只（每个回路都应抽验）。

（3）实际安装数量超过100只，每个回路按实际安装数量10%～20%的比例进行抽验，但抽验总数不应少于20只。

（4）火灾探测器的类别、型号、适用场所、安装高度、保护半径、保护面积和探测器的间距等均应符合设计要求。

（5）点型感烟火灾探测器投入运行2年后，应每隔3年至少全部清洗一遍；探测器的清洗应由有相关资质的机构根据产品生产企业的要求进行。探测器清洗后应做响应阈值及其他必要的功能试验，合格者方可继续使用。

（6）不同类型的探测器应有10%但不少于50只的备品。

## 二、难点突破

（1）宜选择线型光纤感温火灾探测器的场所。

1）除液化石油气外的石油储罐。

2）需要设置线型感温火灾探测器的易燃易爆场所。

3）需要监测环境温度的地下空间等场所宜设置具有实时温度监测功能的线型光纤感温火灾探测器。

4）公路隧道、敷设动力电缆的铁路隧道和城市地铁隧道等。

（2）城市道路隧道、特长双向公路隧道和道路中的水底隧道，应同时采用线型光纤感温火灾探测器和点型红外火焰探测器（或图像型火灾探测器）；其他公路隧道应采用线型光纤感温火灾探测器或点型红外火焰探测器。

（3）线型光纤感温火灾探测器应设置在车道顶部距顶棚100～200mm，线型光栅光纤感温火灾探测器的光栅间距不应大于10m；每根分布式线型光纤感温火灾探测器和线型光栅光纤感温火灾探测器保护车道的数量不应超过2条；点型红外火焰探测器或图像型火灾探测器应设置在行车道侧面墙上距行车道地面高度2.7～3.5m，并应保证无探测盲区；在行车道两侧设置时，探测器应交错设置。

（4）外浮顶油罐宜采用线型光纤感温火灾探测器，且每只线型光纤感温火灾探测器应只能保护一个油罐；并应设置在浮盘的堰板上。

（5）采用光栅光纤感温火灾探测器保护外浮顶油罐时，两个相邻光栅间距离不应大于3m。

（6）分布式线型光纤感温火灾探测器在电缆接头、端子等发热部位敷设时，其感温光缆的延展长度不应少于探测单元长度的1.5倍；线型光栅光纤感温火灾探测器在电缆接头、端子等发热部位应设置感温光栅。

（7）线型光纤感温火灾探测器应采用一根感温光缆保护一根动力电缆的方式，并应沿动力电缆敷设。

## 三、真题解析

### （一）单项选择题

1.（考点6）关于控制中心报警系统的说法，不符合规范要求的是（ ）。（2017年技术实务真题）

A. 控制中心报警系统至少包含两个集中报警系统

B. 控制中心报警系统具备消防联动控制功能

C. 控制中心报警系统至少设置一个消防主控制室

D. 控制中心报警系统各分消防控制室之间可以相互传输信息并控制重要设备

**【答案】** D。

**【解析】** 控制中心报警系统设置两个及以上消防控制室，或已设置两个及以上集中报警系统。有两个及以上消防控制室时，应确定一个主消防控制室。

主消防控制室应能显示所有火灾报警信号和联动控制状态信号，并应能控制

笔 记

笔 记

重要的消防设备；各分消防控制室内消防设备之间可互相传输、显示状态信息，但不应互相控制。

2. （考点 10）某消防设施检测机构对建筑内火灾自动报警系统进行检测时，对手动火灾报警按钮进行检查。根据现行国家消防技术标准，关于手动火灾报警按钮安装的说法中，正确的是（　　）。（2017 年综合能力真题）

A. 墙上手动火灾报警按钮的底边距离楼面高度应为 1. 5m

B. 手动火灾报警按钮的连线导线的余量不应小于 150mm

C. 墙上手动火灾报警按钮的底边距离楼面高度应为 1. 7m

D. 手动火灾报警按钮的连接导线的余量不应大于 100mm

**【答案】** B。

**【解析】** 手动火灾报警按钮应设置在明显和便于操作的部位。当采用壁挂方式安装时，其底边距地高度宜为 1. 3 ~1. 5m。手动火灾报警按钮的连接导线应留有不小于 150mm 的余量。

**（二）多项选择题**

（考点 14、20、22）某地下变电站，主变电气容量为 150MV · A，该变电站的下列防火设计方案中，不符合规范要求的有（　　）。（2017 年技术实务真题）

A. 继电器室设置感温火灾探测器

B. 主控通信室设计火灾自动报警系统及疏散应急照明

C. 变压器设置水喷雾灭火系统

D. 电缆层设置感烟火灾探测器

E. 配电装置室采用火焰探测器

**【答案】** ADE。

**【解析】** 继电器室不属于宜选择点型感温火灾探测器的场所。

电缆隧道、电缆竖井、电缆夹层、电缆桥架宜选择缆式线型感温火灾探测器。配电装置不属于宜选择点型火焰探测器或图像型火焰探测器的条件：

1）火灾时有强烈的火焰辐射。

2）可能发生液体燃烧等无阴燃阶段的火灾。

3）需要对火焰做出快速反应。

## 第二节　火灾报警与控制

### 一、考点提炼

#### 考点 1　火灾报警控制器设置要求

（1）火灾报警控制器作为火灾自动报警系统的控制中心，能够接收并发出火灾报警信号和故障信息，同时完成相应的显示和控制功能的设备。功能包括火灾报警、故障报警、监管、联动控制、屏蔽、自检、信息显示与查询功能、电源、操作级别等功能。

（2）任一台火灾报警控制器所连接的火灾探测器、手动火灾报警按钮和模块等设备总数和地址总数，均不应超过3200点，其中每一总线回路连接设备的总数不宜超过200点，且应留有不少于额定容量10%的余量。

（3）火灾报警控制器和消防联动控制器，应设置在消防控制室内或有人值班的房间和场所。

（4）集中报警系统和控制中心报警系统中的区域火灾报警控制器在满足下列条件时，可设置在无人值班的场所：

1）本区域内无须手动控制的消防联动设备。

2）本火灾报警控制器的所有信息在集中火灾报警控制器上均有显示，且能接收起集中控制功能的火灾报警控制器的联动控制信号，并自动启动相应的消防设备。联动控制信号是指由消防联动控制器发出的用于控制消防设备（设施）工作的信号。

3）设置的场所只有值班人员可以进入。

## 考点2 控制器类设备安装要求

（1）火灾报警控制器、消防联动控制器、区域显示器和可燃气体报警控制器类设备，安装在墙上时，其主显示屏高度宜为1.5～1.8m，其底边距地（楼）面高度宜为1.3～1.5m，其靠近门轴的侧面距墙不应小于0.5m，正面操作距离不应小于1.2m。落地安装时，其底边宜高出地（楼）面0.1～0.2m。

（2）控制器应安装牢固，不应倾斜。

（3）引入控制器的电缆或导线的要求：

1）配线应整齐，不宜交叉，并应固定牢靠。

2）电缆芯线和所配导线的端部，均应标明编号，并与图纸一致，字迹应清晰且不易褪色。

3）端子板的每个接线端，接线不得超过2根。

4）电缆芯和导线，应留有不小于200mm的余量。

5）导线应绑扎成束。

6）导线穿管、线槽后，应将管口、槽口封堵。

（4）控制器的主电源应有明显的永久性标志，并应直接与消防电源连接，严禁使用电源插头。控制器与其外接备用电源之间应直接连接。

（5）控制器的接地应牢固，并有明显的永久性标志。

## 考点3 火灾报警控制器调试要求

调试前应切断火灾报警控制器的所有外部控制连线，并将任一个总线回路的火灾探测器以及该总线回路上的手动火灾报警按钮等部件连接后，方可接通电源。

（1）检查自检功能和操作级别。

（2）使控制器与探测器之间的连线断路和短路，控制器应在100s内发出故障信号（短路时发出火灾报警信号除外）；在故障状态下，使任一非故障部位的探测器发出火灾报警信号，控制器应在1min内发出火灾报警信号；再使其他探测器发出火灾报警信号，检查控制器的再次报警功能。

笔 记

(3) 检查消音和复位功能。

(4) 使控制器与备用电源之间的连线断路和短路，控制器应在 100s 内发出故障信号。

(5) 检查屏蔽功能。

(6) 使总线隔离器保护范围内的任一点短路，检查总线隔离器的隔离保护功能。

(7) 使任一总线回路上不少于 10 只的火灾探测器同时处于火灾报警状态，检查控制器的负载功能。

(8) 检查主、备电源的自动转换功能，并在备电工作状态下检查负载功能。

## 考点 4 火灾报警控制器验收要求

(1) 火灾报警控制器的安装应满足规范要求。

(2) 火灾报警控制器的规格、型号、容量、数量应符合设计要求。

(3) 火灾报警控制器的功能验收应按调试要求进行检查，检查结果应符合相关标准和产品使用说明书的有关要求。

(4) 火灾报警控制器（含可燃气体报警控制器）和消防联动控制器应按实际安装数量全部进行功能检验。

(5) 消防联动控制系统中其他各种用电设备、区域显示器应按下列要求进行功能检验：

1) 实际安装数量在 5 台以下者，全部检验。

2) 实际安装数量在 6～10 台者，抽验 5 台。

3) 实际安装数量超过 10 台者，按实际安装数量 30%～50% 的比例抽验，但抽验总数不应少于 5 台。

4) 各装置的安装位置、型号、数量、类别及安装质量应符合设计要求。

## 考点 5 区域显示器（火灾显示盘）设置要求

(1) 每个报警区域宜设置一台区域显示器（火灾显示盘）；宾馆、饭店等场所应在每个报警区域设置一台区域显示器。当一个报警区域包括多个楼层时，宜在每个楼层设置一台仅显示本楼层的区域显示器。

(2) 区域显示器应设置在出入口等明显和便于操作的部位。当采用壁挂方式安装时，其底边距地高度宜为 1.3～1.5m。

## 考点 6 区域显示器（火灾显示盘）调试验收要求

(1) 区域显示器（火灾显示盘）应在 3s 内正确接收和显示火灾报警控制器发出的火灾报警信号。

(2) 消音、复位功能。

(3) 操作级别。

(4) 对于非火灾报警控制器供电的区域显示器（火灾显示盘），应检查主、备电源的自动转换功能和故障报警功能。

笔 记

### 考点7 消防控制室图形显示装置设置要求

（1）消防控制室图形显示装置应设置在消防控制室内，并应符合火灾报警控制器的安装设置要求。

（2）消防控制室图形显示装置与火灾报警控制器、消防联动控制器、电气火灾监控器、可燃气体报警控制器等消防设备之间，应采用专用线路连接。

（3）消防控制室图形显示装置应能显示建筑物内设置的全部消防系统及相关设备的动态信息和消防安全管理信息，并应为远程监控系统预留接口，同时应具有向远程监控系统传输有关信息的功能。

（4）电气火灾监控器、可燃气体报警控制器和独立式电气火灾监控探测器的报警信息和故障信息应在消防控制室图形显示装置或起集中控制功能的火灾报警控制器上显示，但该类信息与火灾报警信息的显示应有区别。

### 考点8 消防控制室图形显示装置调试验收要求

（1）调试和功能验收时，将消防控制中心图形显示装置与火灾报警控制器和消防联动控制器相连，接通电源。

（2）操作显示装置使其显示完整系统区域覆盖模拟图和各层平面图，图中应明确指示出报警区域、主要部位和各消防设备的名称和物理位置，显示界面应为中文界面。

（3）使火灾报警控制器和消防联动控制器分别发出火灾报警信号和联动控制信号，显示装置应在3s内接收，准确显示相应信号的物理位置，并能优先显示火灾报警信号相对应的界面。

（4）使具有多个报警平面图的显示装置处于多报警平面显示状态，各报警平面应能自动和手动查询，并应有总数显示，且应能手动插入使其立即显示首次火警相应的报警平面图。

（5）使显示装置显示故障或联动平面，输入火灾报警信号，显示装置应能立即转入火灾报警平面的显示。

### 考点9 火灾警报器设置要求

（1）火灾自动报警系统应设置火灾声光警报器。

（2）火灾声光警报器应设置在每个楼层的楼梯口、消防电梯前室、建筑内部拐角等处的明显部位，且不宜与安全出口指示标志灯具设置在同一面墙上。安装在同一面墙上时，距离应大于1m。

（3）每个报警区域内应均匀设置火灾警报器，其声压级不应小于60dB；在环境噪声大于60dB的场所，其声压级应高于背景噪声15dB。

（4）当火灾警报器采用壁挂方式安装时，其底边距地面高度应大于2.2m。

### 考点10 消防应急广播设置要求

（1）集中报警系统和控制中心报警系统应设置消防应急广播。

（2）高层住宅建筑的公共部位应设置具有语音功能的火灾声警报装置或应

笔 记

急广播。

（3）消防应急广播扬声器的设置要求：

1）民用建筑内扬声器应设置在走道和大厅等公共场所。每个扬声器的额定功率不应小于 3W，其数量应能保证从一个防火分区内的任何部位到最近一个扬声器的直线距离不大于 25m，走道末端距最近的扬声器距离不应大于 12.5m。

2）在环境噪声大于 60dB 的场所设置的扬声器，在其播放范围内最远点的播放声压级应高于背景噪声 15dB。

3）客房设置专用扬声器时，其功率不宜小于 1W。

4）壁挂扬声器的底边距地面高度应大于 2.2m。

## 考点 11　消防应急广播设备调试验收要求

（1）以手动方式在消防控制室对所有广播分区进行选区广播，对所有共用扬声器进行强行切换，应急广播应以最大功率输出。

（2）对扩音机和备用扩音机进行全负荷试验，应急广播的语音应清晰。

（3）对接入联动系统的消防应急广播设备系统，使其处于自动工作状态，然后按设计的逻辑关系，检查应急广播的工作情况，系统应按设计的逻辑广播。

（4）每一回路抽查一个扬声器，将其断路，其他扬声器的工作状态不应受影响。

（5）验收时检查应急广播的联动功能。

（6）火灾应急广播设备验收，应按实际安装数量的 10% ~20% 的比例进行下列功能检验：

1）对所有广播分区进行选区广播，对共用扬声器进行强行切换。

2）对扩音机和备用扩音机进行全负荷试验。

3）检查应急广播的逻辑工作和联动功能。

## 考点 12　火灾警报和消防应急广播联动控制

（1）应在确认火灾后启动建筑内的所有火灾声光警报器。

（2）同一建筑内设置多个火灾声警报器时，火灾自动报警系统应能同时启动和停止所有火灾声警报器工作。

（3）公共场所宜设置具有同一种火灾变调声的火灾声警报器；具有多个报警区域的保护对象，宜选用带有语音提示的火灾声警报器；学校、工厂等各类日常使用电铃的场所，不应使用警铃作为火灾声警报器。

（4）火灾声光警报器应由火灾报警控制器或消防联动控制器控制。

（5）消防应急广播系统的联动控制信号应由消防联动控制器发出。当确认火灾后，应同时向全楼进行广播。

（6）火灾声警报器单次发出火灾警报时间宜为 8 ~20s，同时设有消防应急广播时，火灾声警报器应与消防应急广播交替循环播放。

（7）消防应急广播的单次语音播放时间宜为 10 ~30s，应与火灾声警报器分时交替工作，可采取 1 次火灾声警报器播放、1 次或 2 次消防应急广播播放的交替工作方式循环播放。

(8) 在消防控制室应能手动或按预设控制逻辑联动控制选择广播分区、启动或停止应急广播系统，并应能监听消防应急广播。在通过传声器进行应急广播时，应自动对广播内容进行录音。

(9) 消防控制室内应能显示消防应急广播的广播分区的工作状态。

(10) 消防应急广播与普通广播或背景音乐广播合用时，应具有强制切入消防应急广播的功能。

## 考点 13　消防专用电话设置要求

(1) 消防专用电话网络应为独立的消防通信系统。

(2) 消防控制室应设置消防专用电话总机。

(3) 消防水泵房、防排烟机房、消防电梯机房、灭火控制系统操作装置处或控制室、发电机房、配变电室、企业消防站、消防值班室、计算机网络机房、主要通风和空调机房、总调度室及其他与消防联动控制有关的且经常有人值班的机房应设置消防专用电话分机。

(4) 电梯轿厢内应设置能直接与消防控制室通话的专用电话。

(5) 各避难层应每隔 20m 设置一个消防专用电话分机或电话插孔。

(6) 消防专用电话分机，应固定安装在明显且便于使用的部位，并应有区别于普通电话的标识。

(7) 设有手动火灾报警按钮或消火栓按钮等处，宜设置电话插孔，并宜选择带有电话插孔的手动火灾报警按钮。

(8) 电话插孔在墙上安装时，其底边距地面高度宜为 1.3～1.5m。

(9) 消防控制室、消防值班室或企业消防站等处，应设置可直接报警的外线电话。

## 考点 14　消防电话调试验收要求

(1) 在消防控制室与所有消防电话、电话插孔之间互相呼叫与通话，总机应能显示每部分机或电话插孔的位置，呼叫铃声和通话语音应清晰。

(2) 消防控制室的外线电话与另外一部外线电话模拟报警电话通话，语音应清晰。

(3) 检查群呼、录音等功能，各项功能均应符合要求。

(4) 消防专用电话验收时的检验，应符合下列要求：

1) 消防控制室与所设的对讲电话分机进行 1～3 次通话试验。

2) 电话插孔按实际安装数量 10%～20% 的比例进行通话试验。

3) 消防控制室的外线电话与另一部外线电话模拟报警电话进行 1～3 次通话试验。

## 考点 15　模块设置和安装要求

(1) 任一台消防联动控制器地址总数或火灾报警控制器（联动型）所控制的各类模块总数不应超过 1600 点，每一联动总线回路连接设备的总数不宜超过 100 点，且应留有不少于额定容量 10% 的余量。

笔 记

笔记

（2）每个报警区域内的模块宜相对集中设置在本报警区域内的金属模块箱中。

（3）模块严禁设置在配电（控制）柜（箱）内。

（4）本报警区域内的模块不应控制其他报警区域的设备。

（5）系统总线上应设置总线短路隔离器，每只总线短路隔离器保护的火灾探测器、手动火灾报警按钮和模块等消防设备的总数不应超过32点；总线穿越防火分区时，应在穿越处设置总线短路隔离器。

（6）高度超过100m的建筑中，除消防控制室内设置的控制器外，每台控制器直接控制的火灾探测器、手动报警按钮和模块等设备不应跨越避难层。

（7）模块（或金属箱）应独立支撑或固定，安装牢固，并应采取防潮、防腐蚀等措施。

（8）模块的连接导线应留有不小于150mm的余量，其端部应有明显标志。

（9）隐蔽安装时，在安装处应有明显的部位显示和检修孔。

## 考点16　消防联动控制一般要求

（1）消防联动控制器应能按设定的控制逻辑向各相关的受控设备发出联动控制信号，并接受相关设备的联动反馈信号。联动反馈信号是指受控消防设备（设施）将其工作状态信息发送给消防联动控制器的信号。

（2）消防联动控制器的电压控制输出应采用直流24V，其电源容量应满足受控消防设备同时启动且维持工作的控制容量要求。

（3）消防水泵、防烟和排烟风机的控制设备，除应采用联动控制方式外，还应在消防控制室设置手动直接控制装置。

（4）需要火灾自动报警系统联动控制的消防设备，其联动触发信号应采用两个独立的报警触发装置报警信号的“与”逻辑组合。联动触发信号是指消防联动控制器接收的用于逻辑判断的信号。

## 考点17　防火门联动控制要求

（1）防火门监控器应设置在消防控制室内，未设置消防控制室时，应设置在有人值班的场所。

（2）电动开门器的手动控制按钮应设置在防火门内侧墙面上，距门不宜超过0.5m，底边距地面高度宜为0.9～1.3m。

（3）应由常开防火门所在防火分区内的两只独立的火灾探测器或一只火灾探测器与一只手动火灾报警按钮的报警信号，作为常开防火门关闭的联动触发信号，联动触发信号应由火灾报警控制器或消防联动控制器发出，并应由消防联动控制器或防火门监控器联动控制防火门关闭。

（4）疏散通道上各防火门的开启、关闭及故障状态信号应反馈至防火门监控器。

## 考点18　防火卷帘联动控制要求

（1）疏散通道上设置的防火卷帘的联动控制要求：

1）防火分区内任两只独立的感烟火灾探测器或任一只专门用于联动防火卷帘的感烟火灾探测器的报警信号应联动控制防火卷帘下降至距楼板面 1.8m 处；任一只专门用于联动防火卷帘的感温火灾探测器的报警信号应联动控制防火卷帘下降到楼板面；在防火卷帘的任一侧距防火卷帘纵深 0.5～5m 内应设置不少于 2 只专门用于联动防火卷帘的感温火灾探测器。

2）应由防火卷帘两侧设置的手动控制按钮控制防火卷帘的升降。

（2）非疏散通道上设置的防火卷帘的联动要求：

1）应由防火卷帘所在防火分区内任两只独立的火灾探测器的报警信号，作为防火卷帘下降的联动触发信号，并应联动控制防火卷帘直接下降到楼板面。

2）应由防火卷帘两侧设置的手动控制按钮控制防火卷帘的升降，并应能在消防控制室内的消防联动控制器上手动控制防火卷帘的降落。

（3）防火卷帘下降至距楼板面 1.8m 处、下降到楼板面的动作信号和防火卷帘控制器直接连接的感烟、感温火灾探测器的报警信号，应反馈至消防联动控制器。

## 考点 19　防火卷帘控制器调试验收要求

（1）防火卷帘控制器应与消防联动控制器、火灾探测器、卷门机连接并通电，防火卷帘控制器应处于正常监视状态。

（2）手动操作防火卷帘控制器的按钮，防火卷帘控制器应能向消防联动控制器发出防火卷帘启、闭和停止的反馈信号。

（3）用于疏散通道的防火卷帘控制器应具有两步关闭的功能，并应向消防联动控制器发出反馈信号。防火卷帘控制器接收到首次火灾报警信号后，应能控制防火卷帘自动关闭到中位处停止；接收到二次报警信号后，应能控制防火卷帘继续关闭至全闭状态。

（4）用于分隔防火分区的防火卷帘控制器在接收到防火分区内火灾报警信号后，应能控制防火卷帘到全关闭状态，并应向消防联动控制器发出反馈信号。

（5）电动防火门、防火卷帘验收时，5 樘以下的应全部检验，超过 5 樘的应按实际安装数量的 20% 的比例抽验，但抽验总数不应小于 5 樘，并抽验联动控制功能。

## 考点 20　电梯的联动控制和验收要求

（1）消防联动控制器应具有发出联动控制信号强制所有电梯停于首层或电梯转换层的功能。

（2）电梯运行状态信息和停于首层或转换层的反馈信号，应传送给消防控制室显示。

（3）消防电梯应进行 1～2 次手动控制和联动控制功能检验，非消防电梯应进行 1～2 次联动返回首层功能检验，其控制功能、信号均应正常。

## 考点 21　其他联动控制要求

（1）消防联动控制器应具有切断火灾区域及相关区域的非消防电源的功能，

笔 记

笔 记

当需要切断正常照明时，宜在自动喷淋系统、消火栓系统动作前切断。

（2）消防联动控制器应具有自动打开涉及疏散的电动栅杆等的功能，宜开启相关区域安全技术防范系统的摄像机监视火灾现场。

（3）消防联动控制器应具有打开疏散通道上由门禁系统控制的门和庭院电动大门的功能，并应具有打开停车场出入口挡杆的功能。

## 考点22　消防电气控制装置安装要求

（1）水泵控制柜、风机控制柜等消防电气控制装置不应采用变频启动方式。

（2）在安装前，应进行功能检查，检查结果不合格的装置严禁安装。

（3）外接导线的端部应有明显的永久性标志。

（4）箱体内不同电压等级、不同电流类别的端子应分开布置，并应有明显的永久性标志。

（5）应安装牢固，不应倾斜；安装在轻质墙上时，应采取加固措施。

（6）消防电气控制装置的控制、显示功能应满足国家标准有关要求。

## 考点23　火灾自动报警系统供电要求

（1）应设置交流电源和蓄电池备用电源。

（2）交流电源应采用消防电源，备用电源可采用火灾报警控制器和消防联动控制器自带的蓄电池电源或消防设备应急电源。

（3）主电源不应设置剩余电流动作保护和过负荷保护装置。

（4）当备用电源采用消防设备应急电源时，火灾报警控制器和消防联动控制器应采用单独的供电回路，并应保证在系统处于最大负载状态下正常工作。

（5）消防设备应急电源输出功率应大于火灾自动报警及联动控制系统全负荷功率的120%，蓄电池组的容量应保证系统在火灾状态同时工作负荷条件下连续工作3h以上。

（6）消防控制室图形显示装置、消防通信设备等的电源，宜由UPS电源装置或消防设备应急电源供电。

## 考点24　火灾报警系统供电施工调试

（1）使各备用电源放电终止，再充电48h后断开设备主电源，备用电源至少应保证设备工作8h，且应满足相应的标准及设计要求。

（2）单相供电额定功率大于30kW、三相供电额定功率大于120kW的消防设备应安装独立的消防应急电源。

（3）检查应急电源的转换功能和控制功能，观察其输入电压、输出电压、输出电流、主电工作状态、应急工作状态、电池组及各单节电池电压的显示情况：

1）应急电源的主电源和备用电源应不能同时输出，且应在5s内完成应急转换。

2）断开应急电源的主电源，应急电源应能发出声提示信号，声信号应能手动消除；接通主电源，应急电源应恢复到主电工作状态。

3）具有手动和自动控制功能的应急电源处于自动控制状态，然后手动插入操作，应急电源应有手动插入优先功能，且应有自动控制状态和手动控制状态指示。

（4）断开应急电源的负载，检查应急电源的保护功能：

1）使任一输出回路保护动作，其他回路输出电压应正常。

2）使配接三相交流负载输出的应急电源的三相负载回路中的任一相停止输出，应急电源应能自动停止该回路的其他两相输出，并应发出声、光故障信号。

3）使配接单相交流负载的交流三相输出应急电源输出的任一相停止输出，其他两相应能正常工作，并应发出声、光故障信号。

（5）将应急电源接上等效于满负载的模拟负载，使其处于应急工作状态，应急工作时间应大于设计应急工作时间的 1.5 倍，且不小于产品标称的应急工作时间。

（6）使应急电源充电回路与电池之间、电池与电池之间连线断线，应急电源应在 100s 内发出声、光故障信号，声故障信号应能手动消除。

## 考点 25　火灾自动报警系统布线设置要求

（1）系统的供电线路、消防联动控制线路应采用耐火铜芯电线电缆，报警总线、消防应急广播和消防专用电话等传输线路应采用阻燃或阻燃耐火铜芯电线电缆。

（2）系统传输线路导线电缆线芯的最小截面面积，穿管敷设为 $1.00mm^2$，线槽内敷设为 $0.75mm^2$，多芯电缆为 $0.50mm^2$。

（3）系统的供电线路和传输线路设置在室外时，应埋地敷设。

（4）系统的供电线路和传输线路设置在地（水）下隧道或湿度大于 90% 的场所时，线路及接线处应做防水处理。

（5）线路暗敷设时，应采用金属管、可挠（金属）电气导管或 B1 级以上的刚性塑料管保护，并应敷设在不燃烧体的结构层内，且保护层厚度不宜小于 30mm。

（6）线路明敷设时，应采用金属管、可挠（金属）电气导管或金属封闭线槽保护。矿物绝缘类不燃性电缆可直接明敷。

（7）系统用的电缆竖井，宜与电力、照明用的低压配电线路电缆竖井分别设置。合用时，应将系统用的电缆和电力、照明用的低压配电线路电缆分别布置在竖井的两侧。

（8）不同电压等级的线缆不应穿入同一根保护管内，当合用同一线槽时，线槽内应有隔板分隔。

（9）采用穿管水平敷设时，除报警总线外，不同防火分区的线路不应穿入同一根管内。

（10）从接线盒、线槽等处引到探测器底座盒、控制设备盒、扬声器箱的线路，均应加金属保护管保护。

（11）火灾探测器的传输线路正极“+”线应为红色，负极“-”线应为蓝色或黑色。同一工程中相同用途导线的颜色应一致，接线端子应有标号。

笔 记

笔 记

## 考点 26 火灾自动报警系统布线施工要求

(1) 管内或线槽内布线，应在建筑抹灰及地面工程结束后进行，管内或线槽内不应有积水及杂物。

(2) 导线在管内或线槽内，不应有接头或扭结。导线的接头，应在接线盒内焊接或用端子连接。

(3) 从接线盒、线槽等处引到探测器底座、控制设备、扬声器的线路，当采用金属软管保护时，其长度不应大于 2m。

(4) 敷设在多尘或潮湿场所管路的管口和管子连接处，均应做密封处理。

(5) 管路超过下列长度时，应在便于接线处装设接线盒：

1) 管子长度每超过 30m，无弯曲时。

2) 管子长度每超过 20m，有 1 个弯曲时。

3) 管子长度每超过 10m，有 2 个弯曲时。

4) 管子长度每超过 8m，有 3 个弯曲时。

(6) 金属管子入盒，盒外侧应套锁母，内侧应装护口；在吊顶内敷设时，盒的内、外侧均应套锁母。塑料管入盒应采取相应固定措施。

(7) 明敷管路和线槽时，应采用单独的卡具吊装或支撑物固定。吊装线槽或管路的吊杆直径不应小于 6mm。

(8) 线槽敷设时，下列部位应设置吊点或支点：

1) 线槽始端、终端及接头处。

2) 距接线盒 0.2m 处。

3) 线槽转角或分支处。

4) 直线段不大于 3m 处。

(9) 线槽接口应平直、严密，槽盖应齐全、平整、无翘角。

(10) 管线经过建筑物的变形缝（包括沉降缝、伸缩缝、抗震缝等）处，应采取补偿措施，导线跨越变形缝的两侧应固定，并留有适当余量。

(11) 系统导线敷设后，应用 500V 绝缘电阻表测量每个回路导线对地的绝缘电阻，且绝缘电阻值不应小于 20MΩ。

## 考点 27 火灾自动报警系统接地要求

(1) 系统接地装置的接地电阻值要求：

1) 采用共用接地装置时，接地电阻值不应大于 1Ω。

2) 采用专用接地装置时，接地电阻值不应大于 4Ω。

(2) 消防控制室内的电气和电子设备的金属外壳、机柜、机架和金属管、槽等，应采用等电位连接。

(3) 由消防控制室接地板引至各消防电子设备的专用接地线应选用铜芯绝缘导线，其线芯截面面积不应小于 $4mm^2$。

(4) 消防控制室接地板与建筑接地体之间，应采用线芯截面面积不小于 $25mm^2$ 的铜芯绝缘导线连接。

(5) 交流供电和 36V 以上直流供电的消防用电设备的金属外壳应有接地保

护，其接地线应与电气保护接地干线（PE）相连接。

## 考点28 消防控制室设置条件和建筑要求

（1）设置火灾自动报警系统和需要联动控制的消防设备的建筑（群）应设置消防控制室。

（2）单独建造的消防控制室，其耐火等级不应低于二级。

（3）附设在建筑内的消防控制室，宜设置在建筑内首层或地下一层，并宜布置在靠外墙部位。

（4）不应设置在电磁场干扰较强及其他可能影响消防控制设备正常工作的房间附近。

（5）疏散门应直通室外或安全出口。

（6）消防控制室送、回风管的穿墙处应设防火阀。

（7）消防控制室内严禁穿过与消防设施无关的电气线路及管路。

## 考点29 消防控制室主要功能和资料要求

（1）消防控制室的显示与控制，应符合有关规定。

（2）消防控制室的信息记录、信息传输，应符合有关规定。

（3）消防控制室应有相应的竣工图纸、各分系统控制逻辑关系说明、设备使用说明书、系统操作规程、应急预案、值班制度、维护保养制度及值班记录等文件资料。

## 考点30 消防控制室设备设置要求

（1）消防控制室应包括火灾报警控制器、消防联动控制器、消防控制室图形显示装置、消防专用电话总机、消防应急广播控制装置、消防应急照明和疏散指示系统控制装置、消防电源监控器等设备或具有相应功能的组合设备。

（2）设备面盘前的操作距离，单列布置时不应小于1.5m；双列布置时不应小于2m。

（3）在值班人员经常工作的一面，设备面盘至墙的距离不应小于3m。

（4）设备面盘后的维修距离不宜小于1m。

（5）设备面盘的排列长度大于4m时，其两端应设置宽度不小于1m的通道。

（6）与建筑其他弱电系统合用的消防控制室内，消防设备应集中设置，并应与其他设备间有明显间隔。

## 考点31 火灾自动报警系统验收的主要装置

（1）火灾报警系统装置（包括各种火灾探测器、手动火灾报警按钮、火灾报警控制器和区域显示器等）。

（2）消防联动控制系统（包括消防联动控制器、气体灭火控制器、消防电气控制装置、消防设备应急电源、消防应急广播设备、消防电话、传输设备、消防控制中心图形显示装置、模块、消防电动装置、消火栓按钮等设备）。

（3）自动灭火系统控制装置（包括自动喷水、气体、干粉、泡沫等固定灭

笔记

笔记

火系统的控制装置)。

(4) 消火栓系统的控制装置。

(5) 通风空调、防烟排烟及电动防火阀等控制装置。

(6) 电动防火门控制装置、防火卷帘控制器。

(7) 消防电梯和非消防电梯的回降控制装置。

(8) 火灾警报装置。

(9) 火灾应急照明和疏散指示控制装置。

(10) 切断非消防电源的控制装置。

(11) 电动阀控制装置。

(12) 消防联网通信设备。

(13) 系统内的其他消防控制装置。

## 考点32 火灾自动报警系统验收数量要求

(1) 室内消火栓的功能验收应在出水压力符合现行国家有关规范的条件下,抽验下列控制功能:

1) 在消防控制室内操作启、停泵1~3次。

2) 消火栓处操作启泵按钮,按实际安装数量5%~10%的比例抽验。

(2) 自动喷水灭火系统,应在符合现行国家标准的条件下,抽验下列控制功能:

1) 在消防控制室内操作启、停泵1~3次。

2) 水流指示器、信号阀等按实际安装数量的30%~50%的比例抽验。

3) 压力开关、电动阀、电磁阀等按实际安装数量全部进行检验。

(3) 气体、泡沫、干粉等灭火系统,应在符合国家现行有关系统设计规范的条件下按实际安装数量的20%~30%的比例抽验下列控制功能:

1) 自动、手动启动和紧急切断试验1~3次。

2) 与固定灭火设备联动控制的其他设备动作(包括关闭防火门窗、停止空调风机、关闭防火阀等)试验1~3次。

(4) 防烟排烟风机应全部检验,通风空调和防烟排烟设备的阀门,应按实际安装数量10%~20%的比例抽验,并抽验联动功能,且应符合下列要求:

1) 报警联动启动、消防控制室直接启停、现场手动启动联动防烟排烟风机1~3次。

2) 报警联动停、消防控制室远程停通风空调送风1~3次。

3) 报警联动开启、消防控制室开启、现场手动开启防烟排烟阀门1~3次。

## 考点33 火灾自动报警系统验收判定标准

(1) 各项检验项目中,当有不合格时,应修复或更换,并进行复验。复验时,对有抽验比例要求的,应加倍检验。

(2) 系统内的设备及配件规格、型号与设计不符、无国家相关证明和检验报告的,系统内的任一控制器和火灾探测器无法发出报警信号,无法实现要求的联动功能的,定为A类不合格。

（3）验收前提供资料不符合要求的定为B类不合格。

（4）除A、B类不合格外，其余不合格项均为C类不合格。

（5）系统验收合格判定为：$A=0$，且$B\leqslant 2$，且$B+C\leqslant$检查项的5%为合格，否则为不合格。

笔 记

## 考点34　火灾自动报警系统使用维护要求

（1）火灾自动报警系统应保持连续正常运行，不得随意中断。

（2）每日应检查火灾报警控制器的功能，并按要求填写相应的记录。

（3）每季度应检查和试验火灾自动报警系统的下列功能：

1）采用专用检测仪器分期分批试验探测器的动作及确认灯显示。

2）试验火灾警报装置的声光显示。

3）试验水流指示器、压力开关等报警功能、信号显示。

4）对主电源和备用电源进行1～3次自动切换试验。

5）检查消防电梯迫降功能。

6）应抽取不小于总数25%的消防电话和电话插孔在消防控制室进行对讲通话试验。

（4）每季度用自动或手动检查消防控制设备的控制显示功能：

1）室内消火栓、自动喷水、泡沫、气体、干粉等灭火系统的控制设备。

2）抽验电动防火门、防火卷帘，数量不小于总数的25%。

3）选层试验消防应急广播设备，并试验公共广播强制转入火灾应急广播的功能，抽检数量不小于总数的25%。

4）火灾应急照明与疏散指示标志的控制装置。

5）送风机、排烟机和自动挡烟垂壁的控制设备。

（5）每年应检查和试验火灾自动报警系统下列功能，并按要求填写相应的记录：

1）应用专用检测仪器对所安装的全部探测器和手动报警装置试验至少1次。

2）自动和手动打开排烟阀，关闭电动防火阀和空调系统。

3）对全部电动防火门、防火卷帘的试验至少1次。

4）强制切断非消防电源功能试验。

5）对其他有关的消防控制装置进行功能试验。

## 二、难点突破

消防联动控制器调试验收要求：

（1）调试时将消防联动控制器与火灾报警控制器、任一回路的输入/输出模块及该回路模块控制的受控设备相连接，切断所有受控现场设备的控制连线，接通电源。

（2）检查消防联动控制系统内各类用电设备的各项控制、接收反馈信号（可模拟现场设备启动信号）和显示功能。

（3）使消防联动控制器分别处于自动工作和手动工作状态，检查其状态显示，进行功能检查：

笔 记

1）自检功能和操作级别。

2）消防联动控制器与各模块之间的连线断路和短路时，消防联动控制器能在 100s 内发出故障信号。

3）消防联动控制器与备用电源之间的连线断路和短路时，消防联动控制器应能在 100s 内发出故障信号。

4）检查消音、复位功能。

5）检查屏蔽功能。

6）使总线隔离器保护范围内的任一点短路，检查总线隔离器的隔离保护功能。

7）使至少 50 个输入/输出模块同时处于动作状态（模块总数少于 50 个时，使所有模块动作），检查消防联动控制器的最大负载功能。

8）检查主、备电源的自动转换功能，并在备用电源工作状态下重复进行最大负载检查。

（4）接通所有启动后可以恢复的受控现场设备。

（5）使消防联动控制器的工作状态处于自动状态，按国家标准有关规定和设计的联动逻辑关系进行功能检查：

1）按设计的联动逻辑关系，使相应的火灾探测器发出火灾报警信号，检查消防联动控制器接收火灾报警信号情况、发出联动信号情况、模块动作情况、受控设备的动作情况、受控现场设备动作情况、接收反馈信号（对于启动后不能恢复的受控现场设备，可模拟现场设备启动反馈信号）及各种显示情况。

2）检查手动插入优先功能。

（6）使消防联动控制器的工作状态处于手动状态，按有关规定和设计的联动逻辑关系依次手动启动相应的受控设备，检查消防联动控制器发出联动信号情况、模块动作情况、受控设备的动作情况、受控现场设备动作情况、接收反馈信号（对于启动后不能恢复的受控现场设备，可模拟现场设备启动反馈信号）及各种显示情况。

（7）依次将其他回路的输入/输出模块及该回路模块控制的受控设备相连接，切断所有受控现场设备的控制连线，接通电源，重复各项检查。

（8）消防联动控制器功能验收与调试要求相同，各系统的自动、手动控制功能验收应在消防控制室内操作 1～3 次。

## 三、真题解析

### （一）单项选择题

1.（考点 1）联动型火灾报警控制器的功能不包括（　　）。（2017 年技术实务真题）

A. 显示火灾显示盘的工况　　B. 显示系统屏蔽信息

C. 联动控制稳压泵启动　　D. 切断非消防电源供电

**【答案】** C。

**【解析】** 火灾报警控制器作为火灾自动报警系统的控制中心，能够接收并发出火灾报警信号和故障信息，同时完成相应的显示和控制功能的设备。功能包括火灾报警、故障报警、监管、联动控制、屏蔽、自检、信息显示与查询功能、电源、操作级别等功能。

稳压泵应由消防给水管网或气压水罐上设置的稳压泵自动启停泵压力开关或压力变送器控制。

消防控制柜或控制盘应能显示消防水泵和稳压泵的运行状态。

消防联动控制器应具有切断火灾区域及相关区域的非消防电源的功能，当需要切断正常照明时，宜在自动喷淋系统、消火栓系统动作前切断。

2.（考点 20、32）消防设施检测机构对某单位的火灾报警系统进行验收前的检测，根据现行国家标准《火灾自动报警系统施工及验收规范》GB 50166，该单位的下列做法中，错误的是（　　）。(2017 年综合能力真题)

A. 对消防电梯进行 2 次报警联动控制功能检验

B. 对自动喷水系统给水泵在消防控制室内进行 3 次远程启泵操作试验

C. 对防烟排烟风机进行 4 次报警联动启动试验

D. 对各类消防用电设备主、备电源的自行转换装置进行 1 次切换试验

**【答案】** D。

**【解析】** 消防电梯应进行 1 ~2 次手动控制和联动控制功能检验，非消防电梯应进行 1 ~2 次联动返回首层功能检验，其控制功能、信号均应正常。

在消防控制室内操作启、停自动喷水供水泵 1 ~3 次。

报警联动启动、消防控制室直接启停、现场手动启动联动防烟排烟风机 1 ~3 次。

各类消防用电设备主、备电源的自动转换装置，应进行 3 次转换试验，每次试验均应正常。

**（二）多项选择题**

（考点 34）根据现行国家标准《火灾自动报警系统施工及验收规范》GB 50166，下列火灾自动报警系统的功能中，应每季度进行检查和试验的有（　　）。(2017 年综合能力真题)

A. 分期分批试验探测器的动作及确认灯显示功能

B. 试验火灾警报装置的声光显示功能

C. 试验主、备电源自动切换功能

D. 试验非消防电源强制切断功能

E. 试验相关消防控制设备的控制显示功能

**【答案】** ABCE。

**【解析】** 每季度应检查和试验火灾自动报警系统的功能包括：

（1）采用专用检测仪器分期分批试验探测器的动作及确认灯显示。

（2）试验火灾警报装置的声光显示。

（3）对主电源和备用电源进行 1 ~3 次自动切换试验。

（4）用自动或手动检查消防控制设备的控制显示功能。

强制切断非消防电源功能试验为每年检查和试验的内容。

笔记

笔 记

# 第三节 其他报警系统

## 一、考点提炼

### 考点1 可燃气体探测报警系统适用场所

（1）建筑内可能散发可燃气体、可燃蒸气的场所应设置可燃气体报警装置，并应选择可燃气体探测器。

（2）使用可燃气体的场所。

（3）燃气站和燃气表房以及存储液化石油气罐的场所。

（4）其他散发可燃气体和可燃蒸气的场所。

### 考点2 可燃气体探测报警系统设置要求

（1）可燃气体探测报警系统应独立组成，可燃气体探测器不应接入火灾报警控制器的探测器回路。

（2）当有消防控制室时，可燃气体报警控制器可设置在保护区域附近；当无消防控制室时，可燃气体报警控制器应设置在有人值班的场所。

（3）可燃气体报警控制器的报警信息和故障信息，应在消防控制室图形显示装置或起集中控制功能的火灾报警控制器上显示，但该类信息与火灾报警信息的显示应有区别。

（4）可燃气体报警控制器与消防控制室图形显示装置应采用专用线路连接。

（5）石油化工行业涉及过程控制的可燃气体探测器的报警信号应接入消防控制室。

（6）可燃气体报警控制器发出报警信号时，应能启动保护区域的火灾声光警报器。

（7）可燃气体探测报警系统保护区域内有联动和警报要求时，应由可燃气体报警控制器或消防联动控制器联动实现。

### 考点3 可燃气体探测器设置要求

（1）探测气体密度小于空气密度的可燃气体探测器应设置在被保护空间的顶部，探测气体密度大于空气密度的可燃气体探测器应设置在被保护空间的下部，探测气体密度与空气密度相当时，可燃气体探测器可设置在被保护空间的中间部位或顶部。

（2）可燃气体探测器宜设置在可能产生可燃气体部位附近。

（3）线型可燃气体探测器的保护区域长度不宜大于60m。

（4）报警设定值应在1%～25% LEL范围。

（5）可燃气体探测器在厨房设置的要求：

1）使用天然气的用户应选择甲烷探测器，使用液化气的用户应选择丙烷探测器，使用煤制气的用户应选择一氧化碳探测器。

2）连接燃气灶具的软管及接头在橱柜内部时，探测器宜设置在橱柜内部。

3）甲烷探测器应设置在厨房顶部，丙烷探测器应设置在厨房下部，一氧化碳探测器可设置在厨房下部，也可设置在其他部位。

4）可燃气体探测器不宜设置在灶具正上方。

5）宜采用具有联动关断燃气关断阀功能的可燃气体探测器。

笔记

## 考点4　可燃气体探测器安装调试保养要求

（1）安装位置应根据探测气体密度确定。若其密度小于空气密度，探测器应位于可能出现泄漏点的上方或探测气体的最高可能聚集点上方；若其密度大于或等于空气密度，探测器应位于可能出现泄漏点的下方。

（2）在探测器周围应适当留出更换和标定的空间。

（3）线型可燃气体探测器在安装时，应使发射器和接收器的窗口避免日光直射，且在发射器与接收器之间不应有遮挡物，两组探测器之间的距离不应大于14m。

（4）对探测器施加达到响应浓度值的可燃气体标准样气，探测器应在30s内响应。撤去可燃气体，探测器应在60s内恢复到正常监视状态。

（5）将线型可燃气体探测器发射器发出的光全部遮挡，探测器相应的控制装置应在100s内发出故障信号。

（6）可燃气体探测器的气敏元件超过生产企业规定的寿命年限后应及时更换，气敏元件的更换应由有相关资质的机构根据产品生产企业的要求进行。

## 考点5　可燃气体报警控制器调试验收要求

（1）自检功能和操作级别。

（2）控制器与探测器之间的连线断路和短路时，控制器应在100s内发出故障信号。

（3）在故障状态下，使任一非故障探测器发出报警信号，控制器应在1min内发出报警信号，并应记录报警时间；再使其他探测器发出报警信号，检查控制器的再次报警功能。

（4）消音和复位功能。

（5）控制器与备用电源之间的连线断路和短路时，控制器应在100s内发出故障信号。

（6）高限报警或低、高两段报警功能。

（7）报警设定值的显示功能。

（8）控制器最大负载功能，使至少4只可燃气体探测器同时处于报警状态（探测器总数少于4只时，使所有探测器均处于报警状态）。

（9）主、备用电源的自动转换功能，并在备用电源工作状态下检查控制器最大负载功能。

## 考点6　设置电气火灾监控系统的场所

（1）下列建筑或场所的非消防用电负荷宜设置电气火灾监控系统：

笔记

1）建筑高度大于50m的乙、丙类厂房和丙类仓库，室外消防用水量大于30L/s的厂房（仓库）。

2）一类高层民用建筑。

3）座位数超过1500个的电影院、剧场，座位数超过3000个的体育馆，任一层建筑面积大于3000m²的商店和展览建筑，省（市）级及以上的广播电视、电信和财贸金融建筑，室外消防用水量大于25L/s的其他公共建筑。

4）国家级文物保护单位的重点砖木或木结构的古建筑。

（2）应设置电气火灾监控系统的场所。

1）道路隧道主要设备用房内的配电线路应设置电气火灾监控探测器。

2）高度大于12m的空间场所，其电气线路应设置电气火灾监控探测器，照明线路上应设置具有探测故障电弧功能的电气火灾监控探测器。

## 考点7 电气火灾监控系统设置一般要求

（1）在无消防控制室且电气火灾监控探测器设置数量不超过8只时，可采用独立式电气火灾监控探测器。

（2）非独立式电气火灾监控探测器不应接入火灾报警控制器的探测器回路。

（3）在设置消防控制室的场所，电气火灾监控器与消防控制室图形显示装置应采用专用线路连接，电气火灾监控器的报警信息和故障信息应在消防控制室图形显示装置或起集中控制功能的火灾报警控制器上显示，但该类信息与火灾报警信息的显示应有区别。

（4）电气火灾监控系统的设置不应影响供电系统的正常工作，不宜自动切断供电电源。

（5）当线型感温火灾探测器用于电气火灾监控时，可接入电气火灾监控器。

## 考点8 电气火灾监控系统组件设置要求

（1）剩余电流式电气火灾监控探测器设置要求：

1）应以设置在低压配电系统首端为基本原则，宜设置在第一级配电柜（箱）的出线端。在供电线路泄漏电流大于500mA时，宜在其下一级配电柜（箱）设置。

2）不宜设置在IT系统的配电线路和消防配电线路中。

3）探测器报警值宜为300～500mA。

（2）测温式电气火灾监控探测器设置要求：

1）测温式电气火灾监控探测器应设置在电缆接头、端子、重点发热部件等部位。

2）保护对象为1000V及以下的配电线路，测温式电气火灾监控探测器应采用接触式布置。

3）保护对象为1000V以上的供电线路，测温式电气火灾监控探测器宜选择光栅光纤测温式或红外测温式电气火灾监控探测器，光栅光纤测温式电气火灾监控探测器应直接设置在保护对象的表面。

（3）具有探测线路故障电弧功能的电气火灾监控探测器，其保护线路的长度不宜大于100m。

（4）独立式电气火灾监控探测器设置要求：

1）设置时应符合剩余电流式和测温式电气火灾监控探测器有关规定。

2）独立式电气火灾监控探测器的报警信息和故障信息应在消防控制室图形显示装置或集中火灾报警控制器上显示，但该类信息与火灾报警信息的显示应有区别。

3）未设火灾自动报警系统时，独立式电气火灾监控探测器应将报警信号传至有人值班的场所。

（5）电气火灾监控器设置要求：

1）设有消防控制室时，电气火灾监控器应设置在消防控制室内或保护区域附近；设置在保护区域附近时，应将报警信息和故障信息传入消防控制室。

2）未设消防控制室时，电气火灾监控器应设置在有人值班的场所。

## 考点9　消防远程监控系统组成和功能

（1）消防远程监控系统组成。

消防远程监控系统应由用户信息传输装置、报警传输网络、监控中心和火警信息终端组成，监控中心设有报警受理系统、信息查询系统、用户服务系统。

（2）消防远程监控系统功能。

对联网用户的火灾报警信息、建筑消防设施运行状态信息、消防安全管理信息进行接收、处理和管理，向城市消防通信指挥中心或其他接处警中心发送经确认的火灾报警信息，为公安消防部门提供查询，并为联网用户提供信息服务的系统。

## 考点10　火灾自动报警系统远程监控功能要求

（1）消防控制室向远程监控系统传输相关信息的功能，应符合现行国家标准的规定。

（2）火灾自动报警系统设置的消防控制室图形显示装置，应具有传输火灾报警、建筑消防设施运行状态信息和消防安全管理信息的功能。系统未设置消防控制室图形显示装置时，应设置火（灾报）警传输设备。

（3）建筑消防设施运行状态信息包括：故障信息、屏蔽信息、设备正常工作和动作状态信息、设备启动和停止状态信息、系统的手动和自动状态信息、可燃气体探测报警信息、电气火灾监控报警信息等。

（4）消防安全管理信息包括：单位基本情况、主要建筑（构）物信息、消防安全重点部位信息、室内外消防设施信息、消防设施定期检查及维护保养信息、日常防火巡查记录和火灾信息。

## 考点11　火灾报警传输设备或用户信息传输装置设置及功能要求

（1）应设置在消防控制室内，未设置消防控制室时，应设置在火灾报警控制器附近的明显部位。

笔　记

笔记

(2) 与火灾报警控制器、消防联动控制器等设备之间，应采用专用线路连接。

(3) 手动报警装置，应设置在便于操作的明显部位。

(4) 接收联网用户的火灾报警信息和建筑消防设施运行状态信息，并将信息通过报警传输网络发送给监控中心。

(5) 优先传送火灾报警信息和手动报警信息。

(6) 具有设备自检和故障报警功能，具有主、备用电源自动转换功能，备用电源的容量应能保证用户信息传输装置连续正常工作时间不小于 8h。

## 考点 12　火警信息终端

(1) 火警信息终端设置在城市消防通信指挥中心或其他接、处警中心，应通过专线（网）与监控中心进行信息传输。

(2) 接收并显示监控中心发送的联网用户火灾报警信息，显示接收时间和监控中心接警员，反馈接收确认信号，并发出明显的声、光提示信号。

(3) 具有设备自检及故障报警功能。

## 考点 13　消防远程监控系统性能指标

(1) 监控中心应能同时接收和处理不少于 3 个联网用户的火灾报警信息。

(2) 从用户信息传输装置获取火灾报警信息到监控中心接收显示的响应时间不应大于 20s。

(3) 监控中心向城市消防通信指挥中心或其他接处警中心转发经确认的火灾报警信息的时间不应大于 3s。

(4) 监控中心与用户信息传输装置之间通信巡检周期不应大于 2h。

(5) 监控中心的火灾报警信息、建筑消防设施运行状态信息等记录应备份，其保存周期不应小于 1 年。

(6) 录音文件的保存周期不应少于 6 个月。

(7) 远程监控系统应有统一的时钟管理，累计误差不应大于 5s。

## 考点 14　用户信息传输装置检查测试要求

(1) 每日进行 1 次自检功能检查。

(2) 由火灾自动报警系统等建筑消防设施模拟生成火警，进行火灾报警信息发送试验，每个月试验次数不应少于 2 次。

(3) 每半年现场断开设备电源，进行设备检查与除尘。

(4) 对用户信息传输装置的主电源和备用电源进行切换试验，每半年的试验次数不应少于 1 次。

## 考点 15　远程监控中心维护管理要求

(1) 远程监控系统的运行及维护应由具有独立法人资格的单位承担。

(2) 远程监控系统的主要技术人员应由从事火灾报警、消防设备、计算机软件、网络通信等专业 5 年以上（含 5 年）经历的人员构成。

（3）监控中心应有接、处警登记表、值班人员工作通话录音录时的电子文档、设备运行巡检及故障记录、数据备份与恢复方案等文档。

（4）监控中心每日进行 1 次与设置在城市消防通信指挥中心或其他接处警中心的火警信息终端之间的通信测试。

（5）监控中心每半年应进行系统集成功能检查测试。

（6）监控中心定期向联网用户采集消防安全管理信息。

（7）监控中心向联网用户提供该单位火灾报警和建筑消防设施故障情况统计月报表。

（8）联网用户人为停止火灾自动报警系统等建筑消防设施运行时，应提前通知监控中心；联网用户的建筑消防设施故障造成误报警超过 5 次/日，且不能及时修复时，应与监控中心协商处理办法。

## 二、难点突破

报警传输网络和监控中心设置要求：

（1）报警传输网络可利用公用通信网或专用通信网，可采用有线通信或无线通信方式。

（2）报警受理系统功能要求：

1）与联网用户进行语音、数据或图像通信。

2）实时记录报警受理的语音及相应时间。

3）接收、显示、记录和查询报警联网用户的报警时间、名称、地址、联系电话、内部报警点位置、地理信息等火灾报警信息。

4）核实和确认火灾报警信息后，应将火灾报警信息和监控中心接警员等信息向城市消防通信指挥中心或其他接处警中心的火警信息终端传送，并显示火警信息终端的应答信息。

5）接收、存储用户信息传输装置发送的建筑消防设施运行状态信息，对故障信息进行跟踪、记录、查询和统计，并发送至相应联网用户。

6）自动或人工对用户信息传输装置进行巡检测试，具有系统自检及故障报警功能。

（3）用户服务系统。

为联网用户提供信息服务的功能主要有：

1）查询火灾报警、建筑消防设施运行状态信息及消防安全管理信息。

2）对联网用户的建筑消防设施日常维护保养情况进行管理。

3）随机查岗，实现对消防控制室值班工作的远程监督。

（4）信息查询系统。

为公安消防部门提供联网用户的信息查询、检索和统计功能包括：

1）火灾报警信息。

2）建筑消防设施运行状态信息。

3）消防安全管理信息。

4）日常值班、在岗等信息。

笔　记

笔 记

## 三、真题解析

**单项选择题**

1. （考点2、3、7）关于可燃气体探测报警系统设计的说法，符合规范要求的是（　　）。（2017 年技术实务真题）

A. 可燃气体探测器可接入可燃气体报警控制器，也可直接接入火灾报警控制器的探测回路

B. 探测天然气的可燃气体探测器应安装在保护空间的下部

C. 液化石油气探测器可采用壁挂及吸顶安装方式

D. 能将报警信号传输至消防控制室时，可燃气体报警控制器可安装在保护区域附近无人值班的场所

**【答案】** D。

**【解析】** 可燃气体探测报警系统应独立组成，可燃气体探测器不应接入火灾报警控制器的探测器回路。

探测气体密度小于空气密度的可燃气体探测器应设置在被保护空间的顶部。

探测气体密度大于空气密度的可燃气体探测器应设置在被保护空间的下部。

当有消防控制室时，可燃气体报警控制器可设置在保护区域附近；当无消防控制室时，可燃气体报警控制器应设置在有人值班的场所。

可燃气体报警控制器的报警信息和故障信息，应在消防控制室图形显示装置或起集中控制功能的火灾报警控制器上显示，但该类信息与火灾报警信息的显示应有区别。

2. （考点 8）根据规范要求，剩余电流式电气火灾监控探测器应设置在（　　）。（2017 年技术实务真题）

A. 高压配电系统末端

B. 采用 IT、TN 系统的配电线路上

C. 泄漏电流大于 500mA 的供电线路上

D. 低压配电系统首端

**【答案】** D。

**【解析】** 剩余电流式电气火灾监控探测器应以设置在低压配电系统首端为基本原则，宜设置在第一级配电柜（箱）的出线端。

在供电线路泄漏电流大于 500mA 时，宜在其下一级配电柜（箱）上设置。

剩余电流式电气火灾监控探测器不宜设置在 IT 系统的配电线路和消防配电线路中。

剩余电流式电气火灾监控探测器报警值宜为 300～500mA。

3. （考点 9）各地在智慧消防建设过程中，积极推广应用城市消防远程监控系统，根据现行国家标准《城市消防远程监控系统技术规范》GB 50440，下列系统和装置中，属于城市消防远程监控系统构成部分是（　　）。（2017 年综合能力真题）

A. 用户信息传输装置　　B. 火灾警报装置

C. 火灾探测报警系统　　D. 消防联动控制系统

【答案】A。

【解析】城市消防远程监控系统应由用户信息传输装置、报警传输网络、报警受理系统、信息查询系统、用户服务系统及相关终端和接口构成。

笔记

# 第六章 消防应急照明和疏散指示系统

消防应急照明和疏散指示系统是为人员疏散、消防作业提供照明和疏散指示的系统，由各类消防应急灯具及相关装置组成。本章思维导图如图 5-6 所示。

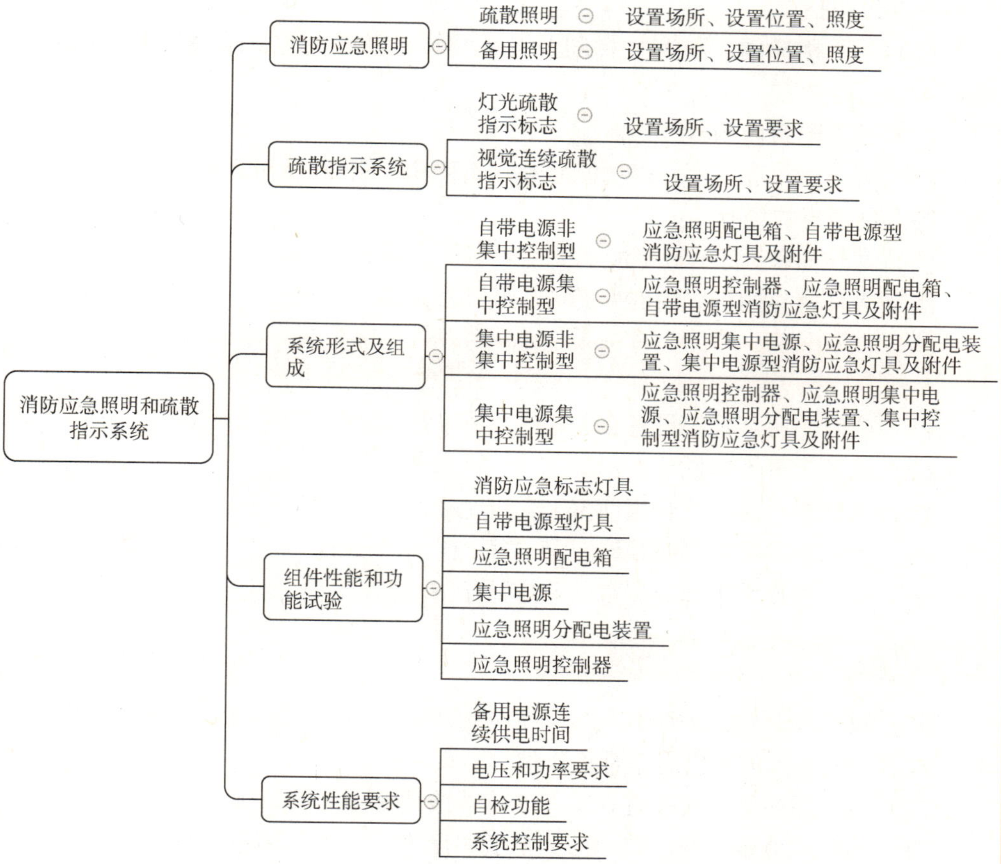


图 5-6 消防应急照明和疏散指示系统思维导图

## 一、考点提炼

### 考点 1 消防应急灯具类别

（1）消防应急灯具是为人员疏散、消防作业提供照明和标志的各类灯具，包括消防应急照明灯具和消防应急标志灯具。

（2）消防应急照明灯具是为人员疏散、消防作业提供照明的消防应急灯具。为人员疏散照明的称为消防应急疏散照明，为消防作业照明的称为消防应急备用照明。

笔 记

(3) 消防应急标志灯具是用图形和/或文字完成下述功能的消防应急灯具：

1) 指示安全出口、楼层和避难层（间）。

2) 指示疏散方向。

3) 指示灭火器材、消火栓箱、消防电梯、残疾人楼梯位置及其方向。

4) 指示禁止入内的通道、场所及危险品存放处。

## 考点2 消防应急疏散照明设置场所

除建筑高度小于27m的住宅建筑外，民用建筑、厂房和丙类仓库应设置疏散照明的部位包括：

(1) 封闭楼梯间、防烟楼梯间及其前室、消防电梯间的前室或合用前室、避难走道、避难层（间）。

(2) 公共建筑内的疏散走道。

(3) 观众厅、展览厅、多功能厅和建筑面积大于200$m^2$的营业厅、餐厅、演播室等人员密集的场所。

(4) 建筑面积大于100$m^2$的地下或半地下公共活动场所。

(5) 人员密集的厂房内的生产场所及疏散走道。

## 考点3 消防应急疏散照明设置位置和地面最低水平照度要求

(1) 疏散照明灯具应设置在出口的顶部、墙面的上部或顶棚上。

(2) 疏散走道不应低于1.0lx。

(3) 楼梯间、前室或合用前室、避难走道，不应低于5.0lx。

(4) 人员密集场所、避难层（间）不应低于3.0lx。

(5) 病房楼或手术部的避难间不应低于10.0lx。

## 考点4 消防应急备用照明设置要求

(1) 设置场所包括消防控制室、消防水泵房、自备发电机房、配电室、防排烟机房和发生火灾时仍需正常工作的消防设备房。

(2) 备用照明灯具应设置在墙面的上部或顶棚上。

(3) 消防应急备用照明作业面的最低照度不应低于正常照明的照度。

(4) 灯光疏散指示标志设置场所

1) 公共建筑。

2) 建筑高度大于54m的住宅建筑。

3) 高层厂房（库房）。

4) 甲、乙、丙类单层、多层厂房。

## 考点5 灯光疏散指示标志设置要求

(1) 安全出口标志应设置在安全出口和人员密集场所的疏散门的正上方。

(2) 方向标志应设置在疏散走道及其转角处距地面高度1.0m以下的墙面或地面上。

(3) 标志间距不应大于20m。

（4）疏散指示标志距袋形走道尽端不应大于10m。

（5）在走道转角区，标志距侧墙不应大于1.0m。

## 考点6 视觉连续疏散指示标志设置要求

应在疏散走道和主要疏散路径的地面上增设能保持视觉连续的灯光疏散指示标志或蓄光疏散指示标志的建筑或场所：

（1）歌舞娱乐放映游艺场所。

（2）总建筑面积大于$500m^2$的地下或半地下商店。

（3）车站、码头建筑和民用机场航站楼中建筑面积大于$3000m^2$的候车、候船厅和航站楼的公共区。

（4）总建筑面积大于$5000m^2$的地上商店。

（5）总建筑面积大于$8000m^2$的展览建筑。

（6）座位数超过1500个的电影院、剧场，座位数超过3000个的体育馆、会堂或礼堂。

## 考点7 消防应急照明和疏散系统形式及组成

（1）自带电源非集中控制型，由应急照明配电箱、自带电源型消防应急灯具及相关附件等组成。应急照明配电箱是指为自带电源型消防应急灯具供电的供配电装置。自带电源型消防应急灯具是指电池、光源及相关电路装在灯具内部的消防应急灯具。

（2）自带电源集中控制型，由应急照明控制器、应急照明配电箱、自带电源型消防应急灯具及相关附件等组成。应急照明控制器是指控制并显示集中控制型消防应急灯具、应急照明集中电源、应急照明分配电装置及应急照明配电箱及相关附件等工作状态的控制与显示装置。

（3）集中电源非集中控制型，由应急照明集中电源、应急照明分配电装置、集中电源型消防应急灯具及相关附件等组成。应急照明集中电源是指火灾发生时，为集中电源型消防应急灯具供电、以蓄电池为能源的电源。应急照明分配电装置是指为应急照明集中电源应急输出进行分配电的供配电装置。集中电源型消防应急灯具是指灯具内无独立的电池而由应急照明集中电源供电的消防应急灯具。

（4）集中电源集中控制型，由应急照明控制器、应急照明集中电源、应急照明分配电装置、集中控制型消防应急灯具及相关附件组成。

## 考点8 消防应急标志灯具的性能要求

（1）绿色或红色标志灯表面最小亮度不应小于$50cd/m^2$，最大亮度不应大于$300cd/m^2$。白色与绿色或红色组合图形标志灯表面最小亮度不应小于$5cd/m^2$，最大亮度不应大于$300cd/m^2$。各颜色本身最大亮度与最小亮度比值不应大于10。白色与相邻绿色或红色交界两边对应点的亮度比不应小于5且不大于15。

（2）消防应急照明灯具应急状态光通量不应小于50lm。疏散用手电筒的发

笔记

笔 记

光色温应在 2500～2700K 之间。

(3) 灯具在处于未接入光源、光源不能正常工作或光源规格不符合要求等异常状态时，内部元件表面最高温度不应超过 90℃，且不影响电池的正常充电。

(4) 有语音提示的灯具的音量调节装置应置于设备内部，正前方 1m 处测得声压级应在 70～115dB 范围内。

## 考点 9　自带电源型灯具性能要求

(1) 应设主电（绿色）、充电（红色）、故障（黄色）状态指示灯。（地面安装的灯具和集中控制型灯具除外）

(2) 应设模拟主电源供电故障的自复式试验按钮或遥控装置（集中控制型灯具除外），遥控距离为 3～15m。

(3) 不应设影响由主电工作状态自动转入应急工作状态的开关。

(4) 应急状态不应受其主电源供电线短路、接地的影响。

(5) 非持续型的灯具在光源故障的条件下应点亮故障状态指示灯。

## 考点 10　消防应急灯具的基本功能试验

(1) 切断自带电源型灯具的主电源，使其处于应急状态，将其主电电源线分别短路、接地，检查灯具的工作情况。

(2) 启动灯具的模拟交流电源供电故障的试验按钮（开关或遥控接收发射装置），检查其工作状态的转换情况。

(3) 使灯具处于主电工作状态，检查手动自检功能；再使其灯具处于应急工作状态。

(4) 分别断开自带电源型灯具的电池、光源，使其处于主电状态，故障指示灯应点亮。

(5) 使集中电源型灯具分别处于主电状态和应急状态，应急指示灯应点亮。

(6) 分别断开灯具的光源、安装不能正常工作的光源及不同规格的光源。对该应急灯具充电 24h、放电 80min，期间连续测量其内部发热元件的表面温度，不应超过 90℃。然后重新安装正常光源，接通主电源，检查该灯具的工作情况。

## 考点 11　应急照明配电箱性能要求

(1) 应能接收应急转换联动控制信号，切断供电电源，使连接的灯具转入应急状态，并发出反馈信号。

(2) 每个输出配电回路均应设保护电器。

## 考点 12　集中电源性能要求

(1) 应设主电（绿色）、充电（红色）、故障（黄色）和应急（红色）状态指示灯。

(2) 应设模拟主电源供电故障的自复式试验按钮（或开关）。

（3）应显示主电电压、电池电压、输出电压和输出电流。

（4）主电和备电能以手动、自动两种方式转入应急状态，应设强制应急启动按钮，该按钮启动后，应急照明集中电源不应受过放电保护的影响。

（5）每个输出支路均应单独保护。

笔记

## 考点13　应急照明集中电源的基本功能试验

（1）分别使应急照明集中电源处于主电和应急工作状态，检查其主电电压、电池电压、输出电压和输出电流的显示情况及指示灯颜色。

（2）分别以自动、手动方式使应急照明集中电源转入应急工作状态，直至放电终止，检查主电和备电输出情况，应急工作时间应不少于90min。

（3）分别使应急照明集中电源分别处于主电和应急工作状态，将任一输出支路短路，应不影响其他支路工作。

（4）分别使应急照明集中电源处于空载、满载10%、满载和超载20%状态，应正常工作。

（5）分别使充电器与电池间连接线开路、短路，分别使输出分支线路连接线开路，应有故障声光信号。

（6）启动强制应急启动按钮，使应急照明集中电源转入应急状态，并直至放电终止，不应受过放电保护的影响，电池电压低于过放电保护电压值时应有故障声光信号。

## 考点14　应急照明分配电装置性能要求

（1）应能完成主电工作状态到应急工作状态的转换。

（2）在应急工作状态、额定负载条件下，输出电压不应低于额定工作电压的85%。

（3）在应急工作状态、空载条件下输出电压不应高于额定工作电压的110%。

## 考点15　应急照明分配电装置的基本功能试验

（1）分别使应急照明集中电源处于主电和应急工作状态，应急照明分配电装置应能完成主电工作状态到应急工作状态的转换。

（2）应急工作状态下，测量其输出电压，不应低于额定工作电压的85%。

（3）应急工作状态下，断开所有负载，测量其输出电压，不应高于额定工作电压的110%。

## 考点16　应急照明控制器性能要求

（1）应能控制并显示与其相连的所有灯具、集中电源和分配电装置的工作状态。

（2）下述情况应发出故障声、光信号，并指示故障类型：

1）灯具的连接线开路、短路时。

2）灯具的光源开路、短路。

笔 记

3）主电源欠压。

4）备用电源的充电器与备用电源之间的连接线开路、短路。

5）应急照明控制器与备用电源之间的连接线开路、短路。

6）集中电源与应急照明分配电装置之间连接线开路或短路时。

（3）应有主、备用电源的工作状态指示，能实现主、备用电源的自动转换。备用电源应至少能保证应急照明控制器正常工作 3h。

（4）应能以手动、自动两种方式使与其相连的所有灯具转入应急状态，应设强制使所有灯具转入应急状态的按钮。

（5）任一支路的灯具与应急照明控制器连接线开路、短路或接地时，不应影响其他支路的灯具或应急电源盒的工作。

### 考点 17　消防应急照明和疏散指示备用电源连续供电时间要求

（1）建筑高度大于 100m 的民用建筑，不应小于 1.5h。

（2）医疗建筑、老年人建筑、总建筑面积大于 100000$m^2$的公共建筑和总建筑面积大于 20000$m^2$的地下、半地下建筑，不应少于 1.0h。

（3）其他建筑，不应少于 0.5h。

### 考点 18　消防应急照明和疏散指示系统电压和功率要求

（1）主电源应采用 220V（应急照明集中电源可采用 380V），50Hz 交流电源；安装在地面的灯具主电源应采用安全电压。

（2）应急照明集中电源的单相输出最大额定功率不应大于 30kV·A，三相输出最大额定功率不应大于 90kV·A。

（3）逆变转换型应急照明分配电装置的单相输出最大额定功率不应大于 10kV·A，三相输出最大额定功率不应大于 30kV·A。

### 考点 19　消防应急照明和疏散指示系统自检功能要求

（1）系统持续主电工作 48h 后每隔（30±2）d 应能自动由主电工作状态转入应急工作状态并持续 30～180s，然后自动恢复到主电工作状态。

（2）系统持续主电工作每隔一年应能自动由主电工作状态转入应急工作状态并持续至放电终止，然后自动恢复到主电工作状态，持续应急工作时间不应少于 30min。

（3）系统应有手动完成主电与应急工作切换的自检功能，手动自检不应影响自动自检计时。

## 二、难点突破

消防应急照明和疏散指示联动控制要求：

（1）自带电源非集中控制型消防应急照明和疏散指示系统，应由消防联动控制器联动消防应急照明配电箱实现。

（2）集中电源非集中控制型消防应急照明和疏散指示系统，应由消防联动控制器联动应急照明集中电源和应急照明分配电装置实现。

（3）集中控制型消防应急照明和疏散指示系统，应由火灾报警控制器或消防联动控制器启动应急照明控制器实现。

（4）当确认火灾后，由发生火灾的报警区域开始，顺序启动全楼疏散通道的消防应急照明和疏散指示系统，系统全部投入应急状态的启动时间不应大于5s。高危险区域使用的系统的应急转换时间不应大于0.25s。

（5）火灾应急照明和疏散指示系统联动验收时，火灾应急照明和疏散指示系统控制装置应进行1～3次使系统转入应急状态检验，系统中各消防应急照明灯具均应能转入应急状态。

笔　记

## 三、真题解析

**单项选择题**

1.（考点3）大学生集体宿舍楼疏散走道内设置的疏散照明，其地面水平照度不应低于（　　）lx。(2017年技术实务真题)

A. 3.0　　　　B. 1.0

C. 5.0　　　　D. 10.0

**【答案】** B。

**【解析】** 疏散走道消防应急疏散照明的地面最低水平照度不应低于1.0lx。

2.（考点7）集中电源集中控制型消防应急照明和疏散指示系统不包括（　　）。(2017年技术实务真题)

A. 分配电装置　　　　B. 应急照明控制器

C. 输入模块　　　　D. 疏散指示灯具

**【答案】** C。

**【解析】** 集中电源集中控制型系统由应急照明控制器、应急照明集中电源、应急照明分配电装置、集中控制型消防应急灯具及相关附件组成。

3.（考点5）根据现行国家消防技术标准，关于建筑内消防应急照明和疏散指示标志的检查结果中，不符合标准要求的是（　　）。(2017年综合能力真题)

A. 人员密集场所安全出口标志设置在疏散门的正上方

B. 疏散走道灯光疏散指示标志的间距为19.5m

C. 灯光疏散指示标志均设置在疏散走道的顶棚上

D. 袋形疏散走道内灯光疏散指示标志间距为9m

**【答案】** C。

**【解析】** 安全出口标志应设置在安全出口和人员密集的场所的疏散门的正上方；标志间距不应大于20m；方向标志应设置在疏散走道及其转角处距地面高度1.0m以下的墙面或地面上；疏散指示标志距袋形走道尽端不应大于10m。

# 第七章　消防供配电与电气防火

本章思维导图如图5-7所示。

笔 记

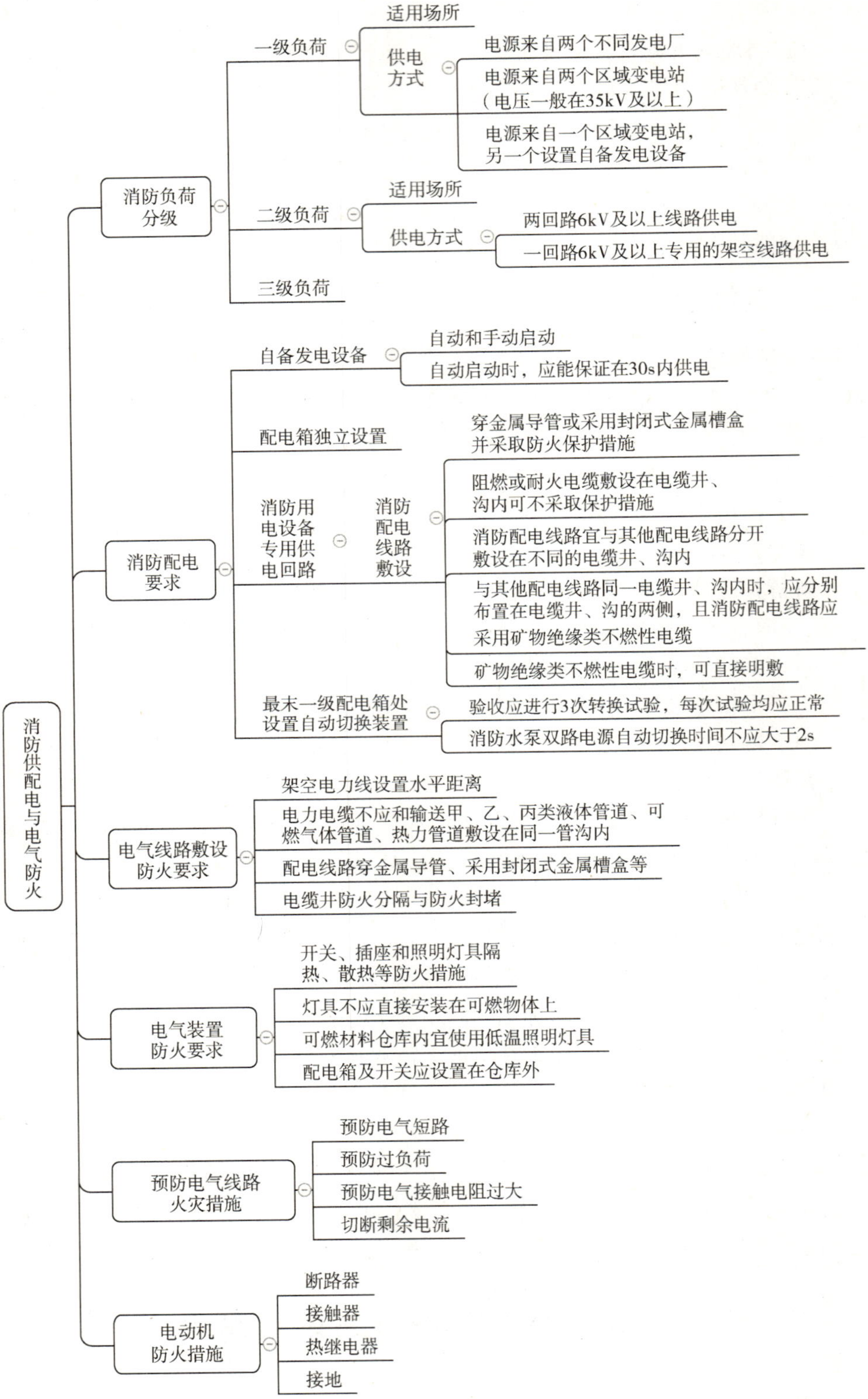


图 5-7　消防供配电与电气防火思维导图

## 一、考点提炼

### 考点1　消防用电一级负荷适用场所

（1）建筑高度大于50m的乙、丙类厂房和丙类仓库。

（2）一类高层民用建筑。

### 考点2　消防用电一级负荷供电方式

（1）电源来自两个不同发电厂。

（2）电源来自两个区域变电站（电压一般在35kV及以上）。

（3）电源来自一个区域变电站，其中一个设置自备发电设备。

### 考点3　消防用电二级负荷适用场所

（1）室外消防用水量大于30L/s的厂房（仓库）。

（2）室外消防用水量大于35L/s的可燃材料堆场、可燃气体储罐（区）和甲、乙类液体储罐（区）。

（3）粮食仓库及粮食筒仓。

（4）二类高层民用建筑。

（5）座位数超过1500个的电影院、剧场，座位数超过3000个的体育馆，任一层建筑面积大于3000m²的商店和展览建筑，省（市）级及以上的广播电视、电信和财贸金融建筑，室外消防用水量大于25L/s的其他公共建筑。

### 考点4　消防二级负荷供电方式

（1）采用两回路6kV及以上线路供电。

（2）在负荷较小或地区供电条件困难时，可采用一回路6kV及以上专用的架空线路供电。

（3）当采用一回路电缆线路供电时，应采用两根电缆，每根电缆应能承受100%的二级负荷。

### 考点5　消防用电三级负荷

（1）其他消防用电可按三级负荷供电。

（2）有条件的建筑尽量通过设置两台终端变压器来保证建筑的消防用电。

### 考点6　消防配电线路敷设要求

（1）消防配电线路应满足火灾时连续供电的需要。

（2）明敷时（包括敷设在吊顶内），应穿金属导管或采用封闭式金属槽盒保护，金属导管或封闭式金属槽盒应采取防火保护措施。

（3）当采用阻燃或耐火电缆并敷设在电缆井、沟内时，可不穿金属导管或采用封闭式金属槽盒保护。

（4）当采用矿物绝缘类不燃性电缆时，可直接明敷。

笔记

笔 记

（5）暗敷时，应穿管并应敷设在不燃性结构内且保护层厚度不应小于30mm。

（6）消防配电线路宜与其他配电线路分开敷设在不同的电缆井、沟内；确有困难需敷设在同一电缆井、沟内时，应分别布置在电缆井、沟的两侧，且消防配电线路应采用矿物绝缘类不燃性电缆。

## 考点7　电气线路防火要求

（1）架空电力线与甲、乙类厂房（仓库），可燃材料堆垛，甲、乙、丙类液体储罐，液化石油气储罐，可燃、助燃气体储罐的最近水平距离应符合表5-7-1要求。

表5-7-1　架空电力线与甲、乙类厂房（仓库）、可燃材料堆垛等的最近水平距离　（单位：m）

| 名　称 | 架空电力线 |
| --- | --- |
| 甲、乙类厂房（仓库），可燃材料堆垛，甲、乙类液体储罐，液化石油气储罐，可燃、助燃气体储罐 | 电杆（塔）高度的1.5倍 |
| 直埋地下的甲、乙类液体储罐和可燃气体储罐 | 电杆（塔）高度的0.75倍 |
| 丙类液体储罐 | 电杆（塔）高度的1.2倍 |
| 直埋地下的丙类液体储罐 | 电杆（塔）高度的0.6倍 |

（2）35kV及以上架空电力线与单罐容积大于200m$^3$或总容积大于1000m$^3$液化石油气储罐（区）的最近水平距离不应小于40m。

（3）电力电缆不应和输送甲、乙、丙类液体管道，可燃气体管道，热力管道敷设在同一管沟内。

（4）配电线路不得穿越通风管道内腔或直接敷设在通风管道外壁上，穿金属导管保护的配电线路可紧贴通风管道外壁敷设。

（5）配电线路敷设在有可燃物的闷顶、吊顶内时，应采取穿金属导管、采用封闭式金属槽盒等防火保护措施。

（6）电线、电缆不宜穿过建筑内的变形缝，确需穿过时，应在穿过处加设不燃材料制作的套管或采取其他防变形措施，并应采用防火封堵材料封堵。

（7）电缆井应独立设置，井壁的耐火极限不应低于1.00h，井壁上的检查门应采用丙级防火门。

（8）建筑内的电缆井应在每层楼板处采用不低于楼板耐火极限的不燃材料或防火封堵材料封堵。

（9）建筑内的电缆井与房间、走道等相连通的孔隙应采用防火封堵材料封堵。

（10）防火封堵材料分为无机材料和有机材料，形式上分为阻火包、阻火模块、防火封堵板材、泡沫封堵材料、缝隙封堵材料、防火密封胶、阻火包带等。

笔 记

### 考点8　电气装置防火要求

（1）开关、插座和照明灯具靠近可燃物时，应采取隔热、散热等防火措施。

（2）卤钨灯和额定功率不小于100W的白炽灯泡的吸顶灯、槽灯、嵌入式灯，其引入线应采用瓷管、矿棉等不燃材料作隔热保护。

（3）额定功率不小于60W的白炽灯、卤钨灯、高压钠灯、金属卤化物灯、荧光高压汞灯（包括电感镇流器）等，不应直接安装在可燃物体上或采取其他防火措施。

（4）户外电致发光广告牌不应直接设置在有可燃、难燃材料的墙体上。

（5）可燃材料仓库内宜使用低温照明灯具，并应对灯具的发热部件采取隔热等防火措施，不应使用卤钨灯等高温照明灯具。配电箱及开关应设置在仓库外。

（6）爆炸危险环境电力装置的设计应符合有关规范规定。

### 考点9　电气线路防火措施

（1）预防电气短路措施。

1）线路上合理设置断路器、熔断器，及时发现并切断短路电流。

2）确保电气绝缘良好。

（2）预防电气过负荷措施。

1）合理选择导线规格与电器功率，防止电流超过电器和导线的最大允许载流量。

2）合理选择断路器、熔断器、热继电器等安全电器，及时发现并切断过负荷电流。

（3）预防电气接触电阻过大措施。

1）导线之间、导线与电器之间连接牢固可靠。

2）铜线与铝线采用铜铝过渡接头。

3）定期检查和检测接头，防止过热。

（4）线路安装合适的剩余电流断路器，及时发现并切断剩余电流。

（5）隔离可燃物，设置间距或对电气线路穿管保护。

（6）设置电气火灾监控系统，及时发现短路、过负荷、接触电阻过大和剩余电流。

### 考点10　电动机防火主要措施

（1）合理选择断路器，起到通断、灭弧、短路保护和过载保护作用。

（2）每月检查接触器，线圈通电和断电后接触器动作可靠。

（3）合理选择热继电器，定期检测过载保护功能。

（4）电动机及控制柜应安装保护接地线。

## 二、难点突破

消防配电装置和配电回路要求。

笔 记

（1）消防用电按一、二级负荷供电的建筑，当采用自备发电设备作备用电源时，自备发电设备应设置自动和手动启动装置。自动启动方式时，应能保证在30s内供电。

（2）按一、二级负荷供电的消防设备，其配电箱应独立设置；按三级负荷供电的消防设备，其配电箱宜独立设置。消防配电设备应设置明显标志。

（3）消防用电设备应采用专用的供电回路，当建筑内的生产、生活用电被切断时，应仍能保证消防用电。

（4）消防备用电源的供电时间和容量，应满足该建筑火灾延续时间内各消防用电设备的要求。

（5）消防控制室、消防水泵房、防烟和排烟风机房的消防用电设备及消防电梯等的供电，应在其配电线路的最末一级配电箱处设置自动切换装置。

（6）消防配电干线宜按防火分区划分，消防配电支线不宜穿越防火分区。

（7）各类消防用电设备主、备用电源的自动转换装置功能验收，应进行3次转换试验，每次试验均应正常。

## 三、真题解析

**单项选择题**

1. （考点1）消防用电应采用一级负荷的建筑是（　　）。（2017年技术实务真题）

A. 建筑高度为45m的乙类厂房　　B. 建筑高度为55m的丙类仓库

C. 建筑高度为50m的住宅　　D. 建筑高度为45m的写字楼

**【答案】** B。

**【解析】** 建筑高度大于50m的乙、丙类厂房和丙类仓库，一类高层民用建筑的消防用电应按一级负荷供电。建筑高度大于54m的住宅建筑和建筑高度大于50m的公共建筑为一类高层民用建筑。

2. （难点突破）某省政府机关办公大楼建筑高度为31.8m，大楼地下一层设置柴油发电机作为备用电源，市政供电中断时柴油发电机自动启动。根据现行国家标准《建筑设计防火规范》GB 50016，市政供电中断时，自备发电机最迟应在（　　）s内正常供电。（2017年综合能力真题）

A. 10　　B. 30

C. 20　　D. 60

**【答案】** B。

**【解析】** 消防用电按一、二级负荷供电的建筑，当采用自备发电设备作备用电源时，当采用自动启动方式时，应能保证在30s内供电。

# 第八章　消防设施管理

本章思维导图如图5-8所示。

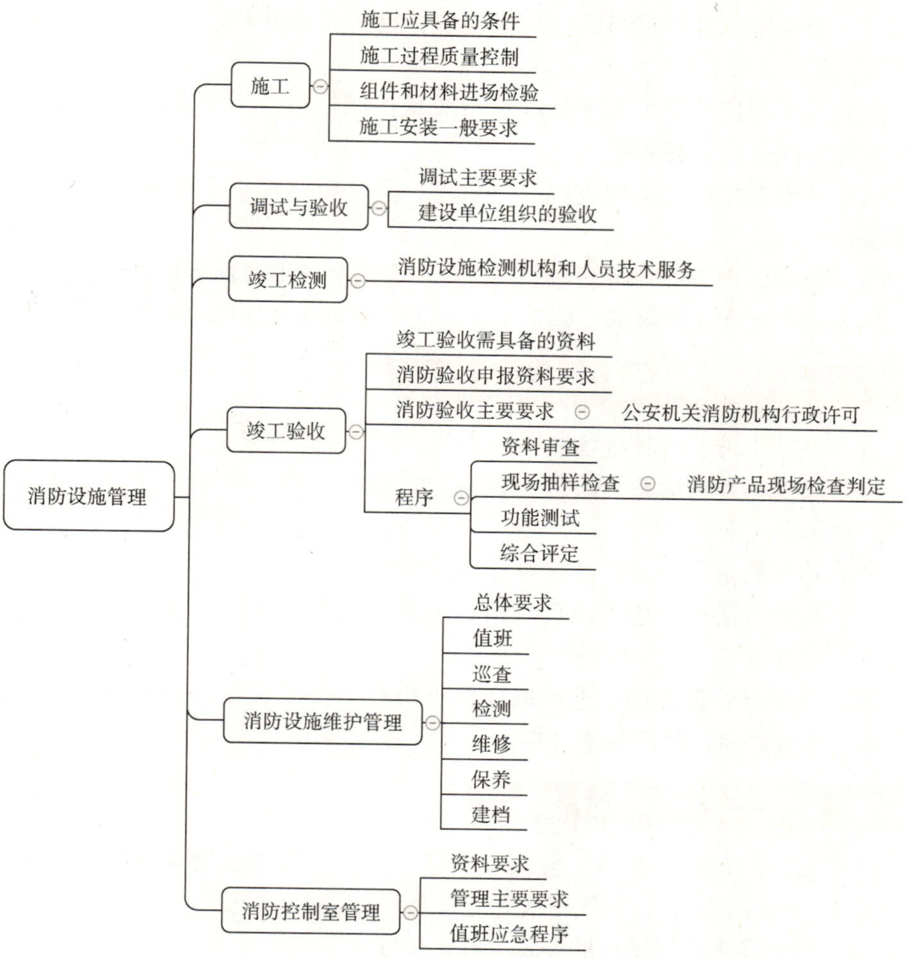


图 5-8　消防设施管理思维导图

## 一、考点提炼

### 考点 1　消防设施施工应具备的条件

（1）消防设施施工必须由具有相应等级资质的施工队伍承担。

（2）施工现场应具有相应的施工技术标准、施工质量管理体系和工程质量检验制度，并应按规范要求填写有关记录。

（3）应按经审核批准或备案的工程设计文件和相关技术标准进行施工，不得随意更改。确需更改设计时，应由原设计单位负责更改。

（4）设计施工图及设计说明书等工程设计文件应齐全。

（5）设计单位应向施工、建设、监理单位进行技术交底。

（6）系统组件、材料等具备有效证明文件和产品出厂合格证。

（7）施工场地、道路、水、电等临时设施应满足施工要求。

### 考点 2　消防设施施工过程质量控制一般要求

（1）应校对复核图纸是否同施工现场一致。

笔 记

笔 记

(2) 对系统组件和材料进行进场检验，检查合格并经监理工程师签证后方可使用安装。

(3) 各工序应按施工技术标准进行质量控制，每道工序完成后，应进行检查，合格后再进行下道工序。

(4) 各专业工种之间应进行交接认可，并应经监理工程师签证后再进行下道工序。

(5) 应由监理工程师组织施工单位有关人员对施工过程质量进行检查。

(6) 隐蔽工程在隐蔽前，施工单位应通知有关单位进行验收并记录。

## 考点3　消防设施组件和材料进场检验要求

(1) 系统组件、材料进场抽样检验应填写施工检查记录。

(2) 检查内容包括系统组件、材料的材质、规格、型号、外观等应符合设计要求和国家标准。

(3) 检查数量分为全数检查和按比例抽查。

(4) 检查方法分为检查出厂合格证或检验报告、认证文件等证明资料、直观检查、工具检查、试验检查等。

(5) 不合格处理方法，进场抽样检查中有一件不合格，应加倍抽样；若仍不合格，则应判定该批产品不合格。

## 考点4　消防设施施工安装一般要求

(1) 管道的加工、焊接、安装、检验、试压、冲洗、防腐，支、吊架的焊接、安装，阀门的安装，电气布线等应符合现行国家标准。

(2) 消防设施专用组件的安装应符合国家消防技术标准。

(3) 施工安装检查数量分为全数检查和按比例抽查。

(4) 施工安装检查方法分为直观检查、工具检查、对照图纸检查、对照规范检查、检查施工记录、试验检查等。

## 考点5　消防系统调试条件

(1) 系统施工结束，系统各组件处于准工作状态。

(2) 与系统联动的火灾自动报警系统处于准工作状态。

(3) 水源、动力源应满足系统调试要求。

(4) 调试用仪器、仪表、设备校验合格并安装或准备完毕。

(5) 调试前应制订调试方案。

## 考点6　消防系统调试主要要求

(1) 系统调试分为主要组件调试和联动试验。

(2) 系统调试应根据方案按程序进行。

(3) 系统测试合格后，应填写调试检查记录，复原系统，施工单位应向建设单位提供质量控制资料和施工过程检查记录。

(4) 系统调试检查数量为全数检查，调试检查方法包括直观检查、对照图纸检查、工具检查、试验检查、联动试验检查等。

## 考点7　消防设施竣工检测和竣工验收

（1）建设单位向公安机关消防机构申请消防验收前，委托依法取得相应资质、资格消防设施检测机构和人员按照法规标准提供的消防检测服务，对施工结束的消防设施进行的检查和测试，并对出具的检测意见负责。

（2）消防设施竣工后，由建设单位组织施工、监理、设计等单位共同对各系统分别进行验收。

（3）竣工验收时，应检查有关资料，核查质量控制资料并记录。

（4）竣工验收应对消防设施进行全数检查或抽查，检查是否符合设计要求和技术标准。

（5）验收方法包括直观检查、工具检查、试验检查、对照图纸检查、对照规范检查、对照说明书检查、资料检查、模拟功能试验。

（6）验收判定的一般标准：

1）质量缺陷分为 $A$ 严重缺陷、$B$ 重要（一般）缺陷和 $C$ 轻微（轻度）缺陷。

2）验收合格判定标准一般为 $A=0$，且 $B\leqslant2$，且 $B+C\leqslant6$ 为合格，否则为不合格。

## 考点8　消防设施竣工验收需具备的资料

（1）设计施工图、设计变更文件、竣工图。

（2）系统组件和材料的有效证明文件和产品出厂合格证。

（3）系统及主要组件的安装使用和维护说明书。

（4）施工单位的有效资质文件和施工现场质量管理检查记录。

（5）系统施工过程质量检查记录。

（6）系统试压记录、管网冲洗记录和隐蔽工程验收记录。

（7）系统施工过程调试记录。

（8）竣工验收申请报告。

## 考点9　消防验收申报资料要求

（1）建设工程消防验收申报表。

（2）工程竣工验收报告和有关消防设施的工程竣工图。

（3）消防产品质量合格证明文件。

（4）具有防火性能要求的建筑构件、建筑材料、装修材料符合国家标准或者行业标准的证明文件、出厂合格证。

（5）消防设施检测合格证明文件。

（6）施工、工程监理、检测单位的合法身份证明和资质等级证明文件。

（7）建设单位的工商营业执照等合法身份证明文件。

## 考点10　建设工程消防验收主要要求

（1）公安机关消防机构依据消防法律、法规和国家工程建设消防技术标准，

笔记

笔 记

对纳入消防行政许可范围的建设工程在建设单位组织竣工验收合格的基础上，通过抽查、评定，作出行政许可决定。

（2）消防验收按照资料审查、现场抽样检查及功能测试、综合评定的程序进行。

（3）消防验收的资料审查合格后，方可进行现场抽样检查及功能测试，现场抽样检查及功能测试应逐项进行，并如实记录。

（4）现场抽样检查及功能测试应按照先子项评定、后单项评定的程序进行。

（5）建设工程消防验收的资料审查为合格且所有单项均评定为合格，消防验收的综合评定为消防验收合格；不符合其中任意一项的，综合评定为消防验收不合格。

## 考点 11　消防产品现场检查判定要求

（1）公安机关消防机构对消防产品现场检查分为市场准入检查和产品质量现场检查。

（2）市场准入检查项目包括强制性产品认证、技术鉴定和产品一致性核查。

（3）产品质量现场检查内容包括产品检验情况检查和消防产品检查。

（4）产品检验情况检查主要检查消防产品的型式检验合格的检验报告和出厂检验合格的证明文件。

（5）消防产品检查是指按照规定的检查器具和检查方法对消防产品进行的功能等主要性能的检查。

## 考点 12　消防设施维护管理的总体要求

（1）消防设施维护管理内容包括值班、巡查、检测、维修、保养、建档等工作。

（2）应有管理、检查检测、维护保养的操作规程。

（3）维护管理的工作目标是应保证消防设施处于准工作状态。

（4）应按规范要求对消防设施进行日检、周检、月检、季检和年检等定期检查，发现问题应及时按要求处理。

（5）明确消防设施的维护管理归口部门、管理人员及其工作职责。单位应与消防设备生产厂家、消防设施施工安装企业等有维修、保养能力的单位签订消防设施维修、保养合同。单位自身有维修、保养能力的，应明确维修、保养职能部门和人员。

（6）维护管理人员应经过消防专业培训，应熟悉消防设施原理、性能和操作与维护规程。

（7）发现故障应及时组织修复，因故障维修等原因需要暂时停用消防系统的，应有确保消防安全的有效措施，并经单位消防安全责任人或消防安全管理人批准。

## 考点 13　消防设施值班要求

（1）消防控制室、具有消防配电功能的配电室、消防水泵房、防烟排烟机房等场所，应建立值班制度。

（2）消防设施值班目的是确保火灾情况下有人能按操作规程及时、正确操作消防设施；单位制订灭火和应急疏散预案及组织演练时，应包括消防设施的操作。

（3）单位应明确消防设施值班操作人员，操作人员应通过建（构）筑物消防员职业技能鉴定，持有初级技能以上等级的职业资格证书，能熟练操作消防设施。

笔 记

## 考点 14 消防设施巡查要求

（1）消防设施的巡查应由归口管理的部门或单位实施，将巡查的职责落实到相关工作岗位。

（2）从事消防设施巡查的人员，应通过消防职业技能鉴定，持有初级技能以上等级的职业资格证书。

（3）应明确各类消防设施的巡查部位、频次和内容。巡查时应填写记录，发现故障，应按要求处理。

（4）结合公众聚集场所营业时每 2h 一次防火巡查，将消防设施巡查部分或全部纳入其中，但全部消防设施应保证每日至少巡查一次。

（5）消防安全重点单位，每日巡查一次；其他单位，每周至少巡查一次。

（6）消防巡查内容是消防设施组件的外观和工作状态。

## 考点 15 消防设施检测要求

（1）消防设施每年至少进行一次全面检测，确保完好有效，检测记录应当完整准确，存档备查。

（2）设有自动消防系统的人员密集场所、易燃易爆单位以及其他一类高层公共建筑等消防安全重点单位，应自系统投入运行后每一年底前，将年度检测记录报当地公安机关消防机构备案。

（3）从事消防设施检测的人员，应当通过消防职业技能鉴定，持有高级技能以上等级职业资格证书。

## 考点 16 消防设施维修要求

（1）维修人员应当通过消防职业技能鉴定，持有技师以上等级职业资格证书。

（2）值班、巡查、检测、灭火演练中发现消防设施存在问题和故障的，应填写故障维修记录表并向单位消防安全管理人报告。

（3）单位消防安全管理人应立即通知维修人员进行维修。维修期间，应采取确保消防安全的有效措施。故障排除后应进行相应功能试验并经单位消防安全管理人检查确认。

## 考点 17 消防设施保养要求

（1）单位应制订消防设施维护保养计划，列明消防设施的名称、维护保养

笔 记

的内容和周期。

（2）保养人员应通过消防职业技能鉴定，持有高级技能以上等级职业资格证书。

（3）需要计量检定的计量仪器仪表以及泄压阀、安全阀等，应定期校验并提供有效证明文件。

（4）单位应储备一定数量的易损件。

（5）维护保养时应填写记录并进行相应功能试验。

## 考点18 消防设施档案要求

（1）消防设施档案应包含基本情况和动态管理情况。

（2）基本情况包括消防设施的验收文件、产品和系统使用说明书、系统调试记录、消防设施平面图、系统图等原始技术资料。

（3）动态管理情况包括消防设施的值班记录、巡查记录、检测记录、故障维修记录以及维护保养计划表、维护保养记录、消防控制室值班人员基本情况档案及培训记录。

（4）建筑消防设施的原始技术资料应长期保存。

（5）值班记录表、巡查记录表存档时间不应少于一年。

（6）检测记录表、故障维修记录表、维护保养计划表、维护保养记录表的存档时间不应少于五年。

## 考点19 消防控制室资料要求

（1）建（构）筑物竣工后的总平面布局图、消防设施平面布置图、消防设施系统图及安全出口布置图、重点部位位置图等。

（2）消防安全管理规章制度、应急灭火预案、应急疏散预案等。

（3）消防安全组织结构图，包括消防安全责任人、消防安全管理人、专职和义务消防人员等内容。

（4）消防安全培训记录、灭火和疏散预案演练记录。

（5）消防设施一览表，包括消防设施的类型、数量、状态等内容。

（6）消防系统控制逻辑关系说明、设备使用说明书、系统操作规程等。

（7）消防设施维护管理记录，包括值班、巡查、检测、维修、保养记录等。

## 考点20 消防控制室值班应急程序

（1）接到火灾报警信息后，值班人员应立即以最快方式确认火灾。

（2）火灾确认后，值班人员应立即确认火灾报警联动控制开关处于自动状态。

（3）立即拨打“119”火警电话报警，说明着火单位地点、起火部位、着火物种类、火势大小、报警人姓名和联系电话。

（4）值班人员应立即启动单位灭火和应急疏散预案。

（5）同时报告单位消防安全责任人，单位消防安全责任人接到报告后应立即赶赴现场。

笔 记

## 二、难点突破

消防控制室管理主要要求：

（1）应实行每日24h专人值班制度，每班工作时间应不大于8h，每班不应少于2人。

（2）值班人员接班时应对火灾报警控制器进行日检查并记录，每2h记录一次消防控制室内消防设备的运行情况，及时记录火警或故障情况。

（3）不得将应处于自动状态的自动喷水灭火系统、防烟排烟系统等设在手动状态，确保消防水泵、防烟排烟风机控制装置选择开关处于自动位置；其他消防设施如设置在手动状态时，应有在火灾情况下迅速将手动控制转换为自动控制的可靠措施。

（4）确保消防用电设备的配电柜和控制柜处于通电状态。

（5）应确保高位消防水箱、消防水池、气压水罐等消防储水设施水量充足，确保消防泵出水管阀门、自动喷水灭火系统管道上的阀门常开。

## 三、真题解析

### 单项选择题

1.（考点1）关于大型商业综合体消防设施施工前需要具备的基本条件的说法中，错误的是（　　）。（2017年技术实务真题）

A. 消防工程设计文件经建设单位批准

B. 消防设施设备及材料有符合市场准入制度的有效证明及产品出厂合格证书

C. 施工现场的水、电能够满足连续施工的要求

D. 与消防设施相关的基础、预埋件和预置孔洞等符合设计要求

**【答案】** A。

**【解析】** 建设单位在建设工程施工前应将消防设计文件报送公安机关消防机构审核或备案。应按经审核批准或备案的工程设计文件和相关技术标准进行施工，不得随意更改。确需更改设计时，应由原设计单位负责更改。

2.（考点19）消防控制室应保存建筑竣工图和与消防有关的纸质台账及电子资料，下列资料中，消防控制室可不予保存的是（　　）。（2017年综合能力真题）

A. 消防设施施工调试记录　　B. 消防组织机构图

C. 消防重点部位位置图　　D. 消防安全培训记录

**【答案】** A。

**【解析】** 设施资料包括消防系统控制逻辑关系说明、设备使用说明书、系统操作规程等；机构人员是指消防安全组织结构图，包括消防安全责任人、消防安全管理人、专职和义务消防人员等内容；图纸包括建（构）筑物竣工后的总平面布局图、消防设施平面布置图、消防设施系统图及安全出口布置图、重点部位位置图等；培训演练情况包括消防安全培训记录、灭火和疏散预案演练记录。

笔记

# 第六篇　消防法律、法规与管理

本篇思维导图如图6-1所示。

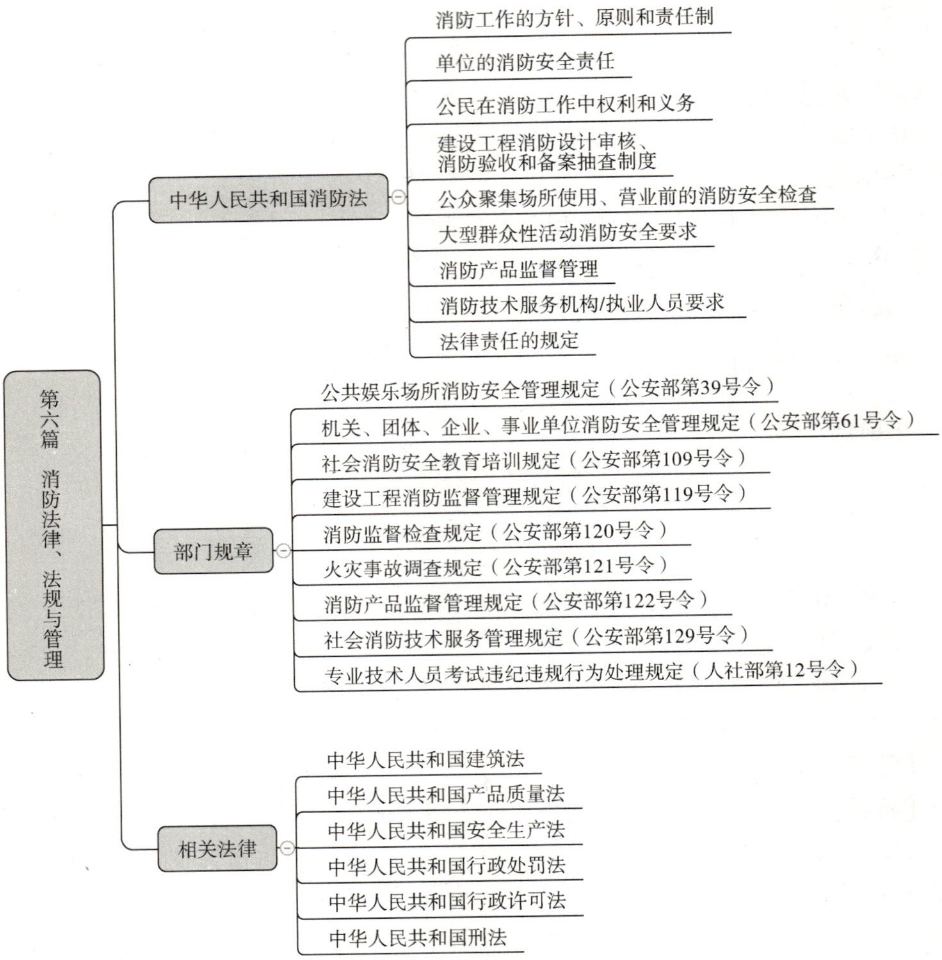


图6-1　消防法律、法规与管理思维导图

## 第一章　消防法及相关法律、法规

### 一、考点提炼

#### 考点1　中华人民共和国消防法

**1. 关于单位的消防安全责任**

《消防法》关于单位的消防安全责任的规定主要有：

（1）在总则中规定，任何单位都有维护消防安全、保护消防设施、预防火灾、报告火警的义务；任何单位和成年人都有参加有组织的灭火工作的义务；机关、团体、企业、事业等单位应当加强对本单位人员的消防宣传教育。

（2）规定了单位消防安全职责(详见《综合能力》)。

（3）规定消防安全重点单位除履行单位消防安全职责外，还应当履行下列特殊的消防安全职责：

1）确定消防安全管理人，组织实施本单位的消防安全管理工作。

2）建立消防档案，确定消防安全重点部位，设置防火标志，实行严格管理。

3）实行每日防火巡查，并建立巡查记录。

4）对职工进行岗前消防安全培训，定期组织消防安全培训和消防演练。

（4）规定同一建筑物由两个以上单位管理或者使用的，应当明确各方的消防安全责任，并确定责任人对共用的疏散通道、安全出口、建筑消防设施和消防车通道进行统一管理。

**2. 关于建设工程消防设计审核、消防验收和备案抽查制度**

（1）对国务院公安部门规定的大型的人员密集场所和其他特殊建设工程，由公安机关消防机构实行建设工程消防设计审核、消防验收。

（2）对国务院公安部门规定的大型的人员密集场所和其他特殊建设工程以外的按照国家建设工程消防技术标准需要进行消防设计的其他建设工程，建设单位应当自依法取得施工许可之日起7个工作日内，将消防设计文件报公安机关消防机构备案，公安机关消防机构应当进行抽查；经依法抽查不合格的，应当停止施工。建设单位在工程验收后应当报公安机关消防机构备案，公安机关消防机构应当进行抽查；经依法抽查不合格的，应当停止使用。

（3）《消防法》第十二条规定建设工程的消防设计未经依法审核或者审核不合格的，负责审批该工程施工许可的部门不得给予施工许可，建设单位、施工单位不得施工；建设工程未经依法消防验收或者消防验收不合格的，禁止投入使用；《消防法》第五十八条对违反建设工程消防设计审核、消防验收、备案抽查规定的违法行为，规定了责令停止施工、停止使用、停产停业和罚款的行政处罚。

**3. 关于公众聚集场所使用、营业前的消防安全检查**

（1）规定公众聚集场所在投入使用、营业前，建设单位或者使用单位应当向场所所在地的县级以上地方人民政府公安机关消防机构申请消防安全检查。

（2）明确了公安机关消防机构实施消防安全检查的时限和工作要求，规定公安机关消防机构应当自受理申请之日起10个工作日内，根据消防技术标准和管理规定，对该场所进行消防安全检查。未经消防安全检查或者经检查不符合消防安全要求的，不得投入使用、营业。

（3）对公众聚集场所未经消防安全检查或者经检查不符合消防安全要求擅自投入使用、营业的消防安全违法行为，直接给予责令停止施工、停止使用、停产停业和罚款等行政处罚。

**4. 关于消防产品监督管理**

《消防法》进一步明确了消防产品监督管理制度：

笔记

笔 记

(1) 明确了对消防产品的基本要求，规定消防产品必须符合国家标准；没有国家标准的，必须符合行业标准。禁止生产、销售或者使用不合格的消防产品以及国家明令淘汰的消防产品。

(2) 明确了消防产品强制认证制度，规定依法实行强制性产品认证的消防产品，由具有法定资质的认证机构按照国家标准、行业标准的强制性要求认证合格后，方可生产、销售、使用。

(3) 明确了消防产品的监督管理主体，规定产品质量监督部门、工商行政管理部门、公安机关消防机构应当按照各自职责加强对消防产品质量的监督检查，并依法进行处罚。

**5. 关于消防技术服务机构和执业人员**

《消防法》第三十四条规定，消防产品质量认证、消防设施检测、消防安全监测等消防技术服务机构和执业人员，应当依法获得相应的资质、资格；依照法律、行政法规、国家标准、行业标准和执业准则，接受委托提供消防技术服务，并对服务质量负责。

**6. 关于法律责任的规定**

《消防法》强化了法律责任追究，共设有警告、罚款、拘留、责令停产停业（停止施工、停止使用）、没收违法所得、责令停止执业（吊销相应资质、资格）6类行政处罚。

例如，依法应当经公安机关消防机构进行消防设计审核的建设工程，未经依法审核或者审核不合格，擅自施工的，责令停止施工，并处3万元以上30万元以下罚款。

建筑施工企业不按照消防设计文件和消防技术标准施工，降低消防施工质量的，责令改正或者停止施工，并处1万元以上10万元以下罚款。

消防产品质量认证、消防设施检测等消防技术服务机构出具虚假文件的，责令改正，处5万元以上10万元以下罚款，并对直接负责的主管人员和其他直接责任人员处1万元以上5万元以下罚款；消防技术服务机构出具失实文件，给他人造成损失的，依法承担赔偿责任；造成重大损失的，由原许可机关依法责令停止执业或者吊销相应资质、资格。

## 考点2 中华人民共和国刑法

《中华人民共和国刑法》关于消防方面的定罪及处罚标准见表6-1-1和表6-1-2。

**表6-1-1 各种与消防方面的定相关罪名的区别**

| 罪 名 | 原 因 |
| --- | --- |
| 1. 失火罪 | 由于行为人的过失引起火灾 |
| 2. 消防责任事故罪 | 指违反消防管理法规，经消防监督机构通知采取改正措施而拒绝执行 |
| 3. 重大责任事故罪 | 在生产、作业中违反有关安全管理的规定 |
| 4. 强令违章冒险作业罪 | 强令他人违章冒险作业 |
| 5. 重大劳动安全事故罪 | 安全生产设施或者安全生产条件不符合国家规定 |

（续）

| 罪　名 | 原　因 |
|---|---|
| 6. 大型群众性活动重大安全事故罪 | 举办大型群众性活动违反安全管理规定 |
| 7. 工程重大安全事故罪 | 建设单位、设计单位、施工单位、工程监理单位违反国家规定，降低工程质量标准 |

笔 记

**表 6-1-2 《中华人民共和国刑法》关于消防方面的定罪及处罚标准**

<table>
<tr><th>罪　名</th><th>相同定罪标准</th><th>定罪标准的差异</th><th>刑　罚</th></tr>
<tr><td>失火罪</td><td rowspan="6">（1）导致死亡1人以上，或者重伤3人以上的<br>（2）导致公共财产或者他人财产直接经济损失50万元以上的</td><td>（1）造成10户以上家庭的房屋以及其他基本生活资料烧毁的<br>（2）造成森林火灾，过火有林地面积2公顷以上或者过火疏林地、灌木林地、未成林地、苗圃地面积4公顷以上的</td><td rowspan="3">处3年以下有期徒刑或者拘役；后果特别严重的，处3年以上7年以下有期徒刑</td></tr>
<tr><td>消防责任事故罪</td><td>造成森林火灾，过火有林地面积2公顷以上或者过火疏林地、灌木林地、未成林地、苗圃地面积4公顷以上的</td></tr>
<tr><td>重大责任事故罪</td><td>发生矿山生产安全事故，造成直接经济损失100万元以上的</td></tr>
<tr><td>强令违章冒险作业罪</td><td>发生矿山生产安全事故，造成直接经济损失100万元以上的</td><td>处5年以下有期徒刑或者拘役；情节特别恶劣的，处5年以上有期徒刑</td></tr>
<tr><td>重大劳动安全事故罪</td><td>发生矿山生产安全事故，造成直接经济损失100万元以上的</td><td rowspan="2">处3年以下有期徒刑或者拘役；后果特别严重的，处3年以上7年以下有期徒刑</td></tr>
<tr><td>大型群众性活动重大安全事故罪</td><td></td></tr>
<tr><td>工程重大安全事故罪</td><td>—</td><td>—</td><td>处5年以下有期徒刑或者拘役，并处罚金；后果特别严重的，处5年以上10年以下有期徒刑，并处罚金</td></tr>
</table>

## 考点3　部门规章

**1.《公共娱乐场所消防安全管理规定》（公安部令第39号）**

（1）消防行政许可办理。

公共娱乐场所应当依法办理消防设计审核、竣工验收和消防安全检查，其消防安全由经营者负责。

笔 记

(2) 公共娱乐场所的消防安全技术及管理要求。

规定公共娱乐场所内严禁带入和存放易燃易爆物品；严禁在公共娱乐场所营业时进行设备检修、电气焊、油漆粉刷等施工、维修作业；演出、放映场所的观众厅内禁止吸烟和明火照明；公共娱乐场所在营业时，不得超过额定人数等。

**2.《机关、团体、企业、事业单位消防安全管理规定》(公安部令第61号)**

除了关于消防安全责任人、消防安全管理人的确定两项责任制落实之外，重点是：

(1) 公众聚集场所在营业期间的防火巡查应当至少每两小时一次；营业结束时应当对营业现场进行检查，消除遗留火种。医院、养老院、寄宿制的学校、托儿所、幼儿园应当加强夜间防火巡查，其他消防安全重点单位可以结合实际组织夜间防火巡查。机关、团体、事业单位应当至少每季度进行一次防火检查，其他单位应当至少每月进行一次防火检查。消防设施、器材应当依法进行维修保养检测。对发现的火灾隐患要按照规定进行及时、坚决的整改。

(2) 消防安全重点单位对每名员工应当至少每年进行一次消防安全培训；公众聚集场所对员工的消防安全培训应当至少每半年进行一次；单位应当组织新上岗和进入新岗位的员工进行上岗前的消防安全培训。四类人员应当接受消防安全专门培训。单位应当制订灭火和应急疏散预案。其中，消防安全重点单位至少每半年按照预案进行一次演练；其他单位至少每年组织一次演练。

(3) 消防安全重点单位应当建立健全包括消防安全基本情况和消防安全管理情况的消防档案，并统一保管、备查。

**3.《社会消防安全教育培训规定》(公安部令第109号)**

国家机构以外的社会组织或者个人利用非国家财政性经费，创办消防安全专业培训机构，面向社会从事消防安全专业培训的，应当经省级教育行政部门或者人力资源和社会保障部门依法批准，并到省级民政部门申请民办非企业单位登记。

**4.《建设工程消防监督管理规定》(公安部令第119号)**

(1) 消防设计审核、消防验收和备案抽查制度。

第十三条、第十四条明确了消防设计审核、消防验收的范围，规定具有规定情形的人员密集场所和特殊建设工程，建设单位应当向公安机关消防机构申请消防设计审核，并在建设工程竣工后向出具消防设计审核意见的公安机关消防机构申请消防验收。对第十三条、第十四条规定以外的建设工程，建设单位依法办理消防设计、竣工验收消防备案。

(2) 专家评审制度。

对具有国家工程建设消防技术标准没有规定的；消防设计文件拟采用的新技术、新工艺、新材料可能影响建设工程消防安全，不符合国家标准规定的；拟采用国际标准或者境外消防技术标准的等情形之一的建设工程，公安机关消防机构依法组织专家评审。对2/3以上评审专家同意的特殊消防设计文件，公安机关消防机构可以作为消防设计审核的依据。

**5.《消防监督检查规定》(公安部令第120号)**

公安机关消防机构和公安派出所依法对单位遵守消防法律、法规情况进行消防监督检查。有固定生产经营场所且具有一定规模的个体工商户，纳入消防监督检查范围。

**6.《公安部关于修改〈火灾事故调查规定〉的决定》（公安部令第121号）**

（1）调查任务。

火灾事故调查的任务是调查火灾原因，统计火灾损失，依法对火灾事故作出处理，总结火灾教训。

（2）管辖分工。

根据具体情形分为地域管辖、共同管辖、指定管辖和特殊管辖。火灾事故调查一般由火灾发生地公安机关消防机构按照规定分工进行。

（3）调查程序。

具有规定情形的火灾事故，可以适用简易调查程序，由一名火灾事故调查人员调查。除依照规定适用简易程序外的其他火灾事故，适用一般调查程序，火灾事故调查人员不得少于两人。

（4）复核。

当事人对火灾事故认定有异议的，可以自火灾事故认定书送达之日起15日内，向上一级公安机关消防机构提出书面复核申请；对省级人民政府公安机关消防机构做出的火灾事故认定有异议的，向省级人民政府公安机关提出书面复核申请。

（5）处理。

公安机关消防机构在火灾事故调查过程中，根据不同情况分别予以立案侦查、行政处罚或者移送调查处理。

**7.《消防产品监督管理规定》（公安部令第122号）**

（1）适用范围。

消防产品是指专门用于火灾预防、灭火救援和火灾防护、避难、逃生的产品。在中华人民共和国境内生产、销售、使用消防产品，以及对消防产品质量实施监督管理，适用该规定。

（2）市场准入。

①强制性产品认证制度；②消防产品技术鉴定制度。

**8.《社会消防技术服务管理规定》（公安部令第129号）**

（1）资质许可制度。

应当依法取得相应的资质证书，并在资质许可范围内从事消防技术服务。

（2）分级和条件。

规定消防设施维护保养检测机构的资质分为一级、二级和三级，消防安全评估机构的资质分为一级和二级。

（3）资质许可程序。

1）明确许可主体。规定消防技术服务机构资质由省级公安机关消防机构审批；其中，对拟批准消防安全评估机构一级资质的，由公安部消防局书面复核。

2）规定许可程序。规定申请消防技术服务机构资质的，应当向机构所在地的省级公安机关消防机构提出申请；具体规定了申请材料内容、申请受理、审查时限等要求。

3）引入专家评审机制。规定公安机关消防机构在审批期间应当组织专家评

笔记

笔 记

审，对申请人的场所、设备等进行实地核查；专家评审的具体办法由公安部消防局制定并公布。

4）规定资质证书有效期。为督促消防技术服务机构持续符合资质条件，保证服务质量，规定资质证书有效期为 3 年；有效期届满需要续期的，应当在有效期届满 3 个月前向原许可公安机关消防机构提出申请，并规定了不予办理续期手续的条件。

## 二、难点突破

（1）本章内容的学习，应该注意与消防安全管理部分的联系。

（2）应该掌握《中华人民共和国刑法》关于事故后果量刑的立案标准。其中相同的判定条件是：①造成死亡 1 人以上，或者重伤 3 人以上的；②造成直接经济损失 50 万元以上的。

（3）《中华人民共和国刑法》第 99 条、《中华人民共和国行政处罚法》第 118 条均规定：以上、以下、以内均含本数。

（4）重点记忆的是：时间、间隔、频率、数量、处罚主体、罚款额度等。

（5）建议把《消防法》（公安部令 61 号令）（公安部令 119 号令）（公安部令 120 号令）等重点法规全文进行认真学习。

## 三、真题解析

**单项选择题**

1. （考点 1）某歌舞厅的经理擅自将公安机关消防机构查封的娱乐厅拆封后继续营业。当地消防支队接受群众举报后即派员到场核查。确认情况属实，并认定该行为造成的危害后果较轻，根据《中华人民共和国消防法》，下列处罚决定中，正确的是（　　）。(2017 年真题)

A. 对该歌舞厅法定代表人处三日拘留，并处五百元罚款

B. 对该歌舞厅经理处三日拘留，并处五百元罚款

C. 对该歌舞厅经理处十日拘留，并处三百元罚款

D. 对该歌舞厅经理处五百元罚款

**【答案】** D。

**【解析】** 根据《中华人民共和国消防法》第 64 条：违反本法规定，有下列行为之一，尚不构成犯罪的，处十日以上十五日以下拘留，可以并处五百元以下罚款；情节较轻的，处警告或者五百元以下罚款：①指使或者强令他人违反消防安全规定，冒险作业的；②过失引起火灾的；③在火灾发生后阻拦报警，或者负有报告职责的人员不及时报警的；④扰乱火灾现场秩序，或者拒不执行火灾现场指挥员指挥，影响灭火救援的；⑤故意破坏或者伪造火灾现场的；⑥擅自拆封或者使用被公安机关消防机构查封的场所、部位的。因此，该题适用情节较轻的，答案为 D。

2. （考点 1）某消防设施检测机构在某建设工程机械排烟系统未施工完成的情况下出具了检测结果为合格的《建筑消防设施检测报告》。根据《中华人民共和国消防法》，对该消防设施检查机构直接负责的主管人员和其他直接责任人员

应予以处罚，下列罚款处罚中，正确的是（　　）。(2017 年真题)

A. 五千元以上一万元以下罚款　　B. 一万元以上五万元以下罚款
C. 五万元以上十万元以下罚款　　D. 十万元以上二十万元以下罚款

【答案】B。

【解析】根据《中华人民共和国消防法》第 69 条：消防产品质量认证、消防设施检测等消防技术服务机构出具虚假文件的，责令改正，处五万元以上十万元以下罚款，并对直接负责的主管人员和其他直接责任人员处一万元以上五万元以下罚款。因此，答案为 B。

3. （考点 2）根据《中华人民共和国刑法》的有关规定，下列事故中，应按重大责任事故罪予以立案追诉的是（　　）。(2017 年真题)

A. 违反消防管理法规，经消防监督机构通知采取改正措施而拒绝执行，导致发生死亡 2 人的火灾事故
B. 在生产、作业中违反有关安全管理的规定，导致发生重伤 4 人的事故
C. 强令他人违章冒险作业，导致发生直接经济损失 60 万元的事故
D. 安全生产设施不符合国家规定，导致发生重伤 2 人的事故

【答案】B。

【解析】根据考点 1 和表 6-1-2：答案为 B。

4. （考点 3）老张从部队转业后，准备个人出资创办一家消防安全专业培训机构，面向社会从事消防安全专业培训，他应当经（　　）或者人力资源和社会保障部门依法批准，并向同级人民政府部门申请非民办企业单位登记。(2017 年真题)

A. 省级教育行政部门　　B. 省级公安机关消防机构
C. 地市级教育行政部门　　D. 地市级公安机关消防机构

【答案】A。

【解析】根据社会消防安全教育培训规定（公安部令第 109 号）：

国家机构以外的社会组织或者个人利用非国家财政性经费，创办消防安全专业培训机构，面向社会从事消防安全专业培训的，应当经省级教育行政部门或者人力资源和社会保障部门依法批准，并到省级民政部门申请民办非企业单位登记。因此，答案为 A。

5. 某消防安全评估机构（二级资质）受某单位委托，对该单位的重大火灾隐患整改进行咨询指导，并出具了书面结论报告。根据社会消防技术管理规定，该评估机构超越了其资质许可范围从事社会消防技术服务活动，公安机关消防机构可对其处以（　　）的处罚。(2017 年真题)

A. 五千元以上一万元以下罚款　　B. 一万元以上两万元以下罚款
C. 两万元以上三万元以下罚款　　D. 三万元以上五万元以下罚款

【答案】B。

【解析】根据《消防法》第 47 条：消防技术服务机构违反规定，有下列情形之一的，责令改正，处一万元以上二万元以下罚款：超越资质许可范围从事社会消防技术服务活动的。

因此，答案为 B。

笔记

笔记

# 第二章　社会单位消防安全管理

## 一、考点提炼

### 考点1　消防安全重点单位的界定及程序

消防安全重点单位的界定根据《机关、团体、企业、事业单位消防安全管理规定》和公安部《关于实施〈机关、团体、企业、事业单位消防安全管理规定〉有关问题的通知》所提出的标准进行界定。

**1. 消防安全重点单位的界定标准**

消防安全重点单位的界定标准见表6-2-1。

**表6-2-1　消防安全重点单位的界定标准**

| | |
|---|---|
| 商场（市场）、宾馆（饭店）、体育场（馆）、会堂、公共娱乐场所等公众聚集场所 | （1）建筑面积在1000$m^2$（含本数，下同）以上且经营可燃商品的商场（商店、市场）<br>（2）客房数在50间以上的宾馆（饭店）<br>（3）公共的体育场（馆）、会堂<br>（4）建筑面积在200$m^2$以上的公共娱乐场所 |
| 医院、养老院和寄宿制的学校、托儿所、幼儿园 | （1）住院床位在50张以上的医院<br>（2）老人住宿床位在50张以上的养老院<br>（3）学生住宿床位在100张以上的学校<br>（4）幼儿住宿床位在50张以上的托儿所、幼儿园 |
| 国家机关 | （1）县级以上的党委、人大、政府、政协<br>（2）人民检察院、人民法院<br>（3）中央和国务院各部委<br>（4）共青团中央、全国总工会、全国妇联的办事机关 |
| 广播、电视和邮政、通信枢纽 | （1）广播电台、电视台<br>（2）城镇的邮政和通信枢纽单位 |
| 客运车站、码头、民用机场 | （1）候车厅、候船厅的建筑面积在500$m^2$以上的客运车站和客运码头<br>（2）民用机场 |
| 公共图书馆、展览馆、博物馆、档案馆及具有火灾危险性的文物保护单位 | （1）建筑面积在2000$m^2$以上的公共图书馆、展览馆<br>（2）公共博物馆、档案馆<br>（3）具有火灾危险性的县级以上文物保护单位 |
| 发电厂（站）和电网经营企业 | |
| 易燃易爆化学物品的生产、充装、储存、供应、销售单位 | （1）生产易燃易爆化学物品的工厂<br>（2）易燃易爆气体和液体的灌装站、调压站 |

笔 记

（续）

| | |
|---|---|
| 劳动密集型生产、加工企业 | 生产车间员工在100人以上的服装、鞋帽、玩具等劳动密集型企业 |
| 重要的科研单位 | 界定标准由省级公安机关消防机构根据实际情况确定 |
| 高层公共建筑、地下铁道、地下观光隧道，粮、棉、木材、百货等物资仓库和堆场，重点工程的施工现场 | （1）高层公共建筑的办公楼（写字楼）、公寓楼等<br>（2）城市地下铁道、地下观光隧道等地下公共建筑和城市重要的交通隧道<br>（3）国家储备粮库、总储备量在10000t以上的其他粮库<br>（4）总储量在500t以上的棉库<br>（5）总储量在10000$m^3$以上的木材堆场<br>（6）总储存价值在1000万元以上的可燃物品仓库、堆场<br>（7）国家和省级等重点工程的施工现场 |
| 其他发生火灾可能性较大以及一旦发生火灾可能造成人身重大伤亡或财产重大损失的单位 | 界定标准由省级公安机关消防机构根据实际情况确定 |

**2. 消防安全重点单位的界定程序**

（1）申报。

符合消防安全重点单位界定标准的单位，向所在地公安机关消防机构申报备案。

1）个体工商户如符合企业登记标准且经营规模符合消防安全重点单位界定标准，应当向当地公安机关消防机构备案。

2）重点工程的施工现场符合消防安全重点单位界定标准的，由施工单位负责申报备案。

3）同一栋建筑物中各自独立的产权单位或者使用单位，符合重点单位界定标准的，由各个单位分别独立申报备案；建筑物本身符合消防安全重点单位界定标准的，该建筑物产权单位也要独立申报备案。

4）符合消防安全重点单位界定标准，不在同一地点但有隶属关系的单位，不论是否具备独立法人资格，都要单独向所在地公安机关消防机构申报备案；在同一地点有隶属关系，下属单位如具备法人资格，应当独立申报备案。

（2）核定。

公安机关消防机构接到申报后，对申报备案单位的情况进行核实确定，按照分级管理的原则，对确定的消防安全重点单位进行登记造册。

（3）告知。

对已确定的消防安全重点单位，公安机关消防机构将采用《消防安全重点单位告知书》的形式，告知消防安全重点单位要落实本单位消防安全主体责任，消防安全责任人、消防安全管理人、消防安全管理归口部门要切实履行消防安全工作职责，做好本单位消防安全管理工作。

（4）公告。

公安机关消防机构于每年的第一季度对本辖区消防安全重点单位进行核查调整，以公安机关文件形式上报本级人民政府，并通过报刊、电视、互联网网站等媒体将本地区的消防安全重点单位向全社会公告。

## 考点2 单位的消防安全职责

### 1. 一般单位

一般单位消防安全职责包括：①管理职责；②组织火灾扑救和配合火灾调查的职责；③按照国家法律法规规定完善消防行政许可或者备案的职责如图6-2-1所示。

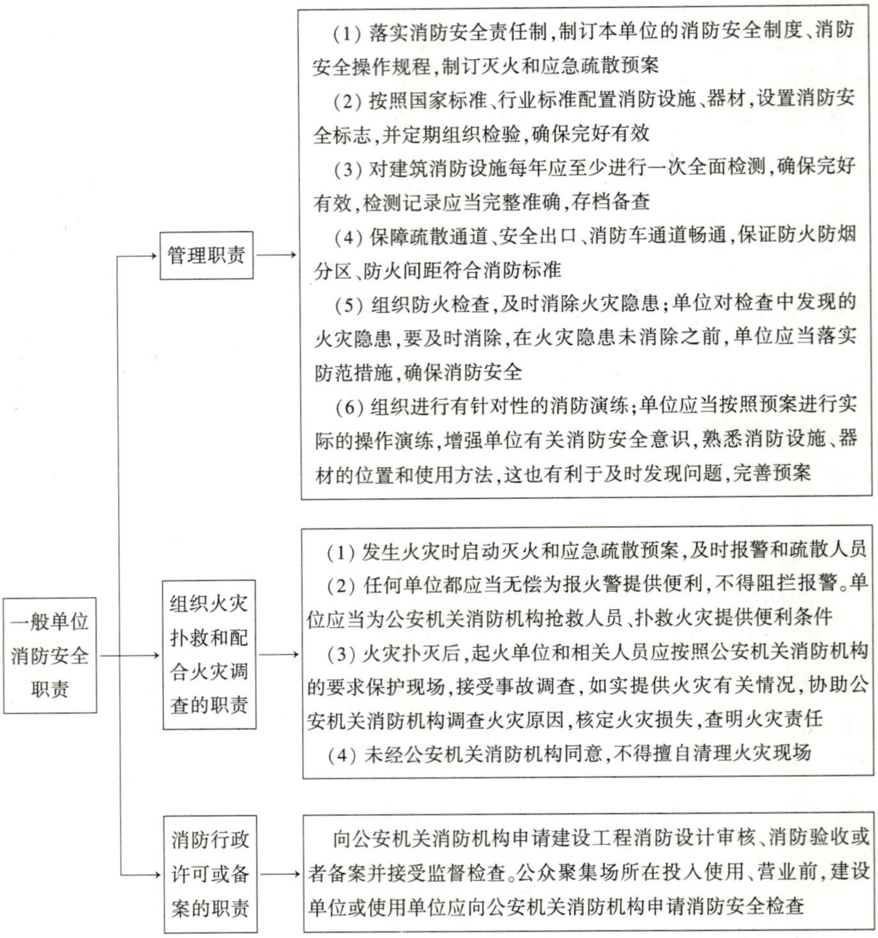


图6-2-1 一般单位消防安全职责

### 2. 消防安全重点单位职责

消防安全重点单位除了消防安全责任人对本单位的消防安全工作全面负责之外，还应当明确安全管理人，并将单位信息上报县级以上地方人民政府公安机关消防机构备案。

同时履行下列消防职责：

1）确定消防安全管理人，组织实施本单位的消防安全管理工作。

2）建立消防档案，确定消防安全重点部位，设置防火标志，实行严格管理。

3）实行每日防火巡查，并建立巡查记录。

4）对职工进行岗前消防安全培训，定期组织消防安全培训和消防演练；每半年进行一次演练，不断完善预案。

## 考点3 消防安全组织人员职责

**1. 消防安全责任人职责**

消防安全责任人职责如图6-2-2所示。

**2. 消防安全管理人职责**

消防安全管理人职责如图6-2-2所示。

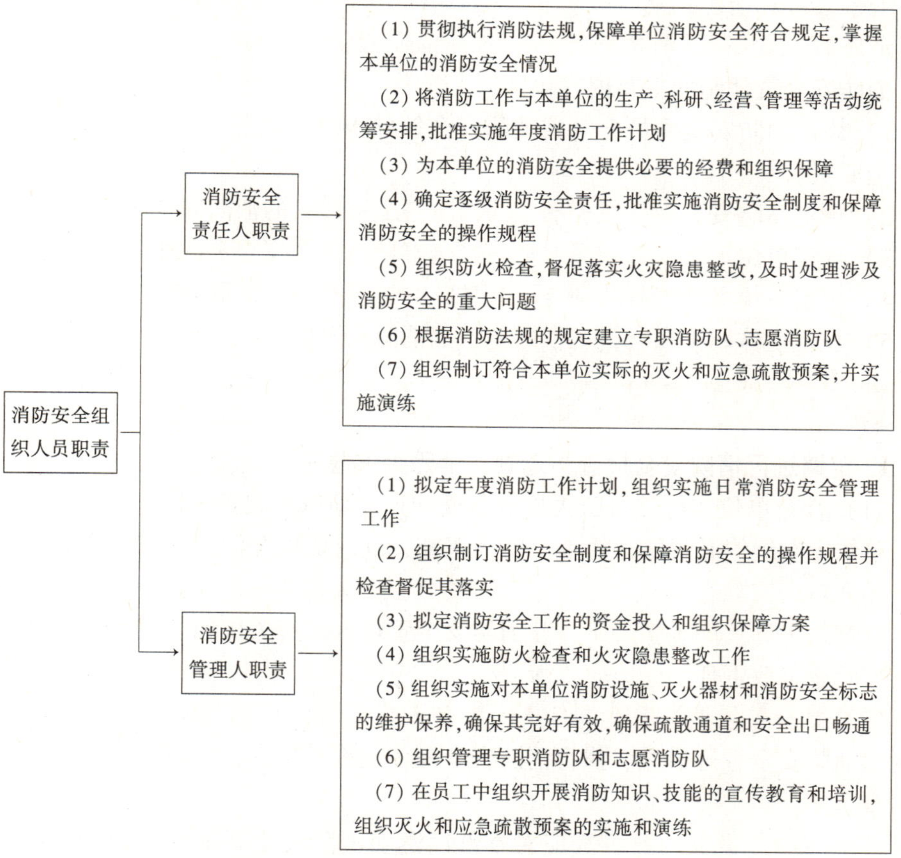


图6-2-2 消防安全组织人员职责

**3. 专（兼）职消防管理人员职责**

1）掌握消防法律法规，了解本单位消防安全状况，及时向上级报告。

2）提请确定消防安全重点单位，提出落实消防安全管理措施的建议。

3）实施防火检查、巡查，及时发现火灾隐患，落实火灾隐患整改措施。

4）管理、维护消防设施、灭火器材和消防安全标志。

5）组织开展消防宣传，对全体员工进行教育培训。

6）编制灭火和应急疏散预案，组织演练。

7）记录有关消防工作开展情况，完善消防档案。

**4. 自动消防系统的操作人员职责**

1）自动消防系统的操作人员必须持证上岗，掌握自动消防系统的功能及操作规程。

2）每日测试主要消防设施功能，发现故障应在24h内排除，不能排除的应

笔 记

笔 记

逐级上报。

3）核实、确认报警信息，及时排除误报和一般故障。

4）发生火灾时，按照灭火和应急疏散预案，及时报警和启动相关消防设施。

## 考点4 单位的消防安全责任制

明确单位消防安全责任人、消防安全管理人及全体人员应履行的消防安全职责，明确逐级和岗位消防安全职责，确定各级、各岗位的消防安全责任人，层层签订责任书，层层落实消防安全责任，是消防安全责任制的核心。

消防安全责任制的主要内容包括：

1）规定消防安全委员会（或消防安全领导小组）领导机构及其责任人的消防安全职责。

2）规定消防安全归口管理部门和消防安全管理人的消防安全职责。

3）规定单位下属部门和岗位消防安全责任人以及安全员的职责。

4）规定单位义务消防队和专职消防队的领导和成员的职责。

5）规定全体职工在各自工作岗位上的消防安全职责。

## 考点5 单位的消防安全制度的落实

**1. 定期进行消防安全检查、巡查，消除火灾隐患**

（1）社会单位实行逐级防火检查制度和火灾隐患整改责任制。

单位定期组织开展防火检查、防火巡查，及时发现并消除火灾隐患；消防安全责任人对火灾隐患整改负总责，消防安全管理人和消防工作归口管理职能部门具体负责组织火灾隐患整改工作，消防安全管理人、有关部门、员工应当认真履行火灾隐患整改责任。

（2）社会单位消防安全责任人、消防安全管理人应对本单位落实消防安全制度和消防安全管理措施、执行消防安全操作规程等情况，每月至少组织一次防火检查。

社会单位内设部门负责人应对本部门落实消防安全制度和消防安全管理措施、执行消防安全操作规程等情况，每周至少开展一次防火检查。

员工每天班前、班后进行本岗位防火检查，及时发现火灾隐患。

（3）消防安全重点单位应当进行每日防火巡查，并确定巡查的人员、内容、部位和频次。其他单位可以根据需要组织防火巡查。

公众聚集场所在营业期间的防火巡查至少每 2h 一次，营业结束时应当对营业现场进行检查，消除遗留火种。

医院、养老院、寄宿制的学校、托儿所、幼儿园夜间防火巡查应不少于两次，其他消防安全重点单位可以结合实际组织夜间防火巡查。

（4）发现火灾隐患应当立即改正；对不能立即改正的，发现人应当向消防工作归口管理职能部门或消防安全管理人报告，按程序进行整改并做好记录。消防工作归口管理职能部门或消防安全管理人接到火灾隐患报告后，应当立即组织核查。研究制订整改方案，确定整改措施、整改期限、整改责任人和部门，报单位消防安全责任人审批。社会单位的消防安全责任人应当督促落实火灾隐患整改措施，为整改火灾隐患提供经费和组织保障。

（5）火灾隐患整改责任人和部门应当按照整改方案的要求，落实整改措施，并加强整改期间的安全防范，确保消防安全。火灾隐患整改完毕后，消防安全管理人应当组织验收，并将验收结果报告消防安全责任人。对公安机关消防机构责令改正的火灾隐患，应当立即着手整改，并将整改情况报告公安机关消防机构。

**2. 组织消防安全知识宣传教育培训**

单位应当确定经过专业培训的专（兼）职消防宣传教育培训人员，并购置或制作消防宣传教育培训资料，开展多种形式消防宣传教育培训。

**3. 开展灭火和疏散逃生演练**

（1）熟悉灭火和应急疏散预案，掌握单位消防设施、器材的使用方法。

（2）发现火灾立即呼救，并按照灭火和应急预案进行处置。

（3）消防安全责任人、消防安全管理人和员工应当熟悉本单位疏散逃生路线以及引导人员疏散程序，掌握避难逃生设施使用方法，引导人员有序疏散。

（4）人员密集场所应提示场所的火灾危险性，安全出口、疏散通道位置及逃生路线，消防器材的位置和使用方法。人员密集场所员工在火灾发生时应引导群众疏散逃生。

**4. 建立健全消防档案**

消防档案包括消防安全基本情况和消防安全管理情况，具体内容详见后面考点 8。

**5. 消防安全重点单位“三项”报告备案制度**

1）消防安全管理人员报告备案。

消防安全重点单位依法确定的消防安全责任人、消防安全管理人、专（兼）职消防管理员、消防控制室值班操作人员等，自确定或变更之日起 5 个工作日内，向当地公安机关消防机构报告备案，确保消防安全工作有人抓、有人管。

2）消防设施维护保养报告备案。

设有建筑消防设施的消防安全重点单位，应当对建筑消防设施进行日常维护保养，每年至少进行一次功能检测，保障消防设施完整好用。

消防安全重点单位要将维护保养合同、维护保养记录及设备运行记录每月向当地公安机关消防机构报告备案。

提供消防设施维护保养和检测的技术服务机构，必须具有相应等级的资质，依照签订的维护保养合同认真履行义务，承担相应责任，确保建筑消防设施正常运行，并自签订维护保养合同之日起 5 个工作日内向当地公安机关消防机构报告备案。

3）消防安全自我评估报告备案。

针对消防安全重点单位的消防安全管理情况，每月组织一次自我评估，对评估中发现的问题和工作薄弱环节，要采取切实可行的措施及时整改。评估情况应自评估完成之日起 5 个工作日内向当地公安机关消防机构报告备案，并向社会公开。

## 考点 6 消防安全重点部位的确定与管理

**1. 消防安全重点部位的确定**

消防安全重点部位的确定见表 6-2-2。

笔 记

笔 记

表 6-2-2 消防安全重点部位的确定

| 考虑因素 | 举 例 |
| --- | --- |
| 容易发生火灾的部位 | 如化工生产车间，油漆、烘烤、熬炼、木工、电焊气割操作间；化验室、汽车库、化学危险品仓库；易燃、可燃液体储罐，可燃、助燃气体钢瓶仓库和储罐，液化石油气瓶或储罐；氧气站，乙炔站，氢气站；易燃的建筑群等 |
| 发生火灾后对消防安全有重大影响的部位 | 如与火灾扑救密切相关的变配电站（室）、消防控制室、消防水泵房等 |
| 性质重要、发生事故影响全局的部位 | 如发电站、变配电站（室），通信设备机房、生产总控制室，电子计算机房，锅炉房，档案室、资料、贵重物品和重要历史文献收藏室等 |
| 财产集中的部位 | 如储存大量原料、成品的仓库、货场，使用或存放先进技术设备的实验室、车间、仓库等 |
| 人员集中的部位 | 如单位内部的礼堂（俱乐部）、托儿所、集体宿舍、医院病房等 |

**2. 消防安全重点部位的管理**

消防重点部位确定以后，应从管理的民主性、系统性和科学性着手，应从六个方面着手，即制度管理、立牌管理、教育管理、档案管理、日常管理和应急备战管理。

## 考点 7 火灾隐患的确定与排查

**1. 下列情形不应判定为重大火灾隐患**

（1）依法进行了消防设计专家评审，并已采取相应技术措施的。

（2）单位、场所已停产、停业或停止使用的。

（3）不足以导致重大、特别重大火灾事故或严重社会影响的。

**2. 重大火灾隐患直接判定要素**

符合下列情况之一的，可以直接判定为重大火灾隐患：

（1）生产、储存和装卸易燃易爆危险品的工厂、仓库和专用车站、码头、储罐区，未设置在城市的边缘或相对独立的安全地带。

（2）生产、储存、经营易燃易爆危险品的场所与人员密集场所、居住场所设置在同一建筑物内，或与人员密集场所、居住场所的防火间距小于国家工程建设消防技术标准规定值的 75%。

（3）城市建成区内的加油站、天然气或液化石油气加气站、加油加气合建站的储量达到或超过《汽车加油加气站设计与施工规范（2014 年版）》（GB 50156—2012）对一级站的规定。

（4）甲、乙类生产场所和仓库设置在建筑的地下室或半地下室。

（5）公共娱乐场所、商店、地下人员密集场所的安全出口数量不足或其总净宽度小于国家工程建设消防技术标准规定值的 80%。

（6）旅馆、公共娱乐场所、商店、地下人员密集场所未按国家工程建设消防技术标准的规定设置自动喷水灭火系统或火灾自动报警系统。

（7）易燃可燃液体、可燃气体储罐（区）未按国家工程建设消防技术标准的规定设置固定灭火、冷却、可燃气体浓度报警、火灾报警设施。

（8）在人员密集场所违反消防安全规定使用、储存或销售易燃易爆危险品。

（9）托儿所、幼儿园的儿童用房以及老年人活动场所，所在楼层位置不符合国家工程建设消防技术标准的规定。

（10）人员密集场所的居住场所采用彩钢夹芯板搭建，且彩钢夹芯板芯材的燃烧性能等级低于《建筑材料及制品燃烧性能分级》（GB 8624—2012）规定的A级。

笔记

**3. 重大火灾隐患的综合判定要素**

（注意：下文的规定是指：国家工程建设消防技术标准的规定）

（1）总平面布置。

1）未按规定或城市消防规划的要求设置消防车通道或消防车通道被堵塞、占用。

2）建筑之间的既有防火间距被占用或小于规定值的80%，明火和散发火花地点与易燃易爆生产厂房、装置设备之间的防火间距小于规定值。

3）在厂房、库房、商场中设置员工宿舍，或是在居住等民用建筑中从事生产、储存、经营等活动，且不符合（GA 703—2007）的规定。

《住宿与生产储存经营合用场所消防安全技术要求》

4）地下车站的站厅乘客疏散区、站台及疏散通道内设置商业经营活动场所。

（2）防火分隔。

1）原有防火分区被改变并导致实际防火分区的建筑面积大于规定值的50%。

2）防火门、防火卷帘等防火分隔设施损坏的数量大于该防火分区相应防火分隔设施总数的50%。

3）丙、丁、戊类厂房内有火灾或爆炸危险的部位未采取防火分隔等防火防爆技术措施。

（3）安全疏散设施及灭火救援条件。

1）建筑内的避难走道、避难间、避难层的设置不符合规定，或被占用。

2）人员密集场所内疏散楼梯间的设置形式不符合规定。

3）建筑物的安全出口数量或宽度不符合规定，或既有安全出口被封堵。

（公共娱乐场所、商店、地下人员密集场所的安全出口数量不足或其总净宽度小于规定值的80%。）

4）按规定，建筑物应设置独立的安全出口或疏散楼梯而未设置。

5）商店营业厅内的疏散距离大于规定值的125%。

6）高层建筑和地下建筑未按规定设置疏散指示标志、应急照明，或所设置设施的损坏率大于规定要求设置数量的30%；其他建筑未按规定设置疏散指示标志、应急照明，或所设置设施的损坏率大于标准规定要求设置数量的50%。

7）设有人员密集场所的高层建筑的封闭楼梯间或防烟楼梯间的门的损坏率超过其设置总数的20%，其他建筑的封闭楼梯间或防烟楼梯间的门的损坏率大于其设置总数的50%。

8）人员密集场所内疏散走道、疏散楼梯间、前室的室内装修材料的燃烧性能不符合《建筑内部装修设计防火规范》（GB 50222—2017）的规定。

9）人员密集场所的疏散走道、楼梯间、疏散门或安全出口设置栅栏、卷

笔 记

帘门。

10）人员密集场所的外窗被封堵或被广告牌等遮挡。

11）高层建筑的消防车通道、救援场地设置不符合要求或被占用，影响火灾扑救。

12）消防电梯无法正常运行。

（4）消防给水及灭火设施。

1）未按规定设置消防水源、储存泡沫液等灭火剂。

2）未按规定设置室外消防给水系统，或已设置但不符合标准的规定或不能正常使用。

3）未按规定设置室内消火栓系统，或已设置但不符合标准的规定或不能正常使用。

4）除旅馆、公共娱乐场所、商店、地下人员密集场所外，其他场所未按规定设置自动喷水灭火系统。

5）未按规定设置除自动喷水灭火系统外的其他固定灭火设施。

6）已设置的自动喷水灭火系统或其他固定灭火设施不能正常使用或运行。

（5）防烟排烟设施。

人员密集场所、高层建筑和地下建筑未按规定设置防烟、排烟设施，或已设置但不能正常使用或运行。

（6）消防供电。

1）消防用电设备的供电负荷级别不符合规定。

2）消防用电设备未按规定采用专用的供电回路。

3）未按规定设置消防用电设备末端自动切换装置，或已设置但不符合标准的规定或不能正常自动切换。

（7）火灾自动报警系统。

1）除旅馆、公共娱乐场所、商店、其他地下人员密集场所以外的其他场所未按规定设置火灾自动报警系统。

2）火灾自动报警系统不能正常运行。

3）防烟排烟系统、消防水泵以及其他自动消防设施不能正常联动控制。

（8）消防安全管理

1）社会单位未按消防法律法规要求设置专职消防队。

2）消防控制室操作人员未按《消防控制室通用技术要求》（GB 25506—2010）的规定持证上岗。

（9）其他。

1）生产、储存场所的建筑耐火等级与其生产、储存物品的火灾危险性类别不相匹配，违反规定。

2）生产、储存、装卸和经营易燃易爆危险品的场所或有粉尘爆炸危险场所未按规定设置防爆电气设备和泄压设施，或防爆电气设备和泄压设施失效。

3）违反规定使用燃油、燃气设备，或燃油、燃气管道敷设和紧急切断装置不符合规定。

4）违反规定在可燃材料或可燃构件上直接敷设电气线路或安装电气设备，

或采用不符合标准规定的消防配电线缆和其他供配电线缆。

5）违反规定在人员密集场所使用易燃、可燃材料装修、装饰。

**4. 典型场所的综合判定**

（1）人员密集场所。

人员密集场所存在以下综合判定要素3条以上（含本数，下同），即为重大火灾隐患。

1）安全疏散设施及灭火救援条件中的1）～9）项。

2）防烟排烟设施。

人员密集场所、高层建筑和地下建筑未按国家工程建设消防技术标准的规定设置防烟排烟设施，或已设置但不能正常使用或运行。

3）违反规定使用燃油、燃气设备，或燃油、燃气管道敷设和紧急切断装置不符合规定。

（2）易燃、易爆危险品场所。

易燃、易爆危险品场所存在以下综合判定要素3条以上，即为重大火灾隐患。

1）未按规定或城市消防规划的要求设置消防车通道或消防车通道被堵塞、占用。

2）建筑之间的既有防火间距被占用或小于规定值的80%，明火和散发火花地点与易燃易爆生产厂房、装置设备之间的防火间距小于规定值。

3）在厂房、库房、商场中设置员工宿舍，或是在居住等民用建筑中从事生产、储存、经营等活动，且不符合《住宿与生产储存经营合用场所消防安全技术要求》（GA 703—2017）的规定。

4）未按规定设置除自动喷水灭火系统外的其他固定灭火设施。

5）已设置的自动喷水灭火系统或其他固定灭火设施不能正常使用或运行。

（3）人员密集场所、易燃易爆危险品场所、重要场所存在任意综合判定要素4条以上。

（4）其他场所存在任意综合判定要素6条以上。

**5. 火灾隐患的整改**

（1）单位对存在的火灾隐患，应当及时予以消除。

（2）对不能当场改正的火灾隐患，应当提出整改方案，确定整改的措施、期限以及负责整改的部门、人员，并落实整改资金。在火灾隐患未消除之前，单位应当落实防范措施，保障消防安全。

（3）不能确保消防安全，随时可能引发火灾或者一旦发生火灾将严重危及人身安全的，应当将危险部位停产停业整改。

（4）对于涉及城市规划布局而不能自身解决的重大火灾隐患，以及单位确无能力解决的重大火灾隐患，单位应当提出解决方案并及时向其上级主管部门或者当地人民政府报告。

## 二、难点突破

（1）应重点掌握消防安全重点单位的界定标准和界定程序，尤其要掌握标

笔 记

笔 记

准中的数字。

(2) 注意区分消防安全责任人和消防安全管理人的概念和职责范围。消防安全责任人是单位的法人或者行政一把手，对消防工作总体负责，但是，主要是决策者。消防安全管理人在责任人的直接领导下工作，是消防各项具体工作的负责人。

(3) 根据公安部令第61号：单位的消防安全责任制与消防安全制度是分开的、并列的。

(4) 重大火灾隐患直接判定要素和综合判定要素均应为不能立即改正的火灾隐患要素。

## 三、真题解析

### (一) 单项选择题

1. (考点5) 根据《社会消防安全教育培训规定》(公安部令109号)，关于单位消防安全培训的主要内容和形式的说法，错误的是（　　）。(2017年真题)

A. 各单位应对新上岗和进入新岗位的职工进行上岗前消防安全培训

B. 各单位应对在岗的职工每年进行一次消防安全培训

C. 各单位应该至少每年组织一次灭火、应急疏散演练

D. 各单位职工应具备消除火灾隐患的能力、扑救初期火灾的能力、组织人员疏散逃生的能力

**【答案】** C。

**【解析】** 消防安全重点单位每半年至少组织一次、其他单位每年至少组织一次灭火和应急疏散演练。C项中没有说是重点单位还是其他单位。因此，答案为C。

2. (考点6) 单位在确定消防重点部位之后，应加强对消防重点部位的管理。下列管理措施中，不属于消防重点部位管理措施的是（　　）。(2017年真题)

A. 隐患管理　　B. 制度管理

C. 立牌管理　　D. 教育管理

**【答案】** A。

**【解析】** 消防安全重点部位的管理包括：制度管理、立牌管理、教育管理、档案管理、日常管理、应急备战管理。因此，答案为A。

3. (考点5) 消防安全重点单位“三项”报告备案制度中，不包括（　　）。(2017年真题)

A. 消防安全管理人员报告备案　　B. 消防设施维护保养报告备案

C. 消防规章制度报告备案　　D. 消防安全自我评估报告备案

**【答案】** C。

**【解析】** 根据考点5：“三项”报告备案包括以下三项内容：①消防安全管理人员报告备案；②消防设施维护保养报告备案；③消防安全自我评估报告备案。因此答案为C。

4. (考点7) 对某大型工厂进行防火检查，发现下列火灾隐患中，可以直接判定为重大火灾隐患的是（　　）。(2017年真题)

A. 室外消防给水系统消防泵损坏

B. 将氨压缩机房设置在厂房的地下一层

C. 在主厂房边的消防车通道上堆满了货物

D. 在2号车间与3号车间之间的防火间距空地搭建了一个临时仓库

【答案】B。

【解析】根据考点7，符合（1）～（10）之一，即为重大火灾隐患，其中（4）甲、乙类生产场所和仓库设置在建筑的地下室或半地下室。氨压缩机房属于乙类，因此，答案为B。而A、C、D项均属于重大火灾隐患的综合判定因素。

5.（考点3）关于消防安全管理人及其职责的说法，错误的是（　　）。（2017年真题）

A. 消防安全管理人应是单位中负有一定领导职责和权限的人员

B. 消防安全管理人应负责拟定年度消防工作计划，组织制订消防安全制度

C. 消防安全管理人应每日测试主要消防设施功能及时排除故障

D. 消防安全管理人应组织实施防火检查和火灾隐患整改工作

【答案】C。

【解析】根据考点3，每日测试主要消防设施功能及时排除故障属于自动消防系统的操作人员的职责。因此，C项错误。

**（二）多项选择题**

（考点7）针对人员密集场所存在的下列隐患情况，根据《重大火灾隐患判定方法》（GA 653—2006）的规定，可判定为重大火灾隐患要素的有（　　）。（2016年真题）

A. 火灾自动报警系统处于故障状态，不能恢复正常运行

B. 一个防火分区设置的6樘防火门有2樘损坏

C. 设置的防烟排烟系统不能正常使用

D. 安全出口被封堵

E. 商场营业厅内的疏散距离超过规定距离的20%

【答案】ACD。

【解析】根据本章考点7，可以看出下列判定要素存在以下问题：①防火门、防火卷帘等防火分隔设施损坏的数量超过该防火分区防火分隔设施数量的50%，B错误；②商店营业厅内的疏散距离大于规定值的125%，E项错误。因此，答案为ACD。

# 第三章　社会单位消防宣传与教育培训

## 一、考点提炼

### 考点1　消防宣传的主要内容和形式

**1. 家庭、社区消防安全宣传的主要内容和形式**

应当因地制宜，根据实际情况开展消防宣传教育。

笔记

笔 记

**2. 人员密集场所消防安全宣传的主要内容和形式**

1）在安全出口、疏散通道和消防设施等位置设置消防安全提示。

2）公共交通工具的候车（机、船）场所、站台等应在醒目位置设置消防安全提示和播放消防安全知识。

**3. 单位消防安全宣传的主要内容和形式**

1）单位应建立本单位消防安全宣传教育制度，健全机构，落实人员，明确责任，定期组织开展消防安全宣传活动。

2）单位应制订灭火和应急疏散预案，张贴逃生疏散路线图。

**4. 学校消防安全宣传的主要内容和形式**

1）有条件的学校应组织学生在校期间至少参观一次消防科普教育场馆。

2）学校应利用“全国中小学生安全教育日”“防灾减灾日”“科技活动周”“119 消防日”等集中开展消防宣传活动。

3）每名学生在校期间参加消防安全志愿活动应不少于 4h。

4）应经常播、刊、发消防安全内容，每月不少于一次。

## 考点 2　消防教育培训的主要内容和形式

**1. 单位消防安全教育培训的主要内容和形式**

1）消防安全重点单位对每名员工应当至少每年进行一次消防安全培训。

2）公众聚集场所对员工的消防安全培训应当至少每半年进行一次，培训的内容还应当包括组织、引导在场群众疏散的知识和技能。

3）单位应当组织新上岗和进入新岗位的员工进行上岗前的消防安全培训，对在岗的职工每年至少进行一次消防教育培训。

4）消防安全重点单位每半年至少组织一次、其他单位每年至少组织一次灭火和应急疏散演练。

5）单位的消防安全责任人、消防安全管理人；专、兼职消防管理人员；消防控制室的值班、操作人员等应当接受消防安全专门培训。

**2. 学校消防安全教育培训的主要内容和形式**

1）每学年至少组织学生开展一次应急疏散演练。

2）对寄宿学生开展经常性的安全用火用电教育培训和应急疏散演练。

**3. 社区居民委员会、村民委员会消防教育培训的主要内容和形式**

1）对居民、村民开展经常性防火和灭火技能的消防教育培训。

2）组织志愿消防队、治安联防队和保安人员等开展防火和灭火技能的消防教育培训。

## 二、真题解析

**单项选择题**

（考点 1、考点 2）下列消防安全宣传教育培训，不属于社会单位组织开展的是（　　）。(2015 年真题)

A. 对新上岗的员工进行上岗前消防安全培训

B. 在火灾多发季节、农业收获季节和重大节假日，组织开展有针对性的消

防宣传教育

C. 对在岗的员工每年至少进行一次消防培训

D. 公众聚集场所员工每半年至少进行一次消防安全培训

【答案】B。

【解析】根据本章考点 1 和 2：在火灾多发季节、农业收获季节和重大节假日，组织开展有针对性的消防宣传教育，属于农村的消防安全宣传教育培训方式。

因此，答案为 B。

# 第四章　应急预案编制与演练

## 一、考点提炼

### 考点 1　应急预案制订的程序

**1. 明确范围，明确重点部位**

各单位应结合其自身的实际情况，确定范围，明确重点保卫对象或者部位。

**2. 调查研究，收集资料**

制订应急预案是一项细致复杂的工作。为使所制订的应急预案符合客观实际，应进行大量细致的调查研究工作，要正确分析、预测单位内部发生火灾的可能性和各种险情，制订出相应的火灾扑救和应急救援对策。

**3. 科学计算，确定人员力量和器材装备**

通过计算，确定现场灭火和疏散人员所需要的人员力量、保障的器材装备和物资等方面的数量，为完成灭火救援应急任务提供基本依据。

**4. 确定灭火救援应急行动意图**

根据灾情，对灭火救援应急行动的目标、任务、手段、措施等进行总体策划和构思。其主要内容有：作战行动的目标与任务、战术与技术措施、人员部署与力量安排等。

**5. 严格审核，不断充实完善**

制订应急预案实行逐级审核制度。单位安保部门制订的应急预案必须报请单位主要领导审核，批准后方可投入使用。审核的重点应当侧重于情况设定、处置对策、人员安排部署、战术措施、技术方法、后勤保障等内容。必要时还应当组织专业技术人员充分论证并通过演练进行验证。

### 考点 2　应急预案的编制内容

**1. 单位的基本情况**

1）单位的基本情况包括单位基本概况和消防安全重点部位情况，消防设施、灭火器材情况，消防组织、义务消防队人员及装备配备情况。

2）消防安全重点单位应当将容易发生火灾或一旦发生火灾可能危及人身和财产安全以及对消防安全有重大影响的部位确定为消防安全重点部位。

笔 记

笔 记

3）通过明确重点部位并分析其火灾危险，指导应急预案的制订和演练。

**2. 应急组织机构**

应急组织机构包括：火场指挥部、灭火行动组、疏散引导组、安全防护救护组、火灾现场警戒组、后勤保障组、机动组。

**3. 火情预想**

火情预想即对单位可能发生火灾做出的有根据、符合实际的设想，是制订应急预案的重要依据。

1）重点部位和主要起火点，同一重点部位可假设多个起火点。

2）起火物品及蔓延条件，燃烧面积（范围）和主要蔓延的方向。

3）可能造成的危害和影响，以及火情发展变化趋势、可能造成的严重后果等。

4）区分白天和夜间、营业期间和非营业期间。

**4. 报警、接警处置程序**

（1）报警。以快捷方便为原则确定发现火灾后的报警方式，如口头报警、有线报警、无线报警等，报警的对象为“119”火警台（“三台合一”的地区为“110”指挥中心）、单位值班领导、消防控制中心等。报警时应说明以下情况：着火单位、着火部位、着火物质及有无人员被困、单位具体位置、报警电话号码、报警人姓名；同时，还要将火情报告给本单位值班领导和有关部门。

（2）接警。单位领导接警后，启动应急预案，按预案确定内部报警方式和疏散范围，组织指挥初期火灾的扑救和人员疏散工作，安排力量做好警戒工作。有消防控制室的场所，值班员接到火情消息后，立即通知有关人员前往核实火情，火情核实确认后，立即报告公安消防队和值班负责人，通知灭火行动组人员前往着火层。

**5. 初期火灾处置程序和措施**

（1）指挥部、各行动小组和义务消防队迅速集结，按照职责分工，进入相应位置开展灭火救援行动。

（2）发现火灾时，起火部位现场员工应当于1min内形成灭火第一战斗力量，应当于3min内形成灭火第二战斗力量，及时采取灭火救援措施。

（3）相关部位人员负责关闭空调系统和煤气总阀门，及时疏散易燃易爆化学危险物品及其物品。

**6. 应急疏散的组织程序和措施**

（1）疏散通报。

火场指挥部根据火灾的发展情况，决定发出疏散通报。通报的次序是着火层以上各层——有可能蔓延的着火层以下的楼层。

（2）确定疏散通报方式。

常用的疏散通报方式有两种：一种是语音通报，另一种是警铃通报。警铃通报是通过警铃发出紧急通告和疏散指令。

（3）疏散引导。

疏散引导工作主要分为四大块：①划定安全区；②明确责任人；③及时变更修正；④突出重点。

**7. 安全防护救护和通信联络的程序及措施**

①建筑外围安全防护；②建筑首层出入口安全防护；③起火部位的安全防护；④在安全区及时对受伤人员进行救治，将危重病人及时送往医院救治；⑤利用电话、对讲机等建立有线、无线通信网络，确保火场信息传递畅通；⑥火场指挥部、各行动组、各消防安全重点部位必须确定专人负责信息传递，保证火场信息及时传递、落实；⑦安排专人在主要路口接应消防车。

**8. 绘制灭火和应急疏散计划图**

灭火和应急疏散计划图有助于指挥部在救援过程中对各小组的指挥和对事故的控制，应当力求详细准确、图文并茂、标注明确、直观明了。

## 考点3　应急预案演练规划

应急预案演练规划要点见表6-4-1。

**表6-4-1　应急预案演练**

| | | | |
|---|---|---|---|
| 应急预案演练 | 目的 | ①检验预案；②完善准备；③锻炼队伍；④磨合机制；⑤科普宣教 | |
| | 原则 | ①结合实际，合理定位；②着眼实战，讲求实效；③精心组织，确保安全；④统筹规划，厉行节约 | |
| | 分类 | 按组织形式划分 | 分为桌面演练和实战演练 |
| | | 按演练内容划分 | 分为单项演练和综合演练 |
| | | 按演练目的与作用划分 | 分为检验性演练、示范性演练和研究性演练 |
| | 规划 | 消防安全重点单位应当每半年开展一次灭火和应急疏散预案的演练，其他单位应当每年开展一次灭火和应急疏散预案的演练。演练应在相关预案确定的应急领导机构或指挥机构领导下开展 | |
| | 准备 | 单位在开展应急预案演练之前，应当做好下列四项准备工作：①制订演练计划；②设计演练方案；③演练动员与培训；④应急演练保障 | |
| | 实施 | 应急预案的演练一般包括以下三个步骤：①演练启动；②演练执行；③演练结束与终止 | |
| | 评估与总结 | 应急预案演练结束后，单位还应当对演练工作进行评估、总结，根据演练工作的经验和教训，制订完善改进措施，提高演练和实战能力，包括如下步骤：①评估；②总结；③成果运用；④文件归档与备案；⑤考核与奖惩 | |

## 二、难点突破

（1）本章内容应重点掌握应急预案演练的规划、准备和实施。

（2）注意这几个演练方式之间的区别：桌面演练、实战演练、单项演练、综合演练、检验性演练、示范性演练、研究性演练。

## 三、真题解析

### （一）单项选择题

1.（考点2）某大型商场制定了消防应急预案，内容包括初期火灾处置程序和措施。下列处置程序和措施中，错误的是（　　）。(2017年真题)

A. 发现火灾时，起火部位现场员工应当于3min内形成灭火第一战斗

笔记

笔 记

力量

B. 发现起火时，应立即打119电话报警

C. 发现起火时，安全出口或通道附近的员工应在第一时间负责引导人员进行疏散

D. 发现火灾时，消火栓附近的员工应立即利用消火栓灭火

【答案】A。

【解析】根据考点2：起火部位现场员工应于1min内形成灭火第一战斗力量，因此，A项错误。

2.（考点2）按《机关、团体、企业、事业单位消防安全管理规定》（公安部令第61号）的规定，下列内容中，不属于应急预案编制内容的是（　　）。(2015年真题)

A. 应急组织机构　　B. 报警和接警处置程序

C. 应急疏散的组织程序和措施　　D. 员工的消防培训计划

【答案】D。

【解析】由本章考点2可知，应急预案编制内容包括：单位的基本情况、应急组织机构、火情预想、报警和接警处置程序、应急疏散的组织程序和措施、初起火灾处置程序和措施、安全防护救护和通信联络的程序及措施、绘制灭火和应急疏散计划图等。

员工的消防培训计划属于消防教育培训内容的，因此，答案为D。

**（二）多项选择题**

（考点3）某五星级酒店拟进行应急预案演练，在应急预案演练保障方面，酒店拟从人员、经费、场地、物质和器材等各方面都给予保障，在物质和器材方面，酒店应提供（　　）。(2017年真题)

A. 信息材料　　B. 建筑材料

C. 应急抢险物资　　D. 录音摄像设备

E. 通信器材

【答案】ACDE。

【解析】准备必要的演练材料、物资和器材，制作必要的模型设施等，主要包括：①信息材料；②物资设备；③通信器材；④演练情景模型。因此，答案为ACDE。

# 第五章　施工消防安全管理

## 一、考点提炼

### 考点1　总平面布局的防火原则

**1. 固定动火作业场应布置在不容易对其他场所构成火灾威胁的部位**

固定动火作业场应布置在可燃材料堆场及其加工场、易燃易爆危险品库房等全年最小频率风向的上风侧，并宜布置在临时办公用房、宿舍、可燃材料库房、

在建工程等全年最小频率风向的上风侧。

**2. 易燃易爆危险场所、可燃物堆场等尽量远离明火或火灾危险性较大部位**

易燃易爆危险品库房应远离明火作业区、人员密集区和建筑物相对集中区。可燃材料堆场及其加工场、易燃易爆危险品库房不应布置在架空电力线下。

笔 记

## 考点2 施工现场防火间距

(1) 临时用房、临时设施与在建工程的防火间距要求。

易燃易爆危险品库房与在建工程的防火间距不应小于15m，可燃材料堆场及其加工场、固定动火作业场与在建工程的防火间距不应小于10m，其他临时用房、临时设施与在建工程的防火间距不应小于6m。

(2) 当办公用房、宿舍成组布置时，其防火间距可适当减小，但应符合下列要求：

1) 每组临时用房的栋数不应超过10栋，组与组之间的防火间距不应小于8m。

2) 组内临时用房之间的防火间距不应小于3.5m，当建筑构件燃烧性能等级为A级时，其防火间距可减少到3m。

## 考点3 临时消防车通道和消防救援场地设置要求

(1) 施工现场内应设置临时消防车通道。

施工现场周边道路满足消防车通行及灭火救援要求时，施工现场内可不设置临时消防车通道。

(2) 临时消防车通道的设置应符合的要求。

1) 临时消防车通道与在建工程、临时用房、可燃材料堆场及其加工场的距离不宜小于5m，且不宜大于40m。

2) 临时消防车通道宜为环形，设置环形车道确有困难时，应在消防车通道尽端设置尺寸不小于12m×12m的回车场。

3) 临时消防车通道的净宽度和净空高度均不应小于4m。

4) 临时消防车通道的右侧应设置消防车行进路线指示标识。

5) 临时消防车通道路基、路面及其下部设施应能承受消防车通行压力及工作荷载。

(3) 临时消防救援场地的设置条件及要求。

建筑高度大于24m的在建工程、建筑工程单体占地面积大于3000m²的在建工程以及超过10栋，且成组布置的临时用房，应设置环形临时消防车通道。

设置环形临时消防车通道确有困难时，除应在消防车通道尽端设置尺寸不小于12m×12m的回车场外，尚应设置临时消防救援场地。

临时消防救援场地的设置应符合下列规定：

1) 临时消防救援场地应在在建工程装饰装修阶段设置。

2) 临时消防救援场地应设置在成组布置的临时用房场地的长边一侧及在建工程的长边一侧。

3) 临时消防救援场地宽度应满足消防车正常操作要求，且不应小于6m，与

笔记

在建工程外脚手架的净距不宜小于2m，且不宜超过6m。

## 考点4　临时用房防火要求

**1. 宿舍、办公用房的防火要求**

（1）建筑构件的燃烧性能等级应为A级。当临时用房是金属夹芯板（俗称彩钢板）时，其芯材的燃烧性能等级应为A级。

（2）建筑层数不应超过3层，每层建筑面积不应大于$300m^2$。

（3）建筑层数为3层或每层建筑面积大于$200m^2$时，应设置至少2部疏散楼梯，房间疏散门至疏散楼梯的最大距离不应大于25m。

（4）单面布置用房时，疏散走道的净宽度不应小于1.0m；双面布置用房时，疏散走道的净宽度不应小于1.5m。

（5）疏散楼梯的净宽度不应小于疏散走道的净宽度。

（6）宿舍房间的建筑面积不应大于$30m^2$，其他房间的建筑面积不宜大于$100m^2$。

（7）房间内任一点至最近疏散门的距离不应大于15m，房门的净宽度不应小于0.8m，房间建筑面积超过$50m^2$时，房门的净宽度不应小于1.2m。

（8）隔墙应从楼地面基层隔断至顶板基层底面。

**2. 特殊用房的防火要求**

发电机房、变配电房、厨房操作间、锅炉房、可燃材料库房及易燃易爆危险品库房等临时用房应满足如下防火要求：

（1）建筑构件的燃烧性能等级应为A级。

（2）建筑层数应为1层，建筑面积不应大于$200m^2$。

（3）可燃材料库房单个房间的建筑面积不应超过$30m^2$，易燃易爆危险品库房单个房间的建筑面积不应超过$20m^2$。

（4）房间内任一点至最近疏散门的距离不应大于10m，房门的净宽度不应小于0.8m。

**3. 组合建造功能用房的防火要求**

组合建造时，两种不同使用功能的临时用房之间应采用不燃材料进行防火分隔，其防火要求应以等级要求较高的临时用房为准。

一般应满足以下要求：

（1）宿舍、办公用房不应与厨房操作间、锅炉房、变配电房等组合建造。

（2）现场办公用房、宿舍不宜组合建造。例如现场办公用房与宿舍的规模不大，两者的建筑面积之和不超过$300m^2$，可组合建造。

（3）发电机房、变配电房可组合建造；厨房操作间、锅炉房可组合建造；餐厅与厨房操作间可组合建造。

## 考点5　在建工程防火要求

**1. 临时疏散通道的防火要求**

在建工程作业场所的临时疏散通道应采用不燃、难燃材料建造，并应与在建工程结构施工同步设置，也可利用在建工程施工完毕的水平结构、楼梯。

笔 记

**2. 既有建筑进行扩建、改建施工的防火要求**

既有建筑进行扩建、改建施工时，必须明确划分施工区和非施工区。施工区不得营业、使用和居住；非施工区继续营业、使用和居住时，应符合如下要求：

（1）施工区和非施工区之间应采用不开设门、窗、洞口的耐火极限不低于3.0h的不燃烧体隔墙进行防火分隔。

（2）非施工区内的消防设施应完好和有效，疏散通道应保持畅通，并应落实日常值班及消防安全管理制度。

（3）外脚手架搭设不应影响安全疏散、消防车正常通行及灭火救援操作，外脚手架搭设长度不应超过该建筑物外立面周长的1/2。

**3. 其他防火要求**

（1）外脚手架、支模架。

外脚手架、支模架的架体宜采用不燃或难燃材料搭设。高层建筑和既有建筑改造工程的外脚手架、支模架的架体应采用不燃材料搭设。

（2）安全网。

高层建筑外脚手架的安全防护网、既有建筑外墙改造时外脚手架的安全防护网和临时疏散通道的安全防护网应采用阻燃型安全防护网。

（3）疏散指示标志。

作业场所应设置明显的疏散指示标志，其指示方向应指向最近的临时疏散通道入口。

（4）安全疏散示意图。

作业层的醒目位置应设置安全疏散示意图。

## 考点6　施工现场灭火器设置要求

**1. 灭火器设置场所**

下列场所应设置灭火器：易燃易爆危险品存放及使用场所；动火作业场所；可燃材料存放、加工及使用场所；厨房操作间、锅炉房、发电机房、变配电房、设备用房、办公用房、宿舍等临时用房；其他具有火灾危险的场所。

**2. 灭火器设置要求**

1）施工现场应选用能扑灭多类火灾的灭火器。灭火器的类型应与配备场所可能发生的火灾类型相匹配。

2）灭火器的最低配置标准应符合规定。

3）灭火器的配置数量应按照《建筑灭火器配置设计规范》（GB 50140—2005）的有关规定经计算确定，且每个场所的灭火器数量不应少于2具。

4）灭火器的最大保护距离应符合规定。

## 考点7　临时消防用水要求

**1. 消防水源**

施工现场或其附近应设置稳定、可靠的水源，并应能满足施工现场临时消防用水的需要。消防水源可采用市政给水管网或天然水源。

当外部消防水源不能满足施工现场的临时消防用水量要求时，应在施工现场

笔 记

设置临时储水池。临时储水池宜设置在便于消防车取水的部位，其有效容积不应小于施工现场火灾延续时间内一次灭火的全部消防用水量。

**2. 消防用水量**

临时消防用水量应为临时室外消防用水量与临时室内消防用水量之和。

临时室外消防用水量应按临时用房和在建工程的临时室外消防用水量的较大者确定，施工现场火灾次数可按同时发生1次确定。

## 考点8 临时室内外消防给水系统设置范围

**1. 临时室外消防给水系统**

临时用房建筑面积之和大于1000m²或在建工程单体体积大于10000m³时，应设置临时室外消防给水系统。

当施工现场处于市政消火栓150m保护范围内，且市政消火栓的数量满足室外消防用水量要求时，可不设置临时室外消防给水系统。

**2. 临时室内消防给水系统**

建筑高度大于24m或单体体积超过30000m³的在建工程，应设置临时室内消防给水系统。

## 考点9 施工现场的消防安全管理负责单位

（1）施工现场的消防安全管理应由施工单位负责。

（2）施工现场实行施工总承包的，应由总承包单位负责。分包单位应向总承包单位负责，并应服从总承包单位的管理，同时应承担国家法律、法规规定的消防责任和义务。

（3）监理单位应对施工现场的消防安全管理实施监理。

## 考点10 可燃物及易燃易爆危险品管理

（1）用于在建工程的保温、防水、装饰及防腐等材料的燃烧性能等级应符合设计要求。

（2）可燃材料及易燃易爆危险品应按计划限量进场。

1）进场后，可燃材料宜存放于库房内，露天存放时，应分类成垛堆放，垛高不应超过2m，单垛体积不应超过50m³，垛与垛之间的最小间距不应小于2m，且应采用不燃或难燃材料覆盖。

2）易燃易爆危险品应分类专库储存，库房内应通风良好，并应设置严禁明火标志。

（3）室内使用油漆及其有机溶剂、乙二胺、冷底子油等易挥发产生易燃气体的物资作业时，应保持良好通风，作业场所严禁明火，并应避免产生静电。

## 考点11 用火管理

**1. 动火作业**

施工现场动火作业，应符合下列要求：

（1）动火作业应办理动火许可证；动火许可证的签发人收到动火申请后，

应前往现场查验并确认动火作业的防火措施落实后，再签发动火许可证。

（2）动火操作人员应具有相应资格。

（3）焊接、切割、烘烤或加热等动火作业前，应对作业现场的可燃物进行清理；作业现场及其附近无法移走的可燃物应采用不燃材料对其覆盖或隔离。

（4）施工作业安排时，宜将动火作业安排在使用可燃建筑材料的施工作业前进行。确需在使用可燃建筑材料的施工作业之后进行动火作业时，应采取可靠的防火措施。

（5）裸露的可燃材料上严禁直接进行动火作业。

（6）焊接、切割、烘烤或加热等动火作业应配备灭火器材，并应设置动火监护人进行现场监护，每个动火作业点均应设置1个监护人。

（7）五级（含五级）以上风力时，应停止焊接、切割等室外动火作业；确需动火作业时，应采取可靠的挡风措施。

（8）动火作业后，应进行现场检查，并应在确认无火灾危险后，动火操作人员再离开。

**2. 其他用火管理**

（1）具有火灾、爆炸危险的场所严禁明火。

（2）施工现场不应采用明火取暖。

（3）厨房操作间炉灶使用完毕后，应将炉火熄灭，定期清理排油烟机及油烟管道油垢。

### 考点12 用气管理

（1）储装气体的罐瓶及其附件应合格、完好和有效；严禁使用减压器及其他附件缺损的氧气瓶，严禁使用乙炔专用减压器、回火防止器及其他附件缺损的乙炔瓶。

（2）气瓶运输、存放、使用时，应符合下列规定：

1）气瓶应保持直立状态，并采取防倾倒措施，乙炔瓶严禁横躺卧放。

2）严禁碰撞、敲打、抛掷、滚动气瓶。

3）气瓶与火源距离不应小于10m，并应采取避免高温和防止暴晒的措施。

4）燃气储装瓶罐应设置防静电装置。

5）使用前，应检查气瓶及气瓶附件的完好性，检查连接气路的气密性，并采取避免气体泄漏的措施，严禁使用已老化的橡皮气管。

6）氧气瓶与乙炔瓶的工作间距不应小于5m，气瓶与明火作业点的距离不应小于10m。

7）冬季使用气瓶，气瓶的瓶阀、减压器等发生冻结，严禁用火烘烤或用铁器敲击瓶阀，严禁猛拧减压器的调节螺钉。

## 二、难点突破

（1）施工现场的建筑防火，应重点掌握临时用房及在建工程两方面的防火要求。

（2）应重点掌握临时用房、在建工程的临时室内外消防用水量；临时应急

笔记

笔 记

照明的设置场所和设置要求。

(3) 应该掌握消防安全技术交底和消防安全教育和培训，二者的区别在于对象和内容。消防安全技术交底的对象为在具有火灾危险场所作业的人员或实施具有火灾危险工序的人员。消防安全教育和培训针对的是全体施工人员。

(4) 应重点掌握可燃物及易燃易爆危险品管理及用火、用电、用气管理。

## 三、真题解析

**单项选择题**

1. (考点9) 在建施工过程中，施工现场的消防安全负责人应定期组织消防安全管理人员对施工现场的消防安全进行检查。施工现场定期防火检查内容不包括（　　）。(2017 年真题)

A. 防火巡查是否记录　　B. 动火作业的防火措施是否落实

C. 临时消防设施是否有效　　D. 临时消防车通道是否畅通

**【答案】** A。

**【解析】** 消防安全检查应包括下列主要内容：

1) 可燃物及易燃易爆危险品的管理是否落实。

2) 动火作业的防火措施是否落实。

检查内容不包括防火巡查是否记录，因此，答案为 A。

2. (考点 11) 根据《建设工程施工现场消防安全技术规范》(GB 50720—2011)，施工单位应编制现场灭火及应急疏散预案，下列内容中，不属于灭火及应急疏散预案主要内容的是（　　）。(2016 年真题)

A. 应急疏散及救援的程序和措施

B. 应急灭火处置机构及各级人员应急处置职责

C. 动火作业的防火措施

D. 报警、接警处置的程序和通信联络的方式

**【答案】** C。

**【解析】** 动火作业的防火措施不属于灭火及应急疏散预案主要内容。因此，答案为 C。

# 第六章　大型群众性活动消防安全管理

## 一、考点提炼

### 考点 1　大型群众性活动消防安全责任负责单位

(1) 大型群众性活动的承办者对其承办活动的安全负责，承办者的主要负责人为大型群众性活动的安全责任人。

(2) 消防安全作为大型群众性活动安全工作的重要部分，其消防安全责任也应由承办者及承办者的主要负责人负责。

笔 记

## 考点2 大型群众性活动消防安全管理组织体系及职责

**1. 大型群众性活动消防安全管理组织体系**

举办大型群众性活动的单位应成立消防安全保卫工作领导小组，统一指挥协调大型群众性活动的消防安全保卫工作。领导小组应设灭火行动组、通信保障组、疏散引导组、安全防护救护组和防火巡查组。

灭火行动组组长由单位消防安全管理人（分管消防安全的副职领导）担任，无分管消防安全的副职领导由单位消防安全责任人（单位的法定代表人或主要领导）担任。

**2. 大型群众性活动消防安全管理工作职责**

（1）承办单位消防安全责任人。

承办单位消防安全责任人是消防安全活动的组织者、统筹安排者、经费和组织保障者。

（2）承办单位消防安全管理人。

承办单位消防安全管理人是消防安全活动的组织实施者、防火巡/检查者和火灾隐患整改负责实施者。

（3）活动场地产权单位。

1）活动场地的产权单位应当向大型群众性活动的承办单位提供符合消防安全要求的建筑物、场所和场地。

2）消防车通道、涉及公共消防安全的疏散设施和其他建筑消防设施应当由产权单位或者委托管理的单位统一管理。

## 考点3 大型群众性活动消防安全管理的实施

（1）前期筹备阶段。

（2）集中审批阶段。

（3）现场保卫阶段。

根据先期制订的预案，现场保卫主要分为活动现场保卫和外围流动保卫两个方面，其中现场保卫包括现场防火监督保卫和现场灭火保卫两种。

## 考点4 大型群众性活动消防安全管理的工作内容

**1. 防火巡查**

1）大型群众性活动应当组织具有专业消防知识和技能的巡查人员在活动举办前2h进行一次防火巡查。

2）在活动举办过程中全程开展防火巡查。

3）活动结束时应当对活动现场进行检查，消除遗留火种。

防火巡查应当填写巡查记录，巡查人员及其主管人员应当在巡查记录上签名。

**2. 防火检查**

大型群众性活动应当在活动前12h内进行防火检查。

防火检查应当填写检查记录。检查人员和被检查部门负责人应当在检查记录

笔 记

上签名。

**3. 灭火和应急疏散预案**

承办单位应当按照灭火和应急疏散预案，在活动举办前至少进行一次演练，并结合实际，不断完善预案。

## 二、难点突破

（1）大型群众性活动消防安全责任的重点应该掌握：消防安全责任人/消防安全管理人/活动场地产权单位等，应该履行的消防安全管理工作职责。

（2）大型群众性活动消防安全管理的工作内容重点掌握：防火巡查的时间、防火检查的时间。

## 三、真题解析

**单项选择题**

1.（考点2）某公司拟在一体育馆举办大型周年庆典活动。根据相关要求成立了活动领导小组，并安排公司的一名副经理担任疏散引导组的组长。根据相关规定，疏散引导指责中不包括（　　）。（2017年真题）

A. 熟悉体育馆所在安全通道、出口的位置

B. 在每个安全出口设置工作人员，确保通道、出口畅通

C. 安排人员在发生火灾时第一时间引导参加活动的人员从最近的安全出口疏散

D. 进行灭火和应急疏散预案的演练

**【答案】** D。

**【解析】** A、B、C项均为疏散引导组职责，因此答案为D。

2.（考点1）大型群众性活动承办人的消防安全职责不包括（　　）。（2015年真题）

A. 制订灭火和疏散预案并组织演练

B. 办理大型群众性活动所在建筑的消防验收手续

C. 明确消防安全责任分工

D. 确定消防安全管理人员

**【答案】** B。

**【解析】** “办理大型群众性活动所在建筑的消防验收手续”属于活动场地的产权单位的职责，因为，产权单位应当向大型群众性活动的承办单位提供符合消防安全要求的建筑物、场所和场地。

因此，答案是B。

3.（考点3）某大型群众性活动的承办单位依法办理了申报手续，制订了灭火和应急疏散预案，并成立了防火巡查组，下列职责中，不属于防火巡查组职责范围的是（　　）。（2016年真题）

A. 巡查活动现场消防设施是否完好有效

B. 巡查活动现场安全出口，疏散通道是否通畅

C. 巡查活动现场舞台布景的设置

D. 巡查活动过程中临时用电线路布置情况

【答案】C。

【解析】根据本章考点3：现场防火巡查组主要在活动举行现场重点部位进行巡查，及时发现和整改各类不确定性因素产生的火灾隐患。

显然，“巡查活动现场舞台布景的设置”不属于防火巡查组职责范围。

因此，答案为C。

笔 记

# 第七章 注册消防工程师职业道德

## 一、考点提炼

### 考点1 注册消防工程师职业道德的内涵

所谓注册消防工程师职业道德，是指注册消防工程师行业的从业人员在执业过程中所应遵循的一种职业行为规范，主要调整注册消防工程师行业内部、注册消防工程师与消防技术服务机构、消防安全重点单位等执业单位及社会之间的道德关系。

### 考点2 注册消防工程师职业基本规范

①爱岗敬业；②依法执业；③客观公正；④公平竞争；⑤提高技能；⑥保守秘密；⑦奉献社会。

### 考点3 注册消防工程师进行职业道德修养的内容及方法

**1. 注册消防工程师进行职业道德修养的内容**

①政治理论修养；②业务知识修养；③人生观的修养；④职业道德品质修养。

**2. 职业道德修养的途径和方法**

①自我反思；②向榜样学习；③坚持“慎独”；④提高道德选择能力。

### 考点4 注册消防工程师的权利与义务

**1. 注册消防工程师享有的权利**

注册消防工程师享有下列权利：

（1）使用注册消防工程师称谓。

（2）保管和使用注册证和执业印章。

（3）在规定的范围内开展执业活动。

（4）对违反相关法律、法规和国家标准、行业标准的行为提出劝告，拒绝签署违反国家标准、行业标准的消防安全技术文件。

（5）参加继续教育。

（6）依法维护本人的合法执业权利。

笔 记

**2. 注册消防工程师应当履行的义务**

根据公安部令第 143 号第 32 条，注册消防工程师应当履行下列义务：

（1）遵守和执行法律、法规和国家标准、行业标准。

（2）接受继续教育，不断提高消防安全技术能力。

（3）保证执业活动质量，承担相应的法律责任。

（4）保守知悉的国家秘密和聘用单位的商业、技术秘密。

### 考点 5　注册消防工程师的法律责任

1. 隐瞒有关情况或者提供虚假材料申请注册的，公安机关消防机构不予受理或者不予许可，申请人在一年内不得再次申请注册；聘用单位为申请人提供虚假注册申请材料的，同时对聘用单位处一万元以上三万元以下罚款。

2. 申请人以欺骗、贿赂等不正当手段取得注册消防工程师资格注册的，原注册审批部门应当撤销其注册，并处一万元以下罚款；申请人在三年内不得再次申请注册。

3. 未经注册擅自以注册消防工程师名义执业，或者被依法注销注册后继续执业的，责令停止违法活动，处一万元以上三万元以下罚款。

4. 注册消防工程师有需要变更注册的情形，未经注册审批部门准予变更注册而继续执业的，责令改正，处一千元以上一万元以下罚款。

5. 注册消防工程师聘用单位出具的消防安全技术文件，未经注册消防工程师签名或者加盖执业印章的，责令改正，处一千元以上一万元以下罚款。

6. 注册消防工程师未按照国家标准、行业标准开展执业活动，减少执业活动项目内容、数量，或者执业活动质量不符合国家标准、行业标准的，责令改正，处一千元以上一万元以下罚款。

7. 注册消防工程师有下列行为之一的，责令改正，处一万元以上二万元以下罚款：

（1）以个人名义承接执业业务、开展执业活动的。

（2）变造、倒卖、出租、出借或者以其他形式转让资格证书、注册证、执业印章的。

（3）超出本人执业范围或者聘用单位业务范围开展执业活动的。

## 二、真题解析

**单项选择题**

1. 某消防技术服务机构中甲、乙、丙、丁 4 人申请参加一级注册消防工程师资格考试，根据个人学历和工作资质，4 人中不符合一级注册消防工程师资格考试报名条件的是（　　）。(2017 年真题)

A. 甲，取得消防工程相关专业双学士学位工作满 5 年，其中从事消防安全技术工作满 3 年

B. 丁，取得其他专业硕士学位，工作满 3 年，其中从事消防安全技术工作满 2 年

C. 乙，取得消防工程专业本科学历，工作满 4 年，其中从事消防安全技

术工作满 3 年

D. 丙，取得消防工程专业硕士学历，工作满 2 年，其中从事消防安全技术工作满 1 年

**【答案】** B。

**【解析】** 根据相关报考要求：

（1）取得消防工程专业硕士学历或者学位，工作满 2 年，其中从事消防安全技术工作满 1 年；或者取得消防工程相关专业硕士学历或者学位，工作满 3 年，其中从事消防安全技术工作满 2 年。

（2）取得其他专业相应学历或者学位的人员，其工作年限和从事消防安全技术工作年限均相应增加 1 年。

由此可得，答案为 B。

2.（考点 4）注册消防工程师享有诸多权利，但享有的权利不包括（　　）。(2017 年真题)

A. 不得允许他人以本人名义执行

B. 接受继续教育

C. 在规定范围内从事消防安全技术执行活动

D. 对侵犯本人权利的行为进行申诉

**【答案】** A。

**【解析】** 注册消防工程师享有下列权利：

①使用注册消防工程师称谓；②保管和使用注册证和执业印章；③在规定的范围内开展执业活动；④对违反相关法律、法规和国家标准、行业标准的行为提出劝告，拒绝签署违反国家标准、行业标准的消防安全技术文件；⑤参加继续教育；⑥依法维护本人的合法职业权利。因此，答案为 A。

3. 根据《注册消防工程师制度暂行规定》，下列行为中，不属于注册消防工程师义务的是（　　）。(2016 年真题)

A. 在规定范围内从事消防安全技术执业活动

B. 履行岗位职责

C. 不得允许他人以本人名义执业

D. 不断更新知识，提高消防安全技术能力

**【答案】** A。

**【解析】** 注册消防工程师制度暂行规定：

第三十三条注册消防工程师履行下列义务：

（一）遵守法律、法规和有关管理规定，恪守职业道德；

（二）执行消防法律、法规、规章及有关技术标准；

（三）履行岗位职责，保证消防安全技术执业活动质量，并承担相应责任；

（四）保守知悉的国家秘密和聘用单位的商业、技术秘密；

（五）不得允许他人以本人名义执业；

（六）不断更新知识，提高消防安全技术能力；

（七）完成注册管理部门交办的相关工作。

“在规定范围内从事消防安全技术执业活动”属于其权利范畴。

笔记

笔记

因此，答案为 A。

4. (考点4) 注册消防工程师应当在履行职业过程中加强职业道德修养，坚持“慎独”是进行道德修养的方法之一。“慎独”指的是（　　）。(2016 年真题)

A. 学习先进模范人物，立志在本岗位建功立业

B. 能够及时调整和修正自己的执业行为方向

C. 加强有关专业知识的学习，提高职业道德水平

D. 能够自觉地严格要求自己，遵守职业道德原则和规范

【答案】D。

【解析】答案为 D。